江苏省化学化工学会组织编写

基础化学进阶

吴 勇 包建春 编 著

U0397368

东南大学出版社
SOUTHEAST UNIVERSITY PRESS
·南京·

内 容 提 要

本书作者力图以这一本书来完整地阐述大学基础化学(普通化学、无机化学、有机化学、分析化学、物理化学、结构化学、高分子化学等)的基本知识点及其相互联系,针对高中阶段化学课程的 3 本选择性必修教材《化学反应原理》《物质结构与性质》《有机化学基础》,对其知识进行扩展与延伸,有利于对化学知识有着浓厚学习兴趣的青少年学子全面了解化学基础知识、基本理论,以更好地适应化学这一基础课程的学习生活,力争未来能够在化学学科研究领域有所建树。本书的着重点在于对化学知识本身的详细描述和融会贯通,旨在帮助青少年学子在透彻理解的基础之上理性地掌握相关知识,而不是单纯地依靠死记硬背。充分考虑了知识体系的相互支撑、简繁得当,内容的选择与编排更加科学合理,力求让学子更加易学、易懂、会用及善用相关知识解决实际问题。

图书在版编目(CIP)数据

基础化学进阶 / 吴勇,包建春编著. —南京:东南大学出版社,2022.6(2024.6 重印)
 ISBN 978-7-5766-0130-5

Ⅰ.①基… Ⅱ.①吴… ②包… Ⅲ.①化学–高等学校–教材 Ⅳ.①O6

中国版本图书馆 CIP 数据核字(2022)第 088545 号

责任编辑:咸玉芳　封面设计:顾晓阳　责任印制:周荣虎

基础化学进阶

编　著:吴　勇　包建春
出版发行:东南大学出版社
社　　址:南京四牌楼 2 号　邮编:210096　电话:025 - 83793330
网　　址:http://www.seupress.com
电子邮件:press@seupress.com
经　　销:全国各地新华书店
印　　刷:江苏奇尔特印刷有限公司
开　　本:889mm×1194mm　1/16
印　　张:19
字　　数:675 千字
版　　次:2022 年 6 月第 1 版
印　　次:2024 年 6 月第 3 次印刷
书　　号:ISBN 978-7-5766-0130-5
定　　价:76.00 元

序

化学作为中心学科，是连接其他学科的纽带与桥梁，它不仅为理论研究提供实验依据，也为应用研究提供了物质基础，创造新物质是化学永恒的主题。在求新、创新成为当代青少年梦想与追求的新时代，为使广大青少年掌握基础化学知识和提升科学创新思维方法，引领求知过程，增强解决问题能力，为国家培养更多的优秀化学化工人才，江苏省化学化工学会邀请具有丰富教学与研究经验的专家学者编写了《基础化学进阶》一书。本书按照化学学科特点和学习辅导的实际需要编写而成，并将高中阶段化学课程与大学化学相关课程基本内容相衔接，使对化学学科有着浓厚兴趣与较强学习能力的优秀青少年学子对化学学科有更全面的认知。全书共16章，内容包括原子结构、有机化合物的结构、高分子化合物、分析化学、电化学和化学动力学等内容，较为完整地阐述了化学学科的基本知识点及其相互联系，具有以下特点：

1. 精选了必须掌握的化学基础知识。通过对《基础化学进阶》一书的学习，掌握化学基本概念、基本原理、基本理论等知识要点进阶式的梳理、归纳，有利于学习者认知、理解和把握。

2. 精选了必须掌握的化学学科典型例题。《基础化学进阶》一书，意在培养学习者在学习高中化学过程中系统科学地掌握分析、解答能力，加深学习者对化学的汲收掌握和熟练运用能力。

3. 精选了提升化学综合训练水平所必需的相关内容。《基础化学进阶》一书梯度明显，注重"学练结合"，使读者在学习过程中对相关知识点进行夯实巩固和有效提升。

4. 精选了由高中化学向大学化学课程拓展必须具备的能力内容。《基础化学进阶》一书为读者提供了逐步由高中化学向大学化学由浅入深"无缝对接"的方法和思路。

本书由南京师范大学化学与材料科学学院吴勇、许冬冬、包建春、蒋晓青、王炳祥、孙培培、刘平、林云、谢兰贵、李利、杜江燕、李卉卉、周益明、徐林、李晓东、赵波等教师参与编写工作。由吴勇和唐亚文统稿、定稿，张守林负责组织协调全书的编写、校核工作。在此向为此书的编撰所付出辛勤工作的学者教授们表示衷心的感谢！

本书为对化学学科感兴趣的青少年学子了解大学化学基础知识、基本理论，以及更好地适应未来大学化学学科的学习提供了较为全面的学科教材，亦可作为中学教师学科拓展教学的参考书。本书不足之处在所难免，恳请读者批评指正。

江苏省化学化工学会

2022 年 5 月

目　录

第一章　原子结构与元素周期律

基本要求

　　掌握核外电子运动状态及核外电子排布；了解电离能、电子亲和能、电负性、元素周期律与元素周期表、元素周期变化的一般规律；熟知原子半径和离子半径、对角线规则、金属性、非金属性与元素周期表位置的关系；掌握金属与非金属在周期表中的位置，主、副族重要而常见元素的名称、符号及在元素周期表中的位置、常见氧化态及主要形态。

第一节　氢原子核外电子运动的量子力学模型

一、氢原子光谱

实验发现，原子光谱不是连续的，而是不连续的线状光谱。

1885 年，瑞士的 Balmer 得出氢原子不连续线性光谱波长的经验公式，后经 Rydberg 整理如式(1-1)：

$$\widetilde{\nu} = \frac{1}{\lambda} = R_H \left(\frac{1}{2^2} - \frac{1}{n^2} \right) \tag{1-1}$$

更为适用的公式为式(1-2)：

$$\widetilde{\nu} = \frac{1}{\lambda} = R_H \left(\frac{1}{n_1^2} - \frac{1}{n_2^2} \right) \tag{1-2}$$

式中，$n_2 > n_1$，均为正整数。但经验公式无法理论解释氢原子线状光谱的实验事实。

二、Bohr 氢原子理论

1913 年，丹麦的 Bohr 在 Planck 量子论(1900 年)、Einstein 光子学说(1905 年)、Rutherford 核原子模型(1911 年)等基础上发表了氢原子结构理论，提出 3 点假设。

(1) 定态假设

核外电子只能在符合一定条件的(如确定半径和能量)的特定轨道上绕核运动，电子在这些轨道上运动时不辐射能量。

(2) 角动量量子化

核外电子在特定轨道上运动时，角动量 L 是量子化的，即 $L = mvr = n\dfrac{h}{2\pi}$ ($n = 1, 2, 3, \cdots$)，结合经典力学，可得电子所处的轨道能量为 E：

$$E = -B \frac{1}{n^2} \quad (B = 13.6 \text{ eV} \cdot \text{e}^{-1}) \tag{1-3}$$

(3) 光子说

光子的吸收和辐射：电子从高能级(激发态)向低能级跃迁时会辐射光子(相反方向跃迁时则吸收光

子),能量差 $\Delta E = E_2 - E_1 = h\nu$。

综合上述 3 点假设,可推导出式(1-4),与 Balmer 等人的经验公式完全吻合。

$$\tilde{\nu} = \frac{1}{\lambda} = \frac{B}{hc}\left(\frac{1}{n_1^2} - \frac{1}{n_2^2}\right) \tag{1-4}$$

Bohr 理论解释了氢原子光谱是线状光谱的原因,即轨道的能量是量子化、不连续的,但无法解释氢原子光谱的精细结构及多电子原子光谱,也无法解释这 3 点假设成立的依据,这些都源于对微观粒子的运动认识不够。

三、微观粒子的特性与运动规律

1. 微观粒子的波粒二象性

(1) 光的波粒二象性

1905 年,爱因斯坦在德国《物理年报》上发表了题为《关于光的产生和转化的一个推测性观点》的论文,揭示微观客体波动性(干涉、衍射等)和粒子性(发射、吸收、光电效应等)的统一,被学术界广泛接受。

(2) 实物微粒的波粒二象性

1924 年,法国的 Louis de Broglie 大胆提出电子等实物微粒也具有波粒二象性,提出 de Broglie 关系式,即电子的波长 λ 为

$$\lambda = \frac{h}{P} = \frac{h}{mv} \tag{1-5}$$

1927 年,电子衍射实验的成功完全证实了实物微粒的波性,实物微粒波不同于电磁波,它是一种物质波(或 de Broglie 波),实物微粒在不同场合会表现出不同的特性(粒性或波性)。宏观物体也具有波性,只是波长极短,无法测量。

2. 测不准原理

1927 年,Heisenberg 指出,微观粒子的运动不再遵守经典力学,而遵循测不准原理,即不可能同时测定微观粒子的位置和动量,数学关系式为

$$\Delta x \cdot \Delta P \geqslant \frac{h}{4\pi} \tag{1-6}$$

测不准关系式是微观粒子波粒二象性特征的必然表述,具有波性的微观粒子的运动规律只能用统计方法(概率)来加以判断,即实物微粒波是一种概率波。

四、Schrödinger 方程与氢原子的量子力学模型

1. Schrödinger 方程与波函数

1926 年,Schrödinger 基于微观粒子的波粒二象性,提出描述电子波动性质的方程,即:

$$\frac{\partial^2 \psi}{\partial x^2} + \frac{\partial^2 \psi}{\partial y^2} + \frac{\partial^2 \psi}{\partial z^2} + \frac{8\pi^2 m}{h^2}(E - V)\psi = 0 \tag{1-7}$$

式中,波函数 ψ 是 x,y,z 的函数,求解薛定谔方程,可以得到微观粒子运动的波函数及在该状态下的能量 E。不同体系的势能 V 表达式不同,如核外电子的 $V = -\dfrac{Ze^2}{4\pi\varepsilon_0 r}$ ($r = \sqrt{x^2 + y^2 + z^2}$),为了简化运算,习惯把直角坐标转换成球坐标,这样势能相只涉及一个变量,方程的解则变为 $\psi(r, \theta, \Phi)$。进一步对涉及 3 个变量的偏微分方程 $\psi(r, \theta, \Phi)$ 进行变量分离,化为 3 个单变量的常微分方程,即 $\psi(r, \theta, \Phi) = R(r)\,\Theta(\theta)\,\Phi(\Phi)$,合并角度部分可得

$$\psi(r,\theta,\Phi)=R(r)Y(\theta,\Phi)$$

式中，$R(r)$ 为波函数的径向部分，$Y(\theta,\Phi)$ 为其角度部分。

薛定谔方程的数学解很多，但只有少数数学解是符合电子运动状态的合理解。为了保证解的合理性，引入 3 个参数（亦称边界条件）：n、l、m，且满足：n 为正整数；$l=0,1,2,\cdots$，且 $n-1\geqslant l$；$m=0,\pm1$，$\pm2,\cdots$，且 $|m|\leqslant l$。于是，可以这样理解薛定谔方程：对一个质量为 m、在势能为 V 的势能场中运动的微粒（如电子），有一个与微粒运动的稳定状态相联系的波函数 ψ，这个波函数服从薛定谔方程，该方程的每一个特定的解 $\psi(r,\theta,\Phi)_{n,l,m}$ 表示原子中电子运动的某一稳定状态，与这个解对应的常数 $E_{n,l}$ 就是电子在这个稳定状态的能量。每个合理解波函数 $\psi(r,\theta,\Phi)_{n,l,m}$ 描述电子运动的一种空间状态，即对应一个"原子轨道"，原子轨道和其能量都是量子化的。

注意：Bohr 理论中的量子化条件是人为引入的，而此处的量子化是解薛定谔方程中自然而然引入的边界条件，二者有着本质区别。

2. 氢原子的波函数与电子云图

（1）电子云图

电子具有波粒二象性，其运动规律只能用统计学方法来描述，电子在空间某单位体积内出现的概率称为概率密度，在空间某区域内出现的概率等于概率密度乘以区域体积。

氢原子核外电子的运动状态可由薛定谔方程的解波函数来描述，$\psi(r,\theta,\Phi)$ 本身没有明确的物理意义，但 $\psi(r,\theta,\Phi)^2$ 的物理意义却十分明确，表示原子核外空间某点处单位体积内电子出现的概率，即概率密度。$\psi(r,\theta,\Phi)^2$ 的空间化图像就是电子云图像，电子云中的黑点表示电子曾经在此出现过，黑点密则概率密度大，黑点稀则概率密度小。

（2）概率密度（电子云图像）的空间绘制

要想得到氢原子具体的电子云图，则需绘制出 $\psi(r,\theta,\Phi)^2$ 的空间图像，而

$$\psi(r,\theta,\Phi)^2=R(r)^2Y(\theta,\Phi)^2$$

首先根据波函数的具体数学表达式，得到 $R(r)^2$ 和 $Y(\theta,\Phi)^2$ 的空间图像，然后再合并即可，具体绘制过程请参考无机化学系列参考书。

3. 核外电子的量子数描述

在解薛定谔方程中引入 3 个量子化条件，即合理的一组 n、l、m 值对应一个原子轨道，而一个原子轨道可容纳两个电子，核外的每个电子则需额外的一个量子数（m_s）来加以区别，因此，不同电子的运动状态需由如下 4 个量子数来确定。

（1）主量子数 n

主量子数 n 规定电子出现最大概率区域离核的远近和电子能量的高低，$n=1,2,3$ 等正整数。凡 n 相同的电子称为同层电子，并用符号 K，L，M，N，O，P，$\cdots$来代表 $n=1,2,3,4,5,6,\cdots$电子层。

对于氢原子和类氢离子可用能量（eV）公式：$E_n=-13.6\dfrac{Z^2}{n^2}$，$n$ 越大，能量越高，同层中电子能量没有差别。**注意**：多电子原子的 E 值还与 l 有关。

（2）角量子数 l

l 决定电子角动量的大小，规定电子在空间角度的分布情况，与电子云形状密切相关。对于一定的 n 值，$l=0,1,2,3,\cdots$，$(n-1)$ 等共 n 个值，相应的电子称为 s，p，d，f，$\cdots$电子（或态）。

多电子原子中 l 与电子能量有关，通常将主量子数 n 相同的电子归为一层，同一层中 l 相同的电子归为同一"亚层"。

（3）磁量子数 m

磁量子数 m 反映原子轨道在空间上的不同取向。m 的允许取值由角量子数 l 决定，$m=0,\pm1$，

$\pm 2, \cdots, \pm l$, 共有 $2l+1$ 个值, 即"亚层"中的电子有 $2l+1$ 个取向, 每一个取向相当于一个"轨道"。

（4）自旋量子数 m_s

描述原子轨道内两个不同电子的自旋方向。其值可取 $+1/2$ 或 $-1/2$, 常用箭头↑或↓来描述。可以解释氢原子线状光谱中精细谱线的问题。

4 个量子数之间的关联以及与轨道数和电子数的关系如表 1-1。

表 1-1 量子数、轨道数和电子数的关系

n	l	亚层符号	m	轨道数		m_s	电子最大容量	
1	0	1s	0	1	1	$\pm 1/2$	2	2
2	0	2s	0	1	4	$\pm 1/2$	2	8
	1	2p	0, ± 1	3		$\pm 1/2$	6	
3	0	3s	0	1	9	$\pm 1/2$	2	18
	1	3p	0, ± 1	3		$\pm 1/2$	6	
	2	3d	0, ± 1, ± 2	5		$\pm 1/2$	10	
4	0	4s	0	1	16	$\pm 1/2$	2	32
	1	4p	0, ± 1	3		$\pm 1/2$	6	
	2	4d	0, ± 1, ± 2	5		$\pm 1/2$	10	
	3	4f	0, ± 1, ± 2, ± 3	7		$\pm 1/2$	14	

第二节　基态原子核外电子的排布规则与周期律

一、多电子原子的轨道能级

1. Pauling 的近似能级图

Pauling 根据大量光谱和理论计算数据, 得出多电子原子的轨道能量与 n、l 均有关（注意: 氢原子和类氢原子仅与 n 有关）, 并绘制成如图 1-1 所示的近似能级图。

可以得到如下信息:

① 虚线连接的表示氢原子中简并轨道。

② 角量子数 l 相同的, 能量由 n 决定, 如 $E_{1s} < E_{2s} < E_{3s} < E_{4s} < E_{5s}$。

③ n 相同、l 不同的能级, 能量随 l 增大而增大, 如 $E_{4s} < E_{4p} < E_{4d} < E_{4f}$, 即"能级分裂"。

④ 当 n 和 l 均不同时, 还会出现"能级交错"现象, 如 $E_{4s} < E_{3d} < E_{4p}$, $E_{5s} < E_{4d} < E_{5p}$, $E_{6s} < E_{4f} < E_{5d} < E_{6p}$。

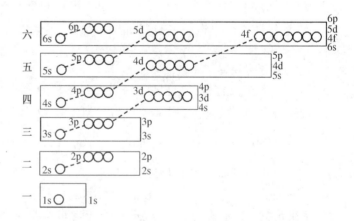

图 1-1　多电子原子的轨道能量近似能级图

注意: Pauling 的近似能级图仅反映多电子原子轨道能量的近似大小, 并不代表在所有元素中一成不变。

2. Cotton 的原子轨道能量图

1962 年，美国的 Cotton 以原子序数为横坐标、轨道能量为纵坐标绘制了原子轨道能量图，由图可以得到如下信息：① 氢原子轨道中 n 相同的原子轨道能量高度简并。② 特定原子轨道的能量随原子序数的增大而降低，但下降幅度不同。③ 随着原子序数的增大，原子轨道产生能级交错现象，但不是所有元素的 3d 轨道能量都高于 4s。当 $Z=1\sim14$，$E_{4s}>E_{3d}$；当 $Z=15\sim20$，$E_{3d}>E_{4s}$；当 $Z\geqslant21$ 时，$E_{4s}>E_{3d}$。

二、屏蔽效应和钻穿效应

1. 屏蔽效应

多电子原子中，核外电子不仅受到原子核的吸引，同时还会受其他电子排斥，核外电子云抵消核电荷的作用称为屏蔽效应。对于氢或类氢原子，核外仅有一个电子，则 $E_i=-13.6\dfrac{Z^2}{n^2}$；而对于多电子原子，需用有效核电荷（$Z^*=Z-\sigma$）来代替 Z，即 $E_i=-13.6\dfrac{(Z-\sigma)^2}{n^2}$，$\sigma$ 表示内层各电子对电子 i 屏蔽效应总和，可用 Slater 规则计算。

外层电子不仅离核较远，而且受内层电子屏蔽，故而能量较高。

2. 钻穿效应

钻穿效应指由于电子云径向分布不同，电子可以钻穿到离核更近的区域并回避或减小其他电子屏蔽，使能量降低的现象。钻穿效应可以用来解释轨道能级分裂和能级交错现象。

① 对于 n 相同、l 不同的轨道，电子钻穿能力 ns>np>nd>nf，使得 $E_{ns}<E_{np}<E_{nd}<E_{nf}$。对于氢，由于不存在内层电子的屏蔽，$n$ 相同的不同亚层轨道能量简并。

② 随着原子序数的增大，外层电子的钻穿能力增强，出现能级分裂，如 $_{19}$K 和 $_{20}$Ca，$E_{4s}<E_{3d}$；$_{37}$Rb 和 $_{38}$Sr，$E_{5s}<E_{4d}$。

注意：各元素的电子轨道能量高低并不是一成不变的，需要基于能量公式以及诸多因素（如量子数、核电荷等）综合考虑。北京大学的徐光宪教授提出过原子及离子轨道能级的近似规则。

三、核外电子排布和周期律

1. 核外电子的排布原则

（1）能量最低原则

基态原子的核外电子尽可能分布到能量最低的轨道。

（2）Pauli 规则

同一原子轨道仅能容纳 2 个自旋相反的电子（或同一原子中没有 4 个量子数完全相同的电子）。主量子数 n 的电子层中可容纳的电子数目为 $2n^2$ 个。

（3）Hund 规则

电子在能量相同的原子轨道上分布，总是尽可能分占不同的轨道且自旋平行，使得体系能量最低。量子力学指出，简并轨道全充满、半充满或全空的状态能量较低，较稳定，如全充满 s^2、p^6、d^{10}、f^{14}，半充满 s^1、p^3、d^5、f^7，全空 s^0、p^0、d^0、f^0。如 ^{24}Cr，核外电子排布是 [Ar]$3d^54s^1$，而不是 [Ar]$3d^44s^2$。

注意：对于正离子和负离子的核外电子排布不仅要遵循上述基本规则，还应该综合考量电子屏蔽效应、钻穿效应、核电荷等多种因素。

2. 元素周期律

依据 Pauling 电子填充顺序以及上述核外电子排布规则，可得到各元素的基态电子构型，并完成元素周期表，各周期或能级组的外层电子的填充顺序如表 1-2。

表 1-2　各周期或能级组的轨道电子填充情况

能级组（周期）		轨道				电子容量（或元素数）
特短周期	（一）	$1s^{1\sim2}$				2
短周期	（二）	$2s^{1\sim2}$			$2p^{1\sim6}$	8
	（三）	$3s^{1\sim2}$			$3p^{1\sim6}$	8
长周期	（四）	$4s^{1\sim2}$	$3d^{1\sim10}$		$4p^{1\sim6}$	18
	（五）	$5s^{1\sim2}$	$4d^{1\sim10}$		$5p^{1\sim6}$	18
特长周期	（六）	$6s^{1\sim2}$	$4f^{1\sim14}$	$5d^{1\sim10}$	$6p^{1\sim6}$	32
	（七）	$7s^{1\sim2}$	$5f^{1\sim14}$	$6d^{1\sim10}$	$7p^{1\sim6}$	32

（1）各周期或能级组的电子排布基本顺序

短周期（含特短周期）：$ns^{1\sim2}\longrightarrow ns^2np^{1\sim6}$（第一、二、三周期，$n=1$，2，3）。

长周期：$ns^{1\sim2}\longrightarrow ns^{1\sim2}(n-1)d^{1\sim10}\longrightarrow ns^2(n-1)d^{10}np^{1\sim6}$（第四、五周期，$n=4$，5）。

特长周期：$ns^{1\sim2}\longrightarrow ns^{1\sim2}(n-2)f^{1\sim14}\longrightarrow ns^2(n-2)f^{14}(n-1)d^{1\sim10}\longrightarrow ns^2(n-2)f^{14}(n-1)d^{10}np^{1\sim6}$（第六、七周期，$n=6$，7）。

（2）元素周期表的 5 个区域

s 区：包括ⅠA 和ⅡA 族元素，即碱金属和碱土金属，价电子构型 $ns^{1\sim2}$。

p 区：包括ⅢA 到ⅦA 族和零族共六族元素，价电子构型 $ns^2np^{1\sim6}$。

d 区：包括ⅢB 到ⅦB 族及Ⅷ族，价电子构型 $(n-1)d^{1\sim10}ns^{0\sim2}$。

ds 区：包括ⅠB 和ⅡB 族，价电子构型 $(n-1)d^{10}ns^{1\sim2}$（**注意**：与 s 区不同，次外层有充满电子的 d 轨道）。

f 区：包括 La 系和 Ac 系元素，即内过渡元素，按其位置来说，应属于ⅢB 族，价电子构型 $(n-2)f^{1\sim14}(n-1)d^{0\sim2}ns^2$。

（3）一些需要掌握的概念性知识点

由于元素周期律发展的历史渊源，有些概念性知识点和习惯性叫法需要牢记，如主族、副族、过渡元素、内过渡元素、第一（二、三等）过渡系、镓（锗、砷等）分族、钪（钛、钒等）副族、铁系元素、铂系元素、准金属等等。

3. 元素周期律的发展趋势

根据最新的 IUPAC 数据，目前前七周期已全部填满，共 118 种元素，未来将向着第八周期探索新的元素。第八周期将开始出现 5g 轨道电子，能级组为 $ns(n-3)g(n-2)f(n-1)dnp$，即 8s5g6f7d8p，理论包含 50 种元素；依此类推，第九周期为 9s6g7f8d9p。

元素周期律是众多化学先驱们的智慧结晶，实质上是原子的基态电子构型随原子序数递增呈现周期性变化的必然结果，在学好元素周期律的同时，还必须认真了解其发展历史及其更深层次值得思考的科学问题。

第三节　元素基本性质的周期性变化规律

原子中电子排布在不同的轨道上，轨道的形状、轨道能级的高低及电子的排布情况的差异使不同的原子显示出不同的电离能、电子亲和能、电负性、原子或离子半径等性质，这些由原子结构决定的物理量的数值称为原子结构参数，它们是理解原子性质的基础。

一、原子半径

1. 原子半径的定义

原子中电子的分布是连续的,没有明显的边界,使得原子的大小没有单一的、绝对的含义。原子半径随所处环境而变,常见的判断标准有共价半径、金属半径和范德华半径等。一般而言,共价半径较小,金属半径居中,范德华半径最大,所以在比较原子半径时,数据来源需一致。离子半径详见晶体结构部分知识。

2. 原子半径变化规律

(1) 同一族

从上到下,随着原子序数增大,原子半径增大。其原因是有效核电荷的增加使半径缩小的作用不如电子层增加使半径增大所起的作用大。副族,尤其是五、六周期的元素,从上到下半径增加幅度小,这是由于"镧系收缩"作用引起的。

"镧系收缩":随着 Z 增大,增加的电子进入 $(n-2)f$ 轨道,对最外层 ns 电子屏蔽更完全($\sigma \approx 1$),使得镧系元素的原子半径增加很小,性质也非常接近。

(2) 同一周期

对于主族元素来说,从左到右,随着原子序数增大,原子半径减小,原因是主族元素增加的电子填充在同一外层,相互屏蔽作用小,有效核电荷增加大,半径减小明显;对于过渡元素来说,电子逐渐填充在内层 $(n-1)d$ 或次内层 $(n-2)f$("镧系收缩"),对外层电子屏蔽作用大,半径减小趋势小,减小幅度趋势为非过渡元素＞过渡元素＞内过渡元素。

特殊的,对于 d^{10}、f^7、f^{14} 等电子构型,由于较大的屏蔽作用,使得具有这些电子构型的原子的半径反常的大,如 Eu、Yb 等。

二、电离能

1. 定义

基态的气体原子失去最外层的第一个电子成为气态 $+1$ 价离子所需的能量叫第一电离能(I_1),再相继逐个失去电子所需能量称为第二、第三……电离能(I_2,I_3,…)。电离能是衡量原子失去电子能力(金属性)的尺度,受核电荷数、原子半径、电子构型等综合因素影响。

2. 变化规律

同一主族中由上而下,随着原子半径的增大,电离能减小,元素的金属性依次增加。副族元素电离能变化不规则。

同一周期中自左至右,电离能一般增大,增大的幅度随周期数的增大而减小。同一周期过渡元素和内过渡元素,由左向右电离能增大的幅度不大,且变化没有规律。

半充满或全充满电子构型的元素往往具有较大的电离能。

三、电子亲和能

1. 定义

原子的电子亲和能是指一个气态原子得到一个电子形成气态负离子所放出的能量,常以符号 E_{ea} 表示,电子亲和能等于电子亲和反应焓变的负值($-\Delta H^{\ominus}$)。一般元素的第一亲和能为正值,而第二亲和能为负值。

2. 变化规律

电子亲和能大体与电离能变化规律一致,即同周期,从左到右逐渐变大;同一族,从上到下,逐渐减小。

特殊的,对于ⅢA～ⅦA族元素的 E_{ea1}:第二周期元素＜第三周期元素,原因是第二周期元素原子半径 r 太小,接受外来电子后,电子密度增加,互斥作用增强,使释出能量减少。

四、电负性

1. 定义

当两个不相同原子相互作用形成分子时,它们对共用电子对的吸引力也不相同,电负性是分子中原子对成键电子吸引能力相对大小的量度。

目前广泛使用的是 Pauling 电负性(χ_p),它是一个相对值,规定 $\chi_p(F) = 4.0$。

2. 变化规律

同一周期,从左到右,电负性增大,非金属性增强;同一族,从上到下,电负性减小,非金属性减弱,金属性增强。

周期表中,F 的电负性最大,Cs 的电负性最小。金属元素的电负性一般小于 2.0,非金属元素的电负性一般大于 2.0,在 2.0 附近的是类金属,它们多具有半导体等性质。一般当 $\Delta\chi > 1.7$ 时形成离子键,$\Delta\chi < 1.7$ 时形成共价键。

附1 例题解析

【例1-1】 根据原子结构理论可以预测:第八周期将包括 ＿＿＿＿ 种元素;原子核外出现第一个 5g 电子的原子序数是 ＿＿ 。美、俄两国科学家在 2006 年 10 月的《物理评论》上宣称,他们发现了 116 号元素。根据核外电子排布的规律,116 号元素的价电子构型为 ＿＿＿＿＿＿,它可能与 ＿＿ 元素的化学性质最相似。

【解题思路】 本题较为简单,考查的是最基本原子核外电子排布以及周期律的知识,目前第七周期已排满,共 118 种元素,对于第八周期或能级组,电子构型为 8s5g6f7d8p,理论包括 50 种元素;第一个出现 5g 电子的为 121 号元素,核外电子排布为 [Uuo]$5g^1 8s^2$;116 号元素为氧族元素,其价电子构型为 $7s^2 7p^4$,与上一周期同一主族 Po 元素化学性质最相似。

【参考答案】 50 121 $7s^2 7p^4$ Po(钋)

【例1-2】 2006 年 3 月有人预言,未知超重元素第 126 号元素有可能与氟形成稳定的化合物。按元素周期表的已知规律,该元素应位于第 ＿＿ 周期,它未填满电子的能级应是 ＿＿＿＿＿,在该能级上有 ＿＿ 个电子,而这个能级总共可填充 ＿＿ 个电子。

【解题思路】 元素周期表前七周期共有 118 种元素,第 126 号元素位于第八周期,当 8s 填充两个电子后,理论上电子开始填充 5g 轨道,核外电子的排布为 [Uuo]$5g^6 8s^2$。注意:此结论仅为理论推测,与实际的情况可能有差别,就如同 La 和 Ac,按理论推测,电子应该首先分别填充在 $4f^1$ 和 $5f^1$,但事实是 $5d^1$ 和 $6d^1$。

【参考答案】 八 5g 6 18

【例1-3】 硼族(ⅢA)元素的基本特点在于其缺电子性,它们有充分利用价轨道、力求生成更多键以增加体系稳定性的强烈倾向。以硼族元素为核心可组成形式多样的单核、双核或多核的分子、离子。

(1) 请写出硼族元素原子的价电子构型。

(2) 写出硼酸与水反应的离子方程式,并说明硼酸为几元酸。

(3) BF_3 为缺电子化合物,BF_3 与 F^- 反应生成 BF_4^- 时,其反应类型为 ＿＿＿＿＿＿＿;分子中硼的杂化类型由 ＿＿＿＿＿＿＿ 变为 ＿＿＿＿＿＿＿。

(4) $AlCl_3$ 和 $Al(CH_3)_3$ 在气相和液相以双聚体的形式存在,请分别画出其结构图。

【解题思路】 现在的化学考试很少涉及单纯的元素周期律相关试题,往往都是与分子/晶体结构、元素化学等综合在一起考查,结构决定性质,需要对元素的基本原子结构及相关规律了如指掌,方能解决物质的外在属性问题。本题考查的就是硼元素的缺电子特性及其与其他物质的反应特征。B 的核外电子排布较为简单,为 $1s^2 2s^2 2p^1$,H_3BO_3 是典型的路易斯酸,是缺电子分子,可接受水中 OH^- 的一对孤对电子,为一元弱酸。同理,BF_3 与 F^- 发生酸碱加合反应,按价键理论,BF_3 和 BF_4^- 中均没有孤对电子,分别采取 sp^2 和 sp^3 杂化形式。$AlCl_3$ 中 Al 为缺电子结构,二聚体中,Al 采用 sp^3 杂化,分子中有桥式铝存在,Cl 与相邻 Al

的空轨道形成 σ 配位键。

【参考答案】

(1) ns^2np^1 (2) $H_3BO_3 + H_2O \longrightarrow B(OH)_4^- + H^+$ 一元酸 (3) Lewis酸碱加合反应 sp^2 sp^3

(4) [图：Cl、Al 桥联结构] [图：H_3C、CH_3 桥联结构]

【例 1-4】 同族金属 A、B、C 具有优良的导热、导电性能,若以 I 表示电离能,I_1 最低的是 B,(I_1+I_2) 最低的是 A,$(I_1+I_2+I_3)$ 最低的是 C。

同族元素 D、E、F(均为非放射性副族元素)基态原子的价层电子组态符合同一个通式,在元素周期表中,位置在 A、B、C 所在族之前。请给出 D、E、F 的元素符号及价层电子组态的通式。

【解题思路】 本题考查对元素基本性质的周期性的熟练程度,A、B、C 的推断正确是解本题的第一步,否则无法继续解答后面的问题(部分试题涉及其他知识点,未给出,详见此题原题)。唯一的信息就是关于其电离能的叙述,I_1 最低的是 B,(I_1+I_2) 最低的是 A,$(I_1+I_2+I_3)$ 最低的是 C,由上述描述可知这一族金属中+1价最稳定的是 B,+2价最稳定的是 A,+3价最稳定的是 C。熟悉元素周期表及元素特性的可以直接想到是ⅠB族的 Cu、Ag、Au 三种元素。

要求写出ⅠB族之前副族元素中电子排布形式相同的一族元素,这就要求记住所有副族元素的价电子排布情况,考虑到 Tc 是放射性元素,满足题干要求的仅有ⅢB族和ⅣB族元素,分别是 Sc、Y、La 和 Ti、Zr、Hf,价层电子组态分别为 $(n-1)d^1ns^2$ 和 $(n-1)d^2ns^2$。需注意,此题 D、E、F 的答案不止一个。

【参考答案】 A、B、C 分别为 Cu、Ag、Au;D、E、F 分别为 Sc、Y、La 或 Ti、Zr、Hf,电子组态对应为 $(n-1)d^1ns^2$ 和 $(n-1)d^2ns^2$。

【例 1-5】 (1) 离子化合物 A_2B 由四种元素组成,一种为氢,另三种为第二周期元素。正、负离子皆由两种原子构成且均呈正四面体构型。写出这种化合物的化学式。

(2) 对碱金属 Li、Na、K、Rb 和 Cs,随着原子序数增加,以下哪种性质的递变不是单调的?简述原因。

(a)熔、沸点 (b)原子半径 (c)晶体密度 (d)第一电离能

【解题思路】 (1)题考查对前两周期元素基本性质的掌握,题目条件呈四面体构型且由两种原子构成,可以很容易想到是 NH_4^+,同时也符合氮为第二周期元素的限制条件。离子化合物整体呈电中性,所以负离子应为 B^{2-},由于 B^{2-} 同样是由两种原子构成的正四面体离子,因此可以判断 B 应为 XY_4^- 型配离子。由于第二周期元素的最高氧化数为+5,而配离子又只带有两个单位负电荷,所以配体只能是氧化数为−1 的 F^-。所以中心原子氧化态应为+2,第二周期中只有 Be 符合条件,所以,B^{2-} 应为 BeF_4^{2-},化合物 A_2B 应为 $(NH_4)_2BeF_4$。

(2)题考查元素的性质递变规律及特例。Li、Na、K、Rb 和 Cs 同属第ⅠA族,熔沸点由上至下逐渐降低,原子半径逐渐增大,第一电离能逐渐降低,均是单调的,这个非常简单,毋庸置疑。然而,晶体密度的递变却不是单调的:Na 的密度(0.97 g·cm^{-3})高于 K 的密度(0.89 g·cm^{-3}),这是由于随着原子序数的增加,碱金属原子质量和体积均增大,但二者对晶体密度的作用相反:原子质量增大,晶体密度增大;原子半径增大,晶体密度减小(碱金属的晶体结构类型相同,它们的晶体密度主要取决于其原子质量和原子半径)。由于二者增加的速率不一致,随原子序数增加,单质的晶体密度递变不是单调的。排除法就可以解决此题,但还要知道碱金属晶体密度不单调的具体原因。

【参考答案】 (1) $(NH_4)_2BeF_4$ (2) (c)

【例 1-6】 元素同位素的类型及其天然丰度不仅决定相对原子质量的数值,也是矿物年龄分析、反应机理研究等的重要依据。

(1) 已知 Cl 有两种同位素 ^{35}Cl 和 ^{37}Cl,二者丰度比为 0.75∶0.25;Rb 有两种同位素 ^{85}Rb 和 ^{87}Rb,二者丰度比为0.72∶0.28。

① 写出气态中同位素组成的不同的 RbCl 分子。

② 这些分子有几种质量数? 写出质量数,并给出其比例。

(2) 年代测定是地质学的一项重要工作,Lu-Hf 法是 20 世纪 80 年代随着等离子体发射光谱、质谱等技术发展而建立的一种新断代法。Lu 有 2 种天然同位素:^{176}Lu 和 ^{177}Lu;Hf 有 6 种天然同位素:^{176}Hf,^{177}Hf,^{178}Hf,^{179}Hf,^{180}Hf,^{181}Hf。^{176}Lu 发生 β 衰变生成 ^{176}Hf,半衰期为 3.716×10^{10} 年。^{177}Hf 为稳定同位素且无放射性来源。地质工作者获得一块岩石样品,从该样品的不同部位取得多个样本进行分析。其中两组有效数据如下:样本 Ⅰ,^{176}Hf 与 ^{177}Hf 的比值为 0.286 30(原子比,记为 ^{176}Hf/^{177}Hf),^{176}Lu/^{177}Hf 为 0.428 50;样本 Ⅱ,^{176}Hf/^{177}Hf 为 0.282 39,^{176}Lu/^{177}Hf 为 0.014 70。(一级反应,物种含量 c 随时间 t 变化的关系式:$c = c_0 e^{-kt}$ 或 $\ln \frac{c}{c_0} = -kt$,其中 c_0 为起始含量)

① 写出 ^{176}Lu 发生 β 衰变的核反应方程式(标出核电荷数和质量数)。

② 计算 ^{176}Lu 衰变反应速率常数 k。

③ 计算该岩石的年龄。

④ 计算该岩石生成时 ^{176}Hf/^{177}Hf 的比值。

【解题思路】 本题综合考查了同位素放射性和动力学一级反应两个知识点,难度适中,稍微细心计算即可。

(1) ① 两种 Cl 的同位素和两种 Rb 的同位素相互结合,可以得到 4 种 RbCl 分子:^{85}Rb^{35}Cl、^{87}Rb^{35}Cl、^{85}Rb^{37}Cl 和 ^{87}Rb^{37}Cl。

② ^{87}Rb^{35}Cl 和 ^{85}Rb^{37}Cl 的质量数是相同的,因此共有 3 种质量数,分别为 120、122 和 124。

$$w_{120} = 0.75 \times 0.72 = 0.54$$
$$w_{122} = 0.25 \times 0.72 + 0.75 \times 0.28 = 0.39$$
$$w_{124} = 0.25 \times 0.28 = 0.07$$
$$w_{120} : w_{122} : w_{124} = 54 : 39 : 7$$

(2) ① 此题考查核反应方程式的书写,在书写核反应方程式时,须将所有离子的(核)电荷数和质量数标出,同时保证(核)电荷数和质量数守恒。^{176}Lu 的 β 衰变反应式为

$$^{176}_{71}\text{Lu} \longrightarrow {}^{176}_{72}\text{Hf} + {}^{0}_{-1}\text{e}$$

② 根据一级反应的特点,半衰期与速率常数有定量关系,和浓度无关,此为反应动力学的基本知识。

$$k = \frac{\ln 2}{t_{1/2}} = \frac{\ln 2}{3.716 \times 10^{10} \text{a}} = 1.865 \times 10^{-11} \text{ a}^{-1}$$

注意反应速率常数的单位。

③ 由于 ^{177}Hf 为稳定同位素且无放射性来源,可认为其含量保持不变,不妨假设为 1。^{176}Lu 发生 β 衰变生成 ^{176}Hf,减少的 ^{176}Lu 等于增加的 ^{176}Hf:

$$^{176}\text{Lu}_0 - {}^{176}\text{Lu} = {}^{176}\text{Hf} - {}^{176}\text{Hf}_0$$

将 ^{176}Lu$_0$ = ^{176}Lu$\times e^{kt}$ 代入上式得

$$^{176}\text{Lu}(e^{kt} - 1) = {}^{176}\text{Hf} - {}^{176}\text{Hf}_0$$

代入样本 Ⅰ 和样本 Ⅱ 的数据,可解得 $t = 5.043 \times 10^8$ a,^{176}Hf/^{177}Hf = 0.282 25。

岩石的年龄为 5.043×10^8 年。

④ ^{176}Hf$_0$/^{177}Hf = 0.282 25。

【参考答案】 (1) ① ^{85}Rb^{35}Cl、^{87}Rb^{35}Cl、^{85}Rb^{37}Cl 和 ^{87}Rb^{37}Cl;② 120、122 和 124,$w_{120} : w_{122} : w_{124} = 54 : 39 : 7$。

(2) ① $^{176}_{71}Lu \longrightarrow ^{176}_{72}Hf + ^{0}_{-1}e$；② $1.865 \times 10^{-11} a^{-1}$；③ 5.043×10^8 年；④ $^{176}Hf/^{177}Hf = 0.282\ 25$。

【例 1-7】 金属铬硬度大，抗腐蚀性强，有光泽，在金属材料和结构理论等领域中有着重要的应用和超乎寻常的发现。1994 年，在秦始皇兵马俑二号俑坑中发现了一批青铜剑，它们在黄土下沉睡了 2 000 多年，出土时却光亮如新，锋利无比。科研人员测试后发现，剑的表面有一层 10 μm 厚的铬盐化合物。这一发现立刻轰动了世界，因为这种铬盐氧化处理是近代才出现的先进工艺。

回答下列问题：

(1) 铬的独特化学性质与电子结构有密切关系，写出 Cr 的价层电子排布：_____，铬的这一电子排布与其同一周期的其他元素的 $3d^{1-10}4s^2$ 价电子排布不同，原因是_____。

(2) 铝热法是用三氧化二铬做原料，铝粉作还原剂生产金属铬的主要方法之一，请写出其化学反应方程式：_____；这是一个自发放热反应，由此可判断铬氧键和铝氧键相比，_____键更强。

(3) 在结构化学中，对多重键的研究具有重要意义。常见的多重键有双键和三键，2005 年 11 月，美国 *Science* 杂志发表了Power 等人的文章，报道了一种具有 Cr≡Cr 五重键的稳定化合物，这是目前发现的最短的铬-铬键。结构见图 1-2。

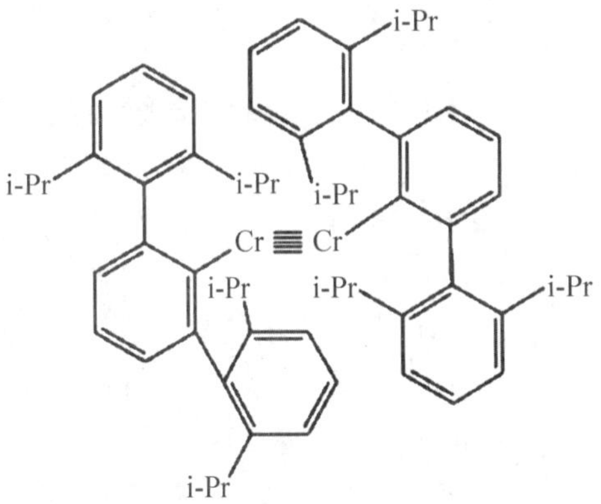

图 1-2 例 1-7 附图

化学键的形成可以通过对称性形象地描述为：σ 键是成键原子轨道头对头形成的，肩并肩形成的是 π 键，而面对面形成的是 δ 键。那么，在上述具有 Cr≡Cr 五重键的化合物中，对其成键情况进行分析发现 Cr 原子的价层电子排布特点是其成键情况的决定因素，它利用其 4s 轨道去与相邻的 C 原子形成 Cr-Cσ 键，5 个 d 轨道形成五重键，其中两个铬原子的 d_{z^2} 轨道沿着 z 轴方向形成一个 σ 键.则轨道 $d_{x^2-y^2}$ 和 d_x 面对面形成两个_____键，轨道 d_{xy} 和 d_{yz} 肩并肩形成两个_____键。

【解题思路】 该题主要考查原子结构的知识，多电子原子的核外电子排布规律，洪特规则，共价键类型及成键规律。

(1) 考查元素 Cr 的价电子排布，基于洪特规则的补充规则半满全满规则：对于等价轨道来说，当轨道处于全满、半满或全空时，原子较稳定，此题较容易。

(2) 考查铝热法，反应式书写难度不大，注意反应条件。成键的过程是体系能量降低的过程，会放热，而断开键的过程是吸收过程，铝热法中，断开 Cr—O 键，形成 Al—O 键，结果是放热的，说明 Al—O 键的键能更大。

(3) 该题要求了解共价键的成键类型和特征，熟练掌握 5 个 d 轨道在空间的伸展方向，还要有一定的空间想象力。题目本身难度不大，题目已经提示"面对面""肩并肩"，唯一的难点是"面对面"的成键类型。

【参考答案】

(1) $3d^5 4s^1$　半充满的 d 电子结构更稳定

(2) $Cr_2O_3 + 2Al \xrightarrow{\text{高温}} 2Cr + Al_2O_3$　Al—O

(3) δ　π

附2　综合训练

1. 在元素周期表第四、第五周期中成单电子数最多的过渡元素的电子构型为_____和_____；元素名称是_____和_____。依据现代原子结构理论，请你推测，当出现 5g 电子后，成单电子最多的元素可能的价层电子构型为_____，是_____号元素。

2. (1) 下列化学键中碳的正电性最强的是(　　)。

  A. C—F   B. C—O   C. C—Si   D. C—Cl

(2) 电子构型为$[Xe]4f^{14}5d^{7}6s^{2}$的元素是(　　)。

  A. 稀有气体   B. 过渡元素   C. 主族元素   D. 稀土元素

(3) 下列离子中最外层电子数为 8 的是(　　)。

  A. Ga^{3+} B. Ti^{4+} C. Cu^{+} D. Li^{+}

3. 1964 年,美国的 F. A. Cotton 研究小组测定了$K_2[Re_2Cl_8]\cdot 2H_2O$的晶体结构,他们惊讶地发现在$[Re_2Cl_8]^{2-}$结构(如图 1-3 所示)中 Re—Re 间距离异常短,仅为 224 pm(金属 Re 中 Re—Re 间的平均距离为 275 pm)。此后,类似结构的化合物不断被发现,无机化学这个古老的学科因此开辟了一个新的研究领域。关于$[Re_2Cl_8]^{2-}$的结构,请回答下列问题:

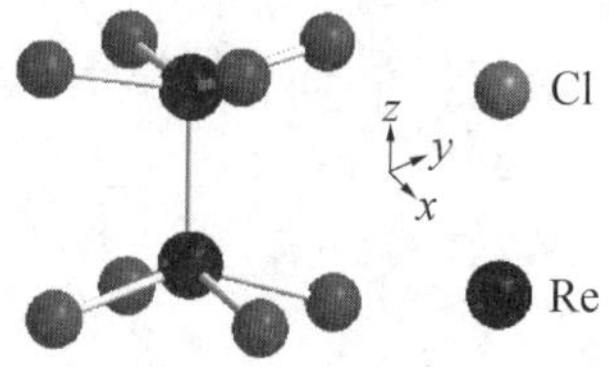

图 1-3　习题 3 附图

(1) Re 原子的价电子组态是＿＿＿＿＿＿＿＿,$[Re_2Cl_8]^{2-}$中 Re 的化合价为＿＿＿＿＿＿＿,Re 的杂化类型为＿＿＿＿＿＿＿＿。

(2) $[Re_2Cl_8]^{2-}$中具体成键方式有四种,它们分别是＿＿＿＿＿＿＿＿＿＿＿＿＿(写出成键轨道和键型)。

(3) Cl 原子的范德华半径和为 360 pm,因此理应期望$[Re_2Cl_8]^{2-}$为＿＿＿＿＿＿＿式构型,但实验结果如图所示却为重叠式构型,其原因是＿＿＿＿＿＿＿＿＿。

4. 将氟气通入氢氧化钠溶液中可得OF_2。OF_2是一种无色、几乎无味的剧毒气体,主要用于氧化反应、氟化反应、火箭工程助燃剂等。请回答下列问题:

(1) OF_2的中文名称是＿＿＿＿＿＿＿＿,OF_2中 O 的化合价为＿＿＿＿＿＿＿＿,OF_2中 O 原子的杂化类型是＿＿＿＿＿＿＿＿,OF_2分子的空间构型为＿＿＿＿＿＿＿＿。

(2) 与H_2O分子相比,OF_2分子的键角更＿＿＿＿＿＿＿＿(填"大"或"小"),原因是＿＿＿＿＿＿＿＿。

(3) 与H_2O分子相比,OF_2分子的极性更＿＿＿＿＿＿＿＿(填"大"或"小"),原因是＿＿＿＿＿＿＿＿＿＿＿。

(4) OF_2在常温下就能与干燥空气反应生成二氧化氮和无色气体氟化氮,该反应的化学方程式为＿＿＿＿＿＿＿＿＿＿＿＿＿＿＿＿＿＿＿＿。

5. 量子化学计算预测未知化合物是现代化学发展的途径之一。2016 年 2 月有人通过计算预言铁也存在四氧化物,其分子构型是四面体,但该分子中铁的氧化态是＋6 而不是＋8。

(1) 写出该分子中铁的价电子组态;

(2) 画出该分子结构的示意图(用元素符号表示原子,用短线表示原子间的化学键)。

6. 人体需要多种微量元素。X 是人体必需的微量元素,X 以金属离子形态存在于体内,总含量仅为 12～20 mg,主要分布在肌肉、肝脏、肾脏和大脑内。X 元素可参与生命活动的调节,人体甲状腺分泌出的甲状腺激素是一种统筹全身生命物质代谢的激素,然而这需要在 X 元素的作用下才能实现其正常功效。此外,人体细胞的正常分裂增殖以及体内蛋白质的合成过程也都需要有 X 的参与才能实现。X 元素还是人体内的超氧化物歧化酶(SOD)的重要成分。SOD 具有抗衰老作用,因此 X 元素也称为"益寿元素"。

X 元素离子的价电子构型为$3d^5$,它的大多数配合物都是高自旋的,并且呈八面体构型,但也有少数四面体型的配合物。

(1) Na_3XO_4呈亮蓝色,可由XO_4^-在浓 NaOH 溶液中于 0 ℃时被还原得到,同时释放出氧气。XO_4^{3-}极易歧化,产物可以是XO_4^{2-}和XO_2^-。X 的基态原子电子组态(电子排布)为＿＿＿＿＿＿＿＿,X 的元素符号为＿＿＿＿＿＿＿＿,XO_4^{3-}在碱性条件下歧化反应的离子方程式为(X 以元素符号表示,下同):＿＿＿＿＿＿＿＿＿＿＿＿＿＿。

(2) 绝大多数含有金属—金属键的配合物中,金属表现出 0 或接近 0 的低氧状态,如$X_2(CO)_{10}$。已知$X_2(CO)_{10}$中心原子的配位数为 6,试画出其结构。

(3) 某催化剂研究所催化剂生产装置在生产聚丙烯腈催化剂的同时产生了大量的催化剂粉尘和工业废气,其废气主要成分为NO_x(氮氧化物)。工业上一般采用碱液、氨水或碱性KXO_4(含 KOH)溶液吸收NO_x。其中以碱性溶液的吸收效率最高。

① 写出碱性 KXO_4 溶液吸收 NO_x 的化学反应方程式(反应中 KXO_4 全转化为 XO_2)。

② 为了增强 KXO_4 的氧化吸收能力,KOH 的浓度应控制偏高还是偏低,为什么?

7. 汞是人们古代就已认识的元素之一,汞常见的氧化态有+2、+1,熔点−38.72 ℃,沸点 357 ℃,是室温下呈液态的唯一金属单质。

无机物 A 是一种较常见的热敏变色材料,合成路线如下:将一份 40.12 mg 的液态汞样品完全溶解在 $0.10\ mol \cdot L^{-1}$ 的稀硝酸中;再添加 KI 溶液立即产生橘红色沉淀 B;继续添加 KI 溶液,沉淀溶解,得到 C 的溶液;然后滴加硝酸银溶液,即生成黄色沉淀 D,D 的理论值质量是184.8 mg;D 中碘元素的质量分数达到 54.94%。D 经过滤、洗涤后,取出和木工用的白胶或透明胶水混合,即得到一种示温涂料。用毛笔蘸取该涂料在白纸上描成图画或写成文字,待它干燥。把这种有图画或文字的纸条贴在盛有热水的大烧杯外壁,原来黄色的图画不久变成橘红色,冷却后又变黄色,呈现可逆热致变色现象。该纸条可以长久反复使用。

(1) 写出汞原子的核外电子排布式:＿＿＿＿＿＿＿＿＿;

(2) 分别写出汞与稀硝酸反应以及产生橘红色沉淀 B 的化学方程式。

(3) C 与 D 的阴离子构型均为正四面体,写出 C 与硝酸银溶液反应的化学方程式。

(4) D 发生可逆热致变色过程中元素组成并未发生改变,但阴离子化合价降低了一价,请写出橘红色物质的化学式。

第二章 主族元素

主族元素是指周期表中 s 区及 p 区的元素。它包含了周期表中除了最外层以外的电子层的电子数都是满电子的化学元素。因此,周期表中除了过渡金属、镧系元素、锕系元素、稀有气体元素之外的都是主族元素。

第一节 卤族元素

一、通性

卤素的原意是只能形成盐的元素,其特征价电子排布为 ns^2np^5,它的主要氧化数为-1,其主要化学性质体现为氧化性。卤素主要以化合态形式存在,由于卤素的性质较为活泼,因此不会以单质形式存在。卤素的基本性质见表 2-1。

表 2-1 卤素的一些基本性质

性质	氟	氯	溴	碘	砹
原子序数	9	17	35	53	85
电子构型	$[He]2s^2 2p^5$	$[Ne]3s^2 3p^5$	$[Ar]3d^{10} 4s^2 4p^5$	$[Kr]4d^{10} 5s^2 5p^5$	$[Xe]4f^{14} 5d^{10} 6s^2 6p^5$
常见氧化态	$-I$	$-I$, $+I$, $+III$, $+V$, $+VII$	$-I$, $+I$, $+III$, $+V$, $+VII$	$-I$, $+I$, $+III$, $+V$, $+VII$	$-I$, $+I$, $+III$, $+V$, $+VII$
共价半径/pm	71	99	114	133	140
X^- 离子半径/pm	131	181	196	220	
第一电离能/ $(kJ \cdot mol^{-1})$	1 681	1 251	1 139	1 008	926
电子亲和能/ $(kJ \cdot mol^{-1})$	328	349	325	295	270
X^- 的水合能/ $(kJ \cdot mol^{-1})$	-507	-368	-335	-293	
X_2 的键解离能/ $(kJ \cdot mol^{-1})$	156.9	242.6	193.8	152.6	
电负性 (Pauling 标度)	4.0	3.2	3.0	2.6	2.2

二、卤素的制备、用途及其卤化氢

1. 卤素的存在形式

氟的主要存在形式为 CaF_2（萤石）、Na_3AlF_6（冰晶石）、$Ca_5F(PO_4)_3$（氟磷灰石）。

氯主要以 $NaCl$ 形式存在于海水中，其浓度约为 3%，约相当于 $20\ g \cdot L^{-1}$，在岩盐、井盐、盐湖中也存在大量的 $NaCl$。

溴主要存在于矿水中，海水中也有较少的 $NaBr$，也可从海水中提取溴。

海水中的碘含量极低，不适合提取。海带、海藻等海产品中的碘含量较高，可用于提取。另外南美智利硝石中有较高含量的 $NaIO_3$，可用于工业提取碘。

2. 卤素的制备和用途

（1）F_2 的制备

（a）电解法

$$HF+KF \longrightarrow KHF_2$$

氟氢化钾，KF 高熔点，KHF_2 低熔点。

$$2KHF_2 \longrightarrow 2KF+H_2\uparrow+F_2\uparrow$$

为减少 HF 的挥发和极化作用，需加入 LiF 和 AlF_3。

（b）化学方法

$$4KMnO_4+4KF+20HF \longrightarrow 4K_2MnF_6+10H_2O+3O_2\uparrow$$
$$SbCl_5+5HF \longrightarrow SbF_5+5HCl$$
$$2K_2MnF_6+4SbF_5 \longrightarrow 4KSbF_6+2MnF_3+F_2\uparrow$$

该方法可以理解为：将 K_2MnF_6 看成 $MnF_4 \cdot 2KF$，KF 和 SbF_5 生成 $SbF_5 \cdot KF$ 后剩下不稳定的 MnF_4，MnF_4 发生如下分解反应：

$$MnF_4 \longrightarrow MnF_3+1/2F_2\uparrow$$

由于 $E^{\ominus}(MnO_4^-/Mn^{2+})=1.51\ V$，$E^{\ominus}(F_2/F^-)=2.87\ V$，所以 $KMnO_4$ 是不可能氧化 F^- 得到 F_2 的，化学家利用强 Lewis 酸在化学上制备了 F_2，是合成化学的一大突破。

（2）Cl_2 的制备

实验室可以用下面两种方法制备 Cl_2：

$$MnO_2+4HCl \longrightarrow MnCl_2+2H_2O+Cl_2\uparrow$$
$$2KMnO_4+16HCl \longrightarrow 2KCl+2MnCl_2+8H_2O+5Cl_2\uparrow$$

工业上用电解方法制备 Cl_2：

$$2NaCl+2H_2O \longrightarrow 2NaOH+H_2\uparrow+Cl_2\uparrow$$

（3）Br_2 和 I_2 的制备

工业上利用海水晒盐时，可同时提取 Br_2。具体做法为先将海水晒成盐卤，这时加入氯水，将 Br^- 氧化成 Br_2，然后以空气吹出 Br_2，用 Na_2CO_3 溶液吸收，这时 Br_2 歧化成 Br^- 和 BrO_3^-。最后用稀 H_2SO_4 酸化，发生归中反应生成 Br_2 单质。

$$5Br^-+BrO_3^-+6H^+ \longrightarrow 3Br_2\uparrow+3H_2O$$

利用此方法用 10 t 海水可制得 0.14 kg Br_2。

Br_2 还可以通过电解提取 $NaCl$ 后的母液提取：

$$2NaBr + 3H_2SO_4 + MnO_2 \longrightarrow 2NaHSO_4 + MnSO_4 + 2H_2O + Br_2 \uparrow$$
$$2NaI + 3H_2SO_4 + MnO_2 \longrightarrow 2NaHSO_4 + MnSO_4 + 2H_2O + I_2$$

后一个反应可用于从海藻中提取 I_2。

工业上从 $NaIO_3$ 中提取 I_2：

$$2IO_3^- + 5HSO_3^- \longrightarrow 5SO_4^{2-} + H_2O + 3H^+ + I_2$$

3. HX 的制备和性质

（1）制备

（a）直接合成，此法仅用于合成 HCl，因为 F_2 和 H_2 相遇会爆炸，而 Br_2、I_2 和 H_2 反应速度太慢或不反应。

$$H_2 + Cl_2 \longrightarrow 2HCl$$

（b）复分解反应，此法主要用于在铅罐中合成 HF。

$$CaF_2 + H_2SO_4 \longrightarrow CaSO_4 + 2HF$$

不能在玻璃仪器中合成 HF，因会发生如下反应而腐蚀玻璃：

$$SiO_2 + 4HF \longrightarrow 2H_2O + SiF_4 \uparrow$$
$$SiF_4 + 2HF \longrightarrow H_2SiF_6$$

（c）卤化物的水解

$$PBr_3 + 3H_2O \longrightarrow H_3PO_3 + 3HBr$$
$$PI_3 + 3H_2O \longrightarrow H_3PO_3 + 3HI$$

实际上在白磷上滴加溴水或碘水即可发生该反应：

$$2P + 6H_2O + 3Br_2 \longrightarrow 2H_3PO_3 + 6HBr \uparrow$$
$$2P + 6H_2O + 3I_2 \longrightarrow 2H_3PO_3 + 6HI \uparrow$$

（d）烃的卤化，卤代反应的副产物即为 HX。

$$C_2H_6(g) + Cl_2(g) \longrightarrow C_2H_5Cl(l) + HCl(g)$$

（e）下面这些反应都是可以得到 HX 的重要反应：

$$Br_2 + H_2S \longrightarrow 2HBr + S \downarrow$$
$$Br_2 + SO_2 + 2H_2O \longrightarrow 2HBr + H_2SO_4$$
$$I_2 + H_2SO_3 + H_2O \longrightarrow 2HI + H_2SO_4$$

（2）性质

液态 HF 和液态 NH_3 一样可以发生自耦电离，是一种常用的非水溶剂。

$$2HF \longrightarrow H_2F^+ + F^- \qquad K = 10^{-10}$$

HF 的水溶液在稀溶液中发生如下电离：

$$HF + H_2O \longrightarrow H_3O^+ + F^- \qquad K = 7.4 \times 10^{-4}$$
$$HF + F^- \longrightarrow HF_2^- \qquad K = 5$$

在浓溶液中发生如下电离：

$$H_2F_2 + H_2O \longrightarrow H_3O^+ + HF_2^-$$

HX 在一定压力下能组成恒沸溶液,以 HCl 为例,图 2-1 所示为 HCl 的浓度和沸点的关系。

当 HX 溶液沸腾时,溶剂和溶质都可挥发,如果其中一种挥发得多,另一种挥发得少,达到平衡时,其气相组成就不同于液相组成。对于 HCl,其浓溶液蒸发时,HCl 蒸发得较多,溶液浓度就会越来越小;稀溶液蒸发时,H_2O 蒸发得较多,溶液浓度就会越来越大,最终都会成为 20.24% 的恒沸液。

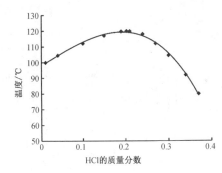

图 2-1　HCl 的浓度和沸点的关系图

三、卤化物、卤素互化物、多卤化物和类卤素

1. 卤化物
卤素和电负性小的元素生成的化合物叫作卤化物,卤素互化物为两种卤素相互化合形成的化合物。

2. 卤素互化物
卤素互化物有 XX'、XX'_3、XX'_5 和 XX'_7 四种类型,卤素的种类不超过 2 种,例如:

$$Cl_2 + F_2 \longrightarrow 2ClF$$
$$Cl_2 + 3F_2 \longrightarrow 2ClF_3$$

它们为分子晶体,熔沸点低,熔沸点随电负性差的增大而增大,其中 n 和电负性差以及半径比有关。故 XX' 型有 6 种类型,符合数学上 C_4^2 的推导;XX'_7 型有 1 种:IF_7;XX'_5 型有 3 种:IF_5、BrF_5 和 ClF_5;XX'_3 型有 5 种:IF_3、BrF_3、ClF_3、ICl_3 和 IBr_3。

3. 多卤化物
多卤化物是由金属卤化物和卤素互化物反应得到的,反应式可表示为

$$金属卤化物 + 卤素互化物 \longrightarrow 多卤化物$$

因为多卤化物形成的条件是分子的极化能大于卤化物的晶格能,碘化物的极化率高,晶格能低,易形成多卤化物;氟化物晶格能高,极化率低,不易形成多卤化物。

4. 类卤素
类卤素包括 $(CN)_2$、$(OCN)_2$、$(SCN)_2$、$(SeCN)_2$ 和 N_3^-,类卤素和卤素一样皆为二聚体,但不太稳定,易形成多聚体。叠氮化钠多用于汽车的安全气囊。

四、含氧化合物

卤族元素重要的含氧化合物有 ClO_2、OF_2、OCl_2、I_2O_5、$HClO$、$HClO_2$、$HClO_3$、$HClO_4$、HIO_3、HIO_4、H_5IO_6、$HBrO_3$、$HBrO_4$ 等。

卤素含氧酸的基本种类为 HXO、HXO_2、HXO_3、HXO_4,其命名规则按照化合价降低的顺序分别命名为高、正、亚、次,见表 2-2。

表 2-2　不同价态的含氧酸的命名

$HBrO_4$	$HBrO_3$	$HBrO_2$	$HBrO$
高	正	亚	次

1. 次卤酸及其盐
次卤酸由于非羟基氧的数目为零,因此酸性极弱,盐可水解成 HXO,溶液呈碱性。从上到下,按照 Cl、Br、I 的顺序,中心原子吸电子能力减弱,次卤酸的酸性减小。

次卤酸的制备方法如下:

$$X_2 + H_2O \longrightarrow HXO + HX$$
$$Cl_2 + H_2O + HgO \longrightarrow HgO \cdot HgCl_2 \downarrow + HClO$$
$$Cl_2 + H_2O + CaCO_3 \longrightarrow CaCl_2 + CO_2 + HClO$$

F_2 由于其强氧化性,与水可发生下面三种反应:F_2 在 2% 的 NaOH 中可生成 OF_2,F_2 在冰的表面通过可得到 HFO,常规反应则得到氧气。

$$2F_2 + 2NaOH(2\%) \longrightarrow OF_2 + 2NaF + H_2O$$
$$F_2 + H_2O \longrightarrow HFO + HF$$
$$2F_2 + 2H_2O \longrightarrow O_2 + 4HF$$

次氯酸盐 MClO 可以用电解无隔膜的稀 NaCl 溶液来制备:

$$2Cl^- + 2H_2O \longrightarrow 2OH^- + Cl_2 \uparrow + H_2 \uparrow$$
$$Cl_2 + 2OH^- \longrightarrow Cl^- + ClO^- + H_2O$$

该反应的总反应为

$$Cl^- + H_2O \longrightarrow ClO^- + H_2 \uparrow$$

2. 亚卤酸及其盐

亚氯酸(或盐)的制备方法如下:

$$Ba(ClO)_2 + H_2SO_4 \longrightarrow 2HClO_2 + BaSO_4$$
$$2ClO_2 + 2OH^- \longrightarrow ClO_2^- + ClO_3^- + H_2O$$

由于亚氯酸存在一个非羟基氧,其酸性比 HClO 酸性强,$K_a \approx 10^{-2}$,亚氯酸不稳定,极易分解。

$$8HClO_2 \longrightarrow 4H_2O + 6ClO_2 \uparrow + Cl_2 \uparrow$$

3. 卤酸及其盐

卤酸(或盐)可以通过如下方法制备:

$$Ba(ClO_3)_2 + H_2SO_4 \longrightarrow 2HClO_3 + BaSO_4$$
$$Ba(BrO_3)_2 + H_2SO_4 \longrightarrow 2HBrO_3 + BaSO_4$$

注意:如果用浓 H_2SO_4 可得到

$$Ba(ClO_3)_2 + 2H_2SO_4 \longrightarrow 2HClO_3 + Ba(HSO_4)_2$$

卤酸有较强的氧化性:

$$2BrO_3^- + I_2 \longrightarrow 2IO_3^- + Br_2$$
$$2ClO_3^- + I_2 \longrightarrow 2IO_3^- + Cl_2$$
$$2BrO_3^- + Cl_2 \longrightarrow 2ClO_3^- + Br_2$$

卤酸盐加热时可发生如下分解反应:

$$4KClO_3 \longrightarrow 3KClO_4 + KCl$$
$$2KClO_3 \longrightarrow 2KCl + 3O_2 \uparrow$$

但 $KBrO_3$ 加热时不可以发生歧化得到 $KBrO_4$:

$$4KBrO_3 \longrightarrow 3KBrO_4 + KBr(注意:错误反应)$$

4. 高卤酸及其盐

高氯酸可以通过如下方法制备:

$$KClO_4 + H_2SO_4 \longrightarrow KHSO_4 + HClO_4$$

这是弱酸制强酸,因此需要蒸馏出高氯酸来促使反应向右进行。

高氯酸的一些盐溶解性极差,例如 $KClO_4$、NH_4ClO_4、$RbClO_4$、$CsClO_4$。

高溴酸由于有很强的氧化性,$E^{\ominus}(BrO_4^-/BrO_3^-) = 1.79$ V,直到 1968 年才在实验室制得 $KBrO_4$。

$$BrO_3^- + F_2 + 2OH^- \longrightarrow BrO_4^- + 2F^- + H_2O$$

$$BrO_3^- + XeF_2 + H_2O \longrightarrow BrO_4^- + Xe + 2HF$$

卤素含氧酸的氧化性依赖于溶液中的 H^+ 浓度,随着 H^+ 浓度的上升其氧化性增强,这可以由 Nernst 方程推导出来。例如,高锰酸钾在酸性介质中氧化性升高,酸性越强则氧化性越强。

$$MnO_4^- + 8H^+ + 5e^- \longrightarrow Mn^{2+} + 4H_2O$$

五、含氧酸的氧化性和酸性变化规律

氧化性:$HClO_2 > HClO > HClO_3 > HClO_4$。

含氧酸的酸性和非羟基氧的数目有关:$HClO_4 > HClO_3 > HClO_2 > HClO$。

第二节 氧 族 元 素

一、通性

氧的特征价电子排布为 $n s^2 n p^4$;其化合价为 -2,键能为 144 kJ·mol^{-1},可与活泼金属生成离子化合物,如可与 Na 反应生成 Na_2O,电负性比卤素小,半径比卤素大。氧族元素的基本性质见表 2-3。

表 2-3 氧族元素的一些基本性质

性质	氧	硫	硒	碲	钋
原子序数	8	16	34	52	84
电子构型	$[He]2s^2 2p^4$	$[Ne]3s^2 3p^4$	$[Ar]4s^2 4p^4$	$[Kr]5s^2 5p^4$	$[Xe]6s^2 6p^4$
常见氧化态	$-II$,$-I$,0	$-II$,0,$+II$,$+IV$,$+VI$	$-II$,0,$+II$,$+IV$,$+VI$	$-II$,0,$+II$,$+IV$,$+VI$	—
共价半径/pm	66	104	117	137	167
X^{2-} 离子半径/pm	140	184	198	221	230
第一电离能/(kJ·mol^{-1})	1 314	1 000	941	869	812
第一电子亲和能/(kJ·mol^{-1})	-141	200	-195	-190	-183
第二电子亲和能/(kJ·mol^{-1})	780	590	420	295	—
单键解离能/(kJ·mol^{-1})	142	226	172	126	—
电负性(Pauling 标度)	3.44	2.58	2.55	2.10	2.00

氧族元素中 S 的化合价可以为 -2、0、$+2$、$+4$、$+6$。同族元素单键键能从上到下逐渐下降,但 $E_{O-O} < E_{S-S}$。元素与自身成键的共价单键键能变化如表 2-4 所示,第二周期的元素键能反常偏低是第二周期特殊性的重要标志。

表 2-4　部分元素键能变化表

化学键	N—N	O—O	F—F
键能/$(kJ \cdot mol^{-1})$	158	144	154.8
化学键	P—P	S—S	Cl—Cl
键能/$(kJ \cdot mol^{-1})$	201	226	239.7

二、氧和臭氧的结构式和成键特征

O_2 的熔点和沸点分别为 mp:54 K,bp:90.15 K,其分子轨道的排布式为 $KK(\sigma_{2s})^2(\sigma_{2s}*)^2(\sigma_{2p})^2(\pi_{2p})^4(\pi_{2p}^*)^2$。

O_3 为浅蓝色气体,熔点和沸点分别为 mp:80 K,bp:161 K,具有鱼腥臭味,由于分子中所有电子都成对,分子显抗磁性,有离域 π 键 π_3^4,分子有极性,因此其偶极矩 $\neq 0$。

单线态氧:量子理论中有 4 个量子数 n、l、m、m_s,其中 m 为 l 在 z 轴上的投影,当 $l=2$ 时,m 有 $2l+1$ 个即 5 个,为 2,1,0,-1,-2。同理,总自旋为 s,其投影为 m_s,也有 $2s+1$ 个。当有一个电子时,总自旋 $s=1/2$,$m_s=1/2$,$-1/2$,有 2 个。当有两个单电子时,总自旋 $s=1$,$m_s=1$,0,-1,共 3 个。故对基态氧 $s=1$ 为三线态($^3\sum_g^-$)。当它为第一激发态时,$s=0$ 时,为单线态($^1\Delta_g$ 或 $^1\sum_g^+$)。单线态氧在有机体的代谢中会不断产生与猝灭。

CF_2Cl_2 和 NO 会对 O_3 层造成破坏,机理如下:

$$CF_2Cl_2 + h\nu \longrightarrow CF_2Cl \cdot + Cl \cdot$$
$$Cl \cdot + O_3 \longrightarrow ClO \cdot + O_2$$
$$ClO \cdot + O \longrightarrow Cl \cdot + O_2$$
$$NO + O_3 \longrightarrow NO_2 + O_2$$
$$NO_2 \longrightarrow NO + O \cdot$$
$$NO_2 + O \cdot \longrightarrow NO + O_2$$

O_3 可由氧气通过高压制备:

$$3O_2 \longrightarrow 2O_3 \quad \Delta H^\ominus = 296 \ kJ \cdot mol^{-1}$$

O_3 具有强氧化性,$E^\ominus(O_3/O_2) = 2.07 \ V$,其氧化性远超过 $KMnO_4$,是优良的有机氧化剂。

$$O_3 \longrightarrow O_2 \quad E^\ominus(O_3/O_2) = 2.07 \ V$$

该电极电势对应的是如下反应:

$$O_3 + 2H^+ + 2e^- \longrightarrow O_2 + H_2O$$

而不是如下反应:

$$O_3 + 6H^+ + 6e^- \longrightarrow 3H_2O$$

O_3 作为氧化剂,可发生如下反应:

$$PbS + 2O_3 \longrightarrow PbSO_4 + O_2$$
$$2Ag + 2O_3 \longrightarrow Ag_2O_2 + 2O_2$$
$$2KI + H_2SO_4 + O_3 \longrightarrow I_2 + O_2 + H_2O + K_2SO_4$$

三、过氧化氢的结构、制备及性质

1. 结构

H_2O_2 的结构如图 2-2 所示，H—O—O 键角为 $96°52'$，其二面角为 $93°51'$，均小于 sp^3 杂化的 $109.47°$，O—O 键长为 $149\ pm$，比 O_2 分子中的 O—O 键偏长。

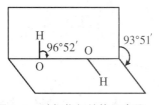

图 2-2　过氧化氢结构示意图

2. 制备

（1）实验室方法

$$Na_2O_2 + H_2SO_4 \longrightarrow H_2O_2 + Na_2SO_4$$

（2）工业方法

（a）早期工业方法

$$BaO_2 + H_2SO_4 \longrightarrow BaSO_4\downarrow + H_2O_2$$

（b）电解法

$$2NH_4HSO_4 \longrightarrow (NH_4)_2S_2O_8 + H_2\uparrow$$
$$\text{阳极}\qquad\text{阴极}$$

（c）两步法

2-乙基蒽醌　　　　　　　　　　2-乙基蒽醇

3. 性质

H_2O_2 与 H_2O 相比，性质相同点如下：

都具有酸性，H_2O_2 中 O_2^{2-} 和 O^{2-} 相比，负电荷的半径更大，对 H^+ 的引力较小，故酸性高。

类似于 H_2O，H_2O_2 中—O—O—键也可发生取代反应，Na 取代 H 的产物为 NaOOH、NaOONa。

类似于水合物，也可以得到过氧化氢合物，例如，$NaOOH \cdot H_2O_2$。

$$2Na_2CO_3 + 3H_2O_2 \longrightarrow 2Na_2CO_3 \cdot 3H_2O_2$$

不同点表现为—O—O—的断裂，H_2O_2 可作为氧化剂、还原剂发生反应，也可以发生自身氧化还原反应：

$$H_2O_2 \longrightarrow H_2O + 1/2O_2\uparrow$$

在碱性条件下，或加 Fe^{2+} 时，反应剧烈，这是由于电极电势：$E^{\ominus}(Fe^{3+}/Fe^{2+}) = 0.77\ V$，介于下面两个电极电势之间所导致的。

$$O_2 + 2H^+ + 2e^- \longrightarrow H_2O_2 \qquad E^{\ominus}(O_2/H_2O_2) = 0.683\ V$$
$$H_2O_2 + 2H^+ + 2e^- \longrightarrow 2H_2O \quad E^{\ominus}(H_2O_2/H_2O) = 1.77\ V$$

H_2O_2 的特征反应为

$$4H_2O_2 + Cr_2O_7^{2-} + 2H^+ \longrightarrow 2CrO_5\downarrow + 5H_2O$$

该反应常用于 H_2O_2 的检验。

四、硫及其化合物

1. 硫单质

硫单质的性质见表 2-5,液态 S 在 160 ℃时,S_8 开始断裂成长链,黏度增大,200 ℃时最黏稠,290 ℃时有 S_6 生成,444 ℃时沸腾,急冷后成为弹性硫。

表 2-5　硫的同素异形体的性质

物质	斜方硫	单斜硫
别名	α-硫	β-硫
稳定区间	369 K 以下	369 K 以上
熔点	386 K	392 K

2. 硫化物

硫化物性质往往和相应的氧化物做对比,同种情况下硫化物碱性更小,其他变化规律相同。同周期元素的硫化物从左到右酸性升高;同族元素的硫化物从上到下酸性降低;同一种元素,高价硫化物的酸性大于低价硫化物的酸性。

注意:SO_2 为氧化物,而不是硫化物,这是为什么?

Al^{3+} 和 S^{2-} 会发生双水解反应:

$$2Al^{3+} + 3S^{2-} + 6H_2O \longrightarrow 2Al(OH)_3\downarrow + 3H_2S\uparrow$$

为什么会发生双水解呢?

考虑到 $Al(OH)_3$ 的 $K_{sp}=[Al^{3+}][OH^-]^3=1\times10^{-36}$,$H_2S$ 的 $K_{a2}=1.2\times10^{-15}$,$K_{a1}=5.7\times10^{-8}$。要使 H_2S 不从溶液中逸出,则根据 $pH=pK_{a1}-\lg c_a/c_b=7.2$,即 pH 必须大于 7.2;要使 $Al(OH)_3$ 不出现,设 $[Al^{3+}]=0.1\ mol\cdot L^{-1}$,$[OH^-]=(10^{-35})^{1/3}$,pH=2.3,即 pH 必须小于 2.3。一个要 pH<2.3,一个要 pH>7.2,二者不可能同时满足,因此发生双水解反应。

同理,Fe^{3+} 和 S^{2-} 却不会只发生双水解反应,化学方程式如下:

$$2Fe^{3+} + 3S^{2-} \longrightarrow Fe_2S_3$$
$$2Fe^{3+} + 3S^{2-} \longrightarrow 2FeS + S$$
$$2Fe^{3+} + 3S^{2-} + 6H_2O \longrightarrow 2Fe(OH)_3\downarrow + 3H_2S\uparrow$$

其中第一个反应为主反应,第二、三反应都能发生,但产量不高。

$$2CaS + 2H_2O \longrightarrow Ca(OH)_2 + Ca(HS)_2$$

3. 氧化物及含氧酸

SO_2 和 SO_3 中 S 为 sp^2 杂化,都具有离域 π 键,分别为 π_3^4 和 π_4^6。SO_3 结构示意图如图 2-3 所示。H_2SO_4 分子中,所有 S—O 键的键长和 O—S—O 键角不相等,而 SO_4^{2-} 为对称性很高的 T_d 群。

H_2SO_4 的 $K_{a2}=10^{-2}$,故硫酸第二步电离为弱酸,因此酸式盐有弱酸性,加热时易分解生成焦硫酸:

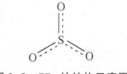

图 2-3　SO_3 的结构示意图

$$2NaHSO_4 \longrightarrow Na_2S_2O_7 + H_2O$$

而焦硫酸盐溶解于水即水解得到酸式盐。

含氧酸酸性顺序：$HOSO_2F > HI > HBr > HClO_4 > HCl \approx HNO_3 \approx H_2SO_4$。

4. 水合物和复盐

硫酸盐易形成水合物如 $CuSO_4 \cdot 5H_2O$，$CaSO_4 \cdot 2H_2O$，$MSO_4 \cdot 7H_2O$（M＝Mg、Fe、Zn）。

还可以形成复盐，如摩尔盐类 $M_2^I SO_4 \cdot M^{II} SO_4 \cdot 6H_2O$（$M^I = NH_4^+$、$K^+$，$M^{II} = Mg^{2+}$、$Mn^{2+}$、$Fe^{2+}$）和明矾类 $M_2^I SO_4 \cdot M_2^{III}(SO_4)_3 \cdot 24H_2O$（$M^I = Li^+$、$Na^+$、$NH_4^+$、$K^+$，$M^{III} = Al^{3+}$、$Fe^{3+}$、$Cr^{3+}$、$V^{3+}$）。

5. 硫代硫酸钠

$Na_2S_2O_3$ 可用如下方法制备：

$$Na_2SO_3 + S \longrightarrow Na_2S_2O_3$$

$$2Na_2S + Na_2CO_3 + 4SO_2 \longrightarrow 3Na_2S_2O_3 + CO_2$$

酸性条件下 $Na_2S_2O_3$ 不稳定：

$$S_2O_3^{2-} + 2H^+ \longrightarrow SO_2 \uparrow + S \downarrow + H_2O$$

$Na_2S_2O_3$ 易被氧化，弱氧化剂可氧化到中间价态，强氧化剂可氧化到最高价：

$$2Na_2S_2O_3 + I_2 \longrightarrow Na_2S_4O_6 + 2NaI$$

$$Na_2S_2O_3 + 4Cl_2 + 5H_2O \longrightarrow Na_2(HSO_4)_2 + 8HCl$$

6. 硫的其他化合物

重要的其他化合物有 S_2Cl_2、SF_6、卤磺酸。

卤磺酸的酸性远超过 H_2SO_4，这是由于 F 对电子的吸引力大于 OH，是一种典型的超强酸，其结构式如图 2-4 所示。

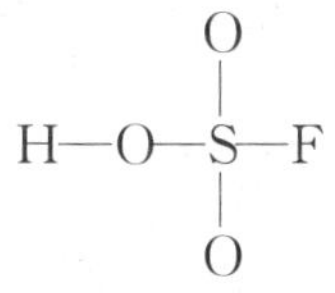

1966 年，美国 Case Western Reserve 大学首次得到 $H[SbF_5(OSO_2F)]$。

$$SbF_5 + HSO_3F \longrightarrow H[SbF_5(OSO_2F)]$$

图 2-4　HSO_3F 的结构示意图

由于 Sb 为第ⅤA族元素，其配位数可以为 6，它最外层价电子都成键后留下一个空轨道，故 SbF_5 为一种强的 Lewis 酸。其他常见的 Lewis 酸如 BF_3、AlF_3、GaF_3，而 NH_3、PH_3、AsH_3、SbH_3 为 Lewis 碱。$H[SbF_5(OSO_2F)]$ 的酸性更强，可以溶解烃。

$$H[SbF_5(OSO_2F)] + HOSO_2F \longrightarrow H_2SO_3F^+ + [SbF_5(OSO_2F)]^-$$

第三节　氮族元素

一、通性

氮族元素的价电子排布为 ns^2np^3，因此特征氧化态为 -3、$+5$，从上到下最高价的氧化性体现了亚周期性以及惰性电子对效应，氮族元素可以为金属、非金属。氮族元素的一些基本性质见表 2-6。

表 2-6　氮族元素的一些基本性质

性　质	氮	磷	砷	锑	铋
原子序数	7	15	33	51	83
相对原子质量	14.01	30.97	74.92	121.8	209.0

（续表）

性　质	氮	磷	砷	锑	铋
价电子构型	$2s^2 2p^3$	$3s^2 3p^3$	$4s^2 4p^3$	$5s^2 5p^3$	$6s^2 6p^3$
常见氧化态	$-\text{Ⅲ}, -\text{Ⅱ}, -\text{Ⅰ},$ $+\text{Ⅰ} \to +\text{Ⅴ}$	$-\text{Ⅲ}, +\text{Ⅰ}, +\text{Ⅲ},$ $+\text{Ⅴ}$	$-\text{Ⅲ}, +\text{Ⅲ}, +\text{Ⅴ}$	$+\text{Ⅲ}, +\text{Ⅴ}$	$+\text{Ⅲ} (+\text{Ⅴ})$
共价半径/pm	70	110	121	143	152
第一电离能/ $(kJ \cdot mol^{-1})$	1 402	1 012	947.1	831.7	703.3
第一电子亲和能/ $(kJ \cdot mol^{-1})$	−7	72	78	100.92	90.92
电负性(Pauling 标度) (阿莱-罗周标度)	3.04 3.07	2.19 2.06	2.18 2.20	2.05	1.9
M—M 单键键能/ $(kJ \cdot mol^{-1})$	167	201	146		
M≡M 三键键能/ $(kJ \cdot mol^{-1})$	942	481	380		

其中第二周期的元素氮由于无 2d 轨道，因此配位数比较少，同时半径小，内层电子数比较少，导致其共价单键键能较小，双键较稳定，N≡N 三键键能特别大。

第四周期的元素砷由于有第四周期的不规则性导致砷的氧化性大于磷。

第六周期的元素由于有惰性电子对效应，其实质是 $6s^2$ 电子钻穿效应大而使 Bi(Ⅴ)/Bi(Ⅲ)电极电势很大，导致 $NaBiO_3$ 是强氧化剂。

二、氮及其化合物

1. 氮的结构式

N_2 的分子轨道排布式为 $KK(\sigma_{2s})^2(\sigma_{2s}{}^*)^2(\pi_{2p})^4(\sigma_{2p})^2$；$N_2$ 的 Lewis 结构式为 :N≡N: ，其中的三键由两个 π 键和一个 σ 键组成。

2. 制备

制备 N_2 的方法为分离空气。按照纯度，N_2 可分为普氮(99%)和高纯氮(99.99%)，合成化学中的无水无氧装置中大量使用 N_2。

实验室制 N_2 的方法如下：

$$NH_4^+ + NO_2^- \longrightarrow N_2\uparrow + 2H_2O$$

比较下面反应，可知该法不纯，易产生 NH_3、NO、O_2、H_2O 等杂质：

$$4NH_4^+ + 4NO_2^- \longrightarrow 3N_2\uparrow + 3/2O_2\uparrow + 5H_2O + 2NH_3\uparrow$$

还可以通过加热 NaN_3 得到 N_2，此方法得到的 N_2 更纯：

$$NaN_3 \longrightarrow 3/2N_2\uparrow + Na$$

3. 成键特征

N 成键特征：最大配位数是 4，易形成 π 键，例如 N≡N 、N_3^- 。

4. 氮化物

氮化物：ⅡA 族金属都易形成氮化物，如 Mg_3N_2；ⅠA 族金属除 Li_3N 外都不易形成氮化物。

离子型氢化物的热稳定性规则是小阳离子＋小阴离子比较稳定,大阳离子＋大阴离子比较稳定。

需要注意:①N^{3-} 是小阴离子,半径其实和 Cs^+ 相当,这里阴离子和阴离子比,阳离子和阳离子比。②氢化物也有类似性质。

5. 肼

氢化物包括 NH_3、NH_4^+、NH_2OH、$H_2N—NH_2$、HN_3 等。其中联氨 N_2H_4（又称肼）最为重要,其制备方法如下:

$$NaClO + 2NH_3 \longrightarrow N_2H_4 + NaCl + H_2O$$

$$4NH_3 + (CH_3)_2CO + Cl_2 \longrightarrow \begin{array}{c} H_3C \\ \\ H_3C \end{array} C \begin{array}{c} NH \\ \\ NH \end{array} + 2NH_4Cl + H_2O$$

$$\begin{array}{c} H_3C \\ \\ H_3C \end{array} C \begin{array}{c} NH \\ \\ NH \end{array} + H_2O \longrightarrow (CH_3)_2CO + NH_2—NH_2$$

6. HN_3 和 NH_3

HN_3 的结构中有一个 π_3^4 和一个 π_2^2,中心 N 原子 sp 杂化,N_3^- 和 CO_2 为等电子体,它们都有 2 个 π_3^4。

NH_3 的介电常数为 26.7,而 H_2O 为 80.4,因为电场力 $F = (1/4\pi\varepsilon_0)(Q_1Q_2/r^2)$,所以 ε_0 越大,F 越小。F 为什么会小? 是因为介质的阻挡,极性越大,阻力越大。所以 NH_3 溶液中离子化合物溶解度减小,有机物溶解度增大。

7. 氧化物及含氧酸

(1) 氧化物

氧化物及对应酸的关系如下:

$$NO \longrightarrow NO_2 \longrightarrow HNO_3 \longrightarrow HNO_2$$
$$\downarrow \qquad\qquad \downarrow$$
$$N_2O_5 \qquad\quad N_2O_3$$

(2) 王水

HNO_3 有强氧化性,加入 HCl 后氧化性更强,体积比为 1∶3 的 $HNO_3 + HCl$ 称为王水,可氧化 Au、Pt 等不活泼金属。王水中有氧化性极强的 NOCl:

$$HNO_3 + 3HCl \longrightarrow NOCl + Cl_2 + 2H_2O$$

王水中 Cl^- 的配位作用强,可以降低 Au 的电极电势:

$$Au^{3+} + 3e^- \longrightarrow Au \qquad E^\ominus(Au^{3+}/Au) = 1.42 \text{ V}$$
$$[AuCl_4]^- + 3e^- \longrightarrow Au + 4Cl^- \qquad E^\ominus(AuCl_4^-/Au) = 0.994 \text{ V}$$

由上面两个电极电势数值可以计算出配离子 $[AuCl_4]^-$ 的稳定常数。

$$E^\ominus(AuCl_4^-/Au) = E^\ominus(Au^{3+}/Au) - 0.059\,16/3\lg K_稳^\ominus, K_稳^\ominus = 4\times10^{21}$$

王水和 Au 的反应产物是 NO:

$$Au + HNO_3 + 4HCl \longrightarrow HAuCl_4 + NO\uparrow + 2H_2O$$

王水和 Pt 反应:

$$3Pt + 4HNO_3 + 18HCl \longrightarrow 3H_2PtCl_6 + 4NO\uparrow + 8H_2O$$

（3）亚硝酸及其盐

N_2O_3 是亚硝酸酐，它不稳定，25 ℃时即有 90% 发生下列分解反应：

$$N_2O_3 \rightleftharpoons NO + NO_2$$

HNO_2 是中强酸，其 $K_a = 5.1 \times 10^{-4}$，为强氧化性酸，制备和性质如下：

$$NO + NO_2 + H_2O \longrightarrow 2HNO_2$$
$$NO + NO_2 + 2OH^- \longrightarrow 2NO_2^- + H_2O$$
$$3HNO_2 \longrightarrow HNO_3 + 2NO\uparrow + H_2O$$
$$2NO_2^- + 2I^- + 4H^+ \longrightarrow 2NO\uparrow + I_2\downarrow + 2H_2O$$
$$2MnO_4^- + 5NO_2^- + 6H^+ \longrightarrow 2Mn^{2+} + 5NO_3^- + 3H_2O$$

HNO_2 分解，如浓度大时有 NO_2 逸出，浓度不大时，NO_2 与 H_2O 反应生成 HNO_3。

（4）硝酸及其盐

硝酸的制备方法如下：

$$NaNO_3 + H_2SO_4 \longrightarrow NaHSO_4 + HNO_3$$
$$4NH_3 + 5O_2 \longrightarrow 4NO + 6H_2O \qquad \Delta H^\ominus = -903.74 \text{ kJ} \cdot \text{mol}^{-1}$$
$$2NO + O_2 \longrightarrow 2NO_2 \qquad \Delta H^\ominus = -113 \text{ kJ} \cdot \text{mol}^{-1}$$
$$3NO_2 + H_2O \longrightarrow 2HNO_3 + NO \qquad \Delta H^\ominus = -200.1 \text{ kJ} \cdot \text{mol}^{-1}$$

N_2O_5 是硝酸酐，可以看成是 $[NO_2]^+[NO_3]^-$，其中 $[NO_2]^+$ 称为硝酰。

HNO_3 的结构中存在分子内氢键，使其熔沸点下降，加入 H_2O 后，水与 HNO_3 之间形成氢键，使 HNO_3 分子内氢键减小，导致其熔沸点上升。

HNO_3 与金属的反应分下面几种情况：Fe、Cr、Al 在浓 HNO_3 中发生钝化；Sn、As、Sb、Mo、W 等生成含水化合物或含氧酸，如 $SnO_2 \cdot xH_2O$ 和 H_3AsO_4。

HNO_3 的浓度不同时，硝酸的还原产物如下：

$$M + HNO_3(12\sim16 \text{ mol} \cdot \text{L}^{-1}) \longrightarrow NO_2 \text{ 为主}$$
$$M + HNO_3(6\sim8 \text{ mol} \cdot \text{L}^{-1}) \longrightarrow NO \text{ 为主}$$
$$M + HNO_3(约 2 \text{ mol} \cdot \text{L}^{-1}) \longrightarrow N_2O \text{ 为主}$$

活泼金属与稀硝酸反应可以得到 −3 价的 N：

$$M + HNO_3(<2 \text{ mol} \cdot \text{L}^{-1}) \longrightarrow NH_4^+ \text{ 为主}$$

活泼金属还可以与硝酸反应生成氢气：

$$M + HNO_3 \longrightarrow H_2$$

金属和硝酸反应速度在刚开始时不快，一旦发生后速度很快，有人提出下面的反应机理：

$$2NO_2 + H_2O \longrightarrow HNO_2 + H^+ + NO_3^-$$
$$Cu + 2HNO_2 + 2H^+ \longrightarrow Cu^{2+} + 2NO\uparrow + 2H_2O$$
$$2NO + 4H^+ + 4NO_3^- \longrightarrow 6NO_2 + 2H_2O$$

该机理依赖于 HNO_2，如果加入 H_2O_2、$CO(NH_2)_2$ 和 HNO_2 反应，则反应速度减慢。

$$CO(NH_2)_2 + 2HNO_2 \longrightarrow 2N_2\uparrow + CO_2\uparrow + 3H_2O$$

除了王水外，HNO_3 还可以形成其他混合酸，如浓 $HNO_3 + HF$ 混合酸可以溶解不溶于王水的金属（M=Nb，Ta）：

$$M+5HNO_3+7HF \longrightarrow H_2MF_7+5NO_2\uparrow+5H_2O$$

浓 $HNO_3+H_2SO_4$ 是有机化学上常用的硝化剂。

硝酸盐一般是离子化合物,但是 $Cu(NO_3)_2$ 为共价化合物,硝酸盐一般发生以下热分解反应:

$$2NaNO_3 \longrightarrow 2NaNO_2+O_2 \qquad （Mg之前）$$
$$2Cu(NO_3)_2 \longrightarrow 2CuO+4NO_2+O_2 \qquad （Mg\sim Cu）$$
$$2AgNO_3 \longrightarrow 2Ag+2NO_2+O_2 \qquad （Cu之后）$$

不符合规律的硝酸盐的分解产物如下:

$$LiNO_3 \longrightarrow Li_2O$$
$$Sn(NO_3)_2 \longrightarrow SnO_2$$
$$Fe(NO_3)_2 \longrightarrow Fe_2O_3$$

三、磷及其化合物

1. 磷的单质

磷的同素异形体有白磷和红磷,白磷的制备方法如下:

$$Ca_3(PO_4)_2(s)+3SiO_2(s) \longrightarrow 3CaSiO_3(l)+P_2O_5(g)$$
$$P_2O_5(g)+5C(s) \longrightarrow 2P(g)+5CO(g)$$

含磷分子的结构化学性质如表2-7所示:

表2-7 含P分子的结构化学性质

磷配位数	3	4	5	6
成键轨道	p^3 或 sp^3	sp^3	sp^3d	sp^3d^2
分子构型	三角锥	四面体	三角双锥	八面体
例子	PH_3、PCl_3	$POCl_3$、H_3PO_3	PCl_5、PF_5	PF_6^-

2. 磷的含氢化物和膦盐

重要的磷的氢化物有 PH_3 和 P_2H_4,这类物质在空气中往往易自燃,产生"鬼火"。类似于铵盐,磷也可以得到膦盐,例如 PH_4Cl,膦盐的热稳定性远远小于对应的铵盐。

3. 磷的氧化物及含氧酸

（1）氧化物

白磷燃烧生成 P_4O_6 和 P_4O_{10},也可在空气中缓慢氧化得到 P_4O_6 和 P_4O_{10}。

P_4O_{10} 为最强的干燥剂之一。

$$P_4O_{10}+6H_2SO_4 \longrightarrow 4H_3PO_4+6SO_3\uparrow$$
$$P_4O_{10}+2H_2O \longrightarrow 4HPO_3$$
$$P_4O_{10}+6H_2O \longrightarrow 4H_3PO_4（反应速度不快）$$

类似于水解反应,也可以发生醇解反应:

$$P_4O_{10}+6C_2H_5OH \longrightarrow 2C_2H_5O\underset{\underset{O}{\|}}{P}(OH)_2+2(C_2H_5O)_2\underset{\underset{O}{\|}}{P}(OH)$$

（加酸加热时反应速度上升）

P_4O_6 是亚磷酸酐，水解时易发生歧化反应，有较强的还原性，溶于冷水的最终产物为 H_3PO_3。

$$P_4O_6 + 6H_2O(冷) \longrightarrow 4H_3PO_3$$

但与热水反应生成 PH_3：

$$P_4O_6 + 6H_2O(热) \longrightarrow PH_3 \uparrow + 3H_3PO_4$$

H_3PO_3 在加热时也同样发生歧化反应：

$$5P_4O_6 + 18H_2O(热) \longrightarrow 8P + 12H_3PO_4$$

$$2P_4O_6 \longrightarrow 3P_2O_4 + 2P(红)$$

$$P_4O_6 + 2O_2 \longrightarrow P_4O_{10}$$

（2）次磷酸和亚磷酸

次磷酸 H_3PO_2 的熔点为 26.5 ℃，加热至 140 ℃ 分解，其水溶液有很强的还原性：

$$H_2PO_2^- + OH^- \longrightarrow HPO_3^{2-} + H_2 \uparrow$$

$$H_2PO_2^- + Ni^{2+} + H_2O \longrightarrow HPO_3^{2-} + Ni \downarrow + 3H^+$$

亚磷酸可通过下面途径制备：

$$P \xrightarrow{Cl_2} PCl_3 \xrightarrow{H_2O} H_3PO_3$$

$$2P + 3Cl_2 \longrightarrow 2PCl_3$$

$$PCl_3 + 3H_2O \longrightarrow H_3PO_3 + 3HCl$$

（3）磷酸

白磷溶于硝酸可得磷酸：

$$3P_4 + 20HNO_3 + 8H_2O \longrightarrow 12H_3PO_4 + 20NO \uparrow$$

H_3PO_4 的导电性在浓度为 45%～47% 最强，而 H_2SO_4 也在中间浓度 30% 时最强，这是由于在此时离子浓度最高：

$$H_2SO_4 + H_2O \longrightarrow H_3O^+ + HSO_4^-$$

$$H_2SO_4 + H_2SO_4 \longrightarrow H_3SO_4^+ + HSO_4^-$$

P（Ⅴ）的含氧酸有正磷酸、偏磷酸、焦磷酸，其命名规则为：

正酸"分子"－1 水分子＝1 偏酸分子
2 正酸"分子"－1 水分子＝1 焦酸分子

偏磷酸盐、焦磷酸盐和聚磷酸盐可通过如下反应得到：

$$NaH_2PO_4 \longrightarrow NaPO_3 + H_2O$$

$$2Na_2HPO_4 \longrightarrow Na_4P_2O_7 + H_2O$$

$$2Na_2HPO_4 + NaH_2PO_4 \longrightarrow Na_5P_3O_{10} + 2H_2O$$

过磷酸钙是 $Ca(H_2PO_4)_2$ 和 $CaSO_4$ 的混合物，不适用于过酸的命名规则。

第四节 碳族元素

一、通性

碳族元素的价电子排布为 ns^2np^2，特征化合价为 +2、+4，碳族元素的一些基本性质见表 2-8。

表 2-8 碳族元素的一些基本性质

性质	碳	硅	锗	锡	铅
元素符号	C	Si	Ge	Sn	Pb
原子序数	6	14	32	50	82
价电子构型	$2s^2 2p^2$	$3s^2 3p^2$	$4s^2 4p^2$	$5s^2 5p^2$	$6s^2 6p^2$
常见氧化态	+IV，+II，0（−II，−IV）	+IV（+II），0，(−IV)	+IV，+II	+IV，+II	+IV，+II
共价半径/pm	77	117	122	140	154
M^{4+} 离子半径/pm	15	41	53	69	78
M^{2+} 离子半径/pm			73	93	119
第一电离能/（$kJ \cdot mol^{-1}$）	1 090	786	762	707	716
电子亲和能/（$kJ \cdot mol^{-1}$）	154	134	116	107	35
电负性(χ_p)	2.5	1.8	1.8	1.8	1.9

二、C 的性质与结构

1. ^{14}C 断代

生物体在活着的时候会因新陈代谢从外界摄入 ^{14}C，最终体内 $^{14}C/^{12}C$ 会达到与环境一致（该比值基本不变），当生物体死亡后，遗体中 ^{14}C 的衰变使遗体中的 $^{14}C/^{12}C$ 不断减小，通过测定 $^{14}C/^{12}C$ 就可以推断该生物的死亡年代。碳的同位素 ^{14}C 的半衰期为 5 730 年，此法测量范围在半衰期的 1/10～10 倍之间，即在 500～50 000 年之间。

活性炭有很高的比表面积（其分子内部的多孔结构使其比表面积较大），因此有很强的吸附性能，在催化行业应用极广。活性炭的吸附作用分物理吸附和化学吸附，其中化学吸附（chemical adsorption）热效应大，吸附得更加紧密。

C_{60} 的构型为截角二十面体，由 20 个正六边形和 12 个正五边形组成。1984 年，质谱证实了 C_{60} 的存在。1990 年，Kratchmer 等在 He 气氛下电弧法制备出了宏观可见的 C_{60}。

2. CO

考虑下面反应，CO 是否为甲酸酐？

$$CO + NaOH \longrightarrow HCOONa$$

HCOOH 脱水得 CO，CO 可发生下面的反应，其中第一个用于 CO 的检测：

$$CO + PdCl_2 + H_2O \longrightarrow Pd + CO_2 + 2HCl$$

$$Fe_2O_3(s) + 3CO(g) \longrightarrow 2Fe(s) + 3CO_2(g) \qquad \Delta H = -26.8 \ kJ \cdot mol^{-1}$$

$$Fe(s) + 5CO(g) \longrightarrow Fe(CO)_5 \qquad \Delta H = -233.5 \ kJ \cdot mol^{-1}$$

3. CO_2、H_2CO_3 及盐

思考：若将 $0.2\ mol\cdot L^{-1}$ Na_2CO_3 和 $0.2\ mol\cdot L^{-1}$ $CaCl_2$ 等体积混合，是生成 $Ca(OH)_2$ 还是 $CaCO_3$？已知 $K_{sp}[Ca(OH)_2]=5.5\times10^{-6}$，$K_{sp}(CaCO_3)=2.5\times10^{-9}$。

解析：对于 $CaCO_3$：$[Ca^{2+}][CO_3^{2-}]=0.1\times0.1=10^{-2}>2.5\times10^{-9}$，可以沉淀；

$$[OH^-]=\sqrt{k_bc}=\sqrt{\frac{K_w}{4.7\times10^{-10}}\times0.1}=1.45\times10^{-3}$$

对于 $Ca(OH)_2$：$[Ca^{2+}][OH^-]^2=0.1\times(1.45\times10^{-3})^2=2\times10^{-7}<5.5\times10^{-6}$，不沉淀。

拓展：若将 $0.2\ mol\cdot L^{-1}$ $MgCl_2$ 和 $0.2\ mol\cdot L^{-1}Na_2CO_3$ 混合呢？生成 $Mg(OH)_2$ 还是 $MgCO_3$？

由于 $Mg(OH)_2$ 和 $MgCO_3$ 的 K_{sp} 分别为 6.82×10^{-6} 和 5.61×10^{-12}，所以：

$[Mg^{2+}][CO_3^{2-}]=10^{-2}\gg K_{sp}[Mg(OH)_2]$，可以沉淀；

$[Mg^{2+}][OH^-]^2=2\times10^{-6}\gg K_{sp}(MgCO_3)$，也可以沉淀；

两者同时沉淀就会生成碱式盐 $Mg_2(OH)_2CO_3$。

三、硅的性质和结构

1. 制备

$$粗产品制备：SiO_2+2C\longrightarrow Si+2CO\uparrow$$
$$提纯：Si+Cl_2\longrightarrow SiCl_4\longrightarrow Si+HCl$$

在半导体行业中使用的高纯硅利用区域熔融法制备。

2. 性质

Si 与 HNO_3 不反应。而 $Si+4HF\longrightarrow SiF_4+2H_2$ 常温下也不反应，高温下才能进行。

Si 可溶于 HNO_3 和 HF 的混酸，也可溶于 NaOH。

$$3Si+4HNO_3+18HF\longrightarrow 3H_2SiF_6+4NO\uparrow+8H_2O$$
$$Si+2NaOH+H_2O\longrightarrow 2H_2\uparrow+Na_2SiO_3$$

3. 硅烷

由于 Si—Si 键能小于 C—C 键能，因此硅烷的稳定性远小于烷烃，具有很强的还原性，制备 Si 时容易生成硅烷而自燃。

$$SiO_2+4Mg\longrightarrow Mg_2Si+2MgO$$
$$Mg_2Si+4HCl\longrightarrow SiH_4+2MgCl_2$$
$$SiH_4+2O_2\longrightarrow SiO_2+2H_2O$$
$$SiH_4+2KMnO_4\longrightarrow H_2+K_2SiO_3+2MnO_2\downarrow+H_2O$$

4. SiO_2 和硅酸盐

SiO_2 的结构是由硅氧键组成的空间网络结构，是原子晶体。晶胞中 Si 占据面心立方的位置，而 O 占据四面体空隙。硅酸的通式为 $xSiO_2\cdot yH_2O$，不同的 x、y 对应的硅酸见表 2-9。

表 2-9　硅酸的种类

		x	y
偏	H_2SiO_3	1	1
二	$H_6Si_2O_7$	2	3
三	$H_4Si_3O_8$	3	2
二偏硅酸	$H_2Si_2O_5$	2	1

硅酸盐的结构特点是 Si 为 +4 价, Si 和 O 一定相连形成 $Si_xO_y^{n-}$ 的结构, 它与阳离子形成离子键。

硅酸盐的结构为空间网络状, 有些硅酸盐是层状或片状结构, 易从链间(石棉)、层间(云母)一条条、一片片撕开; Si 相邻位置的 Al、P 都可以形成 AlO_4、PO_4 四面体, 它们都可以部分代替 SiO_4 形成硅铝酸盐、磷铝酸盐; 形成了各种各样的沸石和分子筛。

四、锡和铅的存在与冶炼、性质、氧化物与氢氧化物及其盐

1. 锡和铅的存在与冶炼

$$锡矿石 \xrightarrow{煅烧} 除 S、As \xrightarrow{酸} 去氧化物 \longrightarrow SnO \xrightarrow{C} Sn$$

$$PbS(方铅矿) \xrightarrow{O_2} PbO \xrightarrow{CO} Pb \xrightarrow{电解} Pb(99.95\%)$$

由于方铅矿中含有少量 Ag_2S, 因此粗铅产物中含少量 Ag。

锡有灰锡(α 锡)和白锡(β 锡), 锡酸有 α-锡酸和 β-锡酸。白锡(β 锡)又称脆锡, 低温下发生锡疫, 由 β-Sn 向 α-Sn 转变, 因此锡制品长期在低温下会损坏。

$$Sn + 4HNO_3 \longrightarrow SnO_2 + 4NO_2\uparrow + 2H_2O [稀 HNO_3 生成 Sn(NO_3)_2]$$

金属铅质软, 密度大, 可以吸收 X、γ 射线, 是较好的核辐射防护材料。

$$Pb + 4HNO_3 \longrightarrow Pb(NO_3)_2 + 2NO_2\uparrow + 2H_2O$$

$$Pb + 4HAc \longrightarrow Pb(Ac)_4 + 2H_2\uparrow$$

2. 铅的性质
Pb 与水反应:

$$Pb + 水 \longrightarrow 溶解度很小(1.5×10^{-6}\,mol \cdot L^{-1})$$

$$Pb + 有氧水 \longrightarrow 溶解度大(不能用铅管输硬水)$$

$$Pb + 硬水 \longrightarrow PbSO_4\downarrow (溶解度极小)$$

$$Pb + OH^- + 2H_2O \longrightarrow Pb(OH)_3^- + H_2\uparrow$$

3. 氧化物和氢氧化物

$$SnO 在空气中 \xrightarrow{\triangle} SnO_2; 无空气 SnO \xrightarrow{\triangle} Sn + SnO_2$$

在 Sn^{2+} 溶液中加 OH^-:

$$Sn^{2+} + 2OH^- \longrightarrow Sn(OH)_2 \longrightarrow Sn(OH)_3^-$$

如为浓强碱: $2Sn(OH)_3^- \longrightarrow Sn(OH)_6^{2-} + Sn$

$SnCl_4$ 水解为 α-锡酸: $SnCl_4 + 6H_2O \longrightarrow H_2Sn(OH)_6 + 4HCl$

铅的氧化物:

$$Pb \xrightarrow{\triangle} PbO \begin{array}{l} \longrightarrow 红色 \\ \searrow 黄红色 \end{array} \left.\begin{array}{l} 488℃ \\ \end{array}\right) 转化$$

$$PbO_2 \xrightarrow{375℃} Pb_2O_3 \xrightarrow{>375℃} Pb_3O_4 \xrightarrow{550℃} PbO$$

$$2PbO_2 \longrightarrow Pb_2O_3 + 1/2O_2\uparrow$$

$$3Pb_2O_3 \longrightarrow 2Pb_3O_4 + 1/2O_2\uparrow$$

$$Pb_3O_4 \longrightarrow 3PbO + 1/2O_2\uparrow$$

PbO_2 有强氧化性, 这来源于惰性电子对效应, 可用作铅蓄电池。

4. 硫化物

常见的硫化物为 SnS、SnS_2、PbS，但没有 PbS_2。

将 H_2S 通入下列溶液中可以得到对应的硫化物：

$$Sn^{2+} \longrightarrow SnS$$
$$Sn^{4+} \longrightarrow SnS_2$$
$$Pb^{2+} \longrightarrow PbS$$

5. 卤化物

常见的卤化物有 SnX_2、SnX_4、PbX_2、PbF_4、$PbCl_4$。

$SnCl_2$ 为强还原剂：

$$2Hg^{2+} + Sn^{2+} + 2Cl^- \longrightarrow Hg_2Cl_2 \downarrow + Sn^{4+}$$
$$Hg_2Cl_2 + Sn^{2+} \longrightarrow 2Hg \downarrow + Sn^{4+} + 2Cl^-$$
$$Sn + Cl_2 \longrightarrow SnCl_4$$

$PbCl_2$ 的溶解度随温度而变化，析出时有针状晶体出现。$PbCl_4$ 为黄色液体，极易水解而冒烟。

铅的其他盐如 $Pb(NO_3)_2$、$Pb(Ac)_2$ 可溶，$PbSO_4$、$PbCO_3$、$PbCrO_4$ 不溶。

可溶盐中均有配合物生成：$Pb(NO_3)^+$ ($\beta = 15.1$)。

$$Pb^{2+} + Ac^- \longrightarrow Pb(Ac)^+ \qquad \beta = 145$$
$$Pb(Ac)^+ + Ac^- \longrightarrow Pb(Ac)_2 \qquad \beta = 810$$
$$Pb(Ac)_2 + Ac^- \longrightarrow Pb(Ac)_3^- \qquad \beta = 2\,950$$

第五节　硼族元素

一、通性

硼族元素的价电子排布为 ns^2np^1，特征化合价为 $+3$，第六周期的元素 Tl 有稳定的 $+1$ 价，硼族元素的一些基本性质见表 2-10。

表 2-10　硼族元素的一些基本性质

性质	B	Al	Ga	In	Tl
原子序数	5	13	31	49	81
相对原子质量	10.81	26.98	69.72	114.8	204.4
价电子构型	$2s^2 2p^1$	$3s^2 3p^1$	$4s^2 4p^1$	$5s^2 5p^1$	$6s^2 6p^1$
常见氧化态	$+\mathrm{III}, 0$	$+\mathrm{III}$	$+\mathrm{I}, +\mathrm{III}$	$(+\mathrm{I})+\mathrm{III}$	$+\mathrm{I}(+\mathrm{III})$
共价半径/pm	88	118	126	144	148
M^{2+} 离子半径/pm			113	132	140
M^{3+} 离子半径/pm	20	50	62	81	95
第一电离能/(kJ·mol^{-1})	800.7	577.6	578.8	558.3	589.3
电子亲和能/(kJ·mol^{-1})	26.73				
电负性(χ_p)	2.0	1.5	1.6	1.7	1.8

二、硼及其化合物

1. 硼的存在形式及其制备

硼砂：$Na_2B_4O_7 \cdot 10H_2O$，硼镁矿：$Mg_2B_2O_5 \cdot H_2O$。B_{12} 与 B_{12} 之间是 3c-2e 键，层与层之间是 σ 键。

2. 硼烷

B_2H_6 B_4H_{10}

     乙硼烷   丁硼烷

硼烷的常见构型有闭式：$[B_nH_n]^{2-}$，巢式：B_nH_{n+4}，蛛网式：B_nH_{n+6}。

3. 硼酸及其盐

硼酸以氢键相连成片状，如图 2-5 所示。

为什么 H_3BO_3 的溶解度很小？而加热又迅速上升？H_3BO_3 以氢键连成层状结构后，同一层内氢键达到饱和，使它不与水缔合，而加热则破坏了这种缔合。

硼砂分子式可写成 $Na_2[B_4O_5(OH)_4] \cdot 8H_2O$，其结构示意图如图 2-6 所示。

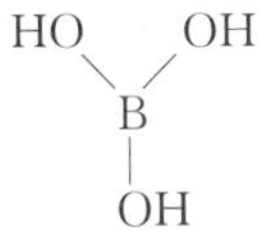

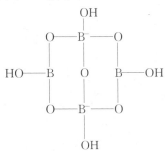

图 2-5 硼酸的结构示意图

图 2-6 硼砂阴离子的结构示意图

三、铝及其化合物

铝可与水反应，生成氢氧化物和氧化物，还可和酸反应，得到卤化铝、铝盐，进而得到 Al 的各种配合物。

1. 存在及提取

$$铝矾土(Al_2O_3) \xrightarrow{\text{NaOH(aq)}} NaAl(OH)_4 \xrightarrow[\text{CO}_2]{\text{过滤}} Al(OH)_3 \xrightarrow{\triangle} Al_2O_3$$

电解液：

$$Al_2O_3 + NaAlF_6(2\% \sim 8\%) + CaF_2(10\%) \xrightarrow{\text{NaOH(aq)}} 产物(Al)$$

2. 氧化物与氢氧化物

$$2Al + 6H_2O \longrightarrow 2Al(OH)_3 + 3H_2 \uparrow （钝化后不反应）$$
$$2Al + 6HCl + 12H_2O \longrightarrow 2AlCl_3 \cdot 6H_2O + 3H_2 \uparrow （在浓 HCl 中得到晶体）$$
$$2Al + 6HCl(g) \longrightarrow 2AlCl_3 + 3H_2 \uparrow$$
$$4Al + 3C \longrightarrow Al_4C_3 \quad \Delta G^{\ominus} = -211.3 \text{ kJ} \cdot \text{mol}^{-1}$$
$$Al(OH)_3(s) \longrightarrow Al^{3+}(aq) + 3OH^-(aq)$$
$$Al(OH)_3(s) + H_2O \longrightarrow H^+(aq) + Al(OH)_4^-(aq) \quad K_{sp(a)} = 2.0 \times 10^{-11}$$

3. 卤化物

AlF_3 为白色难溶固体，$K_{sp} = 1.0 \times 10^{-15}$，是离子化合物。铝的其他卤化物为共价化合物。固态 $AlCl_3$ 的结构示意图如图 2-7 所示。

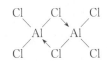

图 2-7 $AlCl_3$ 的结构示意图

4. 磷酸盐

$$Al^{3+} + PO_4^{3-} + xH_2O \longrightarrow AlPO_4 \cdot xH_2O（白色胶状）$$

易溶铝盐:$Al_2(SO_4)_3 \cdot nH_2O$、$Al(NO_3)_3 \cdot nH_2O$。这些盐受热时,因 $Al(III)$ 的水解作用生成碱式盐:

$$Al(ClO_4)_3 \cdot 15H_2O \xrightarrow{178\ ℃} Al(OH)(ClO_4)_3$$

$$Al(NO_3)_3 \cdot 9H_2O \xrightarrow{500\ ℃} Al_2O_3$$

$$Al(NO_3)_3 \cdot 9H_2O \xrightarrow{100\sim150\ ℃} Al(OH)(NO_3)_2$$

灭火器中利用 $Al_2(SO_4)_3$ 和 $NaHCO_3$ 反应:

$$Al^{3+} + 3HCO_3^- \longrightarrow Al(OH)_3 \downarrow + 3CO_2 \uparrow$$

该反应生成的 CO_2 和白色固体 $Al(OH)_3$ 可阻挡燃烧。

思考:为什么不用酸性更强的 H_2SO_4 和碱性更强的 Na_2CO_3?

明矾结构通式为 $M_2^I SO_4 \cdot M_2^{III}(SO_4)_3 \cdot 24H_2O$。其中阳离子 M^I 可以是 Li、Na、K、Rb、Cs、NH_4、Tl,其中阳离子 M^{III} 可以是 Al、Fe、Cr、V、Co、Mn、Rh、Ir。阴离子 SO_4^{2-} 也可以换成 SeO_4^{2-}。

第六节　碱金属和碱土金属

碱金属和碱土金属的知识包括单质的制备、氧化物、过氧化物、超氧化物、氢氧化物和盐类。

一、通性

碱金属元素的价电子排布为 ns^1,特征化合价为 +1,碱土金属元素的价电子排布 ns^2,特征化合价为 +2。碱金属都是低熔点,低硬度的轻金属,具有导电,导热性能。碱金属元素的基本性质见表 2-11,碱土金属元素的基本性质见表 2-12。

表 2-11　碱金属元素的基本性质

性质	锂	钠	钾	铷	铯
元素符号	Li	Na	K	Rb	Cs
原子序数	3	11	19	37	55
相对原子质量	6.941	22.99	39.10	85.47	132.9
价电子构型	$2s^1$	$3s^1$	$4s^1$	$5s^1$	$6s^1$
常见氧化态	+I	+I	+I	+I	+I
原子半径(金属半径)/pm	152	186	232	248	265
离子半径/pm	59	99	137	152	167
第一电离能/$(kJ \cdot mol^{-1})$	520	496	419	403	376
第二电离能/$(kJ \cdot mol^{-1})$	7 298	4 562	3 051	2 633	2 234
电负性	1.0	0.9	0.8	0.8	0.7
标准电极电势/V $[M^+(aq)+e^- \to M(s)]$	−3.040	−2.713	−2.924	−2.924	−2.923
M^+ 水合能/$(kJ \cdot mol^{-1})$	519	406	322	293	264

表 2-12　碱土金属元素的基本性质

性质	铍	镁	钙	锶	钡
元素符号	Be	Mg	Ca	Sr	Ba
原子序数	4	12	20	38	56
相对原子质量	9.012	24.31	40.08	87.62	137.3
价电子构型	$2s^2$	$3s^2$	$4s^2$	$5s^2$	$6s^2$
常见氧化态	+Ⅱ	+Ⅱ	+Ⅱ	+Ⅱ	+Ⅱ
原子半径(金属半径)/pm	111	160	197	215	217
离子半径/pm	27	57	100	118	136
第一电离能/$(kJ \cdot mol^{-1})$	899	738	590	549	503
第二电离能/$(kJ \cdot mol^{-1})$	1 757	1 451	1 145	1 064	965
第三电离能/$(kJ \cdot mol^{-1})$	14 849	7 733	4 912	4 138	—
电负性	1.6	1.31	1.0	1.0	0.9
标准电极电势/V $[M^{2+}(aq)+2e^- \rightarrow M(s)]$	−1.99	−2.356	−2.84	−2.89	−2.92
$M^{2+}(g)$水合能/$(kJ \cdot mol^{-1})$	2 494	1 921	1 577	1 443	1 305

二、制备和性质

1. 单质的制备

电解熔融 NaCl 和 NaOH 都可以得到金属 Na,其中 NaCl 熔点高,NaOH 熔点低,有利于降低成本。但由于阳极产物 H_2O 和阴极产物 Na 反应得到 NaOH,使电流效率降为 50%,成本反而更高。

$$4NaOH \xrightarrow{电解} 4Na + 2H_2O + O_2 \uparrow$$

$$2NaCl \xrightarrow{电解} 2Na + Cl_2 \uparrow$$

因此工业上使用电解熔融 NaCl 来制备金属 Na,电解时利用凝固点下降原理加入 $CaCl_2$ 可降低熔点,并分布在混合盐表面上呈细微分散状态而不聚集。

金属 K、Rb、Cs 都可以用金属 Na 还原其卤化物得到。

2. 氧化物

ⅠA 族的含氧化合物可以通过下列方法制备:

$$4Li + O_2 \longrightarrow 2Li_2O$$

$$2Na + O_2 \longrightarrow Na_2O_2$$

$$K + O_2 \longrightarrow KO_2$$

$$M + O_2 \longrightarrow 2MO$$

对于 Na、K,还有一些特殊的反应:

$$Na_2O_2 + 2Na \longrightarrow 2Na_2O$$

$$2KNO_3 + 10K \longrightarrow 6K_2O + N_2 \uparrow$$

ⅡA族的氧化物一般通过下面方法制备：

$$MCO_3 \longrightarrow MO + CO_2 \uparrow$$

其中BeO具有两性，其他的碱土金属氧化物均为碱性氧化物。

3. 过氧化物和超氧化物

除Be外，碱金属和碱土金属都很容易形成过氧化物，根据分子轨道理论，O_2^{2-}的电子排布式为$(\sigma_{2s})^2$ $(\sigma_{2s}*)^2(\sigma_{2p})^2(\pi_{2p})^4(\pi_{2p}*)^4$，因此O—O之间有一个$\sigma$键，所以电子都成对，具有反磁性。

金属K、Rb、Cs在氧气中燃烧可得到超氧化物：

$$M + O_2 \longrightarrow MO_2$$

O_2^-的电子排布式为$(\sigma_{2s})^2(\sigma_{2s}*)^2(\sigma_{2p})^2(\pi_{2p})^4(\pi_{2p}*)^3$，因此O—O之间的键级为1.5，有一个$\sigma$键和一个$\pi_2^3$，由于有一个不成对电子，因此具有顺磁性。

4. 氢氧化物

NaOH的制备可以使用隔膜法：

$$2NaCl + 2H_2O \longrightarrow 2NaOH + H_2\uparrow + Cl_2\uparrow$$

如图2-8所示的NaOH溶解度与NaCl浓度关系图，当NaCl浓度较高时，NaOH在NaCl中的溶解度较低，因此可利用该性质，增加NaCl浓度将其中的NaOH结晶析出。

还可以使用汞阴极法电解饱和NaCl，用汞作阴极时，由于增加H_2的超电势；升高$E^{\ominus}(Na^+/Na)$，则阴极析出Na，溶于Hg中形成钠汞齐$Na(Hg)_m$，导出$Na(Hg)_m$与水反应生成NaOH，产品纯度高，并且自动实现H_2和Cl_2的分离。

现代化工上还可以使用离子选择性渗透膜代替隔膜法。

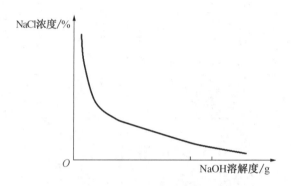

图 2-8　NaOH 溶解度随 NaCl 浓度的变化

5. 盐类

碱金属和碱土金属离子中水解能力强的离子为Be^{2+}、Li^+、Mg^{2+}，其含水卤化物热稳定性较差，加热脱水时会发生下面的水解反应。

$$LiCl \cdot H_2O \xrightarrow{\triangle} LiOH + HCl\uparrow$$

$$BeCl_2 \cdot 4H_2O \xrightarrow{\triangle} Be(OH)Cl + HCl + 3H_2O$$

$$MgCl_2 \cdot 6H_2O \xrightarrow{\triangle} Mg(OH)Cl + 5H_2O + HCl\uparrow$$

s区元素形成的盐比d区元素形成的同类盐在水中的溶解度高，而碱金属的盐又比同类的碱土金属盐在水中的溶解度高，这是由于碱金属的化合价小，离子的水合能小导致的。

Li^+、Be^{2+}、Mg^{2+}这三种离子由于半径小、电荷高，它们的盐有比较强的共价性，其他离子形成的盐往往是离子化合物。从Li到K，由于半径逐渐增加，离子势逐渐减小，水合能逐渐减小，因此形成水合盐的倾向逐渐降低。

钠盐和钾盐在性质上有以下三点差别：① 钠盐在水中溶解度大于钾盐；② 钠盐水合盐的数目大于钾盐；③ 钠盐的吸水性大于钾盐。这都是因为Na^+的半径比K^+小，水合能比较大引起的。

三、对角线规则

一种元素及其化合物的性质与周期表中它右下方的另一种元素具有的相似性超过了同族元素，元素间的这种关系称作对角线规则。在元素周期表中这种性质表现得最为明显的两对金属是 Li 与 Mg、Be 与 Al。

这是由于 Li、Be 的特性所导致的,这两种金属都具有熔点高、硬度高、导电性弱、半径小等特性。它们的键型体现了金属键向共价键过渡。

(1) Li 与 Mg 的相似性

① Li 与 Mg 在氧气中燃烧都生成氧化物而非 Na_2O_2、KO_2 等类型的化合物;

② 它们的碳酸盐、磷酸盐溶解度较低,而钠盐溶解度却较高;

③ 都可生成稳定的氮化物 Li_3N 和 Mg_3N_2,而 Na_3N 却不稳定;

④ 水合物加热脱水时会发生水解;

⑤ 易形成共价化合物,例如,$LiCH_3$ 是共价化合物,而 $NaCH_3$ 是离子化合物。

(2) Be 和 Al 的相似性

① Be 和 Al 氧化物和氢氧化物均为两性,而 MgO、$Mg(OH)_2$ 为碱性;

② $BeCl_2$、$AlCl_3$ 都为共价化合物,而 $MgCl_2$ 为离子化合物;

③ $BeCl_2$、$AlCl_3$ 都易升华,且溶于乙醇、乙醚,而 $MgCl_2$ 熔融状态下导电;

④ Be 和 Al 在 HNO_3 中钝化,而 Mg 等则可和 HNO_3 反应。

附1　例题解析

【例 2-1】 选取下表中的合适物质的字母代号(A～H)填入相应标题后的括号中(单选),并按要求填空。

A	B	C	D	E	F	G	H
NO_2^+	NO	N_2O_3	N_2H_4	NH_3	N_2O_4	$H_2N_2O_2$	NH_2OH

(1) (　　)不是平面分子,其衍生物用作高能燃料。

(2) (　　)存在两种异构体,其中一种异构体的结构为＿＿＿＿＿＿＿＿。

(3) (　　)具有线形结构,Lewis 结构式中每个键的键级为 2.0。

(4) (　　)是无色的平面分子,它的一种等电子体是＿＿＿＿＿＿＿＿。

(5) (　　)有碱性,可作制冷剂。

(6) (　　)既有酸性又有碱性,既是氧化剂又是还原剂,主要做＿＿＿＿＿剂。

(7) (　　)是顺磁性分子。

(8) (　　)水溶液会分解生成 N_2O,反应式为＿＿＿＿＿＿＿＿＿＿＿。

【解题思路】 本题改编自 2004 年广州冬令营的第一题,这一类题该怎么做?从何处出发?

首先,应从题目出发,先从明显的信息得到简单的产物,如"其衍生物用作高能燃料"可能为 N_2H_4;又从"是顺磁性分子"得到 NO;接着"有碱性,可作制冷剂"可得 NH_3;从"具有线形结构,Lewis 结构式中每个键的键级为 2.0",推出 NO_2^+。

此时还剩下 N_2O_3,N_2O_4,$H_2N_2O_2$,NH_2OH。

① (　　)存在两种异构体,其中一种异构体的结构为＿＿＿＿＿＿＿＿。

② (　　)是无色的平面分子,它的一种等电子体是＿＿＿＿＿＿＿＿。

③ (　　)既有酸性又有碱性,既是氧化剂又是还原剂,主要做＿＿＿＿＿剂。

④ (　　)水溶液会分解生成 N_2O,反应式为＿＿＿＿＿＿＿＿＿＿＿。

在这 4 个含氮化合物当中,平面分子只有一个 N_2O_4,它的等电子体应为 $C_2O_4^{2-}$。

而化合价适中,又有酸碱两性(碱性略强)的只有 NH_2OH 且常做还原剂。这样,只剩下 N_2O_3 和 $H_2N_2O_2$。

N_2O_3 的两种同分异构体为

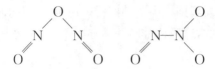

$H_2N_2O_2$ 叫连二次硝酸,分解方程式为:

$$H_2N_2O_2 \longrightarrow N_2O\uparrow + H_2O$$

【参考答案】

(1) D

(2) C

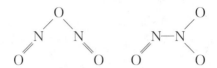

(3) A

(4) F $C_2O_4^{2-}$

(5) E   (6) H   还原   (7) B

(8) G $H_2N_2O_2 \longrightarrow N_2O\uparrow + H_2O$

【例 2-2】 保险粉(连二亚硫酸钠,$Na_2S_2O_4$)是中国无机盐工业在国际市场上极具竞争力的产品之一,国际上使用的保险粉大部分是中国制造。

(1) 制造保险粉的传统方法是锌粉法,主要工艺过程是在常温的锌粉水悬浮液中通入二氧化硫气体,制得连二亚硫酸锌,再用烧碱反应成连二亚硫酸钠,试写出其化学方程式:_____。

(2) 甲酸钠($HCOONa$)法是生产保险粉的新方法,此法用甲酸钠、烧碱和二氧化硫投放于甲醇溶液中制得连二亚硫酸钠,写出其总反应方程式:_____。

(3) 甲酸钠法中甲醇的作用是_____。

(4) 如今 $HCOONa$ 经常被用作化工原料,这是因为它比较容易获得,写出由两种常见无机物制得 $HCOONa$ 的化学方程式。

【解题思路】 本题考查含硫化合物连二亚硫酸钠的基本性质。连二亚硫酸钠传统的制备方法污染大,成本高,因此应用并不广泛,新方法得益于 CO 的综合利用,一方面是 CO 变废为宝,另一方面制备了成本低、污染小、物美价廉的连二亚硫酸钠,体现了化学之美。

本题的解题难度不大,只需顺着题目的意思顺藤摸瓜即可一步步得到答案。

【参考答案】 (1) $Zn + 2SO_2 \longrightarrow ZnS_2O_4$

$ZnS_2O_4 + 2NaOH \longrightarrow Na_2S_2O_4 + Zn(OH)_2$

(2) $HCOONa + NaOH + 2SO_2 \longrightarrow Na_2S_2O_4 + H_2O + CO_2$

(3) 降低保险粉的溶解度

(4) $CO + NaOH \longrightarrow HCOONa$

【例 2-3】 鉴定 NO_3^- 的方法之一是利用"棕色环"现象:将含有 NO_3^- 的溶液放入试管,加入 $FeSO_4$,混匀,然后顺着管壁加入浓 H_2SO_4,在溶液的界面上出现"棕色环"。分离出棕色物质,研究发现其化学式为 $[Fe(NO)(H_2O)_5]SO_4$。该物质显顺磁性,磁矩为 $3.8\ \mu B$(玻尔磁子),未成对电子分布在中心离子周围。

(1) 写出形成"棕色环"的反应方程式。

(2) 推出中心离子的价电子组态、自旋态(高或低)和氧化态。

(3) 棕色物质中 NO 的键长与自由 NO 分子中 N-O 键长相比,变长还是变短?简述理由。

【解题思路】 本题是基础无机化学的基本知识。

(1) 本题的配合物 $[Fe(NO)(H_2O)_5]SO_4$,其中心原子 Fe 的配位数为 6,其中有 5 个是 H_2O。按照无机化学的书写规则,在不是特别强调的情况下,配位 H_2O 是可以省略的,因此以下答案均正确。

$$3Fe(H_2O)_6^{2+} + NO_3^- + 4H^+ \longrightarrow 3Fe(H_2O)_6^{3+} + NO + 2H_2O$$

或
$$3Fe^{2+} + NO_3^- + 4H^+ \longrightarrow 3Fe^{3+} + NO + 2H_2O$$

$$Fe(H_2O)_6^{2+} + NO \longrightarrow [Fe(NO)(H_2O)_5]^{2+} + H_2O$$

或
$$Fe^{2+} + NO \longrightarrow [Fe(NO)]^{2+}$$

$$4Fe(H_2O)_6^{2+} + NO_3^- + 4H^+ \longrightarrow 3Fe(H_2O)_6^{3+} + [Fe(NO)(H_2O)_5]^{2+} + 3H_2O$$

或
$$4Fe^{2+} + NO_3^- + 4H^+ \longrightarrow 3Fe^{3+} + [Fe(NO)]^{2+} + 2H_2O$$

(2) $[Fe(NO)(H_2O)_5]SO_4$ 的磁矩为 $3.8\ \mu B$,其中未成对电子均围绕在中心离子周围,根据有效磁矩(μ_{eff})和未成对电子数(n)的关系,$\mu_{eff} = [n(n+2)]^{1/2}$,因此:

$$[n(n+2)]^{1/2} = 3.8$$

解方程得:$n = 3$,中心铁离子的价电子组态为 $t_{2g}^5 e_g^2$,在八面体场中呈高自旋状态。

(3) N—O 键长变短。中心铁离子的价电子组态为 $3d^7$,意味着 NO 除利用一对电子与中心离子配位之外,还将一个排布在反键轨道上的电子转移给了金属离子,变为 NO^+,N—O 键级变为 3,故变短。

或 NO^+ 与 CO 是等电子体,N 和 O 之间是三键,而 NO 分子键级为 2.5,故变短。

【参考答案】　(1) $3Fe(H_2O)_6^{2+} + NO_3^- + 4H^+ \longrightarrow 3Fe(H_2O)_6^{3+} + NO + 2H_2O$

或 $3Fe^{2+} + NO_3^- + 4H^+ \longrightarrow 3Fe^{3+} + NO + 2H_2O$

$Fe(H_2O)_6^{2+} + NO \longrightarrow [Fe(NO)(H_2O)_5]^{2+} + H_2O$

或 $Fe^{2+} + NO \longrightarrow [Fe(NO)]^{2+}$

$4Fe(H_2O)_6^{2+} + NO_3^- + 4H^+ \longrightarrow 3Fe(H_2O)_6^{3+} + [Fe(NO)(H_2O)_5]^{2+} + 3H_2O$

或 $4Fe^{2+} + NO_3^- + 4H^+ \longrightarrow 3Fe^{3+} + [Fe(NO)]^{2+} + 2H_2O$

(2) $t_{2g}^5 e_g^2$,高自旋状态,氧化态为 +1。

(3) N—O 键长变短。

【例 2-4】　由元素 X 和 Y 形成的化合物 A 是一种重要的化工产品,可用于制备润滑剂、杀虫剂等。A 可由生产 X 单质的副产物 FeP_2 与黄铁矿反应制备,同时得到另一个二元化合物 B。B 溶于稀硫酸放出气体 C,而与浓硫酸反应放出二氧化硫。C 与大多数金属离子发生沉淀反应。纯净的 A 呈黄色,对热稳定,但遇潮湿空气极易分解而有臭鸡蛋味。A 在乙醇中发生醇解,得到以 X 为单中心的二酯化合物 D 并放出气体 C,D 与 Cl_2 反应生成制备杀虫剂的原料 E、放出刺激性的酸性气体 F 并得到 Y 的单质(产物的物质的量之比为 1:1:1)。A 与五氧化二磷混合加热,可得到两种与 A 结构对称性相同的化合物 G1 和 G2。

(1) 写出 A、C 到 F 以及 G1 和 G2 的分子式。

(2) 写出由生产 X 单质的副产物 FeP_2 与黄铁矿反应制备 A 的方程式。

(3) 写出 B 与浓硫酸反应的方程式。

【解题思路】　本题是元素与化合物的考题,但是相关的知识相对比较生僻。

这种题的难度在于:不难得出元素是 S 和 P,但是难以得全产物。

可以指向 P_4S_{10} 的突破点有 X 和 Y 形成的化合物 A 是一种重要的化工产品,可用于制备润滑剂、杀虫剂等。其实就是指 P_4S_{10};A 可由生产 X 单质的副产物 FeP_2 与黄铁矿反应制备,同时得到另一个二元化合物 B。指向 A 含有 Fe、P、S 三种元素中的两种;A 与五氧化二磷混合加热,可得到两种与 A 结构对称性相同的化合物 G1 和 G2,暗示产物是 P_4S_{10}。

【参考答案】　(1) A:P_4S_{10};C:H_2S;D:$S{=}P(OC_2H_5)_2SH$ 或 $(C_2H_5O)_2P(S)SH$;E:$S{=}P(OC_2H_5)_2Cl$ 或 $(C_2H_5O)_2P(S)Cl$;F:HCl;G1 和 G2:$P_4S_6O_4$,$P_4S_4O_6$。

(2) $2FeP_2 + 12FeS_2 \longrightarrow P_4S_{10} + 14FeS$

(3) $2FeS + 10H_2SO_4(浓) \longrightarrow Fe_2(SO_4)_3 + 9SO_2\uparrow + 10H_2O$

或 $2FeS+6H_2SO_4(浓)\longrightarrow Fe_2(SO_4)_3+3SO_2\uparrow+6H_2O+2S$

若将 $Fe_2(SO_4)_3$ 写为 $Fe(HSO_4)_3$,即 $2FeS+13H_2SO_4(浓)\longrightarrow 2Fe(HSO_4)_3+9SO_2\uparrow+10H_2O$

或者 $2FeS+9H_2SO_4(浓)\longrightarrow 2Fe(HSO_4)_3+3SO_2\uparrow+6H_2O+2S$

附2 综合训练

1. 次磷酸 H_3PO_2 是一种强还原剂,将它加入 $CuSO_4$ 水溶液,加热到 $40\sim50\ ℃$,析出一种红棕色的难溶物 A。经鉴定:反应后的溶液是磷酸和硫酸的混合物;X 射线衍射证实 A 是一种六方晶体,结构类同于纤维锌矿(ZnS),组成稳定;A 的主要化学性质如下:① 温度超过 $60\ ℃$,分解成金属铜和一种气体;② 在氯气中着火;③ 与盐酸反应放出气体。回答如下问题:

(1) 写出 A 的化学式。

(2) 写出 A 的生成反应方程式。

(3) 写出 A 与氯气反应的化学方程式。

(4) 写出 A 与盐酸反应的化学方程式。

2. $100.00\ mL$ SO_3^{2-} 和 $S_2O_3^{2-}$ 的溶液与 $80.00\ mL$ 浓度为 $0.050\ 0\ mol\cdot L^{-1}$ 的 K_2CrO_4 的碱性溶液恰好反应,反应只有一种含硫产物和一种含铬产物;反应产物混合物经盐酸酸化后与过量的 $BaCl_2$ 溶液反应,得到白色沉淀,沉淀经过滤、洗涤、干燥后称量,质量为 $0.933\ 6\ g$。相对原子质量:S:32.06 Cr:51.996 O:15.999 Ba:137.34

(1) 写出原始溶液与铬酸钾溶液反应得到的含硫产物和含铬产物的化学式。

(2) 计算原始溶液中 SO_3^{2-} 和 $S_2O_3^{2-}$ 的浓度。

3. PCl_5 是一种白色固体,加热到 $160\ ℃$ 不经过液态阶段就变成蒸气,测得 $180\ ℃$ 下的蒸气密度(折合成标准状况)为 $9.3\ g\cdot L^{-1}$,极性为零,P—Cl 键长为 $204\ pm$ 和 $211\ pm$ 两种。继续加热到 $250\ ℃$ 时测得压力为计算值的两倍。PCl_5 在加压下于 $148\ ℃$ 液化,形成一种能导电的熔体,测得 P—Cl 的键长为 $198\ pm$ 和 $206\ pm$ 两种。(P、Cl 相对原子质量为 31.0、35.5)回答如下问题:

(1) $180\ ℃$ 下 PCl_5 蒸气中存在什么分子? 为什么? 写出分子式,画出立体结构。

(2) 在 $250\ ℃$ 下 PCl_5 蒸气中存在什么分子? 为什么? 写出分子式,画出立体结构。

(3) PCl_5 熔体为什么能导电? 用最简洁的方式作出解释。

(4) PBr_5 气态分子结构与 PCl_5 相似,它的熔体也能导电,但经测定其中只存在一种 P—Br 键长。PBr_5 熔体为什么导电? 用最简洁的形式作出解释。

4. 在元素化学中,氮族元素性质的变化基本上是规律的,是由典型非金属元素氮到典型金属元素铋的一个完整过渡。请回答下列问题:

(1) NCl_3 和 PCl_3 均会发生水解,但水解产物不同,请分别写出 NCl_3 和 PCl_3 发生水解的反应方程式:_____。

(2) NH_3 分子是常用的 Lewis 碱,能与许多金属离子发生 Lewis 酸碱加合反应。PH_3、N_2H_4 分子也是 Lewis 碱,PH_3 分子的碱性比 NH_3 _____(填"强"或"弱");N_2H_4 分子的碱性比 NH_3 _____(填"强"或"弱")。PH_3 分子的配位能力比 NH_3 _____(填"强"或"弱")。

(3) 铋酸钠在酸性介质中是强氧化剂。请写出在酸性介质中铋酸钠氧化+2 价锰离子的离子反应方程式:_____。

第三章　配位化合物

基本要求

配位化合物约占无机物总数的 4/5，在现代化学的各个领域都广泛涉及配位化合物。通过学习，需理解和掌握下列知识：

(1) 配合物的一些基本知识：概念、组成、结构和命名。

(2) 配合物中的化学键理论（价键理论，晶体场理论简介）。

(3) 配合物的稳定性（稳定常数及其应用）。

(4) 软硬酸碱的基本概念和重要的软酸软碱和硬酸硬碱。

配位化合物是近代无机化学的重要研究对象。近代物质结构理论和先进表征技术的发展为深入研究配合物提供了条件，使它充分发展成为无机化学的重要分支学科。配位化学的研究成果广泛应用于材料的制备和物质的分析、分离、提纯，并应用到药物、电镀、催化、印刷、高新技术等多方面，推动了电化学、生物化学、分析化学、催化动力学等分支学科的发展。配位化学的发展还对化学生物学、纳米化学等新兴交叉学科的建立和发展起到了很好的促进作用。本章首先介绍配合物的基本概念，再简明介绍配合物的价键理论和晶体场理论以及软硬酸碱理论，并对配合物在溶液中的解离对沉淀、氧化还原等产生的影响进行讨论。

第一节　配合物的基本概念、组成、结构和命名

一、配合物的定义

金属配合物是金属离子和配体间形成的路易斯酸碱加合物。1980 年中国化学会公布的《无机化学命名原则》为配位化合物下的定义是“由可以给出孤对电子或多个不定域电子的一定数目的离子或分子（称为配体）和具有接受孤对电子或多个不定域电子的空位的原子或离子（通称中心原子）按一定的组成和空间构型所形成的化合物”。可用通式表示如下：

$$M + nL \longrightarrow ML_n$$

其中，中心原子 M 是能接受孤对电子或多个不定域电子的原子、离子或分子；配体 L 是一定数目的给出孤对电子或多个不定域电子的分子或离子；ML_n（n：配体数目）即为具有一定的组成和空间构型、含有配位键的配合物，它可以是中性分子或带电的离子，例如，$H[AuCl_4]$、$Ni(CO)_4$、$[Ag(S_2O_3)_2]^{3-}$、$[Co(NH_3)_6]^{3+}$、$[Co(NH_3)_5H_2O]^{3+}$、$[SiF_6]^{2-}$ 等。

ML_n 表达式中 M 的个数为 1 时称之为单核配合物，当 M 的个数多于 1 时（即 M_xL_n，$x>1$），称之为多核配合物或原子簇配合物，如图 3-1 所示。

除了单核和多核配合物外，还有一类配合物——螯合物（内配合物）。螯合物是由中心离子和多齿配体（螯合剂）内的配位原子键合形成环状结构的配合物。由于螯合成环，它比具有相同配位原子的非螯合配合物有着特殊的稳定性——螯合效应。大多数金属元素都可以与螯合剂形成很稳定的螯合物，环状结构以五元环、六元环较为常见。在分析化学领域和工业软化硬水中应用的螯合剂乙二胺四乙酸（简称 EDTA，化学

式简写为 H_4Y)具有 4 个可置换的 H^+ 和 6 个配位原子,这些配位原子与中心离子配位而形成具有多个环状结构的螯合物。Ca^{2+}-EDTA 螯合物的立体结构如图 3-2 所示。

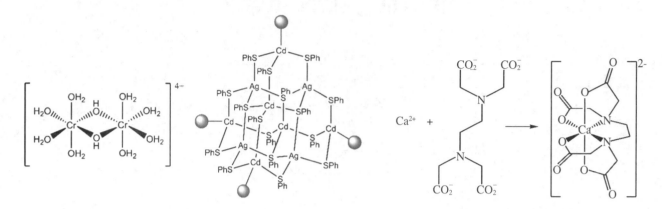

图 3-1　某些多核配合物或原子簇配合物的结构示意图　　　　图 3-2　Ca^{2+}-EDTA 螯合物的结构示意图

此外,与上述定义例外的是冠醚配合物,这是一类中心离子和配体间主要靠静电作用而形成的配合物(图 3-3)。

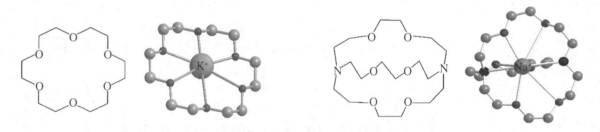

图 3-3　冠醚及其配合物的结构示意图

二、配合物的组成

配合物的组成可以划分为内界和外界两个部分。例如,$[Co(NH_3)_6]Cl_3$ 中,$[Co(NH_3)_6]^{3+}$ 为内界,Cl^- 为外界。下面进一步对内界进行介绍。

内界是由中心原子或离子和配体组成。

中心原子或离子主要是过渡金属离子,但也有极少数电中性原子以及负氧化态金属。例如 $Ni(CO)_4$、$Fe(CO)_5$ 和 $Cr(CO)_6$ 中中心原子 Ni、Fe、Cr 的氧化态为零,$HCo(CO)_4$ 中 Co 的氧化态为 -1。另外还有少数呈高氧化态的非金属元素原子,例如 $[SF_6]^{2-}$ 和 $[SiF_6]^{2-}$ 中 S 和 Si 的氧化态均为 $+4$,$[PCl_4]^+$ 中 P 的氧化态为 $+5$。

配体均是含有孤对电子的分子或离子,例如,X^-、OH^-、SCN^-、$RCOO^-$、$C_2O_4^{2-}$、PO_4^{3-}、$CN^-(:C\equiv N:^-)H^-$ 等阴离子以及 H_2O、NH_3、CO、ROH、RNH_2、ROR'、$CH_2=CH_2$ 等中性分子均可作配体。图 3-4 是 C_2H_4 和富勒烯作配体形成的配合物的结构示意图。

配体又分单齿配体和多齿配体。单齿配体:配体中只有一个原子参与配位;多齿配体:配体中有两个或两个以上原子参与配位。两可配体:NO_2^- 中可以是 N 作配位原子($N:\rightarrow$),也可以是 O 作配位原子(ONO^-,$O:\rightarrow$)。

配位数:直接同中心原子键合的配位原子的数目。常见的配位数有 2、4、5、6 等,对于稀土元素,其配位数通常较大,例如,$[UO_2F_5]^{2-}$、UF_7^{3-} 等。

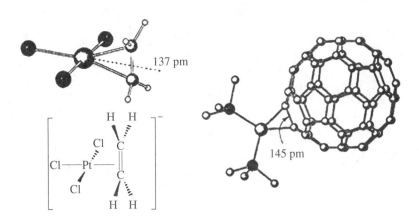

图 3-4　C_2H_4 和富勒烯作配体时形成的配合物的结构示意图

配位数的大小取决于中心原子和配位体的性质,主要影响因素包括电荷、体积、电子层结构以及形成配合物时的条件(浓度和温度)等,相应的例子如 $PtCl_4^{2-}$/$PtCl_6^{2-}$、AlF_6^{3-}/BF_4^-、$CdCl_6^{2-}$/$HgCl_4^{2-}$、AlF_6^{3-}/$AlCl_4^-$/$AlBr_4^-$、$[Fe(SCN)_x]^{3-x}$ 等。

三、配合物的命名(内界的命名)

配合物的组成比较复杂,应按统一的规则命名。根据 1980 年中国化学会无机专业委员会制定的汉语命名原则,可遵循下列几点:①如配合物为含配离子的化合物,则命名时阴离子名称在前、阳离子名称在后,与无机盐命名规则相同。②配离子命名为:(配位体数)配体合中心离子或原子(氧化数),配体的先后顺序为简单离子→复杂离子→无机分子→有机分子。同类配体可按配位原子元素符号的英文字母顺序排列。③不同的配体之间加"·"号隔开。④某些两可配体,配位原子不同,命名不同(NO_2^- 氮配位时称为硝基,氧配位时称为亚硝酸根;SCN^- 硫配位时称为硫氰根,氮配位时称为异硫氰根)。

举例如下:

$[Pt(NO_2)(NH_3)(NH_2OH)(Py)]Cl$　　　　氯化硝基·氨·羟胺·吡啶合铂(II)

$[Pt(NH_2)NO_2(NH_3)_2]^{2+}$　　　　　　　氨基·硝基·二氨合铂(IV)配离子

$[Cr(H_2O)(en)(C_2O_4)(OH)]$　　　　　　一羟基·一草酸根·一水·一(乙二胺)合铬(III)

$[Co(NCS)(NH_3)(en)_2]Br_2$　　　　　　　二溴化异硫氰根·氨·二(乙二胺)合钴(III)

第二节　配合物的异构现象

化学组成相同的配合物,由于配体不同或配位原子连接方式不同或配体空间排列方式而引起配合物结构和性质不同的现象称为配合物的异构现象,其包括立体异构和结构异构。

一、立体异构

立体异构也称为空间异构,包括顺反异构(几何异构)和旋光异构,是配体在中心离子周围配位位置/排列方式不同而引起的异构现象。

例如,$[PtCl_2(NH_3)_2]$ 具有平面正方形结构,有两种几何异构体,2 个 NH_3 和 2 个 Cl 分别占据相邻位置者称为顺式(cis-)结构,而彼此处于对角位置者称为反式(trans-)结构。这两种几何异构体的制备方法、颜色和化学性质都不相同,表 3-1 列出了它们的差别以方便比较。

表 3-1 ［PtCl₂(NH₃)₂］配合物的制备方法、结构和性质比较

	顺式异构	反式异构
结构	H_3N — Cl / Pt / H_3N — Cl	H_3N — Cl / Pt / Cl — NH_3
制备方法	$K_2[PtCl_4] \xrightarrow{NH_3(aq)} K[PtCl_3(NH_3)]+KCl$ $\xrightarrow{NH_3(aq)} cis-[PtCl_2(NH_3)_2]+KCl$	$K_2[PtCl_4]+4NH_3(aq) \longrightarrow [Pt(NH_3)_4]Cl_2+2KCl$ 加热到250℃或用HCl处理 $trans-[PtCl_2(NH_3)_2]+2NH_4Cl$
颜色	棕黄色	淡黄色
极性	偶极矩 $\mu \neq 0$	$\mu = 0$
溶解度	易溶于极性溶剂中(0.257 7 g/100 g H₂O)	难溶于极性溶剂中(0.036 6 g/100 g H₂O)
化学反应	邻位的 Cl⁻ 先被 OH⁻ 取代,然后被草酸根取代 H_3N — O — C=O / Pt / H_3N — O — C=O	因草酸根中 2 个配位氧原子不能取代对位上的 OH⁻,不能转变为草酸配合物

　　顺式和反式[PtCl₂(NH₃)₂]性质的最大差异在于前者是一个很好的抗癌药物,称为顺铂,而后者则不是。当它们进入人体后,顺铂能迅速而又牢固地与DNA(去氧核糖核酸)结合在一起成为一种隐蔽的cis-DAN加合物,它能干扰DAN的复制,阻止癌细胞的再生;而反式加合物生成后会很快被细胞识别而被除掉,因此它没有抗癌功能。由于顺铂仍有副作用,目前国内外学者在研究总结这个简单异构体药物作用的基础上,仍致力于研制类似与顺铂有效但副作用较小的抗癌新药。

　　配位数为 6 的八面体形配合物也存在类似的顺、反异构体。[Ma₂b₄]和[Ma₃b₃]各有 2 种几何异构体,[Mab₂c₃]有 3 种几何异构体,[Ma₂b₂c₂]有 5 种几何异构体(图 3-5,a、b、c 表示不同的配体)。对于[Ma₃b₃],经常以"面-"表示面式异构体,以"经-"表示经式异构体。

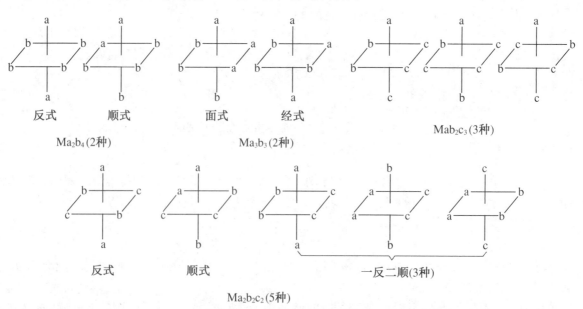

反式　　顺式　　　　　面式　　经式　　　　　　　　　　Mab₂c₃(3种)

Ma₂b₄(2种)　　　　　Ma₃b₃(2种)

反式　　顺式　　　　　　一反二顺(3种)

Ma₂b₂c₂(5种)

图 3-5　配位数为 6 的八面体形配合物的顺、反异构体示意图(a、b、c 表示不同的配体)

除几何异构体外,还存在旋光异构体(图3-6)。旋光异构体是指两种异构体的对称关系类似于一个人的左手和右手,互成镜像关系[图3-6(A)]。[Mn(acac)$_3$]的两个立体旋光异构体示意图如图3-6(B)所示。具有旋光异构的配合物可使平面偏振光发生方向相反的偏转[图3-6(C)],其中一种称为右旋(用符号 d 表示)旋光异构体,另一种称为左旋(用符号 l 表示)旋光异构体。通常动植物体内含有许多具有旋光活性的有机化合物,这类配合物对映体在生物体内的生理功能有极大的差异,例如存在于烟草中的天然左旋尼古丁对人体的毒性比实验室制得的右旋尼古丁大得多。

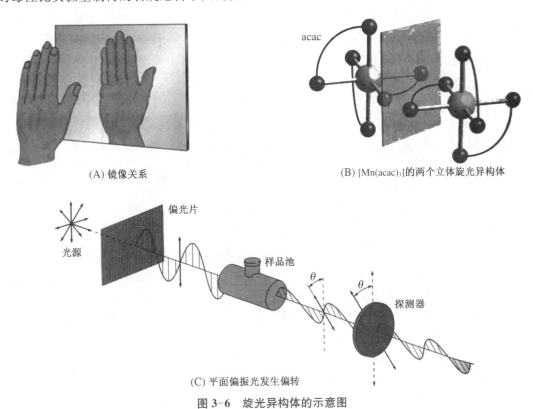

(A) 镜像关系

(B) [Mn(acac)$_3$]的两个立体旋光异构体

acac

偏光片

光源

样品池

θ　θ

探测器

(C) 平面偏振光发生偏转

图 3-6　旋光异构体的示意图

二、结构异构

结构异构包括配位异构、电离异构、水合异构、聚合异构、键合异构等。

(1) 配位异构

内界之间交换配体得到配位异构体。例如,[Co(NH$_3$)$_6$][Cr(CN)$_6$]中 Co^{3+} 与 Cr^{3+} 交换配体,形成[Cr(NH$_3$)$_6$][Co(CN)$_6$]。

(2) 电离异构

配合物内外界之间完全电离并互相交换两种离子。例如[Co(NH$_3$)$_5$Br]SO$_4$ 和[Co(NH$_3$)$_5$SO$_4$]Br 互为电离异构体。

(3) 水合异构

化学组成相同,水分子处于配合物的内界或外界而引起的异构,例如[Cr(H$_2$O)$_6$]Cl$_3$(紫)和[Cr(H$_2$O)$_5$Cl]Cl$_2$·H$_2$O(绿)。水合异构本质上属于电离异构范畴。

(4) 键合异构

它们是由于配位体中不同的原子与中心离子配位所形成的异构体。例如,NO$_2^-$ 配位体既可以通过氧原子又可以通过氮原子与金属离子键合形成键合异构体[Co(NH$_3$)$_5$NO$_2$]Cl$_2$ 和[Co(NH$_3$)$_5$ONO]Cl$_2$。还有,在一般条件下,SCN$^-$ 与第一过渡系金属形成的配离子中往往是金属离子与氮原子结合,而第二、三过渡系(特别是铂系金属)则倾向于与硫原子结合。

第三节　配合物的化学键理论

配合物由中心离子和配位体所组成，那么中心离子和配位体之间通过什么作用力结合在一起？这种结合力的本质是什么？为什么配离子具有一定的空间结构而它们的稳定性又各不相同？19世纪末一些科学家曾提出一些设想试图回答上述问题，但没有成功。直到20世纪，在近代原子和分子结构理论建立以后，用现代的价键理论、晶体场理论、配位场理论才较好地阐明了配合物化学键的本质。目前有关配合物成键和结构的理论主要有静电理论、价键理论、晶体场理论、分子轨道理论。本章主要介绍价键理论和晶体场理论。

一、配合物价键理论的基本内容

把杂化轨道理论应用于配合物内界的结构与成键研究，就形成配合物的价键理论。该理论基本要点有：①配合物的中心离子 M 与配体 L 之间的结合，一般是靠配体单方面提供孤对电子与中心离子的空轨道形成本质上是共价键的配位键。②中心离子所提供的空轨道必须首先进行杂化，形成数目相同、能量相等的具有一定方向性的新的杂化轨道（杂化后电子的空间取向更加明确和集中），例如有 sp、sp^2、sp^3、dsp^2、sp^3d^2、d^2sp^3 等杂化轨道。③配离子的空间结构决定于中心离子所提供的杂化轨道的种类，中心离子的稳定性也与此有关。

中心离子和配体间有时还形成反馈 π 键（d-p π 键，d-d π 键），即中心离子提供 d 电子，而配位原子提供 p 或 d 空轨道。

通常讨论的配合物主要是过渡金属离子所形成的配合物，那么过渡金属中心离子利用哪些空轨道进行杂化？这既和中心离子的电子层结构有关，又和配体的配位原子的电负性有关。

当 $(n-1)d$ 未填满，ns、np、nd 有空轨道，有两种杂化方式：

① 配位原子的电负性很大，如 F^-、Cl^-、H_2O、$C_2O_4^{2-}$ 等配体中的 F、O 等，不易给出孤电子对，中心离子的电子结构不发生变化，仅用 ns、np、nd 与配体键合，这样的配体称为弱配体，形成的配合物为外轨型（高自旋）配合物。相对来说，外轨型配合物（能量高）的键能小，不稳定，在水中易解离，例如 $Fe(H_2O)_6^{2+}$、$Co(NH_3)_6^{2+}$ 等。

② 配位原子的电负性相对较小，如 CO、CN^-、NO_2^- 等配体中的碳（CN^- 中以 C 配位）、氮（NO_2^- 中以 N 配位），较易给出孤电子对，对中心离子的影响较大而使其电子结构易发生变化，$(n-1)d$ 轨道上的成单电子被强行配对，腾出内层的空 d 轨道参与杂化，这样的配体称为强配体，常形成内轨型（低自旋）配合物。

下面以 $[Fe(H_2O)_6]^{3+}$、$Ni(CO)_4$ 举例说明。

$[Fe(H_2O)_6]^{3+}$ 中 Fe^{3+} 电子构型为 $3d^5$，H_2O 为弱配体，形成配离子时，Fe^{3+} 进行如图 3-7 所示杂化：

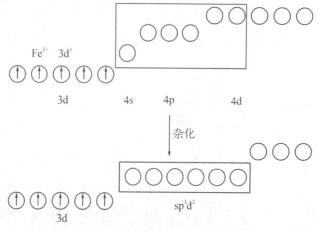

图 3-7　$[Fe(H_2O)_6]^{3+}$ 中 Fe^{3+} 的杂化方式

Fe^{3+} 用 sp^3d^2 杂化轨道和 H_2O 配位形成八面体空间构型的外轨型配离子。

$Ni(CO)_4$ 中 Ni 电子构型为 $3d^84s^2$，CO 为强配体，与 Ni 形成配合物时，进行如图 3-8 所示杂化：

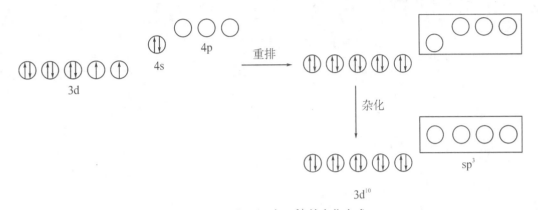

图 3-8　$Ni(CO)_4$ 中 Ni^{2+} 的杂化方式

Ni 用 sp^3 杂化轨道和 CO 配位形成四面体空间构型的内轨型配合物。

在一些羰基（包括等电子体 CN^-）和含氧桥键等结构的配合物中，除了配体给出孤对电子和中心离子形成 σ 配位键外，中心离子的 d 电子还可给予配体的 π^* 反键轨道或 d 轨道，和 p 电子形成反馈 π 键，从而增强了配合物的稳定性，如图 3-9 所示。

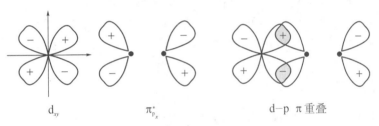

图 3-9　d 轨道和 π^* 反键轨道对称性一致

化合物包括配合物中成单电子数和宏观实验现象中的磁性有关。判断是内轨型配合物还是外轨型配合物的方法可通过磁天平（如图 3-10 所示）测定配合物的磁性大小并根据下列公式计算后确定：

$$\mu = \sqrt{n(n+2)}\,\mu_0 \qquad (3-1)$$

式中，μ 为配合物的磁矩，n 为中心离子的成单电子数，μ_0 是磁矩单位玻尔磁子（B.M.）。需要指出的是，上述 μ 的计算式主要适合第一过渡系金属离子形成的配合物（对第二、三过渡系等金属离子形成的配合物，由于金属离子电子间的相互作用更为复杂，可用公式 $\mu = \sqrt{S(S+1)+L(L+1)}\,\mu_0$ 进行计算，公式中 S 和 L 的含义不在此进行介绍）。一些第一过渡系金属离子配合物的电子结构和磁矩见表 3-2。表中前五个例子为高自旋配合物，后四个为低自旋配合物。

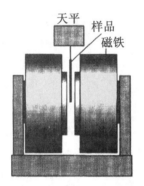

图 3-10　古埃(Gouy)磁天平示意图

表 3-2　部分第一过渡系金属离子配合物的电子结构和磁矩

配离子	中心离子内层 $(n-1)$ "轨道"电子排布	杂化轨道类型	未成对电子数	磁矩(Bohr 磁子单位)	
				理论值 $(\mu = \sqrt{n(n+2)})$	实验值
FeF_6^{3-}	Fe^{3+} ↑↑↑↑↑	sp^3d^2	5	5.92	5.88

（续表）

配离子	中心离子内层$(n-1)$"轨道"电子排布	杂化轨道类型	未成对电子数	磁矩（Bohr 磁子单位）	
				理论值（$\mu=\sqrt{n(n+2)}$）	实验值
$Fe(H_2O)_6^{2+}$	Fe^{2+} ⇅ ↑ ↑ ↑ ↑	sp^3d^2	4	4.90	5.30
CoF_6^{3-}	Co^{3+} ⇅ ↑ ↑ ↑ ↑	sp^3d^2	4	4.90	5.39
$Co(NH_3)_6^{2+}$	Co^{2+} ⇅ ⇅ ↑ ↑ ↑	sp^3d^2	3	3.87	5.04
$MnCl_4^{2-}$	Mn^{2+} ↑ ↑ ↑ ↑ ↑	sp^3	5	5.92	5.88
$Fe(CN)_6^{3-}$	Fe^{3+} ⇅ ⇅ ↑ _ _	d^2sp^3	1	1.73	2.3
$Co(NH_3)_6^{3+}$	Co^{3+} ⇅ ⇅ ⇅ _ _	d^2sp^3	0	0	0
$Mn(CN)_6^{4-}$	Mn^{2+} ⇅ ⇅ ↑ _ _	d^2sp^3	1	1.73	1.70
$Ni(CN)_4^{2-}$	Ni^{2+} ⇅ ⇅ ⇅ ⇅	dsp^2	0	0	0

【思考题】

1. 配合物 $Ni(CO)_4$ 和 $[Ni(CN)_4]^{2-}$ 具有不同的结构，但两者都是反磁性的。用价键理论予以解释。

2. $Fe(CO)_5$ 的分子空间构型是怎样的？最新的电子衍射研究表明，该分子中 Fe—C 键键长并不都相同，长度有两种，分别是 1.806Å 和 1.833Å，怎样解释这一现象？

二、价键理论应用的局限性

价键理论的重点是中心离子的空轨道与配体的原子轨道发生重叠形成配位共价键，其原理简单明了，能说明配合物的空间构型和配位数、磁性及某些离子的稳定性（例如，CN^- 作配体形成的配合物常常特别稳定，这主要是因为中心离子与配体间除了形成 σ 配位键外，还形成反馈 π 键）。

但该理论也存在局限性，只能定性说明配合物的性质，不能说明配合物的吸收光谱性质（包括配离子的颜色），不能说明夹心化合物的结构，不能说明某些配离子的稳定性。例如，平面四边形的 $[Cu(NH_3)_4]^{2+}$，如果该配离子采取 dsp^2 杂化，则 Cu^{2+} 的 1 个未成对电子将从 3d 轨道跃迁到外层较高能级上，该电子的能量升高，将使 $[Cu(NH_3)_4]^{2+}$ 容易氧化为 $[Cu(NH_3)_4]^{3+}$，但这与事实不符。再如，$[Co(NO_2)_6]^{4-}$ 中钴的 0 价电子构型为 d^7，实验证明这个配离子只有 1 个成单电子，可认为是内轨型（d^2sp^3），可说明磁性，但光谱实验表明，这个成单电子不是一个 4d 电子而仍然是一个 3d 电子。上述价键理论难以解释的问题，用配合物晶体场理论则可以得到较好的说明。

第四节 晶体场理论

虽然 H. A. Bethe 于 1928 年就提出晶体场理论，但直到 1953 年成功地解释 $[Ti(H_2O)_6]^{3+}$ 等配离子的光谱特性及过渡金属配合物的一些其他性质后，才受到化学界的普遍重视。

一、晶体场理论的基本要点

（1）配合物中配位键的本质是静电作用力。即中心离子和配体之间主要依靠静电作用形成配合物（而非价键理论中认为形成的是共价键）。在八面体配合物中，6 个配体分别沿着 $\pm x$、$\pm y$、$\pm z$ 方向接近中心离子,中心离子的 d 轨道中,d_{z^2} 和 $d_{x^2-y^2}$ 电子出现概率最大的方向与配体负电荷迎头相碰,排斥力较大,使能量升高。与此同时,其他 3 个 d 轨道受到配体负电荷的排斥力相对较小(图 3-11),能量较低。因此,在八面体配体形成的负电场影响下,原来能量相等的 5 个 d 轨道分裂成两组能量不同的轨道,分别为一组三重简并的轨道,记为 t_{2g}(群论符号)或 d_ε(光谱学符号);另一组为二重简并的轨道,以 e_g(群论符号)或 d_γ(光谱学符号)表示。

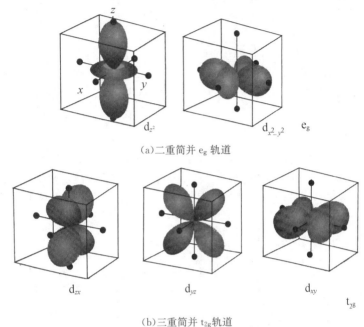

(a)二重简并 e_g 轨道

(b)三重简并 t_{2g} 轨道

图 3-11　5 条 d 轨道相对于八面体配位体("·"表示配体)的取向

(2) 由于 d 轨道的分裂,d 轨道上的电子将重新排布,优先占据能量较低的轨道,使体系的能量有所降低,如图 3-12 所示。例如,在 $[Ti(H_2O)_6]^{3+}$ 配离子中,Ti^{3+} 的 1 个成单的 3d 电子将进入能量低的 1 个 d_ε 轨道中。

(3) 分裂能:d_γ 和 d_ε 轨道之间的能量差叫分裂能,以 Δ_o 表示,在数值上相当于一个电子从 d_ε 轨道激发到 d_γ 轨道所需的能量,在八面体场中规定 $\Delta_o=10Dq$。根据量子力学中的重心不变原理(在球形场中配体和各个 d 轨道作用力相等,但是如果沿某些方向作用时,斥力增加,一部分 d 轨道能量升高,另一些轨道作用力减小,能量降低,但体系总能量不变),d 轨道分裂后的 d_γ 和 d_ε 轨道的总能量代数和为零。

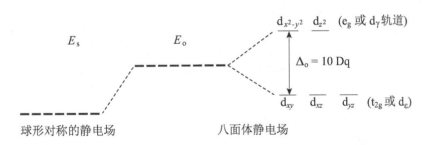

图 3-12　在正八面体场中中心离子 d 轨道能级的分裂示意图

$$E_{d\gamma}-E_{d\varepsilon}=\Delta_o=10Dq$$
$$2E_{d\gamma}+3E_{d\varepsilon}=0$$
$$E_{d\gamma}=3/5\Delta_o=6Dq$$
$$E_{d\varepsilon}=2/5\Delta_o=-4Dq$$

由此可见,在八面体场中,d 轨道分裂的结果使每个 d_γ 轨道能量升高 6Dq,每个 d_ε 轨道能量降低 4Dq。对四面体构型配合物可作相似的处理。

与八面体场相比,四面体场中 4 个配位体接近中心离子时,d 轨道和配体并非迎面相碰,斥力较小,其分裂能 $\Delta_t=4/9\Delta_o$。

$$E_{d\gamma}=-2.67Dq$$
$$E_{d\varepsilon}=1.78Dq$$

需要注意的是,这些能级图严格来讲只适用于 1 个 d 电子的情况,多于 1 个 d 电子的体系,因有电子间作用而复杂化,能级有时会出现颠倒的情形。另外,分裂能 Δ 仅占配合物总结合能(形成配合物时能量的变化)的 $5\%\sim10\%$。例如,$Ti(H_2O)_6^{3+}$ 的 Δ_o 约为 251.04 kJ $\cdot$ mol^{-1},而水合能约是 4 184 kJ $\cdot$ mol^{-1}。

二、影响分裂能的因素

分裂能的大小对中心离子电子的排布有重要影响(见后续晶体场稳定化能中的讨论)。分裂能的大小主要依赖于配合物的几何构型、中心离子的电荷数、d 轨道的主量子数 n,此外还同配位体的种类有很大关系。

(1) 配合物的几何构型的影响

一般来讲,配合物的几何构型同分裂能 Δ 大小的关系如下:

平面正方形＞八面体＞四面体

(17.42Dq)　(10Dq)　(4.45Dq)

例如,d^8　$Ni(CN)_4^{2-}$　平面正方形　$\Delta=35\ 500$ cm^{-1}

d^6　$Fe(CN)_6^{4-}$　八面体　$\Delta=33\ 800$ cm^{-1}

d^7　$CoCl_4^{2-}$　四面体　$\Delta=3\ 100$ cm^{-1}

(1 cm^{-1}=1.986$\times10^{-23}$ J=11.96 J $\cdot$ mol^{-1},1 eV=1.602 18$\times10^{-19}$ J=8 065.5 cm^{-1})

(2) 中心离子电荷数的影响

电荷数越高,对配体的引力越大,M 和配体间的核间距越小,M 外层的 d 电子与配体之间的斥力越大,从而 Δ 越大。相同金属不同价态时有相似的情况。

d^3　$[V(H_2O)_6]^{2+}$(25.023$\times10^{-20}$ J)　　d^3　$[Cr(H_2O)_6]^{3+}$(34.556$\times10^{-20}$ J)

d^6　$[Fe(H_2O)_6]^{2+}$(2.07$\times10^{-19}$ J)　　d^5　$[Fe(H_2O)_6]^{3+}$(2.72$\times10^{-19}$ J)

同族过渡金属相同电荷的 M^{n+} 离子,在配体相同时,绝大多数配合物 Δ 值增大的顺序为 3d＜4d＜5d,这主要是由于 d 电子伸展得较远,同配体靠近,因而斥力大。例如,Co^{3+}、Rr^{3+}、Ir^{3+} 三个离子和乙二胺(en)形成的配合物的 Δ 值分别为 4.6$\times10^{-19}$ J、6.8$\times10^{-19}$ J、8.2$\times10^{-19}$ J。一般说来,同族过渡金属由第三周期到第四周期,Δ 值增大约 $40\%\sim50\%$,由第四周期到第五周期,Δ 值增大约 $25\%\sim30\%$。

对同一中心离子而言,Δ 值随配位体的不同而不同,Δ 值大致按下列配位体的顺序增加:$I^-＜Br^-＜Cl^-＜SCN^-＜F^-＜OH^-\sim ONO^-\sim HCOO^-＜C_2O_4^{2-}＜H_2O＜EDTA^{4-}＜Py\sim NH_3＜en＜SO_3^{2-}＜bipy＜NO_2^-＜CN^-\sim CO$。

因为 Δ 值通常由光谱确定,上述顺序称为光谱化学序。场强越大,Δ 越大,电子越不易排在能量高的轨道上。

从上述顺序可看出,按配位原子来说,Δ 的大小为卤素＜氧＜氮＜碳,卤离子和 SCN^- 等为弱场配体,NO_2^-、CN^-、CO 等为强场配体。

三、晶体场稳定化能(CFSE)

以八面体为例,轨道分裂为低能的 d_ε 和高能的 d_γ 轨道,1 个 d 电子若进入 d_γ 轨道,能量将比未分裂前

升高 $3/5\Delta_o$（6Dq），使配合物变得较不稳定；若进入 d_ε 轨道，能量将比未分裂前降低 $2/5\Delta_o$（$-$4Dq），使配合物变得较为稳定。配合物中心离子的 d 电子从未分裂前的 d 轨道进入分裂后的 d 轨道，所产生的总能量的下降值叫作晶体场稳定化能（Crystal Field Stabilization Energy，简称 CFSE），它给配合物带来额外的稳定性。额外是指除中心离子与配位体由静电吸引形成的配合物的结合能之外，d 轨道的分裂使 d 电子进入能量低的 d_ε 轨道而带来的额外的稳定性。

根据 d_γ 和 d_ε 的相对能量以及进入其中的电子数可计算：

$$CFSE（八面体）= -2/5\Delta_o \times n_{d\varepsilon} + 3/5\Delta_o \times n_{d\gamma} = -(0.4 n_{d\varepsilon} - 0.6 n_{d\gamma}) \times \Delta_o$$

$n_{d\varepsilon}$、$n_{d\gamma}$ 不同，CFSE 不同。需要指出的是，由于分裂能 Δ 远远小于中心离子与配体形成配合物的能量（结合能），故稳定化能也比结合能小一个数量级（5%～10%），尽管如此，稳定化能对配合物的稳定性及许多其他性质还是很有影响的。

四面体场中 d 轨道分裂导致的 CFSE 可由下式计算：

$$CFSE（四面体）= -3/5\Delta_t \times n_{d\gamma} + 2/5\Delta_t \times n_{d\varepsilon} = -(0.6 n_{d\gamma} - 0.4 n_{d\varepsilon}) \times \Delta_t$$

无论是四面体还是八面体构型的配合物，在弱场情况下，d^0、d^5、d^{10} 型离子的 CFSE 均为零，强场情况下 d^0、d^{10} 的 CFSE 为零。

四、晶体场稳定化能的应用

1. 决定配合物的高自旋态和低自旋态及相关的磁性

以八面体场为例，d^1、d^2、d^3 离子，按洪特规则，d 电子只能分占三个简并的 d_ε 轨道，即只有一种电子排布，而 d^4、d^5、d^6、d^7 可有两种排布。当电子由 d_ε 进入 d_γ 轨道时所需能量为 Δ_o，在同一轨道上一个电子与另一电子成对克服排斥所需的能量称为成对能 P。电子在 d_γ 或 d_ε 轨道上的排布（即采取高自旋或低自旋），取决于 P 和 Δ_o 的相对大小。当 $P > \Delta_o$ 时，因电子成对需要能量高，故采取高自旋态，反之，当 $P < \Delta_o$ 时，因跃迁进入 d_γ 轨道需较高的能量，而采取低自旋态。例如，$[Cr(H_2O)_6]^{2+}$ 配离子中，Cr^{2+} 为 d^4 电子组态，$P = 4.57 \times 10^{-19}$ J，配体 H_2O 的 $\Delta = 2.76 \times 10^{-19}$ J，因为 $\Delta < P$，故 $[Cr(H_2O)_6]^{2+}$ 为高自旋排列的配离子；对 $[Fe(CN)_6]^{3-}$ 来说，Fe^{3+} 为 d^5 电子组态，$P = 5.96 \times 10^{-19}$ J，$\Delta = 6.55 \times 10^{-19}$ J，$\Delta > P$，故 $[Fe(CN)_6]^{3-}$ 为低自旋配离子。

对于 d^8、d^9 型离子，在八面体场中只能有一种组态。

另外，对于第一过渡系的四面体配合物，因 $\Delta_t = 4/9\Delta_o$，Δ_t 较小，常常不易超过 P，因而很少发现低自旋配合物（即正四面体配合物绝大多数是高自旋的）；而第五和第六周期的 4d 和 5d 过渡金属比同族的第四周期的 3d 金属离子易生成低自旋配合物，这是由于 4d、5d 轨道的空间范围比 3d 大，自身电子间排斥力小，因而 P 较小。

2. 解释配离子的颜色

含 d^1 到 d^9 的过渡金属离子的配合物一般是有颜色的：

d^1	$[Ti(H_2O)_6]^{3+}$	紫红	d^2	$[V(H_2O)_6]^{3+}$	绿
d^3	$[Cr(H_2O)_6]^{3+}$	紫	d^4	$[Cr(H_2O)_6]^{2+}$	天蓝
d^5	$[Mn(H_2O)_6]^{2+}$	肉红	d^6	$[Fe(H_2O)_6]^{2+}$	淡绿
d^7	$[Co(H_2O)_6]^{2+}$	粉红	d^8	$[Ni(H_2O)_6]^{2+}$	绿
d^9	$[Cu(H_2O)_4]^{2+}$	蓝			

晶体场理论认为，这些配离子由于 d 轨道没有充满，电子吸收光能后可在轨道 d_ε 和 d_γ 之间发生 d—d 电子跃迁。例如 d^9 型，$d_\varepsilon^6 d_\gamma^3$（基态）$\rightarrow d_\varepsilon^5 d_\gamma^4$（激发态），$E(d_{d\gamma}) - E(d_{d\varepsilon}) = \Delta_o = h\nu = h \times c/\lambda$。

这些配离子吸收能量约在 10 000～30 000 cm^{-1}（可见光波数范围为 14 286～25 000 cm^{-1}）之间，配体不同，Δ 值不同，吸收的波长也不同，故显现的颜色也不同。配离子的颜色就是从入射光中（混合光）去掉吸收

$$\text{d}_\gamma \quad \xrightarrow{\text{可见光}} \quad \text{d}_\gamma$$

$$\text{d}_\varepsilon \quad \quad \quad \text{d}_\varepsilon$$

的光后剩下的那一部分可见光所呈现的颜色。例如，$[Cu(H_2O)_4]^{2+}$ 吸收 $12\,600\ cm^{-1}$ 橙红色的光，显蓝色；$[Cu(NH_3)_4]^{2+}$ 吸收 $15\,100\ cm^{-1}$ 橙黄色的光，显深蓝色。这两个配离子中，$\Delta(NH_3) > \Delta(H_2O)$，故吸收的光向波长短的绿色区移动。无水 $CuSO_4$ 无色，这是由于 SO_4^{2-} 的 Δ 值小，吸收峰移至红外，故不显色。

第五节　配合物的稳定性

配合物的稳定性主要包括热稳定性（是否易受热分解）、热力学稳定性（在溶液中处于平衡状态时，由组分生成配合物的程度或在溶液中是否容易电离出它的组分）和氧化还原稳定性。

一、配合物的稳定常数

1. 逐级稳定常数

一般说来，中心离子和配体生成配离子的反应是分步进行的，那么相应地就存在一系列的配位平衡，有一系列的平衡常数，$K_{稳} = k_1 \cdot k_2 \cdot k_3 \cdots \cdot k_i$（$k$ 为逐级稳定常数），配离子逐级稳定常数的乘积就是该配离子的总稳定常数（稳定常数的表达式与通常化学平衡常数的表达式相似）。一般说来，$k_1 > k_2 > k_3 > \cdots > k_i$。相同组成类型的配合物，稳定常数越大，其在溶液中的稳定性越高。

【思考题】

$25\ ℃$ 时，$Hg^{2+} - NH_3$ 体系的逐级稳定常数 K_n 以常用对数表示是 $\log k_1 = 8.8$，$\log k_2 = 8.7$，$\log k_3 = 1$，$\log k_4 = 0.9$。问为什么 k_n 值逐渐减小？为什么 k_2/k_3 值这样大？

2. 配合物稳定常数的应用

判断难溶盐生成或其溶解的可能性（配位平衡与溶解平衡之间的关系）。

【思考题】

常见的溶解 $AgCl$、$AgBr$、AgI 的配位剂有哪些？

3. 计算金属与其配离子间的 $E^{\ominus}$ 值

配合物的形成可使溶液中 M^+ 的浓度发生变化，根据 Nernst 方程式，则相应的 $E_{M^+/M}$ 也发生改变。例如，当 Au 在王水中，由于可以形成 $AuCl_4^-$ 配离子，电极电势发生如下变化：

$$Au^{3+} + 3e^- \longrightarrow Au \qquad E^{\ominus} = 1.45\ V$$

$$AuCl_4^- + 3e^- \longrightarrow Au + 4Cl^- \qquad E^{\ominus} = 1.00\ V$$

因此，Au 易被氧化而溶解。

Cu 在卤离子（包括拟卤离子）存在下的反应及电极电势如下：

		$E^{\ominus}$	$K_{稳}$
$Cu^+ + e^- \longrightarrow Cu$	$0.52\ V$		
$CuCl_2^- + e^- \longrightarrow Cu + 2Cl^-$	$0.20\ V$	增大	减小
$CuBr_2^- + e^- \longrightarrow Cu + 2Br^-$	$0.17\ V$	↓	↓
$CuI_2^- + e^- \longrightarrow Cu + 2I^-$	$0.00\ V$		
$Cu(CN)_2^- + e^- \longrightarrow Cu + 2CN^-$	$-0.68\ V$		

从电极电势数据可知，配位后 Cu^+ 的氧化性减弱，换句话说，Cu 在 X^-、CN^- 存在下更易失去电子而

溶解。

【思考题】

CuI_2 为什么不能稳定存在而 $[Cu(NH_3)_4]I_2$ 则可以稳定存在？为什么 $(NH_4)_2PbCl_6$ 能稳定存在？

二、影响配合物稳定性的因素

影响配合物稳定性的因素很多，分内因和外因两个方面，内因主要指中心离子或原子与配位体的性质，外因有溶液的酸度、浓度、温度、压力等，我们主要讨论内因的影响。

1. 软硬酸碱理论

酸碱的软硬分类是在路易斯酸碱理论（反应中接受电子对的物质是酸，给出电子对的物质是碱）的基础上进行的。1963 年，R. G. Pearson 提出了软硬酸碱理论。

硬酸是指接受电子对的原子（或离子）正电荷高，体积小，不易极化变形，也不易失去电子，没有易于被激发的外层电子，如 H^+、Li^+、Mg^{2+}、Al^{3+} 等；相对应的，软酸为接受电子对的原子（或离子）正电荷低或等于零，体积大，变形性大，也易失去电子，即有易于激发的外层电子（通常为 d 电子），如 Cu^+、Ag^+、Au^+ 等。

硬碱是指其给电子原子变形性小，电负性大，难被氧化（难失去电子），如 F^-、OH^-、O_2、H_2O、Cl^-、CH_3COO^-、NH_3、RNH_2、CO_3^{2-}、PO_4^{3-} 等；软碱是给出电子对的原子变形性大，电负性小，易被氧化（即外层电子易失去），如 I^-、CN^-、$S_2O_3^{2-}$、S^{2-}、CO、R_3P、SCN^- 等。

硬酸、硬碱之所以称为"硬"，是形象地表明它们不易极化变形；软酸和软碱之所以称为"软"，是形象地表明它们较易极化和变形。

根据上述定义，把 Lewis 酸碱分为硬、软以外，还把性质介于硬酸和软酸之间的叫交界酸（Fe^{2+}、Co^{2+}、Ni^{2+}、Cu^{2+}、Zn^{2+}、Sn^{2+}、Sb^{3+} 等），把介于软碱和硬碱之间的叫交界碱，如 Br^-、NO_2^-、SO_3^{2-}、吡啶等。

酸碱反应时，硬酸优先与硬碱结合，软酸优先与软碱结合，交界酸与软、硬碱都能结合，而交界碱与软、硬酸都能结合，但无法预见其结合的牢固程度，这一描述称为软硬酸碱理论，简单归纳为"硬亲硬，软亲软，软硬交界就不管"。

当软硬酸碱理论原理应用于配合物化学中，其规律性就是中心离子为硬酸（例如 Al^{3+}）时，倾向于与硬碱配体（例如 F^-、OH^-）结合；中心离子为软酸（例如 Ag^+）时，倾向于与软碱配体（例如 CN^-、S^{2-}、I^-）结合；中心离子为交界酸时，与硬碱或软碱都能结合，形成的配合物的稳定性差别不大。

从电子构型来说，外层为 $2e^-$ 或 $8e^-$ 构型的阳离子通常为硬酸，这些金属离子与配体间的结合力主要是静电作用力，其离子势 Z/r 愈大，和硬碱形成的配合物越稳定。外层为 $18e^-$ 或 $18+2e^-$ 构型的阳离子为软酸；这些金属离子的极化力和变形性均大于 $2e^-$ 和 $8e^-$ 型的阳离子。$9\sim17e^-$ 构型即介于 $8e^-$ 和 $18e^-$ 之间的阳离子，属于交界酸。这些金属离子如果电荷较高，d 电子数少，变形性小，轨道重叠形成配位键的共价程度小，则软硬性接近同周期左侧 $8e^-$ 的硬酸；当电荷较低，d 电子数越多时，变形性愈大，则愈接近同周期的右侧 $18e^-$ 的软酸。

2. 配体的影响

总的说来，配体易给出电子，与 M^{n+}（或原子）形成的键越多，配合物越稳定。

（1）配位原子的电负性。配位原子电负性越大，吸引电子的能力越强，则给出电子对和中心离子配位的能力就越弱。例如，与 $2e^-$ 或 $8e^-$ 中心离子的配位，根据硬亲硬原则，下列原子形成配位键的能力是 $N \gg P > As > Sb$，$O \gg S > Se > Te$，$F > Cl > Br > I$。

（2）螯合性。在螯合物中形成环的数目越多，配位原子越多，配合后与中心离子分开的概率越小，配离子稳定性越高，因而更稳定。

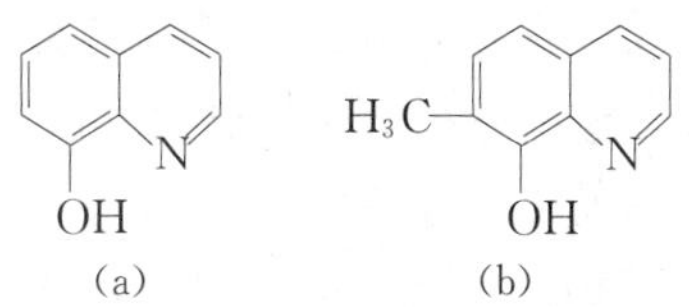

（3）空间位阻和邻位效应。螯合剂中配位原子附近如果存在体积较大的基团（图 3-13），会阻碍中心离子与其配位，降低稳定性，这称为空间位阻（较大基团

图 3-13 邻位效应导致的空间位阻结构示意图

在邻位时特别显著,称邻位效应)。

附1 例题解析

【例3-1】 某研究小组对铬盐和乙酸的反应产物进行 X 射线单晶体衍射分析,可知该产物为 $[Cr_3O(CH_3COO)_6(H_2O)_3]Cl \cdot 8H_2O$,其中 3 个 Cr 原子的化学环境完全相同,$CH_3COO^-$ 为桥连配体,H_2O 为单齿配体。画出该配合物中阳离子的结构示意图。

【解题思路】 根据题意,结构示意图如图 3-14 所示。

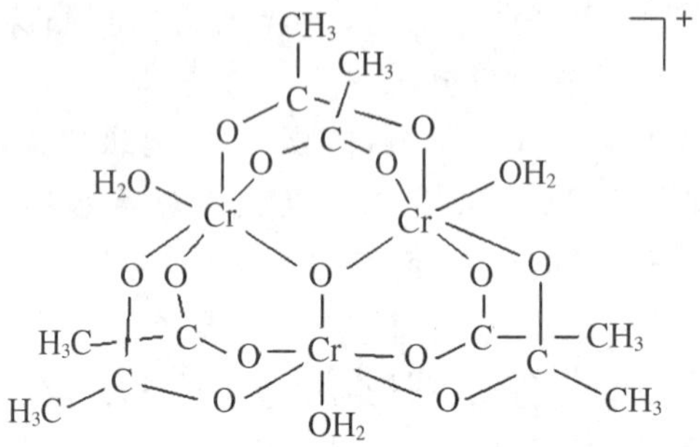

图 3-14 阳离子结构示意图

【例3-2】 固体 $CrCl_3 \cdot 6H_2O$ 有三种水合异构体:$[Cr(H_2O)_6]Cl_3$,$[Cr(H_2O)_5Cl]Cl_2 \cdot H_2O$,$[Cr(H_2O)_4Cl_2]Cl \cdot 2H_2O$。将 1 份含 0.572 8 g $CrCl_3 \cdot 6H_2O$ 的溶液通过一支酸型阳离子交换柱(即树酯成分中的 H^+ 可被置换出),然后用标准 NaOH 溶液滴定取代出的酸,消耗 28.84 mL 的 0.149 1 mol·L^{-1} NaOH。确定 Cr(Ⅲ)配合物正确的化学式。

【参考答案】 0.572 8 g $CrCl_3 \cdot 6H_2O$ 相当于 0.572 8/266.45=0.002 150(mol)

依题意,交换出的 H^+ 为 28.84×0.149 1/1 000=0.004 300(mol)

所以,配离子所带电荷数为 0.004 300/0.002 150=2

即配离子应是 $[Cr(H_2O)_5Cl]^{2+}$,正确的化学式为 $[Cr(H_2O)_5Cl]Cl_2 \cdot H_2O$。

【例3-3】 (1)铱(Ir)的化合物的合成和性质研究是人们感兴趣的研究课题之一。某课题组制得了一系列含 Ir 的化合物。在该系列化合物中 $[IrO_4]^+$ 有三种异构体(用 A、B 和 C 表示),其中,A 无对称中心,Ir—O 键的键长均为 170.8 pm;B 中 Ir 的氧化态为 +7,配位数为 4,有两种 Ir—O 键,键长分别为 188.8 pm 和 168.0 pm;C 中有一个镜面,有两种 Ir—O 键,键长分别为 209.6 pm 和 167.9 pm。

(1) 请画出 A、B、C 的结构示意图。

(2) 具有三方双锥构型的 $Cr(CO)_x(NO)_y$ 配合物满足 18 电子规则,请计算 x 和 y 的数值。

(3) 三溴化铱和五氧化二氮在室温下反应,可得到一紫色的配合物 $Ir_3O(NO_3)_{10}$,并产生一红棕色的液体单质及具有顺磁性的无色气体,写出该反应的方程式。

【解题思路】 (1)对于异构体 A,只有一种 Ir—O 键,无对称中心。从 Ir 在周期表中的位置可知,$[IrO_4]^+$ 和 OsO_4 互为等电子体,因此 A 也具有正四面体的结构。正四面体无对称中心,与题意相符。

对于异构体 B,其 Ir—O 键长 168.0 pm,与 A 的 Ir—O 键长接近,应该也对应 Ir=O 双键键长,而更长的 188.8 pm 则可能对应 Ir—O 单键。在 A 中 Ir 为 +9 价,B 与 A 化学式相同,但 Ir 为 +7 价,因此 B 中氧不全为 −2 价,可能含有过氧基团。可以联想到 CrO_5 等结构,四配位的 Ir 与四个 O 相连,其中一对 O 原子以过氧键相连,与题意相符。

对于异构体 C,167.9 pm 的键长对应于 Ir=O 双键键长。此外,C 中还存在比 B 中键长更长的 Ir—O 单键,可推测是更弱的超氧配建或臭氧配键。进一步根据对称性的信息,可推测 C 为三配位结构,与题意相符(图 3-15)。

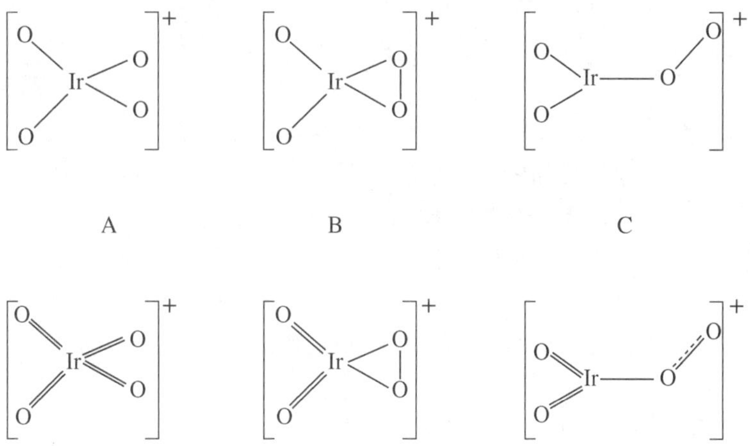

图 3-15　A、B、C 结构示意图

(2) 配合物中,通常认为 CO 贡献 2 个电子,NO 贡献 3 个电子(NO$^+$ 是 CO 的等电子体),Cr 本身含有 6 个价电子,另外由于得到三方双锥构型,据此可列出方程组:

$$6 + 2x + 3y = 18$$
$$x + y = 5$$

合理的取值是 $x = 3, y = 2$。

【参考答案】　(1) 如图 3-15 所示

(2) $x = 3, y = 2$

(3) $6IrBr_3 + 14N_2O_5 \longrightarrow 2Ir_3O(NO_3)_{10} + 8NO + 9Br_2$

【例 3-4】　异烟酰腙的结构为 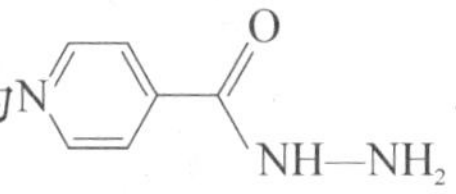 ，它与 2-乙酰基吡啶反应生成一种配体 L。将一定量的四水醋酸镍、配体 L 以及 4,4′-联吡啶溶解在 1∶1 的乙醇-水的混合溶剂中回流 2 小时,冷却至室温,析出物质经洗涤干燥后得到褐色片状晶体配合物(M)。分析结果表明,M 中 N 元素含量为 21.0%。

(1) 画出配体 L 的结构,用 * 号标出该结构中的配位原子。

(2) 通过计算写出符合 IUPAC 规则的 M 的分子式,并画出 M 的所有几何异构体的结构,指出哪些几何异构体存在旋光异构现象,哪个几何异构体稳定性最高,请说明理由。

(3) 4,4′-联吡啶在合成 M 过程中的作用是什么?

【参考答案】　(1) 通过缩合反应得出 L 结构如图 3-16 所示。

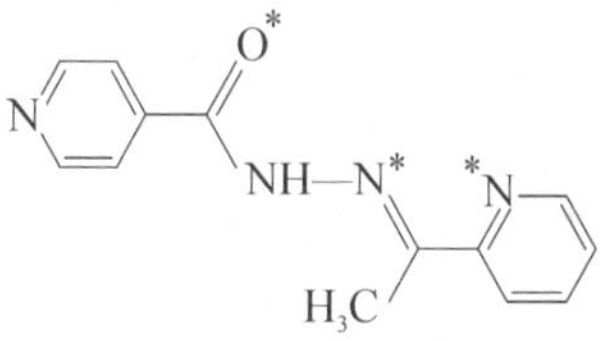

(2) 根据 Ni(Ⅱ) 需要两个负电荷,因此需要两个去质子化的配体 L,配体的总式量为 478.516 $[(C_{26}H_{22}N_8O_2)^{2-}]$,结合 1 个 Ni^{2+} 后,含氮量为 20.9%,与试题吻合,说明不存在其他配体。B 的分子式为 NiC$_{26}$H$_{22}$N$_8$O$_2$。存在 6 种几何异构体,结构如图 3-17 所示。

图 3-16　L 结构

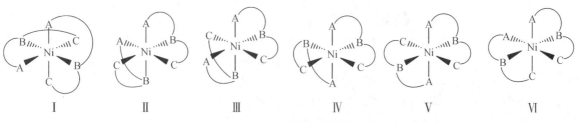

图 3-17　6 种几何异构体

Ⅴ有对称中心,没有旋光异构体;其他几何异构体均没有对称中心、镜面和四重反轴(或没有反轴),都有旋光异构现象。Ⅰ的两个三齿配体位于同一个平面,张力最小,稳定性最高。

(3) 4,4'-联吡啶的作用是促进配体去质子化,使配位反应顺利发生。

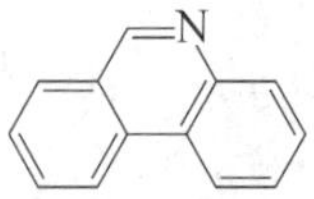

【例 3-5】 铜和菲啶(菲啶结构式如图 3-18 所示)形成的配合物在太阳能转化、荧光探针、发光二极管、抗癌荧光等领域中有重要的应用前景。将一定量的菲啶(Phend)和 PPh₃ 在甲醇溶液室温下搅拌 10 min,然后加入一定量的 CuCl,室温搅拌 3 h,得到黄绿色沉淀。过滤,滤液室温下放置 10 天,溶剂缓慢蒸发后得到黄色晶体 A。元素分析结果为(%): C 68.74(理论值 68.89),H 4.53(理论值 4.47),N 2.27(理论值 2.60);X 射线单晶体衍射分析表明 Cu 的配位数为 4。

Phend

图 3-18 菲啶

问题:(1) 通过计算和分析写出黄色晶体 A 的分子式。

(2) 画出 A 可能的异构体结构。

(3) 画出 A 的最稳定结构,写出中心离子价电子构型和杂化方式。

【参考答案】 (1) $Cu(Phend)(PPh_3)Cl$。

因为配位数为 4,故为二聚体,所以黄色晶体 A 的分子式为 $Cu_2C_{62}H_{48}Cl_2N_2P_2$。

(2)

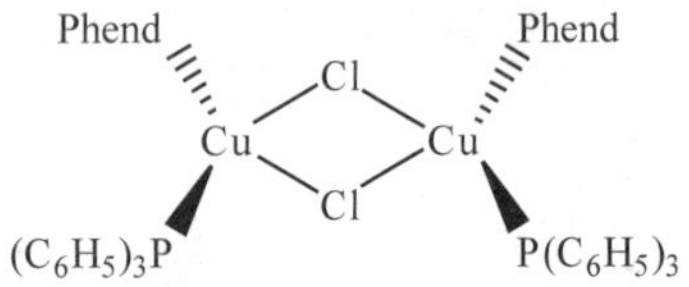

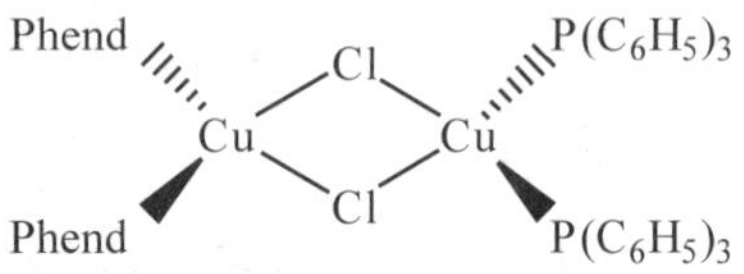

(3) A 的结构:

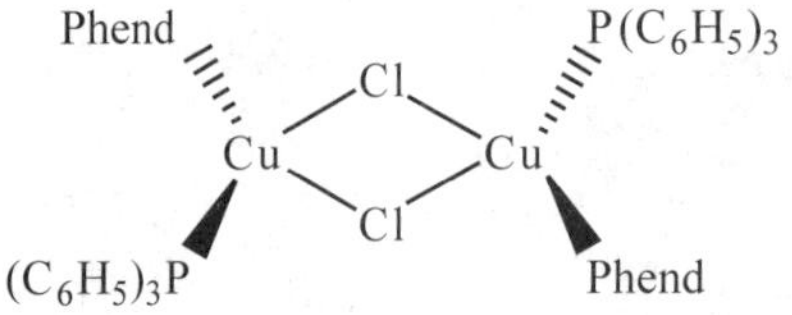

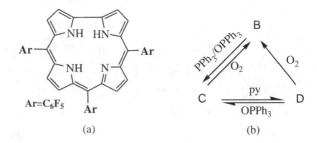

$Cu(Ⅰ)$:$3d^{10}$,sp^3 杂化。

【例 3-6】 咔咯作为人工合成的大环配体之一及其与金属离子的配位化学受到人们很大的关注。用咔咯作反应配体,可实现过渡金属离子的非常规氧化态,用以制备新型催化剂等。某课题组报道了相关研究,简要总结如下。图 3-19(a)给出了三(五氟苯基)咔咯分子(A)的示意图[简写为 $H_3(tpfc)$]。它与金属离子反应时,4 个氮原子均参与配位。空气环境中,$Cr(CO)_6$ 和 A 在甲苯中回流得到深红色晶体 B (反应 1),其显顺磁性,有效磁矩为 1.72 μB,其中金属离子的配位为四方锥空间构型;而在惰性气氛保护下,B 与三苯基膦(PPh_3)和三苯基氧膦($OPPh_3$)按 1:1:1 在甲苯中反应时可得到绿色晶体 C(反应 2);在氩气保护下,$CrCl_2$ 和 A 在吡啶(简写为 py)中反应,得到深绿色晶体 D(反应 3),D 中的金属离子为八面体配位构型,配位原子均为氮原子。在一定的条件下,B、C 和 D 之间可以发生转化[图 3-19(b)],这一过程被认为有可能用于 O_2 的活化或消除。

图 3-19 例题 3-6 附图

问题:(1) A 中的咔咯环是否具有芳香性?与之对应的电子数是多少?

(2) 配体用简写符号表示,B、C、D 的化学式分别是怎样的?

(3) 写出 B、C、D 中金属离子的价电子组态。

(4) 写出反应 1~3 的化学方程式。

（5）利用电化学处理 B,可以得电子转化为 B$^-$,也可以失去电子转化为 B$^+$。与预期的磁性相反,B$^+$仍然显示顺磁性;进一步的光谱分析表明,与咔咯环配体相关的吸收峰位置发生了显著变化。写出金属离子的价电子组态,并解释磁性与光谱变化的原因。

【参考答案】　（1）有芳香性,对应的电子数是 18。

（2）B:CrO(tpfc)　C:Cr(tpfc)(OPPh$_3$)$_2$　D:Cr(tpfc)(py)$_2$

（3）B:d^1　C:d^3　D:d^3

（4）反应1　2Cr(CO)$_6$+2H$_3$(tpfc)+O$_2$⟶2CrO(tpfc)+3H$_2$+12CO

反应2　CrO(tpfc)+PPh$_3$+OPPh$_3$⟶Cr(tpfc)(OPPh$_3$)$_2$

反应3　2CrCl$_2$+2H$_3$(tpfc)+8py⟶2Cr(tpfc)(py)$_2$+H$_2$+4[pyH]+Cl$^-$

（5）金属离子的价电子组态是 d^1。由于 B$^+$显示顺磁性,且光谱分析表明与咔咯环配体相关的吸收峰位置发生了变化,可知氧化反应发生在配体上,即配体失去一个电子后形成单电子态,导致共轭体系的改变,从而使光谱发生变化。由于 d 轨道及配体均有单电子,因此显顺磁性。

【例 3-7】　钌的配合物在发光、光电、催化、生物等领域备受关注。某研究小组制得了一种含混合配体的 Ru(Ⅱ)配合物 [Ru(bpy)$_n$(phen)$_{3-n}$](ClO$_4$)$_2$。bpy,phen 结构见图 3-20。元素分析表明 C、H、N 的质量分数分别为48.38%、3.06%、10.54%。磁性测量表明,该配合物呈抗磁性。

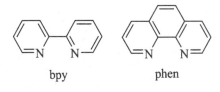

图 3-20　例题 3-7 附图

（1）推算配合物化学式中的 n 值。

（2）写出中心钌原子的杂化轨道类型。

2,2′-联吡啶(bpy):C$_{10}$H$_8$N$_2$,式量 156.2;1,10-邻菲啰啉(phen):C$_{12}$H$_8$N$_2$,式量 180.2

【解题思路】　（1）配合物 Ru(bpy)$_2$(phen)(ClO$_4$)$_2$ 的式量为 180.2+156.2×2+101.1+35.45×2+16.00×8=793.2。根据配体的组成,可知 n 不同时,配合物中 C、H、N 原子数之比不同。

n=1 时,C:H:N=34:24:6;n=2 时,C:H:N=32:24:6

从元素分析的结果计算可知:

C:H:N=(48.38÷12.01):(3.06÷1.01):(10.54÷14.01)=4.03:3.03:0.752≈32:24:6

因此 n=2

（2）d^{2}sp^3

【例 3-8】　一种被称为"钌红"的染色剂常用于生物样品的显微镜观察。钌红的化学式为 [Ru$_3$O$_2$(NH$_3$)$_{14}$]Cl$_6$,由[Ru(NH$_3$)$_6$]Cl$_3$ 的氨水溶液暴露在空气中时形成。钌红阳离子中三个钌原子配位数均为 6,无金属—金属键。

（1）写出生成钌红阳离子的反应方程式。

（2）画出钌红阳离子的结构式,标出各个钌的氧化态。

（3）给出钌红阳离子中桥键原子的杂化轨道类型。

（4）钌红阳离子中 Ru—O 键长为 187 pm,比单键键长小许多。其原因可归结于中心原子和桥键原子间形成了两个由 d 和 p 轨道重叠形成的多中心 π 键。画出多中心 π 键的原子轨道重叠示意图。

【参考答案】　（1）12[Ru(NH$_3$)$_6$]$^{3+}$+O$_2$+6H$_2$O⟶4[Ru$_3$O$_2$(NH$_3$)$_{14}$]$^{6+}$+12NH$_4^+$+4NH$_3$

（2）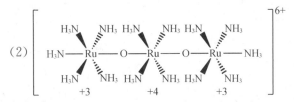

（3）桥键原子为 O 原子,杂化类型为 sp。

（4）多中心 π 键的原子轨道重叠示意图分别是 d_{xz}-p_x-d_{xz}-p_x-d_{xz} 和 d_{yz}-p_y-d_{yz}-p_y-d_{yz} 轨道重叠。轨道间重叠示意图如图 3-21 所示。

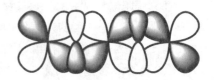

图 3-21　轨道重叠示意图

【例 3-9】　某课外兴趣小组进行热致变色实验时，加热 0.1 mol·L^{-1} $CoCl_2$ 溶液，未观察到溶液颜色的变化；但在适量 0.1 mol·L^{-1} $CoCl_2$ 溶液中加入适量 6 mol·L^{-1} HCl 或饱和 NH_4Cl 溶液或适量 NH_4SCN 溶液，加热后溶液颜色逐渐变为蓝色。说明溶液颜色变化的原因，写出相关反应方程式。

【解题思路】　适量 0.1 mol·L^{-1} $CoCl_2$ 溶液中加入适量 6 mol·L^{-1} HCl 或饱和 NH_4Cl 溶液，由于溶液中有足够的 Cl^-，加热促使 $[Co(H_2O)_6]^{2-}$ 转化为 $[CoCl_4]^{2-}$，显蓝色，说明 Cl^- 浓度对 $CoCl_2$ 溶液热致变色的影响大，也体现了浓度、温度对化学平衡的影响。加入适量 NH_4SCN 溶液，$[Co(H_2O)_6]^{2-}$ 转化为 $[Co(SCN)_4]^{2-}$。参考光谱化学序列，可以定性解释由于 Cl^- 和 SCN^- 的场强接近，它们作配体时的 Δ 都小于 H_2O 的情况，因而导致题中所述颜色的变化。

$$[Co(H_2O)_6]^{2+}+4Cl^- \underset{冷却}{\overset{\triangle}{\rightleftharpoons}} [CoCl_4]^{2-}+6H_2O$$
$$\text{红色} \qquad\qquad\qquad \text{蓝色}$$

$$[Co(H_2O)_6]^{2+}+nSCN^- \rightleftharpoons [Co(SCN)_n(H_2O)_{4-n}]^{2-n} \underset{冷却}{\overset{\triangle}{\rightleftharpoons}} [Co(SCN)_4]^{2-}$$
$$\text{粉红色} \qquad\qquad\qquad \text{紫红色}(n=1\sim3)$$

【例 3-10】　求算在 6 mol·L^{-1} NH_3 中 AgCl 的溶解度（已知，$K_稳 \times K_{sp}=2.7\times10^{-3}$）。

【解题思路】　配位溶解平衡式：

$$AgCl(S) \longrightarrow Ag^+ + Cl^-$$
$$Ag^+ + 2NH_3 \longrightarrow [Ag(NH_3)_2]^+$$
$$AgCl(S) + 2NH_3 \longrightarrow [Ag(NH_3)_2]^+ + Cl^-$$
$$K = \frac{[Ag(NH_3)_2][Cl^-]}{[NH_3]} = K_稳 \times K_{sp} = 2.7\times10^{-3}$$
$$AgCl(S) + 2NH_3 \longrightarrow [Ag(NH_3)_2]^+ + Cl^-$$

平衡时　　　　　　　　　$6-2x$　　　　x　　　　x

代入上述 K 的表达式，解得 $x=0.28$ mol·L^{-1}。同理可求得 AgI 在 6 mol·L^{-1} NH_3 中的溶解度为 2.9×10^{-4} mol·L^{-1}。

通过计算比较可知，AgI 在 6 mol·L^{-1} NH_3 中的溶解度远远小于 AgCl，若用 KCN 代替 NH_3 作 Ag^+ 的配合剂，则因生成更稳定的 $[Ag(CN)]^-$，AgI 也能很好地溶解。

【例 3-11】　298 K 时，将 Ag 电极插入 0.100 0 mol·L^{-1} NH_4NO_3 和 0.001 mol·L^{-1} $AgNO_3$ 混合溶液中，测得其电极电势 $E_{Ag^+/Ag}$ 随溶液 pH 的变化如图 3-22 所示。已知氨水的解离常数是 1.780×10^{-5}，理想气体常数 $R=8.314$ J·mol^{-1}·K^{-1}，法拉第常数 $F=96\,500$ C·mol^{-1}。

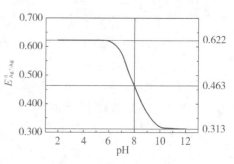

图 3-22　例题 3-11 附图

（1）计算 298 K 时 Ag 电极的标准电极电势 $E_{Ag^+/Ag}^{\ominus}$。

（2）计算银氨配合物离子的逐级标准稳定常数 $K_1^{\ominus}$ 和 $K_2^{\ominus}$。

（3）利用银离子的配位反应设计原电池，其电池反应方程式为

$$Ag^+(aq)+2NH_3(aq) \longrightarrow [Ag(NH_3)_2]^+(aq)$$

计算该原电池的标准电动势。

【解题思路】　(1) $Ag^+ + e^- \rightleftharpoons Ag$

酸性条件下,由于电极电势保持恒定,可以认为$[Ag^+]$保持恒定,溶液中 Ag 都以 Ag^+存在,$[Ag^+]=1\times10^{-3}\,mol\cdot L^{-1}$。

根据 Nernst 方程:

$$E_{Ag^+/Ag}^{\ominus} + 0.059lg[Ag^+] = 0.622(V)$$
$$E_{Ag^+/Ag}^{\ominus} = 0.622 - 0.059lg0.001 = 0.799(V)$$

(2) ① 由氨的物料守恒,列出下式:

$$[NH_3] + [NH_4^+] + [Ag(NH_3)^+] + 2[Ag(NH_3)_2^+] = 1.00\times10^{-1}\,mol\cdot L^{-1}$$

由于起始氨的浓度远大于银的浓度,因此后两项的数值远小于前两项,所以

$$[NH_3] + [NH_4^+] = 1.0\times10^{-1}\,mol\cdot L^{-1} \tag{1}$$

② 根据氨水的解离平衡:

$$NH_3 + H_2O \overset{K_b^{\ominus}}{\rightleftharpoons} NH_4^+ + OH^- \qquad K_b^{\ominus} = \frac{[NH_4^+][OH^-]}{[NH_3]}$$

$$[NH_4^+] = \frac{[NH_3]K_b^{\ominus}}{[OH^-]} = \frac{K_b^{\ominus}[NH_3][H^+]}{K_w^{\ominus}} = 1.78\times10^{9}[NH_3][H^+] \tag{2}$$

③ 由 Ag^+ 的物质守恒,可知:

$$[Ag^+] + [Ag(NH_3)^+] + [Ag(NH_3)_2^+] = 1.00\times10^{-3}\,mol\cdot L^{-1}$$

由配位平衡:

$$Ag^+ + NH_3 \overset{K_1^{\ominus}}{\rightleftharpoons} Ag(NH_3)^+ \qquad K_1^{\ominus} = \frac{[Ag(NH_3)^+]}{[Ag^+][NH_3]} \qquad [Ag(NH_3)^+] = K_1^{\ominus}[Ag^+][NH_3]$$

$$Ag(NH_3)^+ + NH_3 \overset{K_2^{\ominus}}{\rightleftharpoons} Ag(NH_3)_2^+ \qquad K_2^{\ominus} = \frac{[Ag(NH_3)_2^+]}{[Ag(NH_3)^+][NH_3]} \qquad [Ag(NH_3)_2^+] = K_1^{\ominus}K_2^{\ominus}[Ag^+][NH_3]^2$$

所以

$$[Ag^+](1 + K_1^{\ominus}[NH_3] + K_1^{\ominus}K_2^{\ominus}[NH_3]^2) = 1.00\times10^{-3}\,mol\cdot L^{-1} \tag{3}$$

④ 由(2)式可知,pH 接近 12 的强碱性条件下,氨的主要存在方式为 NH_3:

$$[NH_3] = 1.00\times10^{-1}\,mol\cdot L^{-1}$$

根据 Nernst 方程:$0.799 + 0.059lg[Ag^+] = 0.313$

可知 $[Ag^+] = 5.979\times10^{-9}\,mol\cdot L^{-1}$,代入(3)式:

$$5.979\times10^{-9}(1 + 0.100\,K_1^{\ominus} + 1.00\times10^{-2}\,K_1^{\ominus}K_2^{\ominus}) = 1.00\times10^{-3}\,mol\cdot L^{-1}$$
$$K_1^{\ominus} + 0.1K_1^{\ominus}K_2^{\ominus} = 1.672\times10^{6} \tag{4}$$

⑤ 根据(1)、(2)式,pH=8 时:

$$[NH_4^+] = 17.8[NH_3] \qquad [NH_3] = 0.100/18.8 = 5.319\times10^{-3}\,mol\cdot L^{-1}$$

根据 Nernst 方程:$0.799 + 0.059lg[Ag^+] = 0.463$

可知:$[Ag^+] = 2.064\times10^{-6}\,mol\cdot L^{-1}$,代入(3)式:

$$2.064\times10^{-6}\times(1 + 5.319\times10^{-3}K_1^{\ominus} + (5.319\times10^{-3})^2K_1^{\ominus}K_2^{\ominus}) = 1\times10^{-3}$$

$$K_1^{\ominus}+5.319\times10^{-3}K_1^{\ominus}K_2^{\ominus}=9.90\times10^4 \tag{5}$$

联立(4)、(5)可得：$K_1^{\ominus}=2.07\times10^3$ $K_2^{\ominus}=8.07\times10^3$

(3) $nFK^{\ominus}=-\Delta_rG_m^{\ominus}=RT\ln(K_1^{\ominus}K_2^{\ominus})$

$$K^{\ominus}=RT\ln(K_1^{\ominus}K_2^{\ominus})/nF=8.314\times298\times\ln(1.67\times10^7)/1\times96\,500=0.427(V)$$

假定 $K_1^{\ominus}=K_2^{\ominus}=1.00\times10^3$ 时，

$$K^{\ominus}=RT\ln(K_1^{\ominus}K_2^{\ominus})/nF=8.314\times298\times\ln(1.00\times10^6)/1\times96\,500=0.355(V)$$

附2 综合训练

1. 冠醚，是分子中含有多个—OCH_2CH_2—结构单元的大环多醚。常见的冠醚有 15-冠-5、18-冠-6，其名称中前一个数字是代表环上的原子数目，后一个数字是代表氧原子的数目。18-冠-6 的空穴半径近似于钾离子和铵根离子，其空穴中常常填充这些离子。

按一定物质的量之比，将冠醚 18-冠-6 与硫氰酸铵和三氯化铬在溶剂中混合，经回流制得一配合物。测定其单晶，晶胞体积为 4.7793 nm^3，密度为 1.336 $g\cdot cm^{-3}$，每个晶胞中包含 4 个配合物分子。该配合物中含 C：36.24%，N：10.20%，S：16.68%，Cr：5.41%。

(1) 写出 18-冠-6 的化学式和结构式。

(2) 上述所制配合物的摩尔质量为多少？

(3) 写出配离子的化学式，指出中心 Cr 原子的杂化类型和轨道构型。

(4) 该配离子只有几何异构体。试写出此配合物的最简式和化学式。

(5) 在该配合物中，冠醚环内通过什么作用填充了何种粒子？

2. 具有独特的 P、N 杂化结构和突出的热学、电学性能的环境友好的磷腈化合物是目前无卤阻燃研究的热点之一，尤其是 HPCTP 更引起人们的关注。HPCTP 的合成路线如下：

$$PCl_5+NH_4Cl\xrightarrow[\text{Pyridine}]{MgCl_2}\underset{(A)}{P_3N_3Cl_6}\xrightarrow[\text{TBAC}]{PhOH/NaOH}\underset{(HPCTP)}{C_{36}H_{30}O_6P_3N_3}$$

Pyridine 和 TBAC 分别为吡啶和四丁基溴化铵。HPCTP 的红外光谱表明分子中存在 P—N、P—O—C、P=N 的吸收峰以及单取代苯环的特征峰；HPCTP 的核磁共振磷谱表明分子中只有 1 种化学环境的磷；X 射线衍射分析表明 A 和 HPCTP 分子结构均具有很好的对称性，容易形成排列规整的晶体。

(1) 写出化合物 A 的结构式及 HPCTP 的结构简式；

A _____   ；HPCTP _____ 。

(2) 化合物 A 反应生成 HPCTP 的反应类型是 _____ 。

3. 顺铂，即顺式-二氯二氨合铂(Ⅱ)（见图 3-23），1967 年被发现具有抗肿瘤活性，1979 年经美国食品和医药管理局(FDA)批准，成为第一个用于临床治疗某些癌症的金属配合物药物。现今顺铂已成为世界上用于治疗癌症最为广泛的 3 种药物之一。

(1) 在顺铂中，中心原子 Pt 的杂化方式为 _____ ，顺铂磁矩为 _____ 。

(2) 将 1 mmol 氯亚铂酸钾(K_2PtCl_4)溶于水中，搅拌条件下，加入 8 mmol 碘化钾溶液，室温搅拌 30 min 后，过滤，搅拌条件下，加入 2.5 mmol 的环己胺溶液到滤液中，室温反应 25 min，可得到产物 A，产率为 78.36%。将 1 mmol 产物 A 中分别加入高氯酸(1.0 mL)和无水乙醇

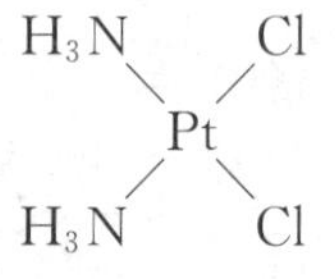

图 3-23 顺式-二氯二氨合铂(Ⅱ)结构示意图

(30 mL),50 ℃搅拌反应 25 h,过滤,得到铂配合物 B,产率为 98.25%。B 的元素分析结果为 C 13.14%,N 2.56%,H 2.39%,Pt 35.60%,红外光谱、紫外光谱等分析结果表明,B 有对称中心,存在两种 Pt—I 键,一种 Pt—N 键。Pt 的配位数仍为 4。体外抗肿瘤活性研究表明该配合物 B 对 5 种人的肿瘤细胞的增殖抑制作用明显好于临床用药顺铂。写出化合物 B 的分子式,画出它的可能结构。

（3）Pt 也有八面体场配合物,如[Pt(Py)(NH₃)(NO₂)ClBrI](其中 Py 为吡啶),如只考虑 NO₂ 的硝基配位方式,请在下图中添加剩余基团,以画出[Pt(Py)(NH₃)(NO₂)ClBrI]结构中 Py 和 NH₃ 对位的所有同分异构体(所给图可不全用完,如不够时也可自行增加)。

第四章　同位素(核素)和ds、d区元素

基本要求

　　掌握核子、核素、放射性衰变、核反应的概念以及核子的计算。掌握放射性衰变、核反应的类型和规律。

　　掌握ds、d区副族元素单质及其重要化合物的存在、制备、结构特点、性质及其主要变化规律。主要元素包括:钛、钒、铬、锰、铁、钴、镍、铜、银、金、锌、镉、汞、铂系元素。掌握副族元素的通性和变化规律。掌握主要元素的典型化学性质。

第一节　同位素(核素)

一、原子核的计算

(1) 核子的概念

成核的质子和中子统称为核子。

(2) 核子数的计算

$$核子数＝质量数(A)＝质子数(Z)＋中子数(N)$$

(3) 核素

具有确定的质子数和中子数的原子核所对应的原子称为核素。

二、放射性衰变

1. 含义

放射性衰变是指不稳定原子核自发地放射出射线而转变为另一种原子核的过程。

原子序数 Z 大于82(Pb)的所有元素都具有放射性,它们不存在不释放射线的稳定同位素,射线来自原子核,释放射线的同时,原子核发生蜕变,从一种核素变成另一种核素,是放射性元素。

原子序数 Z 小于83的元素中也有两个放射性元素,它们是43号元素锝(Tc)和61号元素钷(Pm)。

2. 衰变类型和规律

(1) α衰变

原子核自发地放射出α粒子而转变成另一种核的过程叫作α衰变。α衰变发生后,原子核的质量数会减少4个单位,原子序数 Z 会减少2个单位。

(2) β衰变

β粒子有正、负电子之分,放出正电子的为 β^+ 衰变,放出负电子的为 β^- 衰变。

β衰变的规律是新核的质量数不变,只是电荷数改变了一个单位。β^- 衰变新核的核电荷数(原子序数 Z)增加1,β^+ 衰变新核的电荷数(原子序数 Z)减少1。

β^+ 衰变有的教科书上亦称正电子衰变。如果没有明确指出β衰变的"＋""－",β衰变通常表示 β^- 衰变,即新核的核电荷数(原子序数 Z)增加1。

（3）K 轨道电子捕获

原子核从核外 K 层捕获一个轨道电子的过程称为轨道电子捕获。K 捕获和 β⁺ 衰变所产生的新核是相同的，新核的质量数不变，只是核电荷数减少 1。究竟发生的是哪一类衰变，取决于衰变前后能量的变化。

（4）γ 衰变

γ 衰变是从原子核内部放出的一种电磁辐射(波长 10^{-12} m 左右)，常伴随 α 或 β 射线产生。γ 衰变的母体和子体是同种核素，只是原子核内部能量状态不同而已。

三、核反应

核反应，是指原子核与原子核，或者原子核与各种粒子(如质子、中子、光子或高能电子)之间的相互作用引起的各种变化。在核反应的过程中，会产生不同于入射弹核和靶核的新的原子核。因此，核反应是生成各种不稳定原子核的根本途径。

1. 分类

核反应可分为自发核反应和人工核反应。

2. 类型

（1）衰变（α、β 衰变）

放射性核素衰变是一级反应。

$$\ln N = -kt + \ln N_0$$
$$N = N_0 e^{-kt}$$

式中，N 是放射性核的数目；N_0 是放射性核的初始数目；t 是衰变时间；k 是衰变反应速率常数。

衰变反应的半衰期 $t_{1/2} = \ln2/k = 0.693/k$。

（2）粒子轰击

采用各种粒子(如原子核、质子、中子、高能电子等)轰击原子核引起核的各种变化。

（3）裂变

一个原子核分裂成两个或多个质量大致相当的原子核的过程。

（4）聚变

两个轻原子核聚合成一个重原子核的过程。

钚(核电荷数为 94)后面的 24 个元素都是人造元素。

第二节　ds、d 区元素通性

一、过渡元素的氧化态

大多数过渡元素具有可变的氧化数。第一过渡系，随着原子序数的增加(从ⅢB 到ⅦB 族)，稳定的氧化态先是逐渐升高，达到与其族数对应的最高氧化态。当 d 电子超过 5 时(ⅦB 族以后)，3d 轨道趋向稳定，低氧化态趋于稳定。第二、第三过渡系变化趋势与第一过渡系相似，但高氧化态趋于更稳定。

二、过渡元素原子半径的变化规律

同一周期内，从ⅢB 到ⅦB 族，原子半径逐渐减小，这是由于原子序数增加，有效核电荷增加，金属键增强所致；Ⅷ B 族以后，原子半径又有所回升，这是由于金属键减弱占据主导地位而有效核电荷增加影响为次所致。同一族内，从上到下，随着原子层数的增加，第二过渡系元素的原子半径大于相应第一过渡系元素的原子半径，而第三过渡系元素的原子半径与第二过渡系元素相比，差别不大，这是由于镧系收缩所致。

三、过渡元素单质的性质

与主族相比,过渡元素晶格中,不仅 ns 电子参与成键,$(n-1)d$ 电子也参与成键。此外,过渡元素原子半径小,单位体积内原子个数多。故过渡元素的熔点、密度和硬度比主族元素要高。这一区域有熔点最高的金属钨(W)、密度最大的金属锇(Os)和硬度最高的金属铬(Cr)。

同一周期元素,从左到右,金属活性降低;同一族元素,从上到下,金属活性降低。

四、过渡元素离子的颜色

由于存在 d-d 跃迁或者 f-f 跃迁,绝大多数具有 $d^{1\sim9}$ 电子组态或 $f^{1\sim13}$ 电子组态的过渡元素离子或化合物都有颜色,这是区别于 S 区和 P 区金属离子的重要特征。

五、过渡金属及其化合物的磁性

具有未成对电子的物质大多具有顺磁性。第一过渡系的元素的磁性主要来源于电子自旋,可忽略轨道磁矩;第二、三过渡系以及 f 区元素的磁性两方面都必须考虑。

若忽略轨道磁矩,则 $\mu=\sqrt{n(n+2)}\mu_B$,这里 μ 表示物质的磁矩,n 表示所研究物质中的未成对电子数,μ_B 表示玻尔磁子。

六、过渡元素易形成配合物

过渡元素具有很强的配位能力。过渡元素的原子或离子具有能量相近的 9 个价电子轨道,空轨道可以接受配体的孤对电子形成 σ 配键,d 轨道上成对电子还可以与配体形成 d-p 反馈 π 配键。过渡金属的离子既具有较强的极化力,又具有较大的变形性,与配体的相互极化作用较强,易于作为配合物的中心原子。在水溶液或晶体中,过渡金属的 +Ⅲ 和 +Ⅱ 氧化态的配合物通常是四或六配位的,在化学性质方面具有相似性。

七、过渡元素易形成多碱、多酸

过渡元素在一定的 pH 条件下易形成多酸或多碱。

第三节　ds 区元素

一、铜族元素

1. 铜族元素的通性

铜族元素的价电子构型为 $(n-1)d^{10}ns^1$,次外层为 18 电子构型。铜族元素原子的有效核电荷高,金属活泼性低,离子具有很强的极化力和明显的变形性,易形成共价化合物,易形成配合物。

从 Cu 到 Au,标准电极电势依次增大,且都大于氢,金属活泼性递减,单质形成 M^+(aq) 的活性依次降低。与碱金属的变化规律相反。

2. 铜、银、金的单质

(1) 铜的存在和制备

铜主要以金属、硫化物、砷化物、氯化物和碳酸盐的形式广泛分布。重要的铜矿有辉铜矿(Cu_2S)、黄铜矿($CuFeS_2$)、孔雀石[$CuCO_3 \cdot Cu(OH)$]$_2$。

铜的冶炼(黄铜矿):富集(矿石碾碎、泡沫浮选,获得含铜量为 15%~20% 的精矿石)、火法冶炼(焙烧、制冰铜、制泡铜、制精铜,可得 99.5％纯度的铜)、电解精制(可得 99.95％纯度的铜)。火法冶炼和电解精制各步反应如下:

焙烧:
$$2CuFeS_2(s)+O_2(g)\longrightarrow Cu_2S(s)+2FeS(s)+SO_2(g)$$
$$2FeS(s)+3O_2(g)\longrightarrow 2FeO(s)+2SO_2(g)$$

制冰铜:
$$FeO+SiO_2\longrightarrow FeSiO_3(熔渣,浮于上层)$$
$$mCu_2S+nFeS\longrightarrow 冰铜(沉于下层)$$

制泡铜:
$$2Cu_2S(s)+3O_2(g)\longrightarrow 2Cu_2O(s)+2SO_2(g)$$
$$2Cu_2O(s)+Cu_2S(s)\longrightarrow 6Cu(l,泡铜)+SO_2(g)$$

电解精制:　阳极:$Cu(粗)-2e^-\longrightarrow Cu^{2+}$
阴极:$Cu^{2+}+2e^-\longrightarrow Cu(精,99.95％)$

(2) 银的存在和制备

银主要以金属、硫化物、砷化物、氯化物的形式广泛分布,常由铅矿、铜矿的加工过程中来回收。重要的银矿有辉银矿(Ag_2S)和角银矿($AgCl$)。

可采用氰化法提炼 Ag,并用 Zn 还原制备单质银。反应如下:
$$4Ag+8CN^-+2H_2O+O_2\longrightarrow 4[Ag(CN)_2]^-+4OH^-$$
$$Ag_2S+4CN^-\longrightarrow 2[Ag(CN)_2]^-+S^{2-}$$
$$Zn+2[Ag(CN)_2]^-\longrightarrow 2Ag+[Zn(CN)_4]^{2-}$$

(3) 金的存在和制备

金主要以单质形式存在,可采用淘金法提取。也可采用氰化法提炼金矿石中的金,反应如下:
$$4Au+8CN^-+2H_2O+O_2\longrightarrow 4[Au(CN)_2]^-+4OH^-$$
$$Zn+2[Au(CN)_2]^-\longrightarrow 2Au+[Zn(CN)_4]^{2-}$$

(4) 铜、银、金单质的性质和用途

铜、银、金都有特征颜色,Cu(紫红)、Ag(银白)、Au(金黄)。一些物理性质如下:

	Cu	Ag	Au	评估
熔点/K	1 356	1 199	1 337	高
沸点/K	2 840	2 485	3 080	高
导电性(Hg=1)	57	59	40	良
密度/(g/cm³)	8.92	10.5	19.3	大
硬度	3	2.7	2.5	小
延展性			1 m²/g 或 165 m/g	好

铜、银、金在常温下都是晶体,密度大,熔沸点高,有良好的延展性和优良的导电性与导热性,可用于货币、装饰品和电器工业等。易形成合金,如黄铜(Cu-Zn)、白铜(Cu-Ni-Zn)以及青铜(Cu-Sn)。

铜、银、金性质都不活泼,金属活泼顺序:Cu>Ag>Au。在加热条件下,铜与 O_2 可合成 CuO。在潮湿的空气中放久后铜的表面会慢慢生成一层铜绿(碱式碳酸铜)。银、金则不与 O_2 直接发生反应,仅当有沉淀剂或配合剂存在时反应。铜、银能和 H_2S、S 反应,金则不能。三种金属均不溶于稀盐酸及稀硫酸。但当有空气或配位剂存在时,铜能溶于稀酸:
$$2Cu+2H_2SO_4+O_2\longrightarrow 2CuSO_4+2H_2O$$

铜还能溶于热的浓盐酸中:

$$2Cu + 8HCl(浓) \xrightarrow{\triangle} 2H_3[CuCl_4] + H_2$$

铜与银很容易溶解在硝酸或热的浓硫酸中：

$$3Cu + 8HNO_3(稀) \longrightarrow 3Cu(NO_3)_2 + 2NO\uparrow + 4H_2O$$

$$Cu + 4HNO_3(浓) \longrightarrow Cu(NO_3)_2 + 2NO_2\uparrow + 2H_2O$$

$$3Ag + 4HNO_3(稀) \longrightarrow 3AgNO_3 + NO\uparrow + 2H_2O$$

$$Ag + 2HNO_3(浓) \longrightarrow AgNO_3 + NO_2\uparrow + H_2O$$

$$Cu + 2H_2SO_4(浓) \xrightarrow{\triangle} CuSO_4 + SO_2\uparrow + 2H_2O$$

$$2Ag + 2H_2SO_4(浓) \xrightarrow{\triangle} Ag_2SO_4 + SO_2\uparrow + 2H_2O$$

金只能溶于王水中：

$$Au + 4HCl + HNO_3 \longrightarrow HAuCl_4 + NO\uparrow + 2H_2O$$

3. 铜族元素的重要化合物

（1）铜的化合物

铜的常见化合物的氧化值为 +1 和 +2。$Cu(I)$ 为 d^{10} 构型，没有 d-d 跃迁，因此 $Cu(I)$ 的化合物一般是白色或无色的，但是 Cu_2O（红）、Cu_2S（黑）例外。$Cu(II)$ 为 d^9 构型，它们的化合物常因发生 d-d 跃迁而呈现颜色。

氧化态为 +I 的铜的重要化合物有 Cu_2O（红）、卤化物 CuX（X = Cl、Br、I，白色）、硫化亚铜 Cu_2S（黑）等。

此外 Cu^+ 能与多种配体形成配位数为 2、4 的配合物。

配位数	杂化	配离子	几何构型
2	sp	$[CuCl_2]^-$	直线形
2	sp	$[Cu(NH_3)_2]^+$	直线形
2	sp	$[Cu(CN)_2]^-$	直线形
4	sp^3	$[Cu(CN)_4]^{3-}$	四面体

Cu 可以直接被 KCN 溶液溶解生成 $[Cu(CN)_2]^-$，在过量 CN^- 存在下能生成 $[Cu(CN)_4]^{3-}$。

铜氧化态为 +II 的重要化合物有 CuO（黑色、碱性）、$Cu(OH)_2$（蓝色、两性）、$CuCl_2$（无水氯化铜呈棕黄色，水溶液浓度不同则颜色不同，浓溶液呈黄绿色，稀溶液呈蓝色）、硫酸铜 $CuSO_4$ 等。

$Cu(I)$ 与 $Cu(II)$ 的相互转化：铜的常见氧化态为 +1 和 +2，同一元素不同氧化态之间可以相互转化。这种转化是有条件的、相对的，与它们存在的状态、阴离子的特性、反应介质等因素有关。气态时，$Cu^+(g)$ 比 $Cu^{2+}(g)$ 稳定；常温时，固态 $Cu(I)$ 和 $Cu(II)$ 的化合物都很稳定；高温时，固态的 $Cu(II)$ 化合物能分解为 $Cu(I)$ 化合物，说明 $Cu(I)$ 的化合物比 $Cu(II)$ 更稳定；在水溶液中，简单的 Cu^+ 不稳定，易发生歧化反应，产生 Cu^{2+} 和 Cu。若欲抑制 Cu^+ 的歧化，则需要降低溶液中的 Cu^+ 浓度，可加入 Cu^+ 的配位剂或沉淀剂使 Cu^+ 形成配离子或沉淀，从而抑制 Cu^+ 的歧化。

（2）银的化合物

在银的化合物中，$Ag(I)$ 的化合物最稳定。银的化合物具有以下特点：难溶的多、有颜色的多、稳定性差（见光、受热易分解）。

易溶：$AgNO_3$、AgF、$AgClO_4$。

难溶：$AgCl$、$AgBr$、AgI、$AgCN$、$AgSCN$、Ag_2S、Ag_2CO_3、Ag_2CrO_4、$Ag_4Fe(CN)_6$、$Ag_3Fe(CN)_6$、Ag_3PO_4 等。

$Ag(I)$ 可和 NH_3、$S_2O_3^{2-}$、CN^- 等多种配体生成配合物。

(3) 金的化合物

Au 可能的氧化态有 $-1\sim+5$,其中 Au(Ⅰ)和 Au(Ⅲ)是金的常见氧化态。Au(Ⅰ)化合物多为与较软的配体(如 CN^-、硫醚、硫醇、叔膦)形成的配合物,通常呈直线形结构,如 $Au(CN)_2^-$,它是氰化法提金时溶液中金的主要存在形态。Au(Ⅲ)也是一种常见的氧化态,常见的有 $AuCl_3$、Au_2O_3、$HAuCl_4$(可由金溶于王水得到)等。Au(Ⅲ)为 d^8 结构,化合物通常呈平面正方形构型。$AuCl_3$ 无论在气态或固态,都是以二聚体 Au_2Cl_6 的形式存在。

二、锌族元素

1. 锌族元素的通性

作为 d 区最右部与 p 区元素交界的一个族,锌族元素的某些性质更像 p 区元素而不像其他过渡元素。后过渡金属元素突出的抗氧化性在这里突然消失,Zn^{2+}/Zn 电对的标准电极电势低至 -0.76 V。Zn、Cd、Hg 的升华焓比其他过渡金属低得多,甚至比同周期的碱土金属还要低。这是因为锌族元素 d 轨道电子不参与成键(或参与成键较弱)使得金属—金属键较弱。锌族元素的价电子构型为 $(n-1)d^{10}ns^2$。Zn 和 Cd 很相似,而与 Hg 有较大差别,锌和镉在常见的化合物中氧化数为 $+2$,汞有 $+1$ 和 $+2$ 两种氧化数。锌多数盐类含有结晶水,锌族元素形成配合物倾向也很大。锌族元素均为亲硫元素,主要以硫化物矿物形式存在于自然界,如闪锌矿(ZnS)、硫镉矿(CdS)、辰砂(HgS)。

2. 锌、镉、汞的单质

不同于铜族的高熔沸点,锌族元素的熔沸点较低。锌、镉、汞的熔点分别为 419 ℃、321 ℃和 -39 ℃,汞是室温下唯一的液态金属。这是由于锌族元素 $(n-1)d$ 上有满层 10 电子,故不参与金属成键或参与金属成键较弱所致。锌族元素也易形成合金,如黄铜(Cu-Zn)、各种汞齐(Na-Hg、Au-Hg、Ag-Hg)。不过 Fe 不与 Hg 形成汞齐,故可以用铁器盛汞。

由于锌族元素具有较低的熔沸点,工业上常采用火法(火蒸馏法)提取锌族元素。

$$2ZnS+3O_2 \longrightarrow 2ZnO+2SO_2$$
$$ZnO+C \longrightarrow Zn(g)+CO$$

Zn 蒸气逸出,冷凝后可得 99% 的锌粉。

如果矿物中同时含有 Cd,提取 Zn 的过程中,Cd 会先于 Zn 被蒸馏出来,溶于 HCl 后用 Zn 粉置换可得海绵态 Cd 粉:$Cd^{2+}+Zn \longrightarrow Zn^{2+}+Cd(海绵态)$。

加热辰砂(HgS)可制备单质 Hg:$HgS+O_2 \longrightarrow Hg+SO_2$。

锌族元素单质的化学性质比铜族活泼很多。在干燥的空气中锌族元素比较稳定,在潮湿的空气中锌会生成碱式碳酸锌。在加热的条件下,锌族元素会和氧气反应,生成氧化物。

$$4Zn+2O_2+CO_2+3H_2O \longrightarrow ZnCO_3 \cdot 3Zn(OH)_2$$
$$2Zn+O_2 \longrightarrow 2ZnO(s,白)$$
$$2Cd+O_2 \longrightarrow 2CdO(s,红棕)$$
$$2Hg+O_2 \longrightarrow 2HgO(s,红、黄)$$

HgO 很不稳定,Hg 和 O_2 加热至 620 K 会生成 HgO,但是进一步加热超过 670 K,HgO 则分解成 Hg 和 O_2。

锌族元素均为亲硫元素,和硫一起加热或研磨易生成硫化物 ZnS(白)、CdS(黄)、HgS(红色称朱砂或辰砂,是 α-HgS;黑色称黑辰砂,是 β-HgS)。

3. 锌族元素的重要化合物

锌族元素化合物大多无色,而且 M^{2+} 离子化合物具有特征的抗磁性。锌族元素 M^{2+} 的极化作用和变形性依 Zn、Cd、Hg 顺序增强,因此当 Cd,Hg 与易变形的阴离子结合时往往会显色。锌族元素形成配合物的倾向也较大,常见的盐都含有结晶水。重要化合物有氧化物、氢氧化物、硫化物、氯化物和配合物。

ZnO 白色,俗名锌白,用作白色颜料。ZnO 受热时是黄色的,冷却时恢复白色。锌族元素的氧化物均具有这种热色性特征。CdO 在室温下是黄色的,加热后为黑色,冷却后复原。常温下 HgO 就有红色或黄色两种,两者晶体结构相同,颜色不同仅是晶粒大小不同所致。黄色晶粒较细小,红色晶粒粗大。黄色 HgO 加热时可转变成红色 HgO。

锌族元素氢氧化物的酸碱性随 $Zn(OH)_2$、$Cd(OH)_2$、HgO 顺序碱性增强、酸性减弱。$Zn(OH)_2$ 呈两性,$Cd(OH)_2$ 呈两性偏碱,HgO 呈碱性。$Zn(OH)_2$ 既可溶于酸形成 Zn^{2+},也可溶于碱形成 $[Zn(OH)_4]^{2+}$,$Cd(OH)_2$ 只溶于酸,不溶于水和碱。$Zn(OH)_2$、$Cd(OH)_2$ 均可溶于氨水形成配合物。

$$Zn(OH)_2 + 4NH_3 \longrightarrow [Zn(NH_3)_4]^{2+} + 2OH^-$$
$$Cd(OH)_2 + 4NH_3 \longrightarrow [Cd(NH_3)_4]^{2+} + 2OH^-$$

白色 ZnS 可溶于稀酸,黄色 CdS 只溶于浓酸,黑色 HgS 不溶于浓酸,但溶于王水和 Na_2S。

$$3HgS + 12HCl + 2HNO_3 \longrightarrow 3H_2[HgCl_4] + 3S\downarrow + 2NO\uparrow + 4H_2O$$
$$HgS + Na_2S \longrightarrow Na_2[HgS_2]$$

利用此反应可将 Hg 从 ds 区金属硫化物中提取出来。

锌族硫化物可用作优质颜料,经久不变色。如锌钡白或立德粉($ZnS \cdot BaSO_4$)、镉黄(CdS)等。

$ZnCl_2$ 是固体盐中溶解度最大的(25 ℃时每 100 g 水中溶解 432 g $ZnCl_2$),溶解后在浓溶液中形成配酸:

$$ZnCl_2 + H_2O \longrightarrow H[ZnCl_2(OH)]$$

该配酸的酸性强得足以溶解金属氧化物。例如:

$$FeO + 2H[ZnCl_2(OH)] \longrightarrow Fe[ZnCl_2(OH)]_2 + H_2O$$

因此 $ZnCl_2$ 浓溶液被称为"熟镪水",焊接铁皮时,常先用 $ZnCl_2$ 溶液处理铁皮表面。焊接过程中水分蒸发后,产物 $Fe[ZnCl_2(OH)]_2$ 覆盖金属表面使之不再继续被氧化,能保证焊接金属的直接接触。

Hg_2Cl_2 是直线形共价分子,味甜,通常称为甘汞。它是无毒、不溶于水的白色固体,对光不稳定。由于 Hg_2^{2+} 无单电子,因此 Hg_2Cl_2 有抗磁性。Hg_2Cl_2 常用来制作甘汞电极,电极反应为:

$$Hg_2Cl_2 + 2e^- \longrightarrow 2Hg(l) + 2Cl^-$$

$HgCl_2$ 俗称升汞。直线形共价分子,易升华,剧毒,内服 0.2~0.4 g 可致死。微溶于水,但在水中很少电离,稍有水解,主要以 $HgCl_2$ 分子形式存在(故被称为假盐)。$HgCl_2$ 不易水解,易氨解,与 NH_3 反应生成比 Hg_2Cl_2 溶解度更小的 $Hg(NH_2)Cl$ 白色沉淀。$HgCl_2$ 可被 $SnCl_2$ 还原生成 Hg_2Cl_2,并可被进一步还原生成 Hg。

$$HgCl_2 + NH_3 \longrightarrow Hg(NH_2)Cl\downarrow(白) + NH_4Cl$$
$$2HgCl_2 + SnCl_2 \longrightarrow Hg_2Cl_2 + SnCl_4$$
$$Hg_2Cl_2 + SnCl_2 \longrightarrow 2Hg + SnCl_4$$

Hg(I)与 Hg(II)的相互转化:Hg_2^{2+} 在水溶液中可以稳定存在,歧化趋势很小。因此,常利用 Hg^{2+} 与 Hg 反应制备亚汞盐,如:

$$Hg(NO_3)_2 + Hg(振荡) \longrightarrow Hg_2(NO_3)_2$$
$$HgCl_2 + Hg(研磨) \longrightarrow Hg_2Cl_2$$

当改变条件使 Hg^{2+} 生成沉淀或配合物从而大大降低 Hg^{2+} 浓度时,歧化反应便可以发生,如:

$$Hg_2^{2+} + S^{2-} \longrightarrow HgS\downarrow(黑) + Hg\downarrow$$
$$Hg_2^{2+} + 4CN^- \longrightarrow [Hg(CN)_4]^{2-} + Hg\downarrow$$
$$Hg_2^{2+} + 4I^- \longrightarrow Hg\downarrow + [HgI_4]^{2-}$$

$$Hg_2^{2+} + 2OH^- \longrightarrow Hg\downarrow + HgO\downarrow + H_2O$$

用氨水与 Hg_2Cl_2 反应,由于 Hg^{2+} 同 NH_3 生成了比 Hg_2Cl_2 溶解度更小的氨基化合物 $HgNH_2Cl$,使 Hg_2Cl_2 发生歧化反应:

$$Hg_2Cl_2 + 2NH_3 \longrightarrow HgNH_2Cl\downarrow(白) + Hg\downarrow(黑) + NH_4Cl$$

该反应常用来鉴定 Hg_2^{2+} 和 Hg^{2+}。

Zn^{2+}、Cd^{2+}、Hg^{2+} 与 CN^-、SCN^-、Cl^-、Br^-、I^- 均可生成$[ML_4]^{2-}$配离子。

$$Hg^{2+} + 2I^- \longrightarrow HgI_2\downarrow(红色)$$

$$HgI_2\downarrow(红色) + 2I^- \longrightarrow [HgI_4]^{2-}(无色)$$

$K_2[HgI_4]$ 与强碱混合后叫奈斯勒试剂,可用于鉴定 NH_4^+。

$$NH_4^+ + 2[HgI_4]^{2-} + 4OH^- \longrightarrow HgO \cdot Hg(NH_2)I\downarrow(红棕色) + 7I^- + 3H_2O$$

第四节　d 区 金 属

这里 d 区元素指ⅢB 到ⅦB 以及Ⅷ族元素。重点介绍第四周期 d 区金属,即第一过渡系元素。

一、第四周期 d 区金属

1. 第一过渡系元素的基本性质

(1) 金属的性质

d 区金属元素的电子层结构为 $3d^{1\sim10}4s^{1\sim2}$,第一过渡系金属从左到右原子半径开始明显减小后平缓变化。第一过渡系元素电离能和电负性都比较小,标准电极电势均为负值,表明具有较强的还原性,从左到右金属活泼性降低。ⅢB 族是它们中最活泼的金属,性质与碱土金属接近。

(2) 氧化态

第一过渡系元素除钪外都可失去 $4s^2$ 形成 +Ⅱ氧化态阳离子。由于 3d 和 4s 轨道能级相近,因而可失去一个 3d 电子形成 +Ⅲ氧化态阳离子。随着原子序数的增加,稳定氧化态先是逐渐升高,达到与其族数对应的最高氧化态,随后出现低氧化态。同一元素氧化态的变化是连续的。第一过渡系后半部分的元素(V、Cr、Mn、Fe、Co)可出现零氧化态,与不带电的中性分子配体形成配合物,如羰基配合物。

(3) 最高氧化态氧化物及其水合氧化物的酸碱性变化规律

同种元素,不同氧化态的氧化物,其酸碱性随氧化数的降低酸性减弱,碱性增强;同一过渡系内各元素最高氧化态的氧化物及水合物,从左到右碱性减弱,酸性增强;同族元素,自上而下各元素相同氧化态的氧化物及其水合物,通常酸性减弱,碱性增强。

(4) 氧化还原稳定性变化规律

第一过渡系元素 +Ⅱ氧化态的标准电极电势从左至右由负值逐渐增加到正值,表明同周期金属还原性依次减弱;第一过渡系金属元素最高氧化态含氧酸的标准电极电势从左至右随原子序数的递增而增大,即氧化性逐渐增强;第一过渡系金属元素的中间氧化态化合物在一定条件下不稳定,既可发生氧化反应,也可发生还原反应,有一些元素的化合物(如 Cu^+、Mn^{3+}、MnO_4^{2-})还可发生歧化反应。

2. 钛的典型化学性质

钛的资源虽丰富,但提取相当困难,可谓"原料廉似铁,冶炼贵如银"。由钛矿 $FeTiO_3$(偏钛酸亚铁)制备单质 Ti 的反应如下:

$$FeTiO_3 + 2H_2SO_4 \longrightarrow TiOSO_4 + FeSO_4 + 2H_2O$$

$$TiOSO_4 + 2H_2O \longrightarrow H_2TiO_3 + H_2SO_4$$

$$H_2TiO_3 \longrightarrow TiO_2 + H_2O(煅烧分解)$$

$$TiO_2 + 2C + 2Cl_2 \longrightarrow TiCl_4 + 2CO(1\ 000 \sim 1\ 100\ K,氯化处理)$$

$$TiCl_4 + 2Mg \longrightarrow Ti + 2MgCl_2(1\ 070\ K,还原)$$

单质 Ti 具有很强的抗酸碱腐蚀性能,常温下对空气和水十分稳定。能缓慢地溶解在浓盐酸中,可溶于氢氟酸,生成可溶的氟配合物。

在 Ti 的化合物中,以 $+Ⅳ$ 氧化态物质最稳定,常见的有 TiO_2、$TiCl_4$、$TiOSO_4$ 等。

钛酰离子 TiO^{2+} 可与 H_2O_2 生成配合物:$TiO^{2+} + H_2O_2 \longrightarrow [TiO(H_2O_2)]^{2+}$(黄色),该反应可用于 Ti 的定性分析和检测,但是钒有干扰。

3. 钒的典型化学性质

尽管自然界存在绿硫钒矿、铅钒矿、钒钛磁铁矿等,但钒的冶炼矿石来源主要是钢铁冶炼过程的副产品。在炼钢的残渣中,以 V_2O_3 形式存在的钒与 FeO 结合在一起形成一种稳定的 $FeO \cdot V_2O_3$。由 $FeO \cdot V_2O_3$ 提取 $NaVO_3$ 的反应如下:

$$4FeO \cdot V_2O_3 + 5O_2 \longrightarrow 4V_2O_5 + 2Fe_2O_3$$

$$2V_2O_5 + 4NaCl + O_2 \longrightarrow 4NaVO_3 + 2Cl_2$$

或者 $\qquad 2V_2O_5 + 4Na_2CO_3 \longrightarrow 4NaVO_3 + CO_2$

钒的氧化态主要有 $+Ⅴ$、$+Ⅳ$、$+Ⅲ$、$+Ⅱ$,在酸性介质中分别呈黄、蓝、绿、紫色。其中最稳定的氧化态是 $+Ⅴ$。$+Ⅴ$ 的钒 Z/r 较大,所以在水溶液中不存在简单的 V^{5+},而是以钒氧基(VO_2^+)或含氧酸根(VO_3^-、VO_4^{3-})等形式存在。低价钒的化合物中,$V(Ⅳ)$ 较稳定,$V(Ⅲ)$ 不稳定,$V(Ⅱ)$ 为强还原剂,易被氧化。同样 $V(+Ⅳ)$ 在水溶液中也是以 VO^{2+} 形式存在。

V_2O_5 是钒的重要化合物,为橙色到深红色固体,无嗅,无味,有毒,两性偏酸性,微溶于水,生成淡黄色酸性溶液。酸性介质中,V_2O_5 是中等强度氧化剂,能氧化 SO_2、Fe^{2+}、草酸等。V_2O_5 是一种重要的工业催化剂,能催化有机物被空气或 H_2O_2 氧化的反应、烯烃和芳香烃被 H_2 还原的反应、接触法制硫酸的过程中 SO_2 氧化为 SO_3 等反应。

V_2O_5 与酸和碱的反应如下:

$$V_2O_5 + 6NaOH \longrightarrow 2Na_3VO_4 + 3H_2O$$

$$V_2O_5 + H_2SO_4 \longrightarrow (VO_2)_2SO_4 + 3H_2O$$

五价 V 在水溶液中的存在形式和颜色随着溶液酸度的变化而改变。在强碱性溶液存在形式为无色的 VO_4^{3-}、VO_3^-,随着酸度的增加会形成不同聚合度的多钒酸盐,且颜色不断加深,由无色(VO_3^-、VO_4^{3-},pH > 13)→淡黄色→橘红色→红棕色(固体 V_2O_5,pH ≈ 2)。

类似 $+Ⅳ$ 的钛,$+Ⅴ$ 的 V 也可与 H_2O_2 配合。在钒酸盐的溶液中加过氧化氢,若溶液是弱碱性、中性或弱酸性时可得黄色的二过氧钒酸离子 $[VO_2(O_2)_2]^{3-}$;若溶液是强酸性,得到红棕色的过氧钒阳离子 $[V(O_2)]^{3+}$。该反应可用于 V 的定性分析和检测,但是钛有干扰。

4. 铬的典型化学性质

铬的单电子多($3d^5 4s^1$),金属键强,决定了铬的熔点高达 $1\ 907\ ℃$,沸点达 $2\ 671\ ℃$,也决定了金属铬的硬度极高,铬是硬度最高的金属,莫氏硬度为 9,与硬度为 10 的金刚石接近。铬的良好光泽和高的抗腐蚀性常用于电镀工业。铬易与其他金属形成合金,如含 12% 铬的钢称为"不锈钢"。因此铬在国防工业、冶金工业、化学工业方面有重要用途。

铬的氧化态主要有 $+Ⅵ$、$+Ⅲ$、$+Ⅱ$。类似于 Ti 和 V,铬的最高价态 $+Ⅵ$ 是一种稳定的价态,但是不同于 Ti 和 V,低价态的 $Cr(Ⅲ)$ 也是一种稳定的价态。$+Ⅱ$ 的铬很不稳定,极易被氧化。

$Cr(+Ⅲ)$ 的重要化合物有 Cr_2O_3(铬绿、两性)、$Cr(OH)_3$(两性)、硫酸铬和铬矾以及 $Cr(+Ⅲ)$ 的各种配合物。Cr^{3+} 的电子构型为 $3d^34s^04p^0$,它具有 6 个空轨道,容易形成 d^2sp^3 型八面体配合物。配位能力极强,可与 X^-、H_2O、NH_3、$C_2O_4^{2-}$、CN^- 等配体形成配位数为 6 的配合物。

Cr(+Ⅵ)的重要化合物有重铬酸钾(俗称红矾钾)和重铬酸钠(俗称红矾钠)。重铬酸铵(俗称红矾铵)热稳定性差,190 ℃以上剧烈分解成三氧化二铬和氮气。

Cr(+Ⅵ)在溶液中存在 CrO_4^{2-} 和 $Cr_2O_7^{2-}$ 的下列平衡:

$$2CrO_4^{2-}+2H^+\Longleftrightarrow Cr_2O_7^{2-}+H_2O$$

加酸,平衡右移,加碱,平衡左移。加入 Ba^{2+}、Pb^{2+} 或 Ag^+,也能使平衡向左移动。因此无论是向 CrO_4^{2-} 盐溶液中加入这些离子,还是向 $Cr_2O_7^{2-}$ 盐溶液中加入这些离子,生成的都是这些离子的铬酸盐沉淀,而不是重铬酸盐沉淀。故实验室也常用 Ag^+、Pb^{2+} 和 Ba^{2+} 来检验 CrO_4^{2-} 的存在。

在重铬酸盐的酸性溶液中,加入少许乙醚和 H_2O_2 溶液,摇荡,乙醚层中会出现蓝色,这就是过二氧合铬或称为过氧化铬$[CrO(O_2)_2]$。这个反应可以用来检验铬或 H_2O_2 的存在。

$$Cr_2O_7^{2-}+4H_2O_2+2H^+\longrightarrow 2CrO(O_2)_2+5H_2O$$

酸性介质中 Cr(+Ⅵ)具有强氧化性,实验室中常用的铬酸洗液就是用热饱和重铬酸钾溶液与浓硫酸配制的。碱性介质中 Cr(+Ⅲ)具有较强的还原性,可被 H_2O_2 氧化。

5. 锰的典型化学性质

在锰的各种氧化态中,+Ⅱ氧化态物种在酸性溶液中稳定;+Ⅳ氧化态主要以 MnO_2 或配合物的形式存在;+Ⅵ、+Ⅶ氧化态的化合物中,以 K_2MnO_4、$KMnO_4$ 最为重要。

$KMnO_4$ 是紫色晶体,其水溶液呈紫红色。中性和微碱性溶液中缓慢分解,酸性溶液中分解明显。光照或加热能催化其分解,因此其水溶液保存于棕色瓶中。$KMnO_4$ 具有极强的氧化性,是常用的强氧化剂,其氧化能力和还原产物与介质的酸碱性密切相关。在碱性介质中 $KMnO_4$ 一般被还原成 MnO_4^{2-},在中性介质中 $KMnO_4$ 一般被还原成 MnO_2,在酸性介质中 $KMnO_4$ 一般被还原成 Mn^{2+}。

K_2MnO_4 是暗绿色晶体,在 pH>14.4 的强碱性溶液中稳定存在,在酸性或近中性溶液中易歧化,加酸歧化、加氧化剂或电解可制备高锰酸钾。

MnO_2 是黑色粉末状物质,不溶于水、稀酸和稀碱,但可以和浓酸和浓碱反应,是两性氧化物。MnO_2 在空气中加热到 800 K 以上分解为 Mn_3O_4 和 O_2。

Mn^{2+} 在水溶液中以$[Mn(H_2O)_6]^{2+}$存在,肉色。在酸性介质中 Mn^{2+} 不易被氧化,只有强氧化剂如 $NaBiO_3$、PbO_2、$K_2S_2O_8$ 或 $(NH_4)_2S_2O_8$ 等才可把 Mn^{2+} 氧化为 MnO_4^-。由于 MnO_4^- 是紫色的,这几个反应常用来定性检出 Mn^{2+}。反应如下:

$$5NaBiO_3+14H^++2Mn^{2+}\longrightarrow 5Na^++5Bi^{3+}+2MnO_4^-+7H_2O$$
$$5PbO_2+2Mn^{2+}+4H^+\longrightarrow 2MnO_4^-+5Pb^{2+}+2H_2O$$
$$5S_2O_8^{2-}+2Mn^{2+}+8H_2O\longrightarrow 2MnO_4^-+10SO_4^{2-}+16H^+$$

6. 铁族(铁、钴、镍)的典型化学性质

Ⅷ族中的九个元素,虽然存在通常的垂直相似性,但水平相似性更为突出。铁、钴、镍被称为铁族。铁族稳定的氧化态是低价态的+Ⅲ、+Ⅱ。钴、镍的最高价态为+Ⅳ,铁最高价态可达+Ⅵ。铁的+Ⅲ化合物比较稳定,而钴和镍的+Ⅱ化合物比较稳定。

铁、钴、镍为中等活泼金属,活泼性按 Fe、Co、Ni 递减。常温和无水的条件下 Fe、Co、Ni 均较稳定,高温时 Fe、Co、Ni 可与 O_2、S、Cl_2 等剧烈反应。Fe、Co、Ni 与非氧化性酸反应放出氢气。冷浓 HNO_3、H_2SO_4 可使 Fe 钝化,所以可以用铁制品盛装和运输浓硝酸和浓硫酸。Co 和 Ni 与浓 HNO_3 发生剧烈反应。Fe 能被浓碱侵蚀,Co 和 Ni 不与强碱作用。所以镍制容器可盛熔融碱。

铁族稳定的氧化物有红棕色 Fe_2O_3、黑色 Fe_3O_4、灰绿色 CoO、绿色 NiO。Fe_3O_4 具有磁性,具有反式尖晶石结构:$[Fe^{Ⅲ}]_t[Fe^{Ⅱ}Fe^{Ⅲ}]_oO_4$。

铁族重要的二价盐有 $FeSO_4 \cdot 7H_2O$(白色,俗称绿矾)、$CoSO_4 \cdot 7H_2O$(红色)、$NiSO_4 \cdot 7H_2O$(绿色)、$CoCl_2$。$CoCl_2$ 因含结晶水数目不同而呈现不同的颜色,$CoCl_2 \cdot 6H_2O$ 为粉红色,$CoCl_2$ 为蓝色,故 $CoCl_2$ 常用作干燥剂硅胶中的变色剂。铁族二价离子的稳定性随 Fe^{2+}、Co^{2+}、Ni^{2+} 的顺序增强。铁族二价离子易形成复盐,M^{2+} 都可以和碱金属或铵的硫酸盐形成复盐,最重要的有硫酸亚铁铵[$FeSO_4 \cdot (NH_4)_2SO_4 \cdot 6H_2O$,莫尔盐]。硫酸亚铁与莫尔盐都是常用的还原剂,但由于莫尔盐较稳定,在分析化学中用得更多。

铁族重要的三价盐有 $FeCl_3$,无水 $FeCl_3$ 在空气中易潮解,易溶于水和有机溶剂,水溶液呈较强的酸性。$FeCl_3 \cdot 6H_2O$ 呈黄棕色,加热则水解生成碱式盐。蒸发氯化铁溶液只能得到氢氧化铁或碱式氯化铁。

铁族三价离子的稳定性随 Fe^{3+}、Co^{3+}、Ni^{3+} 的顺序减弱。在酸性溶液中 Fe^{3+} 是中等强度的氧化剂,可把 Sn^{2+}、I^-、H_2S、Cu 等氧化。而 Co^{3+}、Ni^{3+} 是强氧化剂。

在强碱性介质中 Fe^{3+} 会被氧化成 FeO_4^{2-}。高铁酸盐在强碱性介质中才能稳定存在。高铁酸盐是比高锰酸盐更强的氧化剂[$E^{\ominus}(FeO_4^{2-}/Fe^{3+}) = 2.20$ V],是新型净水剂,具有氧化杀菌的性质,生成的 $Fe(OH)_3$ 对各种阴阳离子有吸附作用,对水体中的 CN^- 去除能力非常强。

铁系元素都是很好的配合物的形成体,可与 CN^-、SCN^-、NH_3、CO 等形成多种配合物。

NH_3 配合物:无论 Fe^{2+} 还是 Fe^{3+} 都不会和 NH_3 生成配合物;Co^{2+} 和 Co^{3+} 都会和 NH_3 生成配合物,$Co(NH_3)_6^{3+}$ 稳定性大大高于 $Co(NH_3)_6^{2+}$,因为 $Co(NH_3)_6^{3+}$ 是内轨型配合物;Ni^{2+} 可以和 NH_3 形成配合物,但不是很稳定,$[Ni(NH_3)_6]^{2+}$ 遇酸、遇碱、加水稀释、受热均可发生分解反应。

硫氰配合物:Fe^{3+} 会和 SCN^- 生成血红色配合物$[Fe(NCS)_n]^{3-n}$($n=3\sim6$),该反应是鉴定 Fe^{3+} 的灵敏反应,颜色随 n 值增大而加深。Fe^{2+} 不和 SCN^- 生成配合物。Co^{2+} 会和 SCN^- 生成天蓝色配合物$[Co(NCS)_4]^{2-}$,在戊醇、丙酮等有机相中稳定,可鉴定 Co^{2+}。Ni^{2+} 与 SCN^- 的配合物很不稳定。

氰配合物:Fe^{2+} 和 Fe^{3+} 都能和 CN^- 生成稳定的配合物$[Fe(CN)_6]^{4-}$ 和 $[Fe(CN)_6]^{3-}$;Co^{2+} 和 Co^{3+} 都会和 CN^- 生成配合物$[Co(CN)_6]^{4-}$ 和 $[Co(CN)_6]^{3-}$,Co^{3+} 与 CN^- 生成更稳定的内轨型配合物;Ni^{2+} 可以和 CN^- 形成非常稳定的配离子$[Ni(CN)_4]^{2-}$。

羰基配合物:Fe、Co、Ni 都能和 CO 生成稳定的羰基配合物 $Fe(CO)_5$、$Co_2(CO)_8$、$Ni(CO)_4$。

二、第五、六周期 d 区金属

1. 第二、三过渡系元素的基本性质

第二和第三过渡系元素由于电子构型、半径相近,有许多相似的性质。而与第一过渡系元素之间由于内在结构不同,性质差异较大。

(1) 基态电子构型特例多

基态电子构型特例多的主要原因是$(n-1)$d 轨道与 ns 轨道的能量差别很小(即 5s 和 4d,6s 和 5d 轨道之间能级差很小),电子填充在$(n-1)$d 轨道或 ns 轨道上,不会使体系的能量差别很大,所以电子既可以填充在$(n-1)$d 轨道上,也可以填充在 ns 轨道上,因此就出现了多个具有特殊电子构型的元素。

(2) 密度大,熔点、沸点高

由于 4d、5d 轨道空间的伸展范围增大,参与成键的能力增强,它们的原子化焓大、金属键强,因而原子能紧密结合在一起,不容易分开。这一区域有熔点最高的金属钨[W,$(3\ 683\pm20)$ K]和密度最大的金属锇(Os,22.48 g·cm^{-3})。

(3) 第二和第三过渡系同族原子的半径接近

由于镧系收缩影响,第二、三过渡系中同族元素的原子半径和相同氧化态离子的半径很接近,与第一过渡系元素相应的原子和离子的半径相比有较大的差别,因而决定了第二、三过渡系元素在性质上的相似性。例如 Zr 与 Hf、Nb 与 Ta、Mo 与 W 在自然界矿物中共生,难于分离。镧系收缩也使得钇成为稀土元素的成员。

(4) 高氧化态稳定,低氧化态不常见

由于 4d、5d 电子云较分散,受有效核电荷的作用小,d 电子更易失去,致使高氧化态稳定。例如,TcO_4^-、

ReO_4^- 很稳定,而 MnO_4^- 却有强氧化性。Ru 和 Os 能形成氧化态为 $+8$ 的化合物 RuO_4、OsO_4,而相应的第一过渡系元素 Fe 只能形成 $+6$ 氧化态的 FeO_4^{2-}。

(5) 配合物的配位数较高

(6) 易形成低自旋配合物

(7) 磁性要考虑自旋-轨道偶合作用

2. 铂系元素

Ⅷ族中的九个元素虽然存在通常的垂直相似性,但水平相似性更为突出。据此可将这 9 种元素划分为 3 个系列:铁系元素(Fe、Co、Ni 第一过渡系)、轻铂系元素(Ru、Rh、Pd 第二过渡系)、重铂系元素(Os、Ir、Pt 第三过渡系)。轻铂系和重铂系的 6 种元素可合称为铂系元素。

铂系元素的共性和变化规律主要有:都是稀有金属;气态原子的电子构型特例多;氧化态变化与铁系元素相似,高氧化态倾向从左到右降低;都是难熔的金属,熔、沸点从左到右降低;铂系金属不和氮作用,室温下对空气、氧等非金属都是稳定的,不发生相互作用,高温下才能与氧、硫、磷、氟、氯等非金属作用,生成相应的化合物;铂系金属有很高的催化活性,金属细粉催化活性尤其大;容易形成多种类型的配合物。

▶ 附1 例题解析

【例 4-1】 已知 ^{40}K 衰变时,89.5% 为 β^- 衰变生成 ^{40}Ca,10.5% 为 β^+ 衰变生成 ^{40}Ar,^{40}K 的半衰期为 12.5 亿年。试求 ^{40}K 发生 β^- 衰变和 β^+ 衰变的速率常数 k_1 和 k_2。

【解题思路】 ^{40}K 同时衰变生成 ^{40}Ca 和 ^{40}Ar,前者为 β^- 衰变,后者为 β^+ 衰变,两种衰变的速率常数 k_1 和 k_2 之比等于 89.5% 和 10.5% 之比。而 ^{40}K 同时衰变的总速率常数为 k_1+k_2。因此可联列方程求解 k_1 和 k_2。

$$k_1/k_2 = 89.5\%/10.5\%$$
$$t_{1/2} = \ln 2/(k_1+k_2) = 1.25 \times 10^9 \, a$$

解方程可求得:$k_1 = 4.96 \times 10^{-10} \, a^{-1}$;$k_2 = 5.82 \times 10^{-11} \, a^{-1}$

【参考答案】 ^{40}K 发生 β^- 衰变和 β^+ 衰变的速率常数分别为 $4.96 \times 10^{-10} \, a^{-1}$ 和 $5.82 \times 10^{-11} \, a^{-1}$。

【例 4-2】 铜是人类最早使用的金属之一,早在史前时代,人们就开始采掘露天铜矿,并应用于制造武器、工具和其他器皿,铜对早期人类文明的进步影响深远。

(1) 铜的单质呈_____色。铜在干燥的空气中比较稳定,但在富含 CO_2 的潮湿空气中,其表面将缓慢生成一层绿色"铜锈","铜锈"主要成分的化学式为_____。

(2) 氯化亚铜是白色结晶或粉末,微溶于水,不溶于乙醇。常用作催化剂、杀菌剂、媒染剂、脱色剂等。通常可在弱酸或近中性条件下利用适宜还原剂及沉淀剂制备氯化亚铜。实验步骤为:配制一定浓度的 Na_2CO_3 与 Na_2SO_3 混合水溶液 A;配制一定浓度的 $CuSO_4$ 与 NaCl 混合水溶液 B;将 A 溶液缓慢滴加至 B 溶液中,并不断搅拌;反应完毕,抽滤并分别用 1% HCl 溶液、无氧水及无水乙醇洗涤产品。

请根据上述内容,回答下列问题:

① 写出该方法中制备氯化亚铜的化学方程式:_____。

② 溶液 A 中加入 Na_2CO_3 的作用是什么?

③ 如果将 B 溶液逐滴加入 A 溶液中,会因生成一种配合物而难以制得 CuCl,请用离子方程式解释原因。

【参考答案】 (1) 紫红 $Cu_2(OH)_2CO_3$

(2) ① $2CuSO_4 + Na_2SO_3 + 2NaCl + Na_2CO_3 \longrightarrow 2CuCl\downarrow + 3Na_2SO_4 + CO_2\uparrow$

② 溶液 A 中加入 Na_2CO_3 的作用是为了消除反应生成的 H^+。

③ 如果将 B 溶液逐滴加入 A 溶液中,因为 Na_2SO_3 过量,会生成 $[Cu(SO_3)_2]^{3-}$ 配离子而难以制得

CuCl,离子方程式如下:

$$2Cu^{2+}+5SO_3^{2-}+H_2O+2CO_3^{2-}\longrightarrow 2[Cu(SO_3)_2]^{3-}+SO_4^{2-}+2HCO_3^-$$

【例 4-3】 银白色的普通金属 M,在 500 K、200 MPa 条件下,同一氧化碳作用,生成一种淡黄色液体 A。A 能在高温下分解为 M 和一氧化碳。金属 M 的一种红色配合物 B,具有顺磁性,磁矩为 2.3(玻尔磁子)。B 在中性溶液中微弱水解,在碱性溶液中能把 Cr(Ⅲ)氧化到 CrO_4^{2-},本身被还原成 C 溶液。C 盐具有反磁性,C 溶液在弱酸性介质中与 Cu^{2+} 作用,生成红褐色沉淀,因而常作为 Cu^{2+} 的鉴定试剂。C 溶液可被氧化成 B 溶液。固体 C 在高温下可分解,其分解产物为碳化物 D(化学式中的碳的质量分数为 30%)、剧毒的钾盐 E 和常见的惰性气体 F。碳化物 D 经硝酸处理后,可得到 M^{3+}。M^{3+} 碱化后,与 NaClO 溶液反应,可得到紫红色溶液 G。G 溶液酸化后,立即变成 M^{3+},并放出气体 H。

(1) 写出 A~H 所表示的物质的化学式。

(2) 写出如下变化的离子方程式:

① B 在碱性条件下氧化 Cr(Ⅲ);

② M^{3+} 碱化后,与 NaClO 溶液反应,生成 G。

【参考答案】 (1) A~H 所表示的物质的化学式如下:

A:$Fe(CO)_5$,B:$K_3[Fe(CN)_6]$,C:$K_4[Fe(CN)_6]$,D:FeC_2,E:KCN,

F:N_2,G:FeO_4^{2-},H:O_2

(2) ① B 在碱性条件下氧化 Cr(Ⅲ)的离子方程式:

$$Cr(OH)_4^-+3[Fe(CN)_6]^{3-}+4OH^-\longrightarrow CrO_4^{2-}+3[Fe(CN)_6]^{4-}+4H_2O$$

② M^{3+} 碱化后,与 NaClO 溶液反应,生成 G 的离子方程式:

$$2Fe(OH)_3+3ClO^-+4OH^-\longrightarrow 2FeO_4^{2-}+3Cl^-+5H_2O$$

附2 综合训练

1. 某元素 A 有不同氧化态,A 在配位化学发展中起过极为重要的作用,1798 年,法国分析化学家塔萨尔特(Tassaert)发现将 A 的蓝色无水盐 B 放在 NH_4Cl 和 $NH_3\cdot H_2O$ 溶液中,并与空气接触可制得橘黄色的盐 C。1893 年,瑞士化学家 Alfred Werner 发现往 C 中加入 $AgNO_3$ 能沉淀出 3 个氯离子,再根据此类化合物的结构分析、电导研究等,Werner 进一步提出了具有革命意义的配位理论,奠定了现代配位化学的基础。

B 在潮湿空气中会吸湿,颜色逐步变成紫色、紫红色、粉红色,加热后又恢复到蓝色,根据这一性质,B 常用作干燥剂的干湿指示剂。

B 溶于水后加入 $AgNO_3$ 溶液生成白色沉淀 D 和粉红色溶液 E。D 不溶于稀硝酸,E 中加碱性 H_2O_2 溶液生成棕黑色沉淀 F。F 溶于 HCl 溶液生成 B,并放出黄绿色气体 G。

B 与饱和 KNO_3 溶液在乙酸酸化的条件下也可制备难溶钾盐 H。

(1) 请写出以下各物质的化学式:

B: D: E: F: H:

(2) 写出 B 制得 C 的化学反应方程式:

(3) 写出由 F 制得 B 和 G 的反应方程式:

(4) B 制备 H 时,乙酸酸化的作用是 ＿＿＿＿＿＿＿＿＿＿

2. A 为 +4 价钛的卤化物,A 在潮湿的空气中因水解而冒白烟。向硝酸银—硝酸溶液中滴入 A,有白色沉淀 B 生成,B 易溶于氨水。取少量锌粉投入 A 的盐酸溶液中,可得到含 $TiCl_3$ 的紫色溶液 C。将 C 溶液与适量氯化铜溶液混合有白色沉淀 D 生成,混合溶液褪为无色。

（1）B 的化学式为_____。

（2）B 溶于氨水所得产物为_____。

（3）A 水解的化学反应方程式为_____。

理论计算可知,该反应的平衡常数很大,增加 HCl 浓度不足以抑制反应的进行,可是在浓盐酸中,A 却几乎不水解,原因是_____。

（4）C 溶液与适量氯化铜溶液反应的化学方程式为_____。

3. 腐殖质是土壤中结构复杂的有机物,土壤肥力与腐殖质的含量密切相关。可采用重铬酸钾法测定土壤中的腐殖质的含量：称取 0.150 0 g 风干的土样,加入 5 mL 0.10 mol·L⁻¹ K₂Cr₂O₇ 的 H₂SO₄ 溶液,充分加热,氧化其中的碳（$C \rightarrow CO_2$,腐殖质中含碳 58%,90% 的碳可被氧化）。以邻菲罗啉为指示剂,用 0.122 1 mol·L⁻¹ 的 (NH₄)₂SO₄·FeSO₄ 溶液滴定,消耗 10.02 mL。空白试验如下：上述土壤样品经高温灼烧后,称取同样质量,采用相同的条件处理和滴定,消耗 (NH₄)₂SO₄·FeSO₄ 溶液 22.35 mL。

（1）写出在酸性介质中 $K_2Cr_2O_7$ 将碳氧化为 CO_2 的方程式。

（2）写出硫酸亚铁铵滴定过程的方程式。

（3）计算土壤中腐殖质的质量分数。

4. 一种固体混合物可能含有 AgNO₃、CuS、AlCl₃、KMnO₄、K₂SO₄ 和 ZnCl₂。将此混合物加水,并用少量盐酸酸化,过滤后,得白色沉淀物 A 和无色溶液 B。白色沉淀 A 溶于氨水中。滤液 B 分成两份,一份中加入少量氢氧化钠溶液,有白色沉淀产生,再加入过量氢氧化钠溶液则白色沉淀溶解。另一份中加入少量氨水,也产生白色沉淀,当加入过量氨水时,白色沉淀溶解。根据上述现象,确定在混合物中,哪些物质肯定存在？哪些肯定不存在？哪些可能存在？说明理由,可用化学方程式表示。

5. 有一橙红色固体 A 受热后得绿色的固体 B 和无色的气体 C,加热时 C 能与镁反应生成灰色的固体 D。固体 B 溶于过量的 NaOH 溶液生成绿色的溶液 E,在 E 中加适量 H₂O₂ 则生成黄色溶液 F。将 F 酸化变为橙色的溶液 G,在 G 中加 BaCl₂ 溶液,得黄色沉淀 H。在 G 中加 KCl 固体,反应完全后则有橙红色晶体 I 析出,滤出 I 烘干并强热则得到的固体产物中有 B,同时得到能支持燃烧的气体 J。A、B、C、D、E、F、G、H、I、J 各代表什么物质？写出有关的反应方程式。

第五章　有机化合物的结构、命名和同分异构现象

基本要求

　　本章主要介绍了有机化合物的结构、命名、同分异构现象以及电子效应。要求学生能熟练掌握各类有机化合物的系统命名方法；掌握各类同分异构体的书写，各种构型的标记和命名，手性的判断；能通过对化合物电子效应的分析掌握电子效应对化合物性质产生的重要影响。

第一节　有机化合物的结构

一、共价键的一些基本概念

有机化合物分子中原子间主要以共价键相结合。

（1）碳原子的轨道杂化：sp^3、sp^2、sp 杂化的特点及电子云的空间分布，杂化轨道的特点是电子云密度分布于一端较多，增强了成键的能力。

（2）σ 键与 π 键：甲烷、乙烯、乙炔的分子结构。

（3）电子的离域-离域键：用分子轨道理论解释 1，3-丁二烯和苯分子的结构，非苯芳烃的简介及 Hückel 规则。

二、共价键的属性

（1）键长：C—C、C＝C、C≡C、C—H 键的大致长度，离域键中键长的平均化现象。

（2）键角：甲烷、乙烯、乙炔的分子模型、角张力（环丙烷的不稳定性）。

（3）键能：键能和平均解离能、化学键的相对稳定性。

（4）偶极矩：永久偶极、键的极性和分子的极性。

三、有机化合物分子结构表示法

路易斯电子式、凯库勒结构式、结构简式、键线式等。

第二节　有机化合物的分类

一、按碳架分

$$
\text{有机化合物}
\begin{cases}
\text{开链化合物} \\
\text{碳环化合物}
\begin{cases}
\text{脂环化合物} \\
\text{芳香族化合物}
\end{cases} \\
\text{杂环化合物}
\end{cases}
$$

二、按官能团分

分子中能决定一类化合物主要性质、能起反应的原子或原子团称为官能团,熟记常见的官能团,如表 5-1 所示。

表 5-1　常见官能团的名称和结构

化合物类别	官能团名称(结构)	化合物类别	官能团名称(结构)
烯烃	碳碳双键 $C\!=\!C$	酰卤	酰卤基 $-\overset{\overset{O}{\|\|}}{C}-X$
炔烃	碳碳三键 $C\!\equiv\!C$		
卤代烃	卤素 $-X(F,\ Cl,\ Br,\ I)$	酸酐	酸酐基 $-\overset{\overset{O}{\|\|}}{C}-O-\overset{\overset{O}{\|\|}}{C}-$
醇及酚	羟基$-OH$		
硫醇及硫酚	巯基$-SH$	酯	酯基 $-\overset{\overset{O}{\|\|}}{C}-OR$
醚	醚基 $C-O-C$		
硫醚	硫醚基$-S-$	酰胺	酰胺基$-CONR_2$
醛	醛基$-CHO$	胺	氨基$-NH_2$
酮	羰基 $-\overset{\overset{O}{\|\|}}{C}-$	亚胺	亚氨基 $C\!=\!N\diagdown R$
磺酸	磺酸基$-SO_3H$	硝基化合物	硝基$-NO_2$
羧酸	羧基$-COOH$	腈	氰基 $-C\!\equiv\!N$

第三节　有机化合物的命名

一、有机化合物的命名

① 开链烃及其衍生物(含氧、氮、卤素)的命名。

② 环状化合物(包含单环脂烃、芳香烃、几个杂环化合物的母核)及其衍生物的命名。

③ 顺反异构体构型的标记和命名、光学异构体(含 1 个、2 个手性碳化合物)的 R/S 标记及其命名、糖类化合物及氨基酸的 D/L 标记。

④ 了解几个化合物的俗名及缩写:蚁酸、醋酸、草酸、硬脂酸、软脂酸、酒石酸、肉桂酸、苦味酸、葡萄糖、果糖、麦芽糖、蔗糖、核糖、脱氧核糖、甘氨酸、卤仿、甘油、DMF、THF、DMSO、DNA、RNA。

二、系统命名的基本要点

1. 主链碳原子个数的表达

1~10 个碳用"天干"顺序甲、乙、丙、丁、戊、己、庚、辛、壬、癸表示碳原子的数目,大于 10 个碳用十一、十二、十三等数字表示。

2. 常见基团的名称

常见基团的名称如图 5-1 所示。

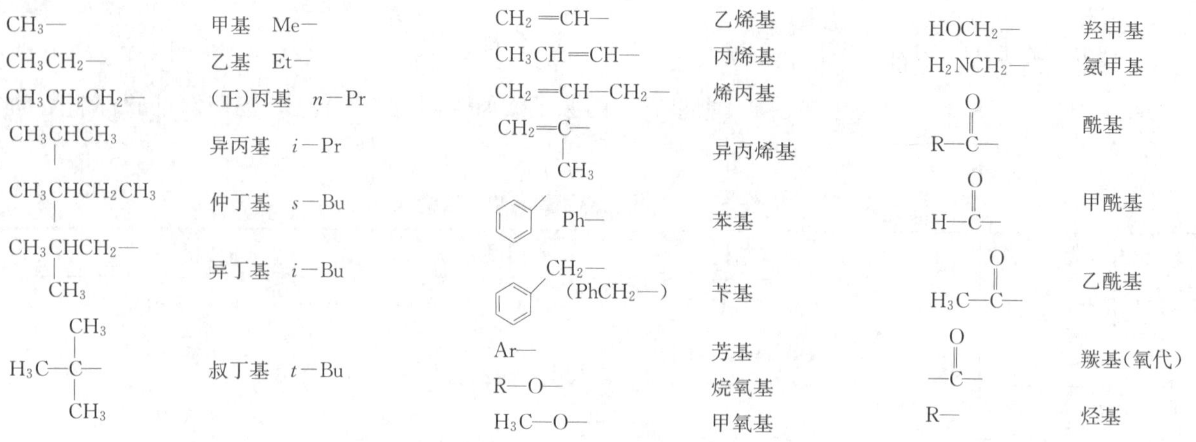

CH_3-	甲基	$Me-$	$CH_2=CH-$	乙烯基	$HOCH_2-$	羟甲基
CH_3CH_2-	乙基	$Et-$	$CH_3CH=CH-$	丙烯基	H_2NCH_2-	氨甲基
$CH_3CH_2CH_2-$	(正)丙基	$n-Pr$	$CH_2=CH-CH_2-$	烯丙基	$R-\overset{O}{\overset{\|}{C}}-$	酰基
CH_3CHCH_3	异丙基	$i-Pr$	$CH_2=\overset{\|}{\underset{CH_3}{C}}-$	异丙烯基		
$CH_3CHCH_2CH_3$	仲丁基	$s-Bu$	Ph	苯基	$H-\overset{O}{\overset{\|}{C}}-$	甲酰基
$CH_3CHCH_2-\overset{\|}{CH_3}$	异丁基	$i-Bu$	$CH_2=$ $(PhCH_2-)$	苄基	$H_3C-\overset{O}{\overset{\|}{C}}-$	乙酰基
$H_3C-\overset{CH_3}{\overset{\|}{\underset{\|}{C}}}-\overset{}{\underset{CH_3}{}}$	叔丁基	$t-Bu$	$Ar-$	芳基	$-\overset{O}{\overset{\|}{C}}-$	羰基(氧代)
			$R-O-$	烷氧基	$R-$	烃基
			H_3C-O-	甲氧基		

图 5-1 常见基团名称

3. 基团的顺序规则

有机化合物中的各种基团可以按一定的规则来排列先后次序,这个规则称为顺序规则。在系统命名法中,取代基排列的先后顺序、顺反构型的确定、手性化合物构型等都是根据顺序规则来确定的。

① 将原子或原子团所在的原子按原子序数大小排列,原子序数大的原子优先于原子序数小的原子,对原子序数相同的同位素,则按相对原子质量大的优先于相对原子质量小的排列。如 I、Br、Cl、S、P、O、N、C、D、H。

② 对于多原子基团,如果所在原子相同,则把与它们相连的其他原子也按原子序数排列,再依次逐个比较它们的优先顺序,直到可比较出它们的顺序为止。

③ 对于含重键如双键或三键的基团,可以认为它是与两个或三个相同的原子相连。

4. 主官能团的优先次序

多官能团化合物根据官能团的优先次序选出主官能团,一旦确定主官能团,其他官能团一律作为取代基。常见官能团的优先次序如下:

$$-COOH、-SO_3H、-\overset{O}{\overset{\|}{C}}-OR、-\overset{O}{\overset{\|}{C}}-X、-\overset{O}{\overset{\|}{C}}-NR_2、-\overset{O}{\overset{\|}{C}}-O-\overset{O}{\overset{\|}{C}}-、-CN、-CHO、-\overset{O}{\overset{\|}{C}}-、-OH、-NH_2、-OR。$$

注意:卤素、硝基、亚硝基在命名时都作为取代基。

5. 系统命名法步骤

① 按官能团的优先次序确定分子所属的主官能团。

② 选主链(含、长、多),选取含有主官能团在内的最长碳链。最长碳链有不同选择时,选取代基多的碳链。

③ 编号(低):编号先满足官能团位次最低,然后再满足取代基位次低。注意:当编号都相同时,要使优先次序小的基团具有小的编号。

④ 确定取代基位次及名称,按顺序规则给取代基列出次序,优先次序小的基团先列出。

⑤ 按系统命名的基本格式写出化合物名称。

6. 命名细则

① 每个取代基均具有对应的位次号,用阿拉伯数字表示(即使取代基相同,位次号相同也不能省略)。

② 位次号数字之间要用","隔开。

③ 相同的取代基合并,相同的取代基的数目用二、三、四等汉字表示,写在取代基的前面。

④ 数字与中文之间用"-"隔开。

⑤ 官能团前面要有官能团的位次号。如存在构型需在最前面列出,如有多个构型,需同时在构型前标明位次号。

7. 有机化合物系统命名的基本格式

有机化合物系统命名的基本格式见表 5-2。

表 5-2 有机化合物系统命名的基本格式

构型	取代基	母体
Z/E，R/S，cis/trans，顺/反	取代基位次号＋个数＋名称	官能团位次号＋名称

第四节 有机化合物的同分异构现象

一、构造异构

构造异构是由于分子中原子或基团之间连接的次序不同而产生的异构现象,可分为以下几类。

① 碳链异构:由于碳的骨架不同而产生的异构现象。

② 位置异构:由于官能团在碳链或碳环上的位置不同而产生的异构现象。

③ 官能团异构:由于分子中官能团不同而产生的异构现象。

④ 互变异构:不同官能团的异构体处于动态平衡中,能很快地互相转变,如图 5-2。

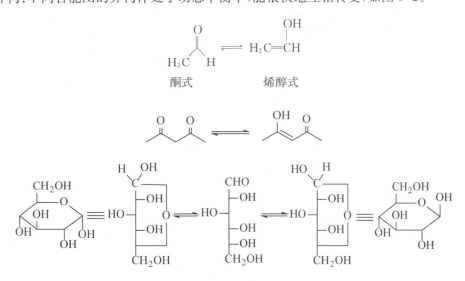

图 5-2 互变异构

二、立体异构

立体异构是指分子中原子或原子团相互连接次序相同但空间的排列形式不同而产生的异构。可分为以下几种:

1. 构象异构

构象异构是指因单键的自由旋转导致的原子或基团在空间的排列形式不同产生的异构。单键旋转后可以产生无数个构象异构体,但有几种极限构象:乙烷的重叠式、交叉式;丁烷的对位交叉式、部分重叠式、邻位交叉式、全重叠式;环己烷的船式和椅式以及不同取代环己烷的稳定的构象。

构型异构与构象异构的区别:构象异构体之间的互相转变可通过单键的自由旋转即可达到,而构型异构体之间不能通过单键的自由旋转相互转变,一般需要断裂化学键。

2. 构型异构

顺反异构(几何异构):由于分子中存在双键或碳环使单键自由旋转受阻而导致的异构。

(1) 顺反异构存在的条件

分子中存在限制单键自由旋转的因素,如双键、环。

构成双键的两个原子(或环中的两个原子)所连接的两个原子或原子团都必须不相同。

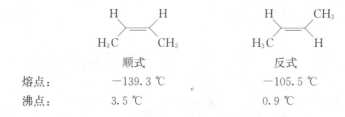

$A \neq B$ 且 $C \neq D$

(2) 顺反异构体物理性质的差异

	顺式	反式
熔点:	$-139.3\ ℃$	$-105.5\ ℃$
沸点:	$3.5\ ℃$	$0.9\ ℃$

(3) 双键化合物顺反异构体构型的标记和命名

① 双键碳上有相同基团:顺/反

相同基团在双键同侧为顺,相同基团在双键异侧为反。

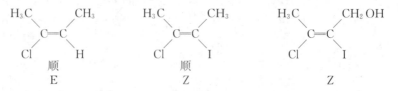

② 双键碳上无相同基团:Z/E

"较优"基团在双键同侧用字母"Z"表示,反之则以"E"表示。

注意:Z、E 可以命名所有烯烃存在顺反异构的情况;顺、反与 Z、E 之间无必然的联系。

(4) 环状化合物构型标记和命名

顺-1,2-二甲基环丙烷   反-1,2-二甲基环丙烷

cis-1,2-二甲基环丙烷   trans-1,2-二甲基环丙烷

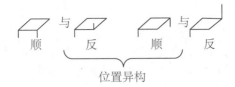

3. 对映异构

化合物之间互成实物和镜像、但不能够重合的立体异构。

要求掌握手性碳及其构型的标记和命名、化合物手性的判断、对映体和非对映体、外消旋体、内消旋体、

旋光异构体的数目,知道公式 $[\alpha]_D^t = \dfrac{\alpha}{c \times l}$ 中各种符号的意义,了解手性化合物获得的途径。

（1）手性碳 R、S 构型的标记

透视式中构型的标记:首先把手性碳上所连的四个原子或基团根据顺序规则排出大、中、小、最小。观察者从最小原子或基团的对面看,然后再观察这剩下的三个基团的大、中、小走向,顺时针为 R,逆时针为 S。

例如:

Fisher 投影式中手性碳构型的标记(小横反,竖不变):最小基团在横键上,纸面走向与实际走向相反。顺时针为 S,逆时针为 R。最小基团在竖键上,纸面走向与实际走向相同。顺时针为 R,逆时针为 S。例:

（2）化合物手性的判断

考察对称因素:有对称面或对称中心的化合物没有手性,对称轴并不是判断手性的标准。

考察手性碳:含一个手性碳的化合物具有手性,含有多个手性碳的化合物还需结合对称因素去考察。

（3）旋光异构体的数目和非对映体

n 个不相同的手性碳,旋光异构体的数目为 2^n。

n 个相同的手性碳,旋光异构体的数目小于 2^n。

两个不相同的手性碳（$2^2 = 4$ 个）:

两个相同的手性碳(3个):

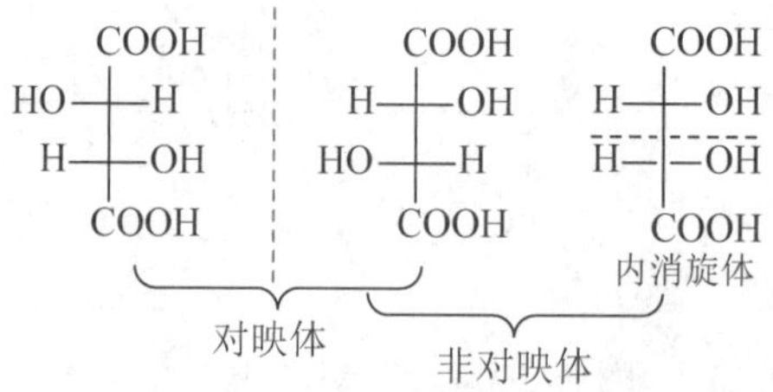

外消旋体:等物质的量的左旋体和右旋体组成的混合物。内消旋体:由于分子中存在对称面而使分子内部旋光性互相抵消的化合物。

外消旋体和内消旋体比旋度均为零。

第五节　电子效应

电子效应是分子中原子或基团之间互相影响而产生的效应。

一、诱导效应

由于分子中原子或基团的电负性不同而产生的一种极化效应叫作诱导效应,它沿 σ 键传递,且渐远渐弱(一般不超过三根键),可分为以下两种:

吸电子诱导效应$(-I)$:$-F>-Cl>-Br>-I$。

给电子诱导效应$(+I)$:$(CH_3)_3C->(CH_3)_2CH->CH_3CH_2->CH_3-$。

二、共轭效应

存在共轭体系中,由于电子离域而产生的效应,传递时远而不弱。

共轭效应可分为以下两种:吸电子共轭效应$(-C)$和给电子共轭效应$(+C)$。

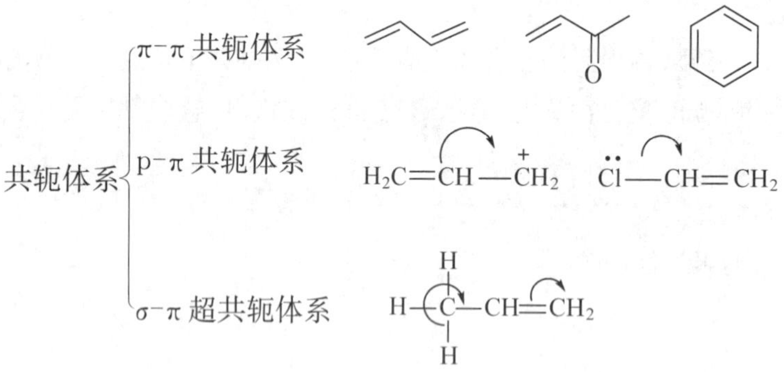

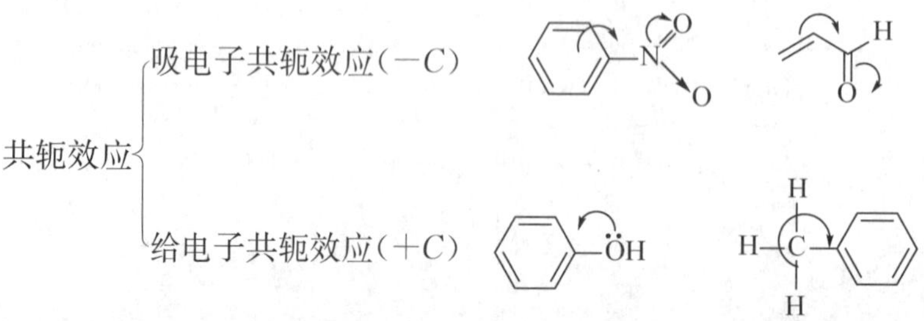

给电子共轭效应的基团：$-O^-$、$-NR_2$、$-NHR$、$-NH_2$、$-OR$、$-OH$、$-NHCOR$、$-OCOR$、$-F$、$-Cl$、$-Br$。

吸电子共轭效应的基团：$-NO_2$、$-C\equiv N$、$-SO_3H$、$-CHO$、$-COR$、$-COOH$、$-COOR$、$-CONR_2$。

三、诱导效应和共轭效应同时作用

在许多有机化合物中，诱导效应与共轭效应往往同时起作用，其综合影响取决于两种效应的方向和强度。

四、电子效应对化合物的性质产生重大影响

① 对化合物酸碱性强度的影响。

② 对化合物反应活性及活性中心位置的影响。

③ 对碳正离子、碳负离子、游离基稳定性的影响。

第六节　分子间力及其与物理性质的关系

分子间作用力根据能量的大小可分为范德华力和氢键两类。

一、范德华力

范德华力包括取向力、诱导力和色散力三种。

（1）取向力

取向力存在于极性分子之间，当两个极性分子相互靠近时，它们的固有偶极根据同极相斥、异极相吸的原理，极性分子在空间发生定向排列，这种由于偶极间取向而引起的分子间作用力称为取向力。

（2）诱导力

当极性分子和非极性分子靠近时，非极性分子受到极性分子的固有偶极的诱导产生诱导偶极，极性分子固有偶极与非极性分子的诱导偶极间的作用力称为诱导力。极性分子之间也存在由于分子的变形而产生的诱导力。

（3）色散力

由于分子中原子核和电子运动的相互作用，分子产生瞬时偶极，瞬时偶极之间的作用力称为色散力。它不仅存在于非极性分子之间、极性分子之间，也存在于非极性分子与极性分子之间。

在非极性分子之间只有色散力；在极性分子和非极性分子之间存在色散力和诱导力；在极性分子之间存在色散力、诱导力和取向力。

二、氢键

化合物分子通过它的氢原子与同一分子或另一分子中含有孤对电子的电负性较大而原子半径较小的

原子(如 O、N、F)相吸引而形成的第二种"化学键"称为氢键,在分子结构中常用虚线表示,如X—H…Y。

氢键可分为分子内氢键、分子间氢键。氢键具有饱和性和方向性。在相对分子质量相近的化合物中氢键越多越强,其沸点越高。分子内氢键导致沸点降低,分子间氢键导致沸点升高。

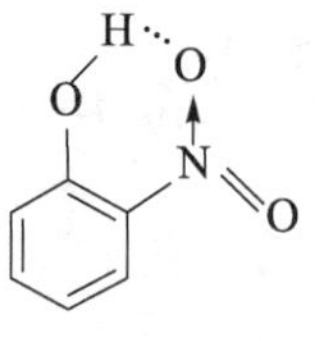

分子内氢键

bp: 214 ℃

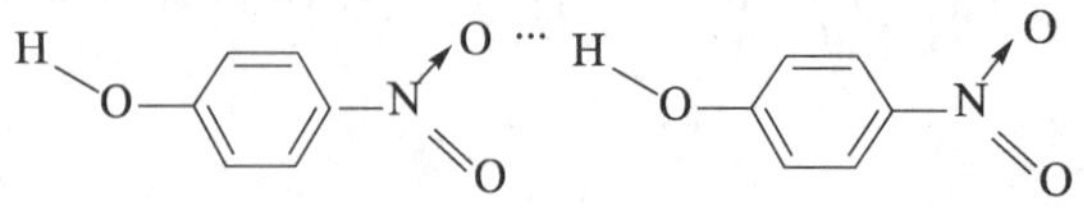

分子间氢键

bp: 297 ℃

附1 例题解析

【例 5-1】 用系统命名法命名下列化合物。

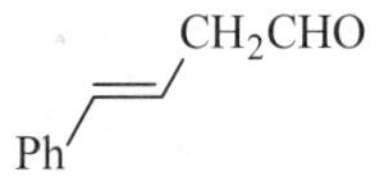

(1) 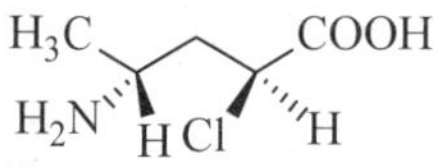　　　　　　　(2) 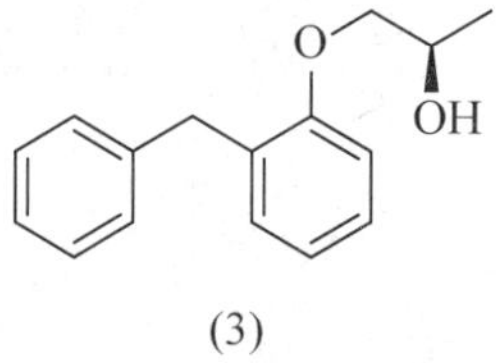　　　　　　　(3)

【解题思路】 本题为系统命名题,首先按主官能团的优先顺序确定主官能团,在命名不饱和醇、不饱和醛酮、不饱和羧酸或羧酸酯时,应选择同时含有不饱和键和主官能团在内的最长碳链做主链,主链碳原子个数连在烯或炔上。复杂取代基的命名与系统命名法类似,编号时将与主链相连的碳编号为1。

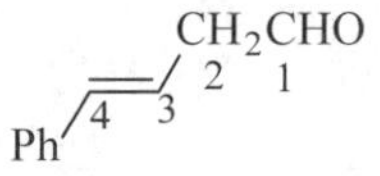

分子中存在双键和醛基,选择含有双键和醛基在内的最长碳链做主链;碳原子个数放在烯的前面;若化合物为醛或酸,官能团总是在1号位,所以官能团的位次号1可省去;双键存在构型需在前面标出。因此命名为(E)-4-苯基-3-丁烯醛或反-4-苯基-3-丁烯醛(双键上有相同基团—H,且在双键的两侧,也可用中文"反"来命名)。

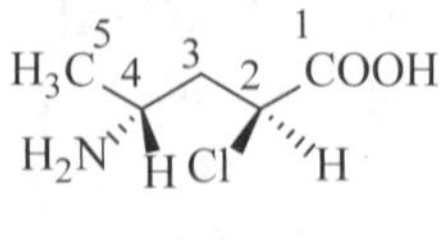

分子中存在氨基和羧基,选择—COOH 为主官能团;氨基的优先次序小,列在氯的前面;分子中有两个手性碳,分别在构型前列出其位次号;羧基的位次号1可省去。因此命名为(2S,4R)-4-氨基-2-氯戊酸。

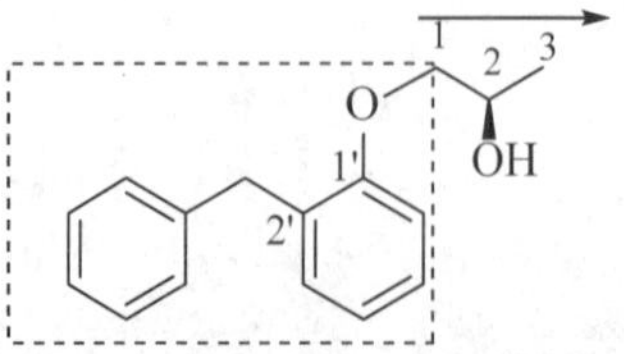

分子中有醚键和醇羟基，选取—OH为主官能团，醚作为取代基；编号时从左往右或从右往左，醇羟基都在2位，因此选取使取代基位次最小的从左往右编号；1位为复杂取代的苯氧基，对这复杂取代基命名，苯环上2位为苄基，因此这个复杂取代基为2-苄基苯氧基；手性碳构型为R。因此命名为(R)-1-(2-苄基苯氧基)-2-丙醇或(R)-1-2′-苄基苯氧基-2-丙醇。

【参考答案】 (1) (E)-4-苯基-3-丁烯醛或反-4-苯基-3-丁烯醛

(2) (2S,4R)-4-氨基-2-氯戊酸

(3) (R)-1-(2-苄基苯氧基)-2-丙醇或(R)-1-2′-苄基苯氧基-2-丙醇

【例5-2】 下列化合物不是手性分子的是(　　)。

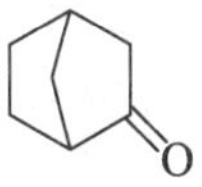

A

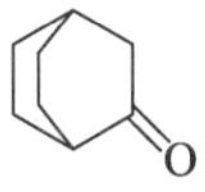

B

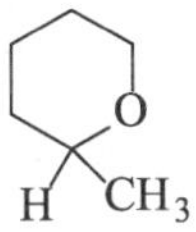

C

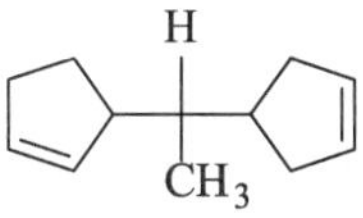

D

【解题思路】 判断分子是否具有手性，考察对称因素或手性碳。

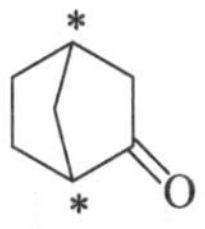

A

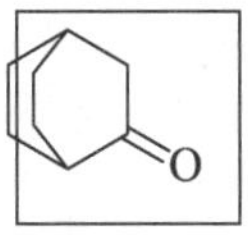

B

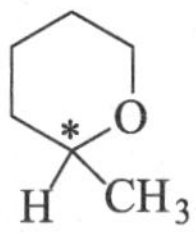

C

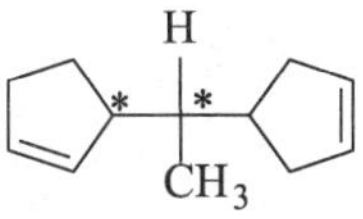

D

A中有手性碳，无对称中心或对称面，有手性。B中有对称面，无手性。C中有一个手性碳，有手性。D中由于两个环戊烯基中双键所处的位置不同，因此中间连有甲基的碳也是一个手性碳，不存在对称面或对称中心，有手性。

【参考答案】 B

附2　例题解析

1. 标出下列化合物中双键或手性碳的构型。

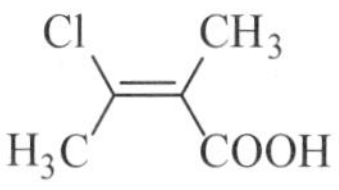

(1)

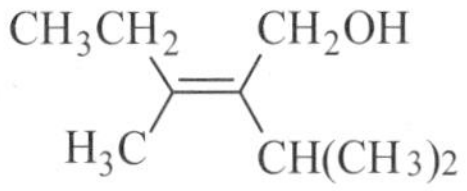

(2)

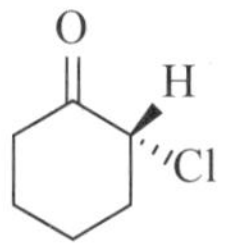

(3)

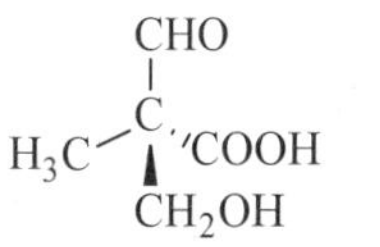

(4)

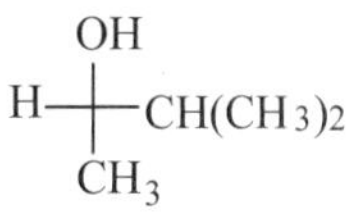

(5)

2. 用系统命名法命名下列化合物。

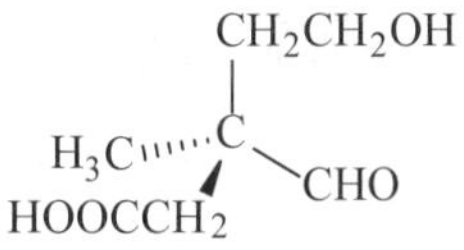

(1)

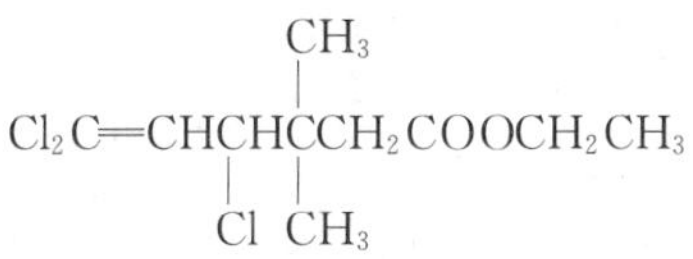

(2)

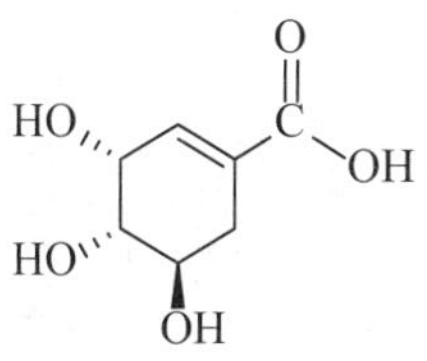

(3)

3. 判断下列化合物的关系。

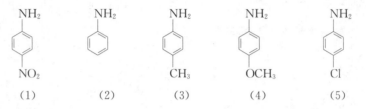

4. 比较下列化合物碱性的大小。

（1）　　　　（2）　　　　（3）　　　　（4）　　　　（5）

5. 比较下列化合物酸性的大小。

$$FCH_2COOH \qquad CH_3COOH \qquad CH_3CH_2COOH$$
（1）　　　　　　　（2）　　　　　　　（3）

6. 顺反丁烯二酸的四个酸常数如下。从结构与性质的角度简述为什么顺式的丁烯二酸的 K_{a_1} 最大，K_{a_2} 最小。

$$K_{a_1}=1.17 \times 10^{-2} \qquad K_{a_1}=9.3 \times 10^{-4}$$
$$K_{a_2}=2.60 \times 10^{-7} \qquad K_{a_2}=2.9 \times 10^{-5}$$

7. 完成下列反应方程式,并简述在相同条件下反应,对羟基苯甲醛只得到一种产物,而间羟基苯甲醛却得到两种产物的原因。

$$+ \; CH_3CH_2CH_2CH_2Br \xrightarrow[K_2CO_3]{} A$$

$$+ \; CH_3CH_2CH_2CH_2Br \xrightarrow[K_2CO_3]{} B \; + \; C$$

第六章 烷烃、环烷烃、烯烃、炔烃

基本要求

掌握烷烃、环烷烃、烯烃、炔烃的通式、同分异构及命名；熟练掌握自由基取代反应机理、自由基加成反应机理、亲电加成反应机理；对重排反应有一定的了解。

第一节 烷 烃

一、烷烃的通式、同分异构和命名

1. 烷烃的通式

烷烃的通式为 C_nH_{2n+2}。

同系列的概念：具有相同的通式，相差一个"CH_2"或若干个"CH_2"的系列化合物称为同系列。

同系物：同系列中的各化合物。

系差：分子式相差 CH_2 的个数。

2. 同分异构

同分异构：分子式相同而构造式不同的现象称为同分异构现象，包括位置异构、骨架异构和官能团异构。

同分异构体的数目和构造式的推导是重难点。

3. 命名

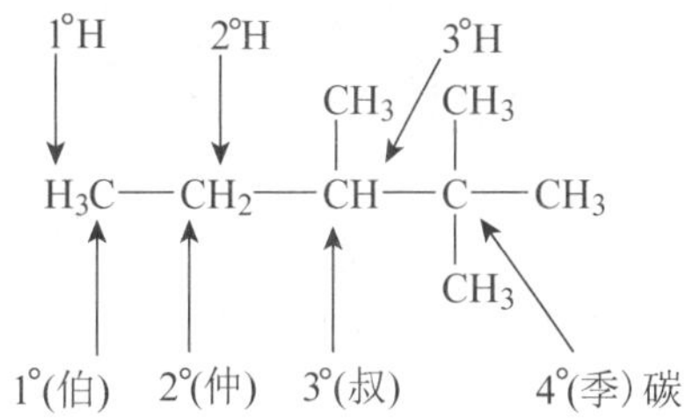

① 伯($1°$)（一级）、仲($2°$)（二级）、叔($3°$)（三级）、季($4°$)（四级）碳原子

② 烷基的命名

甲烷(CH_4)中去掉 1 个氢原子后的基团称为甲基(CH_3—，Me—)，乙烷(CH_3CH_3)中去掉 1 个氢原子后的基团称为乙基(CH_3CH_2—，Et—)。

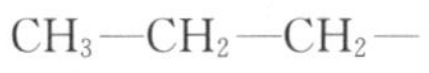

CH_3—CH_2—CH_2—　　　　　　　CH_3—CH—CH_3　　　　　　CH_3—CH_2—CH_2—CH_2—

丙基，n-Pro 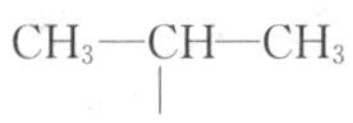　　　　　　　　　　异丙基，i-Pro 　　　　　　　　正丁基，n-Bu

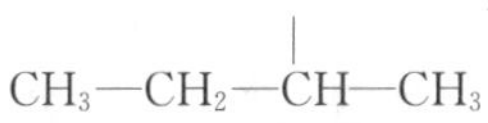

CH_3—CH_2—CH—CH_3　　　　　CH_3—CH—CH_2—　　　　　　CH_3—C—CH_3

仲丁基，s-Bu 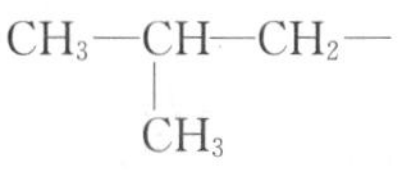　　　　　　　　　　异丁基，i-Bu 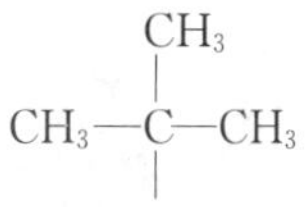　　　　　　　　叔丁基，t-Bu

③ 烷烃的普通命名法

④ 系统命名法(IUPAC)规则

ⓐ 含碳原子最多的链(主链)为母体,根据母体的碳原子数目称为某烷。

ⓑ 从距离取代基较近的一端开始,对主链碳原子进行编号;按由小到大次序书写取代基的位次和数目,位次和数目分别使用阿拉伯数字和汉字表示,中间加短横线(-)。

ⓒ 有两条碳原子数相等的链时,用取代基最多的最长碳链作主链。

4. 烷烃的构型

构型:具有一定构造的分子中,各原子在空间的排列状况。

碳原子的四面体概念及分子模型,饱和碳原子的 sp^3 杂化。

5. 烷烃的构象

构象:C—C 键沿键轴旋转,两个碳上所连原子或基团的相对位置发生变化,在空间上对应的各个形态称为构象。

烷烃分子的形状,烷烃结构的锯架式、楔形式和纽曼式的表示和相互转换,乙烷、正丁烷的优势构象。

二、烷烃的物理性质

分子间作用力(范德华力),烷烃沸点变化规律(碳原子数目、支链数目对沸点的影响),烷烃熔点变化规律(直链和支链,奇数和偶数碳原子)。

三、烷烃的氧化和热裂反应

烷烃氧化反应包含完全氧化和不完全氧化两种情况。完全氧化(燃烧)生成二氧化碳和水(反应方程式的书写、燃烧热);不完全氧化生成醇、醛、酸等含氧有机物。

烷烃在高温或催化条件下裂解生成烯烃或相对分子质量较小的烷烃,是重要的石油化工反应(重整和热裂)。

第二节　环 烷 烃

一、环烷烃的分类、命名和结构

1. 环烷烃的分类

按环上碳数分为小环(3～4)、普通环(5～7)、中环(8～12)、大环(>12)。

按环的数目分为单环、双环、多环。

按环的结合方式分为螺环、稠环、桥环。

2. 环烷烃的命名

单环:在相应链烃的名称前加一个"环"字,若有取代基则使其位次号最小。

双环、多环(螺环、稠环和桥环):

螺[2.4]庚烷　　　双环[3.2.2]壬烷　　　2-甲基二环[4.1.0]庚烷　　　十氢萘

3. 环烷烃的异构

顺反异构(cis、trans)：

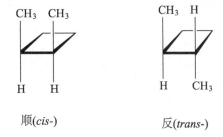

顺(*cis*-)   反(*trans*-)

4. 环烷烃的构象

① 拜尔张力学说和环丙烷的结构、角张力。

② 环丙烷、环丁烷、环戊烷的构象。

③ 环己烷的构象：

ⓐ 环己烷的椅式构象和船式构象的表示方法，a、e 键的区别，二(多)取代环己烷的顺反表示方法。

ⓑ 优势构象(椅式)，代表着能量(势能)最低的构象。

ⓒ a、e 键：a 键与对称轴平行(直立键)；e 键朝向环外，与对称轴大致垂直(平伏键)。

ⓓ 环己烷衍生物的顺反、构象分析。

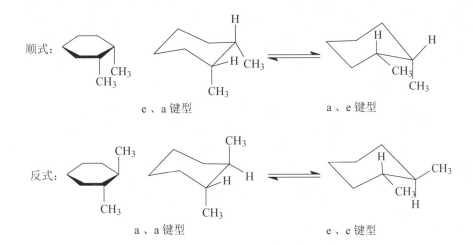

二、小环烷烃与烯烃在反应性上的差异

(1) 催化氢化反应

$$\triangle + H_2 \xrightarrow{\text{Ni, 80℃}} CH_3CH_2CH_3$$

$$\square + H_2 \xrightarrow{\text{Ni, 200℃}} CH_3CH_2CH_2CH_3$$

由反应条件可以看出，四元环比三元环要稳定。五元以上的环则很难发生开环。

(2) 与溴的反应

$$\triangle + Br_2 \xrightarrow{\text{室温}} BrCH_2CH_2CH_2Br$$

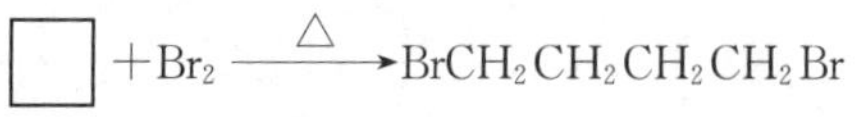

$$\square + Br_2 \xrightarrow{\triangle} BrCH_2CH_2CH_2CH_2Br$$

五元以上环烷烃不能与溴发生开环加成,但在光照条件下可发生取代反应。

（3）与溴化氢的加成

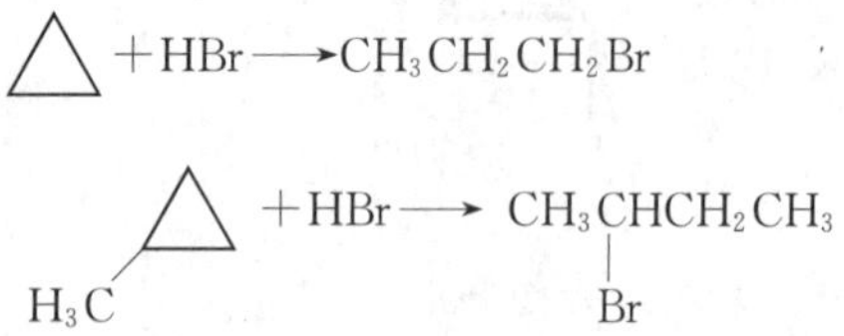

$$\triangle + HBr \longrightarrow CH_3CH_2CH_2Br$$

$$H_3C\text{-}\triangle + HBr \longrightarrow \underset{\underset{Br}{|}}{CH_3CHCH_2CH_3}$$

环丙烷由于角张力较大,能够与溴化氢发生开环加成反应,遵从马氏规则（与烯烃类似）。

（4）氧化反应

在高锰酸钾等氧化剂条件下,小环烷烃与一般烷烃类似,不能被氧化（与烯烃有区别）。

第三节　自由基取代反应机理

烷烃在光照或高温的条件下,可以发生自由基取代反应。

卤代反应:烷烃分子中的氢原子被卤素取代的反应。

中间体:烷基自由基。

自由基稳定性: $3° > 2° > 1°$。

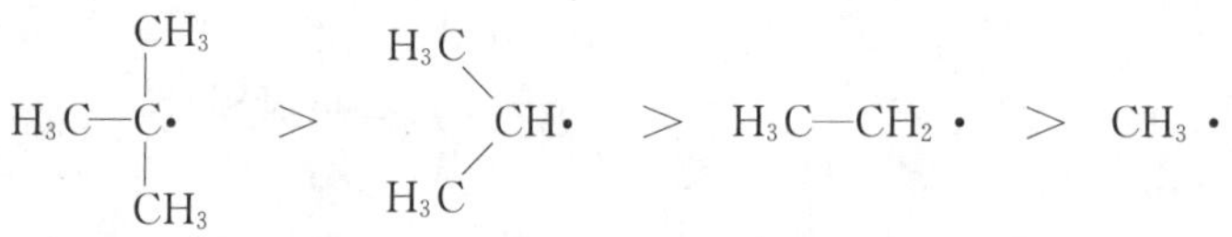

$$H_3C\underset{\underset{CH_3}{|}}{\overset{\overset{CH_3}{|}}{C}}\cdot \quad > \quad \underset{H_3C}{\overset{H_3C}{>}}CH\cdot \quad > \quad H_3C-CH_2\cdot \quad > \quad CH_3\cdot$$

卤素活性: $F > Cl > Br > I$。

反应产物:单卤或多卤代烷（伯、仲、叔氢反应活性与反应的选择性）。

基本阶段:链的引发、链的传递、链的终止。

杂化轨道理论对自由基（sp^2 杂化）稳定性的解释。

甲烷氯化反应的历程:

$$Cl\text{:}Cl \xrightarrow{h\nu} 2Cl\cdot \qquad \text{链引发} \quad +58 \text{ kJ/mol}$$

$$Cl\cdot + H_3C-H \longrightarrow HCl + CH_3\cdot$$
$$CH_3\cdot + Cl-Cl \longrightarrow H_3C-Cl + Cl\cdot$$
　链传递

$$Cl\cdot + Cl\cdot \longrightarrow Cl-Cl$$
$$CH_3\cdot + CH_3\cdot \longrightarrow H_3C-CH_3$$
$$CH_3\cdot + Cl\cdot \longrightarrow H_3C-Cl$$
　链终止

第四节 烯 烃

一、烯烃的结构

杂化轨道理论对烯烃结构的解释：sp^2杂化方式、sp^2轨道与 p 轨道的关系、烯烃双键碳原子上的电子云分布以及烯烃的平面结构。

二、烯烃的同分异构和命名

烯烃的同分异构：构造异构和顺反异构。

烯烃的命名规则：含有双键的最长碳链作为主链；从靠近双键的一端编号，使双键的位次号最小。

掌握 Z、E 和顺反命名法，以及基团大小次序的判断规则。

三、烯烃的化学性质

理解杂化轨道理论对烯烃碳碳双键化学性质的解释和反应前后碳原子杂化状态的变化：π 键电子云的流动性大，易极化，比较活泼，通常反应是"打开"π 键，sp^2杂化碳原子在反应过程中转化为 sp^3 杂化状态。

1. 加成反应

（1）催化加氢

催化剂一般为 Pt、PtO_2、Pd、Pd/C、Ni(Ranny Ni 或骨架 Ni)等。

催化剂的作用：降低氢化时的活化能。

反应为吸附催化：

$$\text{H}_2 \rightleftharpoons \quad \overset{\text{H H}}{|\ |} \quad \overset{\diagdown\diagup}{\text{C}=\text{C}} \rightleftharpoons \quad \overset{\text{H H}}{|\ |}\ \overset{\diagdown\diagup}{\text{C}-\text{C}} \longrightarrow \quad \text{H}-\overset{|}{\text{C}}-\overset{|}{\text{C}}-\text{H}$$

氢化热：1 mol 不饱和化合物氢化时放出的热量叫作氢化热。氢化热的大小与烯烃的相对稳定性存在对应关系。

（2）与卤素的加成

$$\text{H}_2\text{C}{=}\text{CH}_2 \ +\ \text{Br}_2 \xrightarrow{\ \text{CCl}_4\ } \ \underset{\overset{|}{\text{Br}}}{\text{H}_2\text{C}} - \underset{\overset{|}{\text{Br}}}{\text{CH}_2}$$

红棕色   无色

卤素与烯烃的加成活性顺序：氟 ＞ 氯 ＞ 溴 ＞ 碘。

（3）与酸的加成

无机酸和强的有机酸都能较容易地和烯烃发生加成反应；而弱的有机酸如醋酸及水，只有在强酸的催化下，才能发生加成反应。

$$\text{H}_3\text{C}-\text{CH}{=}\text{CH}_2 \xrightarrow{\ \text{HX}\ } \ \text{H}_3\text{C}-\underset{\overset{|}{\text{X}}}{\text{CH}}-\text{CH}_3$$

遵从马氏规则：氢总是加到含氢较多的双键碳原子上，卤素加到含氢较少的双键碳原子上。

有过氧化物存在时，与 HBr 的加成按反马氏规则进行。

2. 氧化反应

(1) O_3氧化

烯烃的碳碳双键断裂生成羰基化合物(醛或酮)：

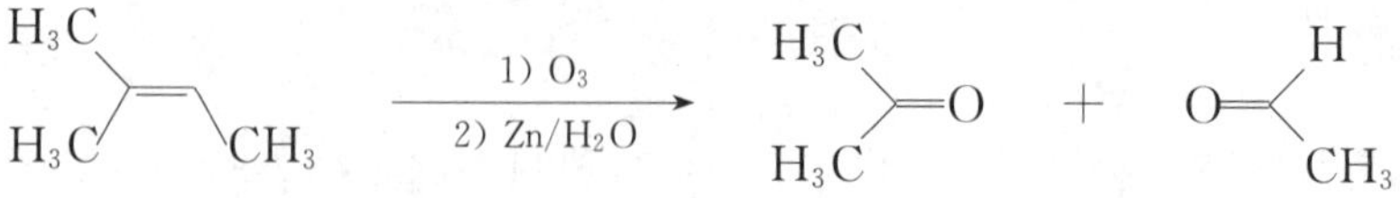

(2) $KMnO_4$氧化

中性或稀碱条件下冷 $KMnO_4$氧化烯烃得顺式邻二醇。

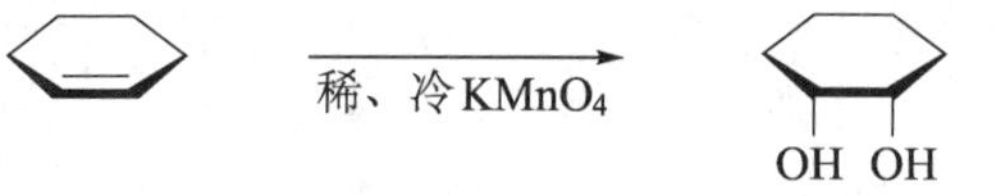

也可用 OsO_4代替 $KMnO_4$氧化烯烃制备顺式邻二醇。

酸性条件下，烯烃被 $KMnO_4$氧化，碳碳双键发生断裂，生成对应的酮或者羧酸：

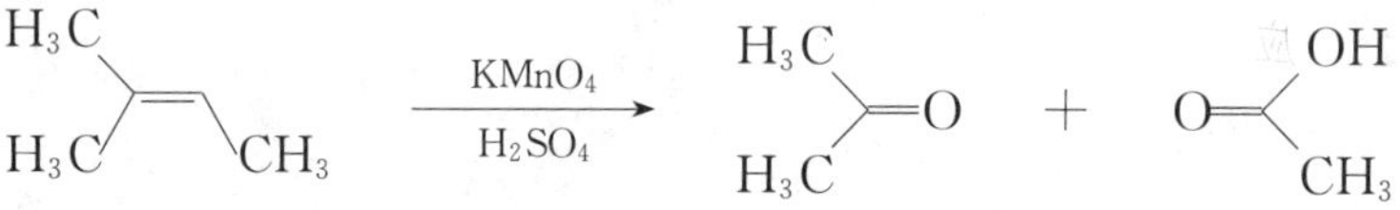

(3) 过氧酸氧化

生成环氧化合物，在酸性溶液中易水解转化成反式邻二醇：

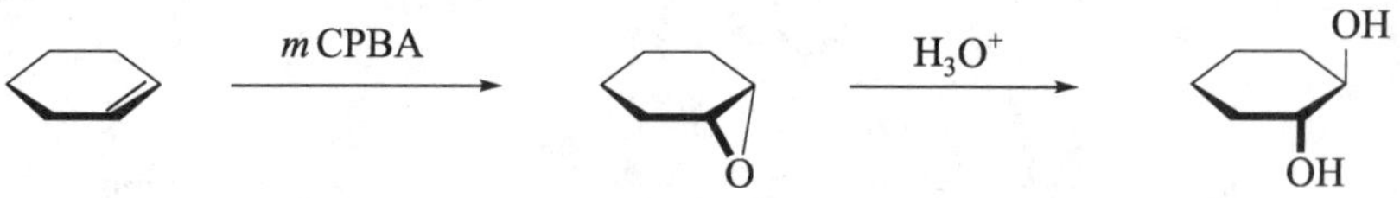

(4) 金属及盐的催化氧化

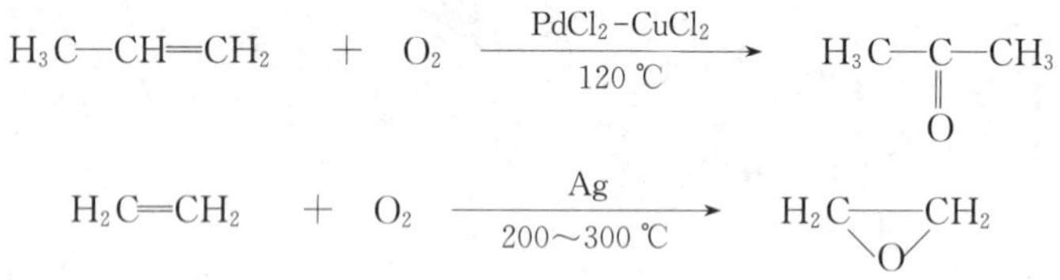

3. 聚合反应

① 自由基聚合(链引发、链增长、链终止)。

② 齐格勒-纳塔(Ziegler-Natta)催化剂[$TiCl_4$-$Al(C_2H_5)_3$]。

四、烯烃的制备

1. 醇脱水

$$(CH_3)_2\underset{\displaystyle OH}{\underset{|}{C}}CH_3 \xrightarrow[-H_2O]{H^+} (CH_3)_2C=CH_2$$

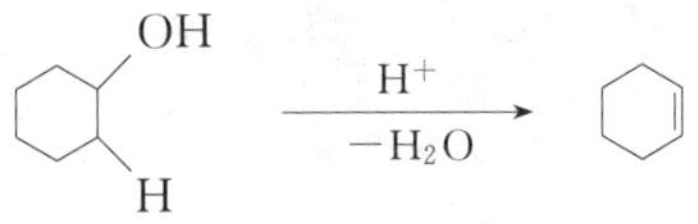

反应需要酸作催化剂，产物遵从查依采夫(Saytzeff)规则，即含烃基较多的β碳提供氢原子，得到双键碳上连接烃基最多的烯烃。

2. 卤代烃消除

$$CH_3CH_2C(Br)(CH_3)_2 + EtOK \xrightarrow[\triangle]{EtOH} \underset{70\%}{CH_3CH{=}C(CH_3)_2} + \underset{30\%}{CH_3CH_2C(CH_3){=}CH_2}$$

E1：单分子消除反应，反应速率只与底物浓度有关；E2：双分子反应，反应速度与底物浓度和碱的浓度有关(详见第七章中“消除反应的机理”部分)。

五、二烯烃

二烯烃分为累积二烯烃、孤立二烯烃、共轭二烯烃。

(1) 共轭二烯烃的结构特点(平面结构、键长、键能、氢化热)

(2) 共轭体系、共轭效应

① π-π 共轭

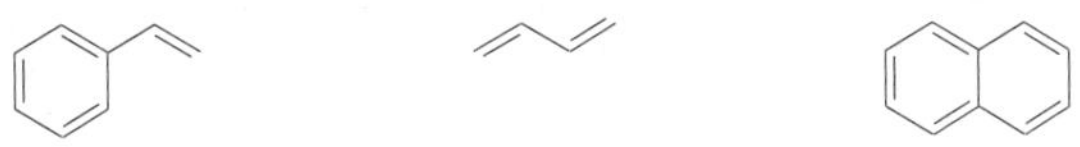

② p-π 共轭

③ σ-p 超共轭(碳正离子的 sp^2 杂化方式和稳定性)

$CH_3CH_2^+$

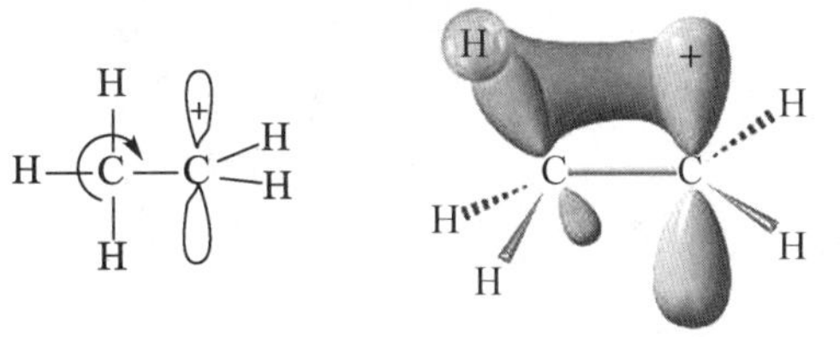

碳正离子的稳定性顺序：苄基、烯丙基 ＞叔(3°)＞ 仲(2°)＞ 伯(1°)＞ 甲基正离子

(3) 共轭二烯烃的反应

① 1,2 -加成和 1,4 -加成

$$H_2C{=}CH{-}CH{=}CH_2 + Br_2 \longrightarrow \underset{1,2\text{-加成产物}}{H_2C(Br){-}CH(Br){-}CH{=}CH_2} + \underset{1,4\text{-加成产物}}{H_2C(Br){-}CH{=}CH{-}CH_2(Br)}$$

② 双烯合成反应(Diels-Alder 反应)

双烯体 　　　亲双烯体

双烯体连接给电子基团有利于反应;亲双烯体连接吸电子基团有利于反应。

产物为桥环化合物时,可能产生内型(endo)和外型(exo)异构体:

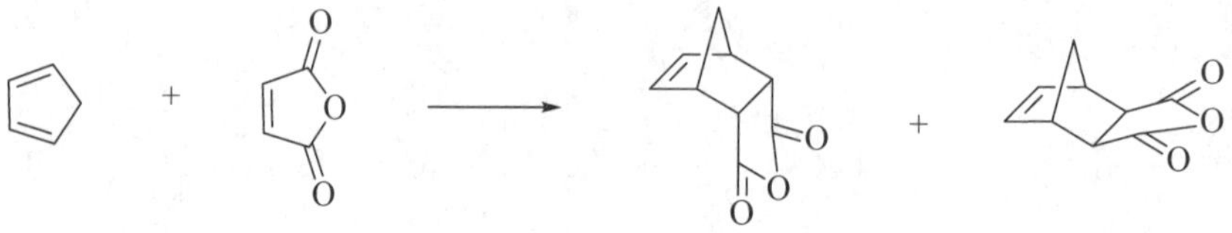

endo-　　　　　　　exo-

第五节　炔　　烃

一、炔烃的结构

比较 sp^3 杂化、sp^2 杂化、sp 杂化的 C—C 键和 C—H 键的键长、键角。

s 成分多少与电负性的关系:s 成分越多,电子云离核越近,核对电子的吸引力越大,轨道电负性越大,所以成键时形成的键长越短。

二、炔烃的化学性质

1. 炔烃的酸性

末端炔烃三键上的氢原子($R-C\equiv C-H$)显示出一定的酸性,能够形成金属炔化物:

	H_2O	乙炔	NH_3
pK_a	15.7	25	35
酸性	强 ——————————→ 弱		

$$RC\equiv CH + NaNH_2 \xrightarrow{\text{液氨}} RC\equiv CNa + NH_3$$

$$HC\equiv CH + 2[Ag(NH_3)_2]^+ \longrightarrow AgC\equiv CAg\downarrow + 2NH_4^+ + 2NH_3$$

灰白色

$$HC\equiv CH + 2[Cu(NH_3)_2]^+ \longrightarrow CuC\equiv CCu\downarrow + 2NH_4^+ + 2NH_3$$

棕红色

2. 加成反应

(1) 催化加氢反应

$$CH_2=CH-CH_2CH_2-C\equiv CH + H_2(1\ mol) \xrightarrow{Ni} CH_3CH_2CH_2CH_2-C\equiv CH$$

孤立的烯炔　　　　　　　　　　　　　　孤立的烯烃比相应的炔烃更易氢化

$$CH_2=CH-C\equiv CH + H_2(1\ mol) \xrightarrow{Ni} CH_2=CH-CH=CH_2$$

共轭的烯炔　　　　　　　　　　　　　　形成共轭双烯更稳定

（2）亲电加成反应

$$CH_3CH_2C{=}CCH_2CH_3 \ +Br_2 \longrightarrow \underset{\underset{\text{反式加成}}{CH_3CH_2 \quad Br}}{\overset{Br \quad CH_2CH_3}{C{=}C}}$$

$$CH_2{=}CH{-}CH_2{-}C{\equiv}CH \ +Br_2(1\ mol) \longrightarrow CH_2BrCHBr{-}CH_2{-}C{\equiv}CH$$

与卤素加成的活性比烯烃弱。

$$HC{\equiv}CH \ + \ Cl_2 \xrightarrow{FeCl_3} ClHC{=}CHCl \xrightarrow{Cl_2,\ FeCl_3} Cl_2HC{-}CHCl_2$$

与氯加成时需要催化剂促进，反应可控制生成烯烃产物。

与水加成产生不稳定的烯醇，很快变为更稳定的羰基化合物（醛、酮）（互变异构）。

$$RC{\equiv}CH \xrightarrow[HgSO_4]{H^+} \left[\underset{OH}{\overset{R-C=CH_2}{}} \right] \longrightarrow \underset{O}{\overset{R-C-CH_3}{}}$$

$$C_2H_5C{\equiv}CC_2H_5 \xrightarrow[HgSO_4]{HCl} \underset{Cl \quad C_2H_5}{\overset{C_2H_5 \quad H}{C{=}C}} \xrightarrow[HgSO_4]{HCl} C_2H_5{-}\underset{Cl}{\overset{Cl}{C}}{-}CH_2C_2H_5$$

炔烃与水和卤化氢的加成一般需要汞盐或铜盐作催化剂，反应遵从马氏规则。

（3）与 HCN 加成

$$HC{\equiv}CH \ +HCN \xrightarrow[NH_4Cl]{Cu_2Cl_2} \underset{\text{丙烯腈}}{CH_2{=}CHCN}$$

（4）自身加成（聚合）

乙炔在催化条件下可二聚成乙烯基乙炔，在高温下可发生三聚成苯、四聚成环辛四烯。

$$HC{\equiv}CH \ + \ HC{\equiv}CH \xrightarrow[NH_4Cl]{CuCl} CH_2{=}CHC{\equiv}CH$$

$$3HC{\equiv}CH \xrightarrow{500\ ℃} \bigcirc$$

3. 氧化反应

炔烃经臭氧或高锰酸钾氧化，发生碳碳三键的断裂，生成两分子羧酸。

$$\bigcirc{-}{\equiv}{-}CH_3 \xrightarrow{H^+,\ KMnO_4} \bigcirc{-}COOH \ +CH_3COOH$$

$$H_3C{-}{\equiv}{-}CH_3 \xrightarrow[2)\ H_2O]{1)\ O_3} 2CH_3COOH$$

第六节　亲电加成反应机理

一、烯烃与溴的加成

环正离子中间体（溴鎓离子）。分步进行：速控步是第一步（亲电活化）。反式加成：Br^+ 和 Br^- 由碳—碳双键的两侧分别加到两个碳上。

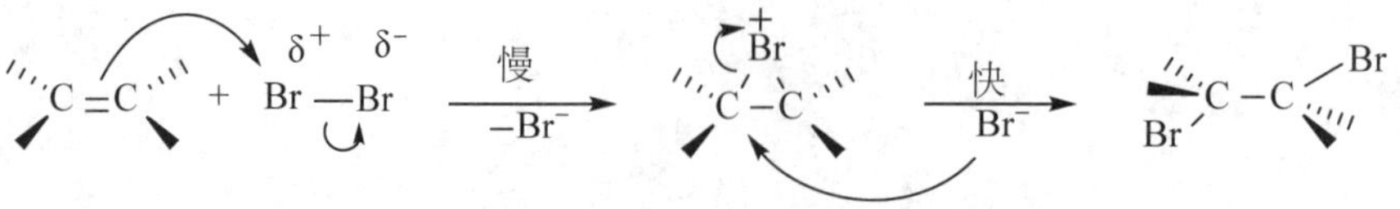

溴鎓离子　　　　　　　　　　　反式加成

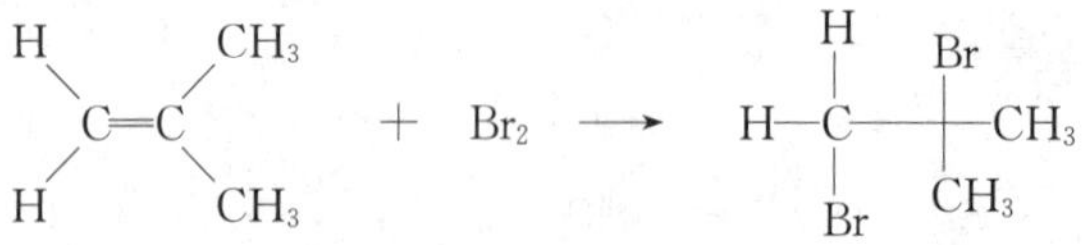

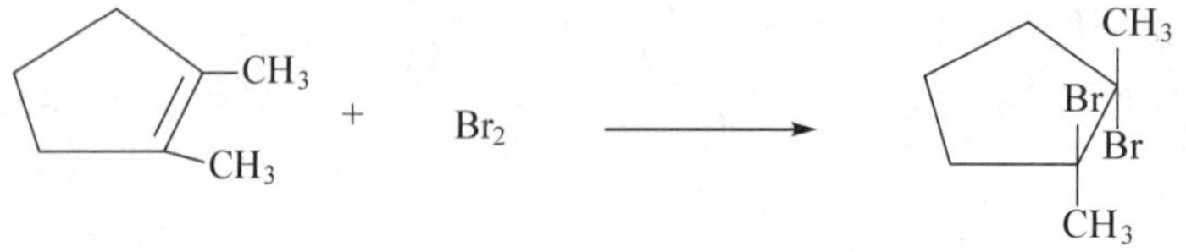

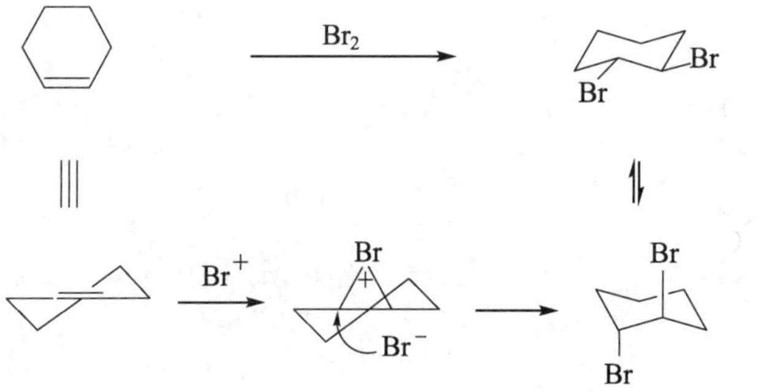

二、烯烃与 HX 的加成

碳正离子中间体。分步进行:速控步是第一步(亲电活化)。顺式和反式加成(X⁻可从正反两面进攻)。

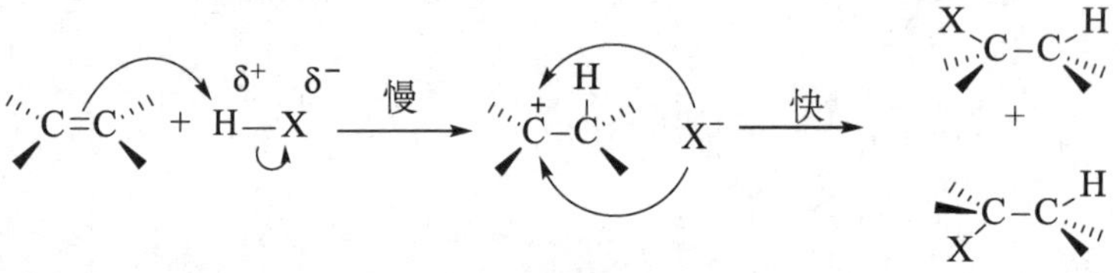

碳正离子　　　　　　　　　　　顺式和反式加成

卤化氢的反应活性顺序：HI > HBr > HCl。

烯烃的反应活性顺序:双键上电子云密度越高,反应速率越快。

$$(CH_3)_2C=CH_2 \ > \ CH_3CH=CHCH_3 \ > \ CH_3CH=CH_2 \ > \ CH_2=CH_2$$

烯烃与HX的加成反应,具有区位选择性,产物符合马氏规则。

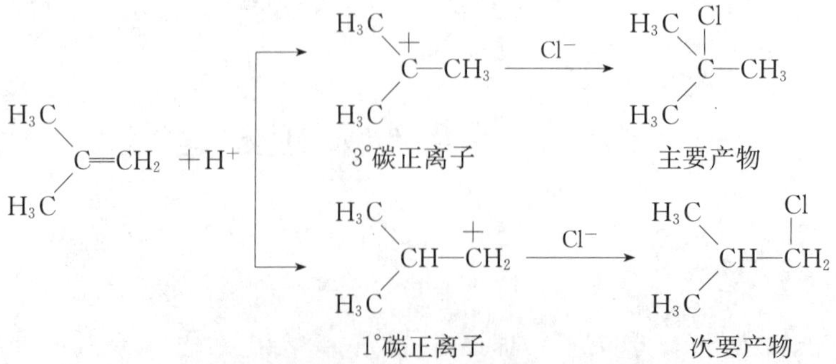

相对稳定的中间体更利于反应的进行,碳正离子的稳定性顺序:苄基、烯丙基＞叔(3°)＞仲(2°)＞伯(1°)＞甲基正离子。

第七节　自由基加成反应机理

烯烃受自由基进攻而发生的加成反应称为自由基加成反应。

烯烃在过氧化物存在下与溴化氢的加成反应以自由基方式进行。

$$H_3C-CH=CH_2 \xrightarrow[\text{过氧化物}]{HBr} CH_2CH_2CH_2Br$$
1-溴丙烷

反应机理:

自由基稳定性顺序:

$$(CH_3)_3C\cdot > (CH_3)_2CH\cdot > CH_3CH_2\cdot > CH_3\cdot$$
$$3° \qquad\qquad 2° \qquad\qquad 1° \qquad\quad \text{甲基自由基}$$

反应规则:HBr 在过氧化物作用下或光照下与烯烃发生反马氏的加成反应(2°碳自由基较稳定),该效应称为过氧化效应。

HCl、HI 不能发生类似的反应。

第八节　重排反应简介

重排的概念(分子内):分子内的某个基团或原子(Y)从一个原子(A)迁移至另一个原子(B)上,从而使原分子中的连接方式发生改变,形成新结构。

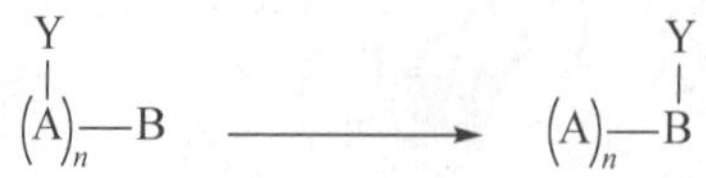

$$(A)_n \overset{Y}{\underset{}{|}} B \longrightarrow (A)_n \overset{Y}{\underset{}{|}} B$$

1. 碳正离子型重排

在碳正离子为中间体的反应历程中,由于碳正离子的稳定性存在差异(苄基、烯丙基 > 叔 > 仲 > 伯 > 甲基正离子),可能会发生重排。

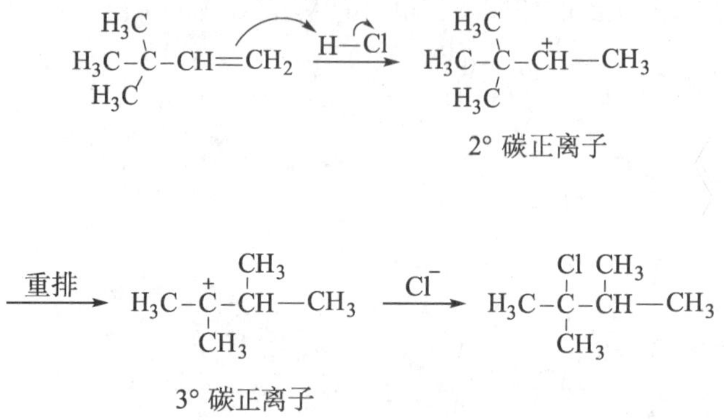

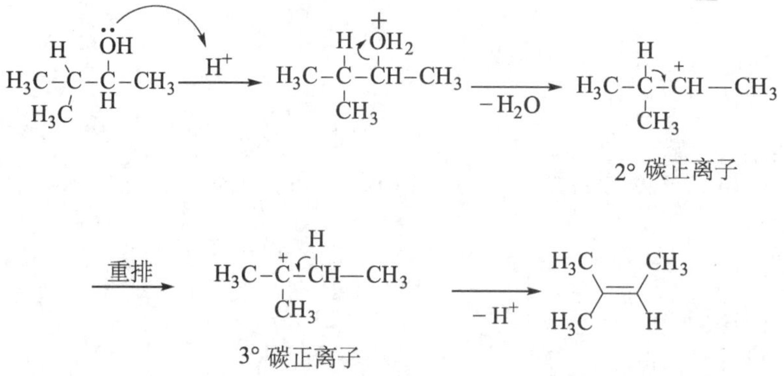

2° 碳正离子

3° 碳正离子

2° 碳正离子

3° 碳正离子

邻二醇在酸性条件下脱水转化为酮(醛)的反应称为频那醇(pinacol)重排:

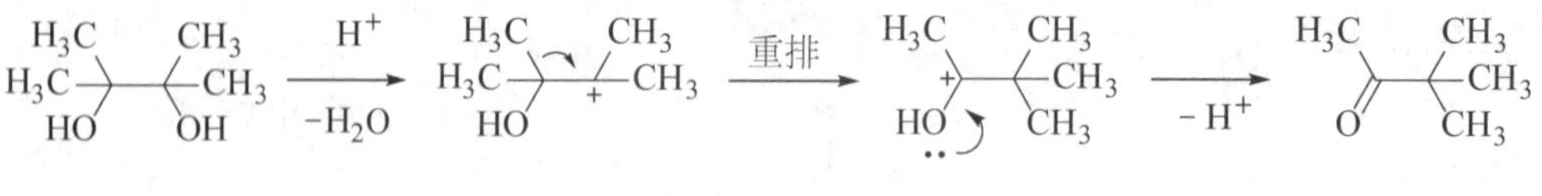

环状体系可以根据环的大小通过扩环或缩环的方式重排:

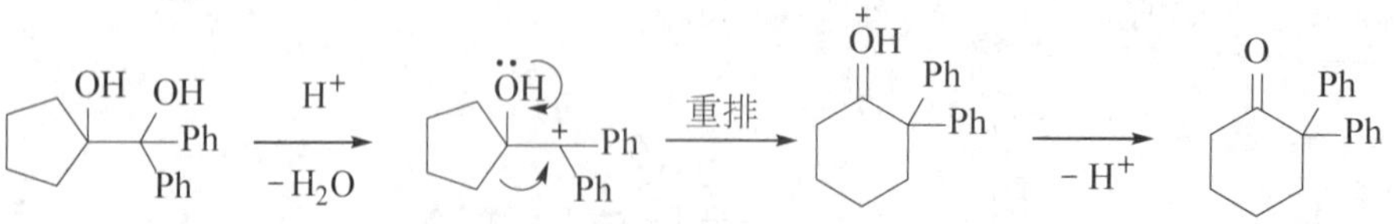

2. 协同重排

通过环状过渡态形式进行,成键和断键同时发生,没有自由基或离子等活性中间体产生。

Claisen 重排([3,3]-σ 重排):

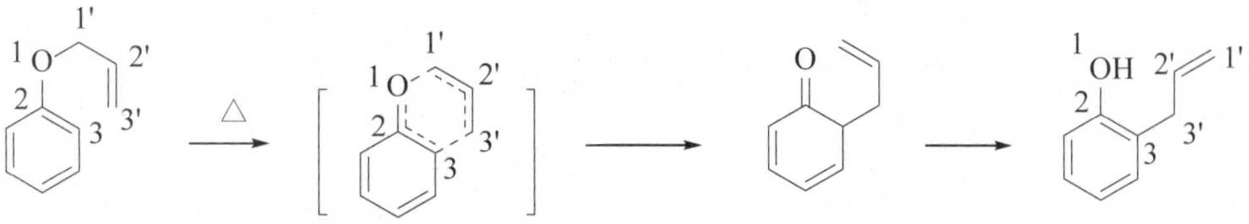

Cope 重排：

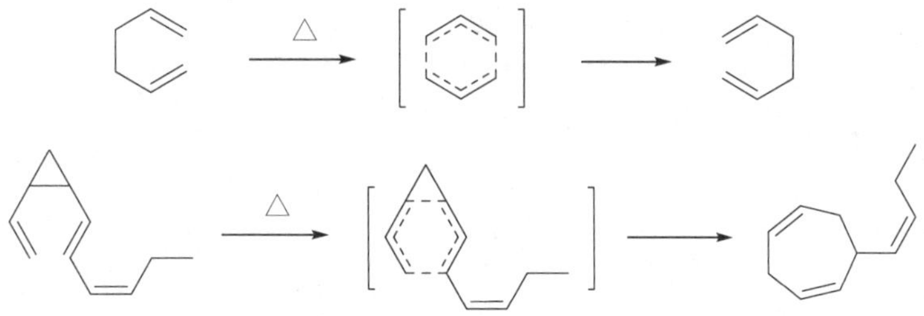

Wittig 重排：

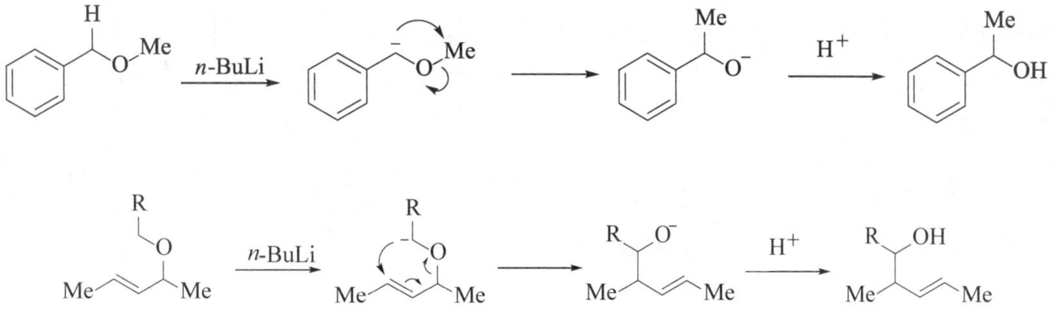

附1 例题解析

【例6-1】 解释下列化合物的沸点顺序。

	戊烷	异戊烷	新戊烷	己烷	3-甲基戊烷	2,2-二甲基丁烷
沸点/ ℃	36.1	28	9	68.7	63.3	49.7

【解题思路】 沸点随分子间作用力增大而升高。烷烃的相对分子质量增大,分子间作用力也随之增大,沸点也相应升高,所以六个碳原子的己烷及其异构体都比五个碳原子的戊烷及其异构体的沸点要高。在烷烃的同分异构体中,有叉链的烷烃,由于叉链的位阻作用,分子间不易接近,分子间的作用力减小。叉链越多,作用力越小。所以碳原子总数相同的条件下,直链烷烃沸点比有叉链的烷烃高,且随着叉链增多,沸点逐渐降低。

【例6-2】 某含碳、氢、氧的有机化合物3 g完全燃烧后,生成0.1 mol CO_2 和1.8 g H_2O。已知该化合物的蒸气在标准状况下每升重2.70 g,求该有机物的分子式。

【解题思路】 该化合物中碳、氢、氧的质量比为

$$m(C) : m(H) : m(O) = 4.4 \times \frac{12}{44} : 1.8 \times \frac{2}{18} : \left(3 - 4.4 \times \frac{12}{44} - 1.8 \times \frac{2}{18}\right)$$

$$= 1.2 : 0.2 : 1.6$$

该化合物中 C、H、O 三种元素原子个数的最简整数比为

$$n(\text{C}) : n(\text{H}) : n(\text{O}) = \frac{1.2}{12} : \frac{0.2}{1} : \frac{1.6}{16} = 1 : 2 : 1$$

所以该化合物的实验式为 CH_2O。

该化合物的相对分子质量为 $22.4 \times 2.70 = 60.48$。

$(CH_2O)_n = 60.48$，故 $n = 2$，该化合物的分子式为 $C_2H_4O_2$。

【参考答案】 $C_2H_4O_2$。

【例 6-3】 画出下列化合物的构象式（优势）。

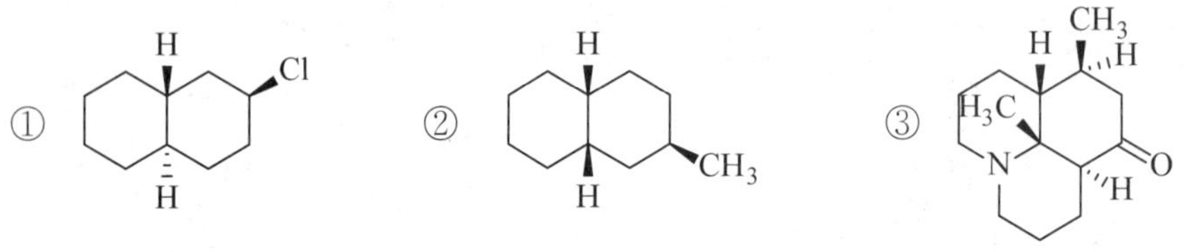

【解题思路】 画取代环己烷优势构象时，需要依次考虑的因素有环的椅式构象势能较低和较大的官能团尽量处于 e 键。

【参考答案】

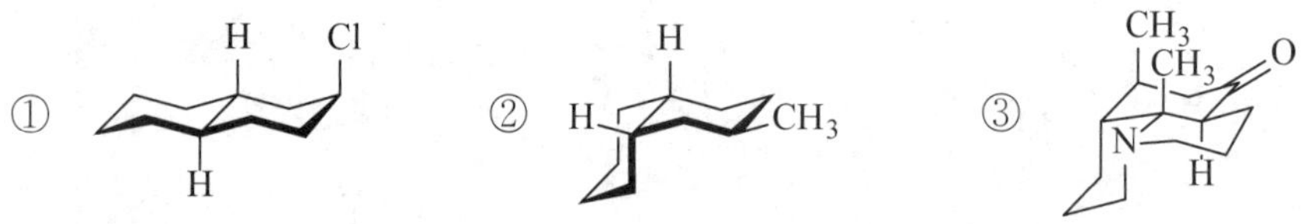

【例 6-4】 画出下面反应关键中间体的结构简式。

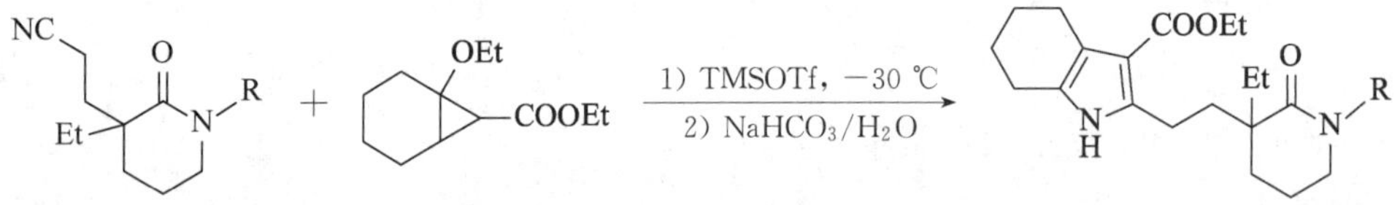

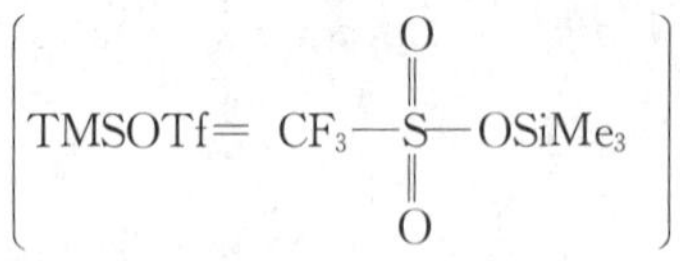

【解题思路】 三元环具有较大的环张力，易开环，TMSOTf 为路易斯酸，可以通过与分子中氧上的孤对电子作用，诱导环丙烷开环，形成氧鎓离子中间体，然后与腈作用并发生环化，最后在路易酸作用下脱去乙醇进行芳构化，生成取代的吡咯环。

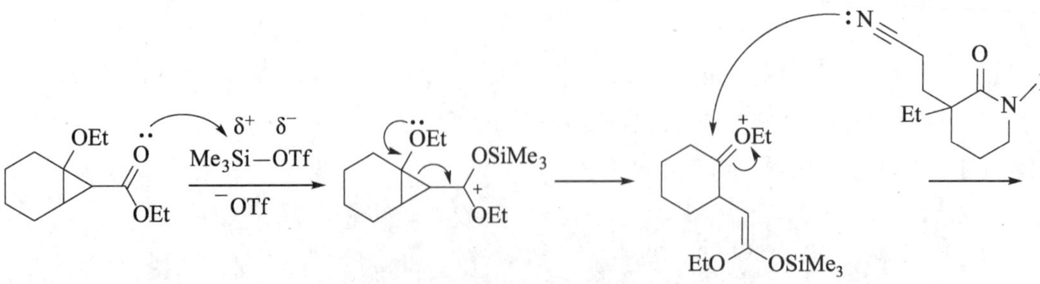

【参考答案】

【例 6-5】 2-甲基丁烷氯化时产生四种可能的构造异构体,其相对含量如下:

$$CH_3CHCH_2CH_3 \xrightarrow[300\ ℃]{Cl_2} ClCH_2CHCH_3CH_3 + CH_3CCH_2CH_3 + CH_3CHCHCH_3$$

请利用反应结果解释各级碳自由基的稳定性。

【解题思路】 2-甲基丁烷中有 9 个 1°H、2 个 2°H、1 个 3°H,各级氢的反应速率之比为

$$v(1°H) : v(2°H) : v(3°H) = \frac{34+16}{9} : \frac{28}{2} : \frac{22}{1} \approx 1 : 2.5 : 4$$

反应速率是 3°H ＞ 2°H ＞ 1°H,由于碳自由基的稳定性与对应产物的产率成正向对应关系,所以碳自由基的稳定性为 3°H ＞ 2°H ＞ 1°H。

【例 6-6】 如下二烯烃与间氯过氧苯甲酸(mCPBA)发生环氧化反应的主要产物是_____。

【解题思路】 间氯过氧苯甲酸氧化单烯烃反应中，双键上电子云密度越大，反应越快，由于烷基的供电子效应，烯烃的反应速率为四取代和三取代烯烃＞二取代烯烃＞单取代烯烃。

【参考答案】 B

【例 6-7】 某烃 A 的分子式为 C_6H_{10}，该烃能被高锰酸钾氧化，并能使溴的四氯化碳溶液褪色，但在汞盐催化下不与稀硫酸作用。A 与臭氧作用，再经还原水解只得到一种分子式为 $C_6H_{10}O_2$ 的不带支链的开链化合物。试推测 A 的可能结构式。

【解题思路】 根据分子式得结构的不饱和度为 2。能与高锰酸钾和溴的四氯化碳溶液反应，但汞盐催化下不与酸作用，说明分子中含有碳碳双键，而不是三键。由 A 的分子式，以及臭氧氧化后碳原子数保持不变，且为直链烷烃，推测其结构为环己烯或双键碳上有取代基的其他环烯烃。

【参考答案】 A 为下列结构之一：

【例 6-8】 下面 3 种共轭二烯与丙烯腈发生 Diels-Alder 反应速率最快的是_____。

【解题思路】 双烯合成反应是协同环化反应，双烯体上双键的构型为（E,E）时，反应过程中的位阻作用最小。

【参考答案】 故答案为 C。

【例 6-9】 化合物 F 在免疫治疗心血管疾病方面有显著功效。其合成路线如下所示：

回答下列问题：

(1) 写出 B、C、D、E 的结构简式。

(2) 写出 A 的系统命名。

【解题思路】 羰基的 α-氢具有一定活性，碱性条件下酮 A 可以脱去 α-氢产生烯醇负离子，对醛的碳氧双键亲核加成生成醇，然后在酸性条件下脱水，完成醛酮交叉缩合反应生成烯烃 B，B 作为亲双烯体与 1,3-丁二烯发生双烯合成反应，二氯亚砜可将羧基转化成酰氯，然后与胺反应生成酰胺化合物 D，D 在钯络合物的催化下与 N-杂芳基硼酸进行 Suzuki 交叉偶联反应，生成 E。

【参考答案】 (1) B、C、D、E 的结构简式（见图）。

(2) 2-氟-4-溴苯乙酮（或 4-溴-2-氟苯乙酮）

【例 6-10】 某化合物 A 和 B 都含碳 88.82%、氢 11.18%。这两种化合物都能使溴的四氯化碳溶液褪色。A 与硝酸银的氨溶液作用有沉淀，氧化后得二氧化碳和丙酸；B 不与硝酸银的氨溶液作用，氧化时得二氧化碳和草酸（HOOC—COOH）。试写出化合物 A 和 B 的构造式及其有关反应。

【解题思路】 (1)推断 A 和 B 的分子式。

碳和氢两元素原子数目相对比为：

$$n(C) : n(H) = \frac{88.82}{12} : \frac{11.18}{1.008} = 7.40 : 11.10 = 2 : 3$$

所以，实验式为 C_2H_3，分子式为 $(C_2H_3)_n$。

由这两个化合物氧化后的产物得知，化合物 A、B 都是含 4 个碳原子的烃，所以式 $(C_2H_3)_n$ 中的 $n=2$，即它们的分子式为 C_4H_6 时才合理。

(2) 由分子式及其性质推出它们的构造式。

C_4H_6 符合通式 C_nH_{2n-2}，因而它可能为环烯烃、炔烃或二烯烃。这三种化合物都能使溴的四氯化碳溶液褪色，A 和硝酸银的氨溶液作用有沉淀产生，说明它必为一个含有 —C≡CH 结构的炔烃，由于它氧化后得丙酸和二氧化碳，进一步证明它是一个 C≡C 三键在链端的炔烃。

化合物 B 不与硝酸银的氨溶液作用，说明它不是 C≡C 三键上连有氢原子的炔烃，可能是 C≡C 三键在链间的炔烃或二烯烃或环烯烃。但因它氧化后得到二氧化碳和草酸，所以它应为二烯烃。

【参考答案】 化合物 A：$CH_3CH_2C≡CH$，化合物 B：$CH_2=CHCH=CH_2$

$$CH_3CH_2C\equiv CH \xrightarrow[\quad [O] \quad]{Ag(NH_3)_2NO_3} \begin{array}{l} CH_3CH_2C\equiv CAg\downarrow \\ CH_3CH_2COOH + CO_2 + H_2O \end{array}$$

$$H_2C=CHCH=CH_2 \xrightarrow{[O]} HOOC\!\!-\!\!COOH + 2CO_2 + 2H_2O$$

【例 6-11】 化合物 A 的合成路线如下。画出中间产物 B、C、D 和 E 的结构简式。

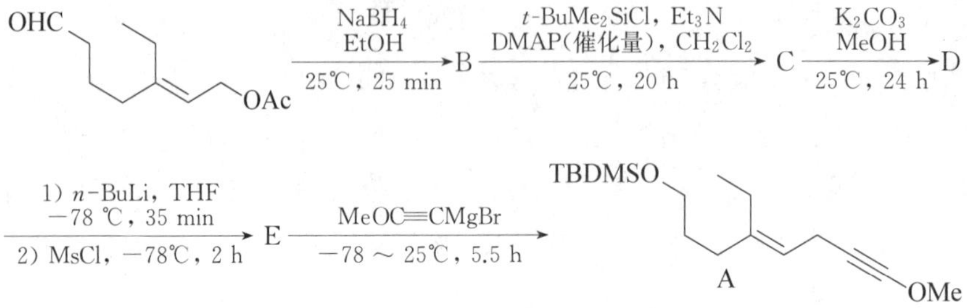

OHC ⋯ OAc $\xrightarrow[25℃,\ 25\ min]{NaBH_4 \atop EtOH}$ B $\xrightarrow[25℃,\ 20\ h]{t\text{-}BuMe_2SiCl,\ Et_3N \atop DMAP(催化量),\ CH_2Cl_2}$ C $\xrightarrow[25℃,\ 24\ h]{K_2CO_3 \atop MeOH}$ D

$\xrightarrow[2)\ MsCl,\ -78℃,\ 2\ h]{1)\ n\text{-}BuLi,\ THF \atop -78℃,\ 35\ min}$ E $\xrightarrow[-78\sim25℃,\ 5.5\ h]{MeOC\equiv CMgBr}$ TBDMSO ⋯ OMe（A）

TBDMS $= t$-BuMe$_2$Si; $\quad n$-BuLi $= n$-C$_4$H$_9$Li; $\quad$ DMAP $=4$-二甲氨基吡啶; $\quad$ Ms $=$ MeSO$_2$

【解题思路】 醛基被还原成醇 B;TBDMS 保护羟基;C 在碱性甲醇溶液中发生醇解生成乙酸甲酯和醇产物 D;丁基锂脱去 D 的活性氢,然后与甲基磺酰氯作用,羟基被转化成易离去的 OMs 基团(E);炔基格氏试剂 MeOC$\equiv$CMgBr 是金属炔试剂,可以作为亲核试剂取代 E 中的 OMs 基团生成炔化合物 A。

【参考答案】

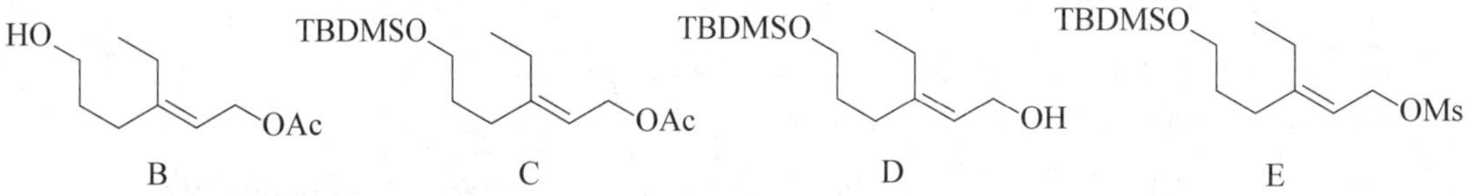

B: HO ⋯ OAc C: TBDMSO ⋯ OAc D: TBDMSO ⋯ OH E: TBDMSO ⋯ OMs

【例 6-12】 请根据以下转换填空:

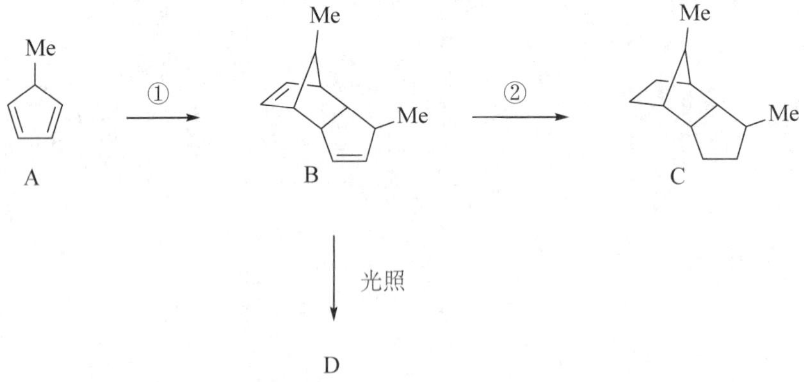

A $\xrightarrow{①}$ B $\xrightarrow{②}$ C

B $\xrightarrow{光照}$ D

(1)

①的反应条件	①的反应类别	②的反应类别

(2) 分子 A 中有_____个一级碳原子,有_____个二级碳原子,有_____个三级碳原子,有_____个四级碳原子,至少有_____个氢原子共平面。

(3) D 的结构简式是_____。

【参考答案】 (1)

①的反应条件	①的反应类别	②的反应类别
加热	[2+4]环加成反应或双烯合成反应或狄尔斯-阿尔德 (Diels-Alder)反应	还原反应或催化加氢或加成反应

（2）分子 A 中有__1__个一级碳原子,即 1 个甲基碳;有__0__个二级碳原子;有__5__个三级碳原子;有__0__个四级碳原子;至少有__4__个氢原子共平面,两个双键碳上的氢原子肯定是共平面的。

（3）D 的结构简式是 ,是 B 在光照条件下发生两个双键的[2+2]环加成反应的产物：

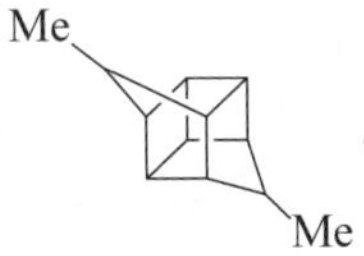

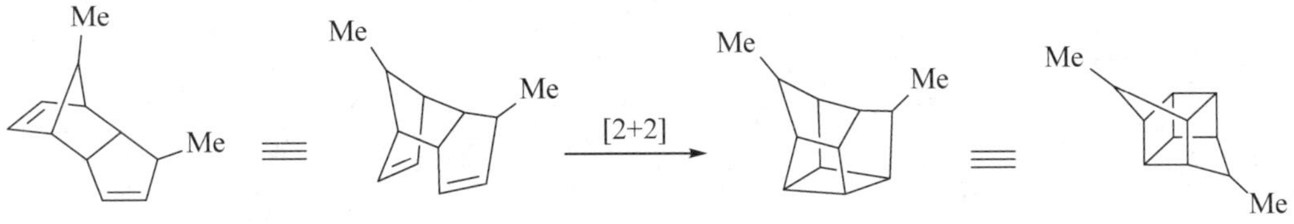

【例 6-13】 画出下列反应中合理的反应中间体。

（1）

（2）

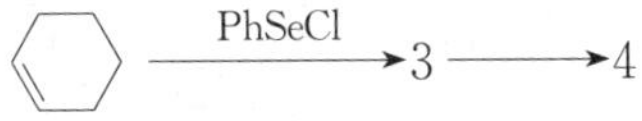

（3）$CH_3CH_2CH_2$—≡—H $\xrightarrow[H_2O]{Br_2}$ 5 ⟶ 6 ⟶ 7 ⇌ 8

【解题思路】 （1）结构不对称的烯烃与卤化氢的加成遵循马氏规则,反应分步进行,双键先与质子 H^+ 发生亲电加成,生成碳正离子中间体 1,然后再与卤离子 Br^- 结合生成产物 2。

（2）PhSeCl 中的 PhSe—Cl 键是极性的,PhSe 部分具有亲电性,与烯烃发生亲电加成生成环状鎓离子中间体 3,然后卤离子 Cl^- 从背面进攻,以整体上反式加成的方式生成具有优势构象的化合物 4。

（3）结构不对称的炔烃与溴在水溶液中反应相当于加次溴酸,遵循马氏规则。先生成环状溴鎓离子 5,5 容易受到水分子的亲核进攻,且 5 中正电荷主要集中在与乙基相连的碳原子上,因此生成 6,6 失去质子生成烯醇结构 7,后者转化为更稳定的酮式产物 8。

【参考答案】

（1）

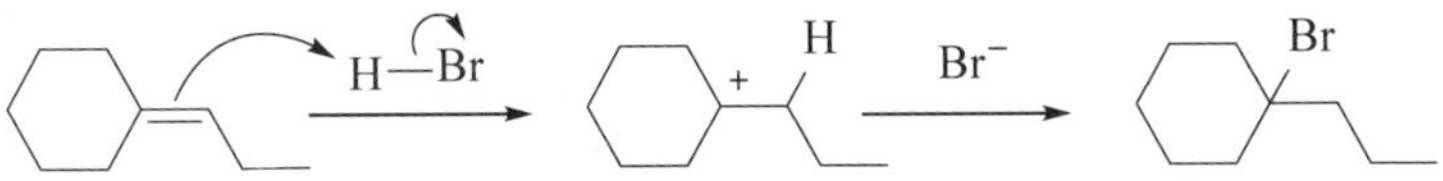

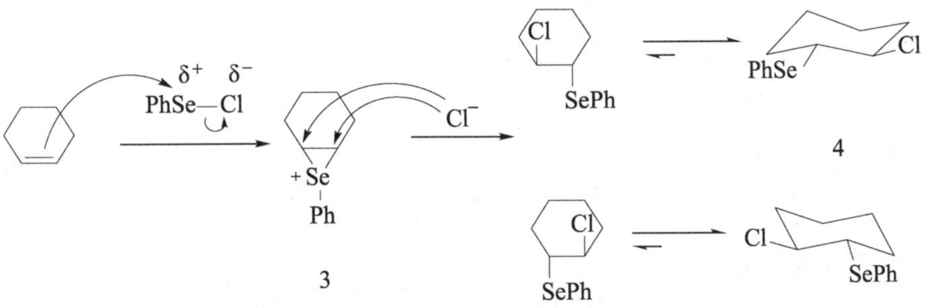

（2）

（3）

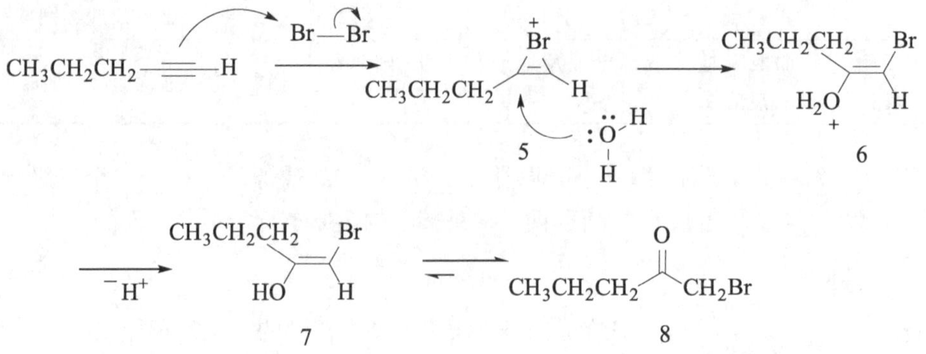

【例 6-14】 解释下面反应的转化过程。

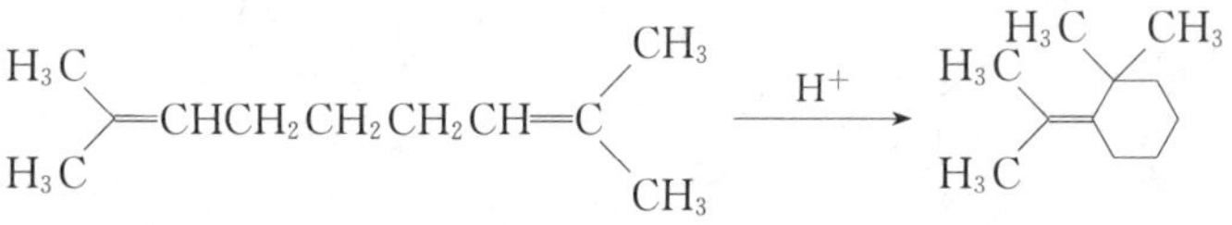

【解题思路】 碳碳双键在酸性条件下首先发生亲电活化,其中一个双键中的 π 电子被打开,生成碳正离子中间体,碳正离子可以对分子内的另外一个双键以亲电方式进行作用,形成六元环状的碳正离子中间体,该正离子发生 α-氢消除即得到所给出的产物。

【参考答案】

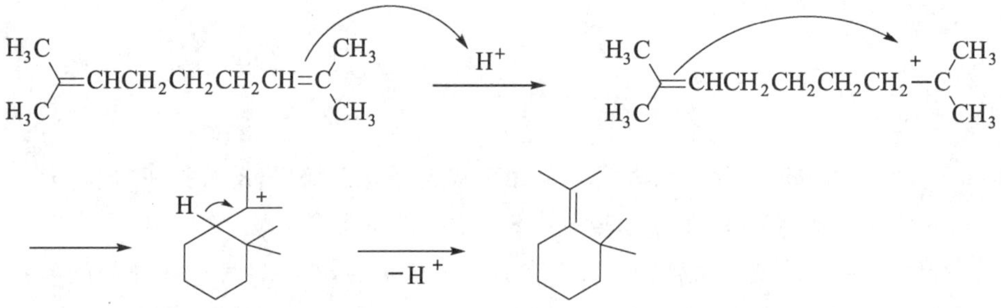

【例 6-15】 下面 Cope 重排反应的主要产物是_____。

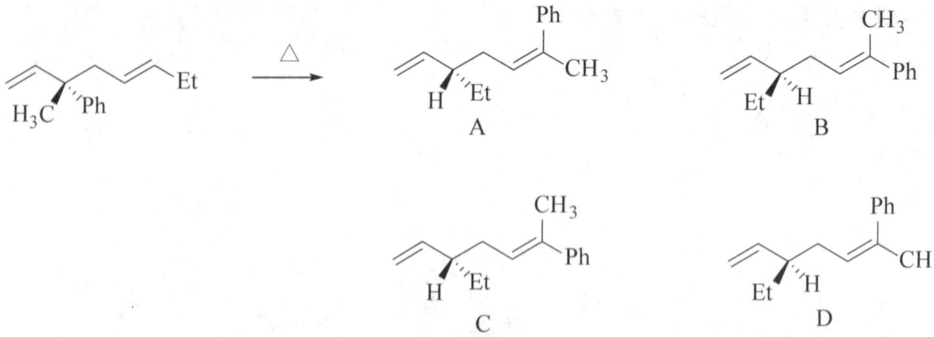

【解题思路】 Cope 重排是协同反应历程,过渡态为六元环状,在过渡态中,两个带有取代基的碳原子上,苯基 > 甲基、甲基 > 氢,所以苯基和另一个碳原子上的甲基(较大基团)都处于 e 键位置的椅式构象势能最低。

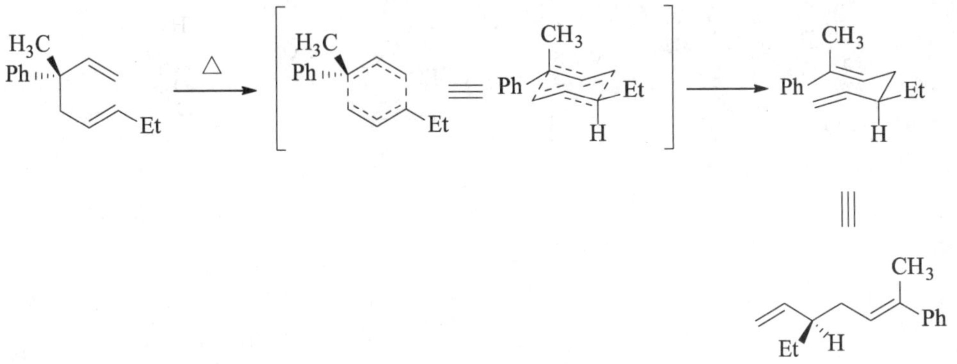

【参考答案】 B

【例 6-16】 三甲基硅基重氮甲烷（Me_3SiCHN_2，沸点 96℃）的反应性与重氮甲烷（CH_2N_2，沸点 −23℃）相似，可以在合成中替代高毒性的 CH_2N_2 作为甲基化试剂、卡宾前体、亲核试剂以及偶极子使用。

（1）画出 Me_3SiCHN_2 的两个稳定共振式。

（2）Me_3SiCHN_2 常作为一碳合成单元应用在增碳反应中。写出如下反应产物的结构简式，并写出用结构简式表述的反应机理（提示：三甲基硅基可以进行[1,3]-σ 迁移）。

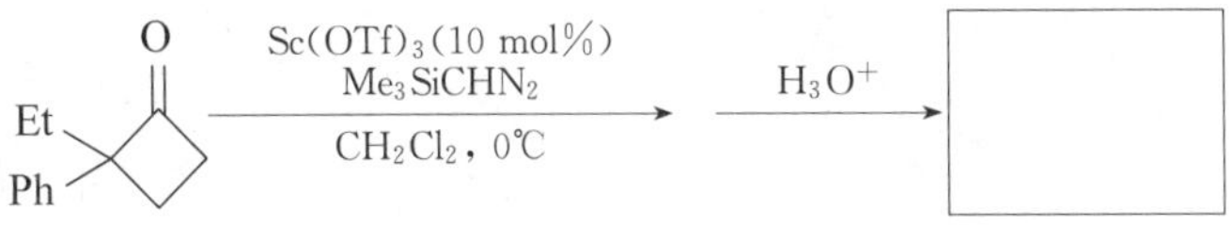

【解题思路】（1）Me_3SiCHN_2 的两个稳定共振式与重氮甲烷（CH_2N_2）的两个共振式完全类似，即：

CH_2N_2：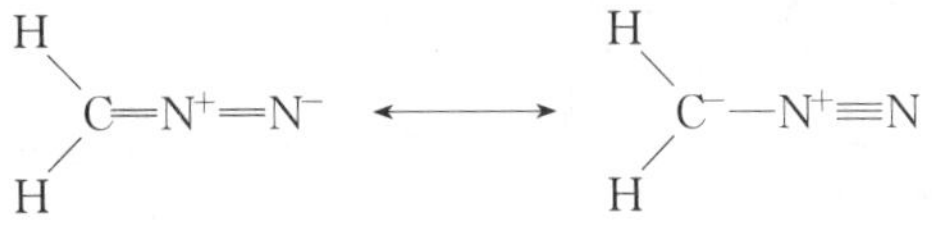

Me_3SiCHN_2：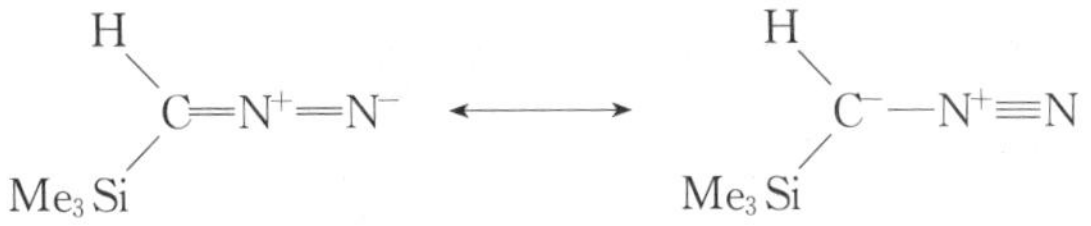

（2）羰基中碳氧双键被路易酸极化，其中碳原子的亲电性增强，被三甲基硅基重氮甲烷中电负性碳进攻，生成加成产物，由于中间体中的 N_2 有极强的脱去倾向，四元环中的碳原子发生迁移，得到扩环的 α-三甲基硅基的环戊酮衍生物，然后三甲基硅基进行[1，3]迁移转化成烯醇硅醚中间体，最后经水解得到最终的稳定产物。

【参考答案】（1）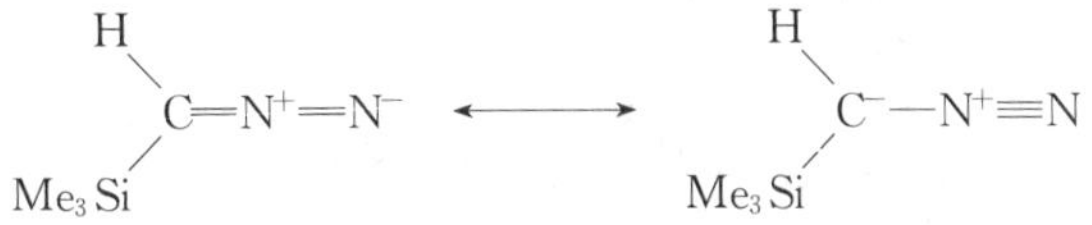

（2）产物的结构简式为：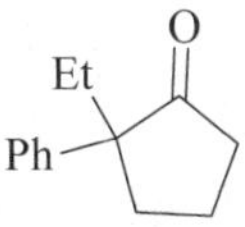

附2 综合训练

1. 乙烯基乙炔可以在一种汞盐的催化影响下与水发生反应。试预测产物的结构式。

2. 某烃的相对分子质量为68，臭氧化还原水解后只能生成一种产物。试写出此烃的可能结构式。

3. 判定以下正离子稳定性顺序（答题框中，数字1表示稳定性最高，5表示稳定性最低）。

1	2	3	4	5

4. 画出小分子 C_3Cl_4 可能的 Lewis 结构，标出所有碳原子成键时采用的杂化轨道。

5. 化合物 A、B 和 C 的分子式均为 $C_8H_{10}O_2$。它们分别在催化剂作用和一定反应条件下加足量的氢，均生成化合物 D($C_8H_{14}O_2$)。D 在 NaOH 溶液中加热反应后再酸化生成 E($C_6H_{10}O_2$)和 F(C_2H_6O)。

A 能发生如下转化：

$$A+CH_3MgCl \longrightarrow \xrightarrow{H_2O} M(C_8H_{12}O) \xrightarrow[\triangle]{浓 H_2SO_4} N(C_8H_{10})$$

生成物 N 分子中只有 3 种不同化学环境的氢，它们的数目比为 1：1：3。

（1）画出化合物 A、B、C、D、E、M 和 N 的结构简式。

（2）A、B 和 C 互为哪种异构体？

① 碳架异构体　② 位置异构体　③ 官能团异构体　④ 顺反异构体

（3）A 能自发转化为 B 和 C，为什么？

6. 以下正离子可以经过 4π 电子体系的电环化反应形成环戊烯正离子，该离子可以失去质子形成共轭烯烃：

根据以上信息，画出下列反应主要产物的结构简式（产物经后处理得到的化合物）。

(1) 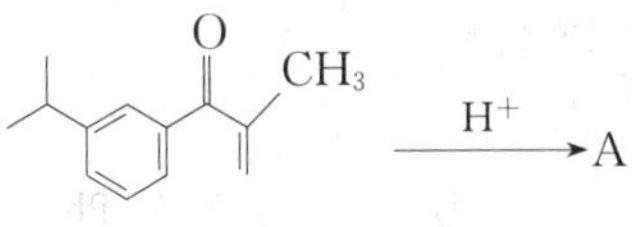 ... $\xrightarrow{H^+}$ A

(2) 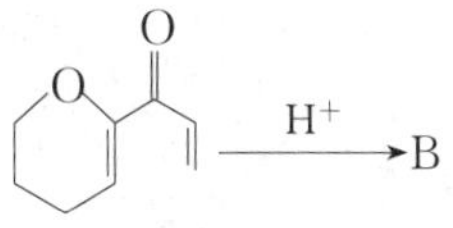 ... $\xrightarrow{H^+}$ B

(3) 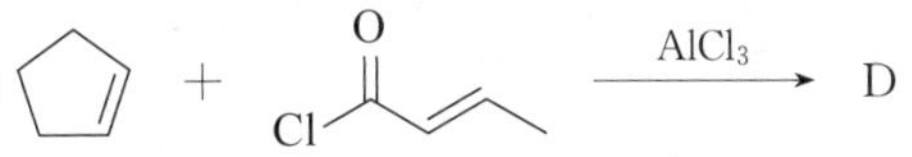 ... $\xrightarrow{AlCl_3}$ D

提示：$AlCl_3$ 是一个 Lewis 酸

(4) 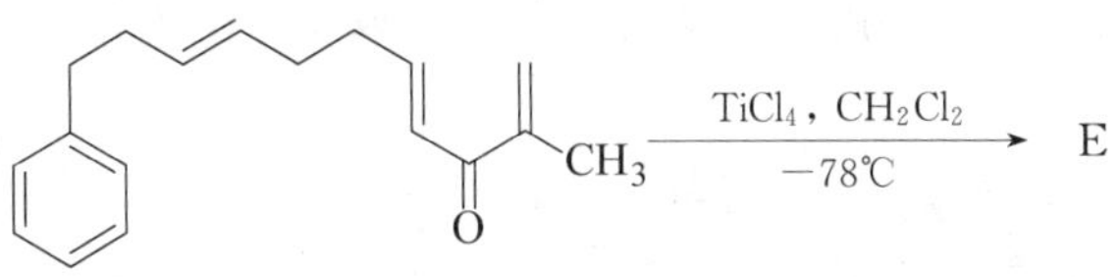 ... $\xrightarrow[-78℃]{TiCl_4, CH_2Cl_2}$ E

提示：$TiCl_4$ 是一个 Lewis 酸

7. 市售的牛奶中常加入 $10^{-6}\sim10^{-5}$ 数量级的多种食用香味剂，以改善牛奶的气味和口感。δ-癸内酯（G）具有强烈的甜奶油和坚果型香气及很浓的花香底香，被广泛用作奶品的食用添加剂。G 可以由己二酸（A）为原料，通过以下六步反应合成得到：

$$A(C_6H_{10}O_4) \xrightarrow[H_2SO_4]{C_2H_5OH} B(C_{10}H_{18}O_4) \xrightarrow[C_2H_5OH]{C_2H_5ONa} C(C_8H_{12}O_3) \xrightarrow[(2)\ H^+/\triangle]{(1)\ NaOH,\ H_2O} D(C_5H_8O)$$

$$\xrightarrow[5\%\ NaOH]{CH_3CH_2CH_2CH_2CHO} E(C_{10}H_{16}O) \xrightarrow[Pd/C]{H_2} F(C_{10}H_{18}O) \xrightarrow[CH_3COOH]{H_2O_2} G(C_{10}H_{18}O_2)$$

请根据以上反应步骤，推断 B、C、D、E、F、G 可能的结构简式（包括构型异构体）。

第七章　芳烃　卤代烃

第一节　苯系芳烃

芳烃化合物目前主要是从煤焦油和石油中得到。然而，在有机化学发展的初期则来源于天然产物。例如，从安息香树胶中可获得苯甲酸，故又俗称安息香酸。因为从树脂中得到的化合物普遍具有芳香的气息，所以统称为芳香族化合物。人们逐渐发现它们的分子中均具有苯型单元，因此把具有苯型单元的化合物称作芳香族化合物，芳（香）烃指的就是含有苯型单元的碳氢化合物。苯是最典型的芳烃，人们把苯及其他芳烃在化学上的独特性质称作"芳香性"。绝大多数芳烃都由苯型单元组成，分子中苯型单元可由单键连接，也可以并联。例如：

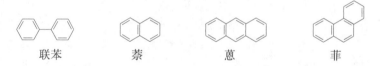

|　　联苯　　|　　萘　　|　　蒽　　|　　菲　　|

进一步研究发现，许多不含苯型单元的化合物同样具有上述特性——"芳香性"，于是人们把含有苯型单元的烃称作"苯系芳烃"，把不含苯型单元的芳香烃称为"非苯系芳烃"。

一、分类

苯系芳烃按照分子中苯型单元的多少，主要可分为三大类：单环芳烃、多苯代（烷）烃、稠环芳烃。

二、同系物的异构现象及命名

苯的同系物可以看作苯环上的氢原子被烷基取代的衍生物。

单烷基苯命名规则如下：

① 苯的一元取代物只有一种。命名时以苯为母体，烷基作取代基。

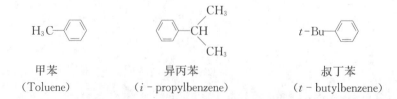

|　　甲苯　　|　　异丙苯　　|　　叔丁苯　　|
|　（Toluene）　|　（i-propylbenzene）　|　（t-butylbenzene）　|

② 取代基为不饱和基或长链烷基时，以不饱和烃及长链烷烃作母体，苯基作取代基。

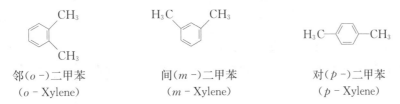

苯乙烯　　　　　　　苯乙炔　　　　　　　3-苯基-1-丙烯
（Styrene）　　　　（Phenylacetylene）　　（3 - Phenyl - 1 - propylene）

二烷基苯有三种异构体，用取代基的相对位置命名，也可以用最低系列编号表示取代基在苯基上的位置。例如：

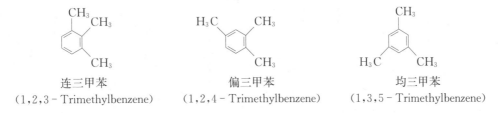

邻（o -）二甲苯　　　　　间（m -）二甲苯　　　　　对（p -）二甲苯
（o - Xylene）　　　　（m - Xylene）　　　　（p - Xylene）

三烷基苯有三种异构体，命名方法与二烃基苯相同。例如：

连三甲苯　　　　　　偏三甲苯　　　　　　均三甲苯
（1,2,3 - Trimethylbenzene）　（1,2,4 - Trimethylbenzene）　（1,3,5 - Trimethylbenzene）

芳烃或取代芳烃分子中芳环上去掉一个氢原子剩下的原子团叫作芳基（Aryl），可用 Ar—表示。

三、苯的结构

1. 凯库勒（Kekülé）环状结构的概念

苯是一个高度不饱和化合物。1865 年凯库勒从苯的分子式为 C_6H_6 出发，根据它的一元取代物无异构体等重要事实，首次提出了环状结构的概念，如图 7-1 所示。

这种满足碳原子四价的六碳环状结构式称为凯库勒式。

2. 价键法及分子轨道法对苯结构的研究

轨道杂化理论认为，苯分子中的 6 个碳原子都是 sp^2 杂化的。C—C 之间以 sp^2 杂化轨道，沿对称轴的方向，重叠成 6 个 $C_{sp^2} - C_{sp^2}$ σ 键，组成一个正六边形（每一个碳原子用两个 sp^2 杂化轨道，分别与相邻的两个碳原子的 sp^2 杂化轨道成键）。每个碳还有一个 sp^2 杂化轨道和氢原子的 1s 轨道，沿着对称轴的方向交盖成 $C_{sp^2} - H_{1s}$ σ 键，由于碳原子是 sp^2 杂化的，所以键角都是 120°，所有的碳原子和氢原子都在同一平面上。每个碳原子没有杂化的 p 轨道和三个 sp^2 杂化轨道所在平面垂直，6 个 p 轨道彼此侧面平行交盖形成大 π 键。如图 7-2 所示。所以，也可采用 表示苯。

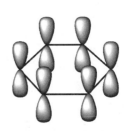

图 7-1 苯的结构示意图

图 7-2 苯的结构

根据分子轨道理论，6 个 p 电子的原子轨道应能线性组合成 6 个分子轨道。其中有 3 个是被占据的成键轨道，3 个能量高的为反键空轨道。总的结果使得苯成为高度对称的分子，其 π 电子有相当大的离域作用，从而使苯环具有特殊的稳定性。

3. 用共振杂化体表示苯的结构

苯的共振杂化体如图 7-3 所示。

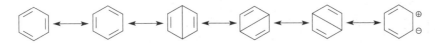

图 7-3 苯的共振杂化体

111

四、单环芳烃的物理性质

单环芳烃大多为无色液体,且有一定的毒性,易燃,不溶于水,密度比水小。

五、单环芳烃的化学性质

1. 亲电取代反应

(1) 卤代反应

苯与氯或溴(F_2太活泼,I_2太不活泼),在铁或三氯化铁、三溴化铁的催化下,苯环上的氢原子可被氯或溴取代,主要生成一元取代物氯苯或溴苯。一取代卤苯进一步卤化比苯困难,第二个卤原子主要进入第一个卤原子的邻、对位。

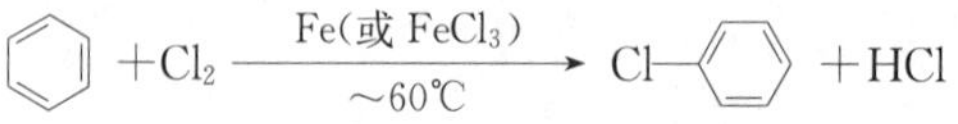

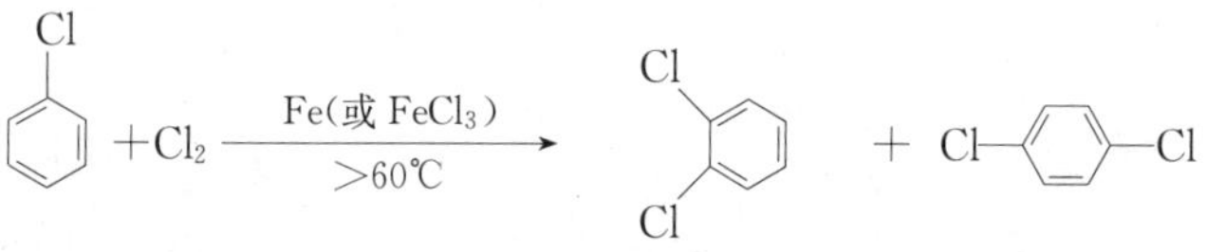

邻二氯苯(50%)　对二氯苯(45%)

甲苯是苯的同系物,有催化剂存在时卤代反应比苯容易进行,亦主要生成邻、对位取代产物:

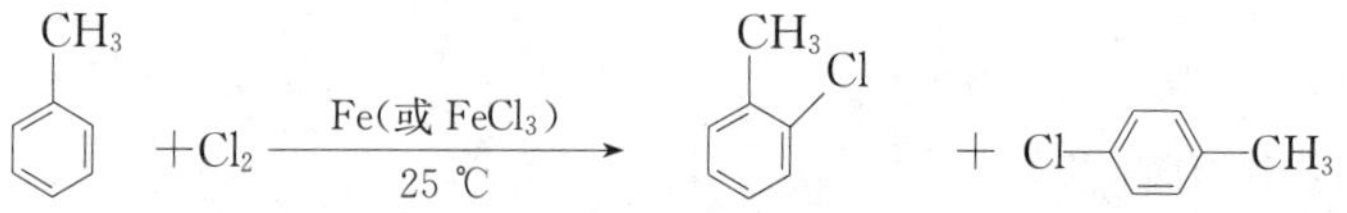

邻氯甲苯(58%)　对氯甲苯(42%)

若甲苯在光照、加热或过氧化物存在下与卤素反应,侧链上的 $\alpha-H$ 则被卤原子取代,常见的仍为氯代与溴代,以溴代为例:

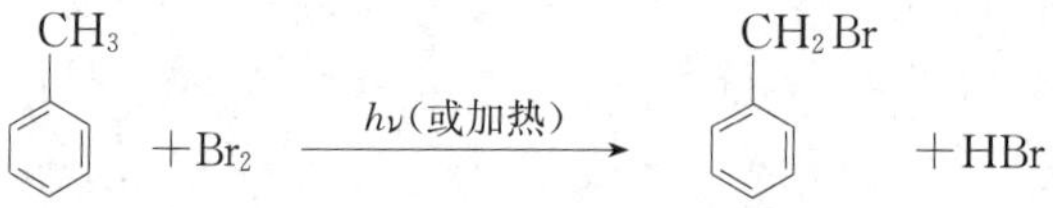

溴苄或苄溴

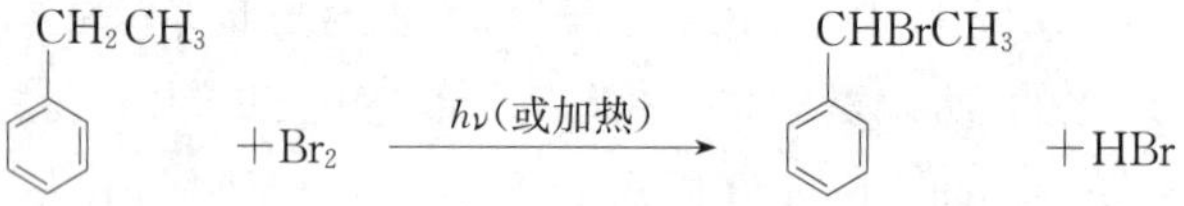

上述芳烃侧链的卤代反应与丙烯的卤化相似,是游离基取代反应,很难停留在一元卤代的阶段。

(2) 硝化反应

苯与混酸共热,苯环上的氢原子被硝基取代,生成硝基苯。

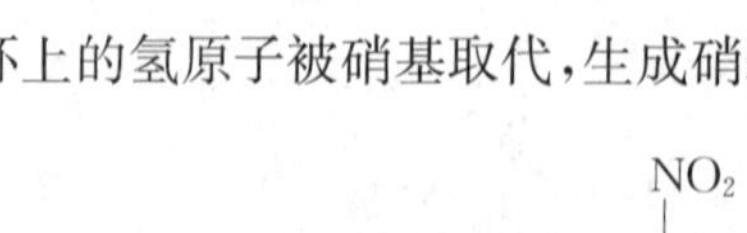

(硝基苯,有毒,苦杏仁气味,液体!)

一元硝化的产物——硝基苯,若要再进行硝化比苯要困难,必须增加硝酸的浓度,提高反应的温度才可继续硝化,主要得间位产物。

甲苯硝化比苯容易,反应产物主要是邻、对位取代产物。

(3) 磺化反应

苯与浓硫酸共热,苯环上的氢原子可被磺酸基取代,生成苯磺酸。

$$\text{苯} + \text{浓 } H_2SO_4 \xrightleftharpoons{70\sim80℃} \text{苯磺酸} + H_2O$$

$$\text{苯磺酸} + \text{发烟 } H_2SO_4 \xrightleftharpoons{200\sim245℃} \text{间苯二磺酸} + H_2O$$

$$\text{甲苯} + H_2SO_4 \cdot SO_3 \xrightleftharpoons{25℃} \underset{32\%}{\text{邻甲苯磺酸}} + \underset{62\%}{H_3C-\text{C}_6H_4-SO_3H}$$

苯磺酸磺化比苯困难,产物主要是间位的;甲苯磺化比苯容易,主要生成邻、对位产物。

磺化反应与卤化反应及硝化反应不同,它是一个可逆反应。根据这个性质,可根据需要将—SO₃H在必要时引入苯环上,利用它在有机合成上起"空间阻挡作用",在所需要的位置引入其他基团,然后再将其水解去掉。

磺化反应也是亲电取代反应,有人认为其历程同卤化及硝化相似,不同之处在于每步反应都是可逆的。

（4）傅-克反应（Friedel-Crafts Reaction）

在无水三氯化铝的作用下,芳烃与卤代烃反应,生成烷基苯的反应称为傅-克烷基化反应：

$$\text{苯} + CH_3CH_2Cl \xrightarrow{\text{无水 } AlCl_3} \text{乙苯} + HCl$$

除卤代烷外,醇和烯烃也可与芳烃发生傅-克烷基化反应：

除无水 $AlCl_3$ 外,BF_3、无水 HF、H_2SO_4、H_3PO_4、$FeCl_3$ 及 $ZnCl_2$ 等都可用作催化剂。

在无水三氯化铝催化下,芳烃可与酰卤或酸酐反应,生成酮,结果将酰基引入苯环,称作傅-克酰基化反应。

傅-克酰基化反应与烷基化反应不同,它不存在异构化的问题,也不易生成多元取代物。

2. 亲核取代反应

芳香族化合物一般难以发生亲核取代反应,氯苯的水解就很具说服力,欲使反应顺利进行,必须采用较为剧烈的反应条件。

$$\text{氯苯} + NaOH \xrightarrow[350℃,\ 30\ MPa]{H_2O} \text{苯酚钠} \xrightarrow{H^+} \text{苯酚}$$

适用于脂肪族亲核取代反应的试剂,如上例中的 NaOH,还有 RONa、NH_3、CuCN 等,也常可用于芳香族的亲核取代反应,不同之处在于对反应条件的要求高。

当芳环上取代基的邻、对位有强吸电子基团（—NO_2、—CN、—COR 及—CF_3 等）存在时,该底物发生亲核取代反应将变得容易。例如,1,2,3,4,5,6-六氯代苯的水解反应,比起氯苯要容易进行得多。2,3,4,5,6-五氯苯酚是个强酸,可用于木材防腐及防治白蚁。

$$\text{六氯代苯} + NaOH \xrightarrow[\triangle]{H_2O} \text{五氯苯酚钠} \xrightarrow{H^+} \text{五氯苯酚}$$

芳香族的亲核取代反应类型多,机理复杂。其中之一是加成-消除机理：

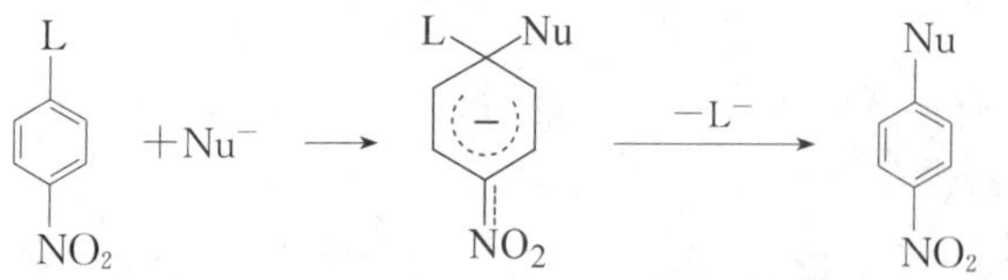

由于强吸电子基团的存在,使得生成加成中间体这一关键步骤被活化,因而芳环含硝基的卤代芳烃是亲核反应的良好底物。

3. 氧化反应

通常苯不易被氧化,只有在高温和催化剂存在下能被氧化,生成顺丁烯二酸酐:

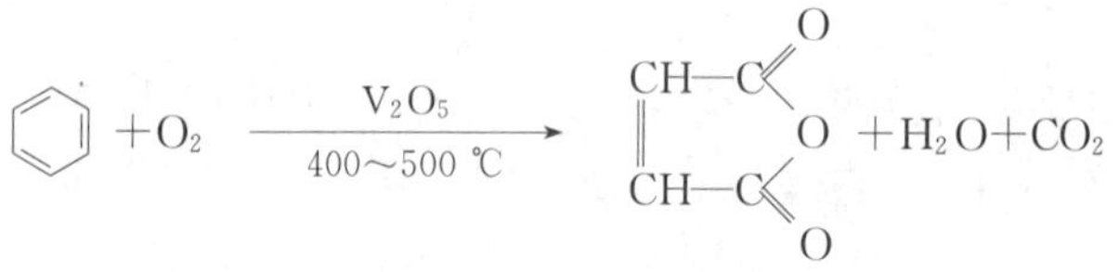

烷基苯氧化时,一般条件下苯环不被氧化;不论烷基的碳链有多长,总是与苯环直接相连的 α-碳优先被氧化。

4. 加成反应

(1)加氢

(2)加氯

六、苯环上取代基的定位规则

苯环上原有的基团将决定再引入基团的难易和位置,故称作定位基。

1. 两类定位基

(1)第一类定位基

第一类定位基又称为邻、对位定位基。属于邻、对位定位基的主要有:

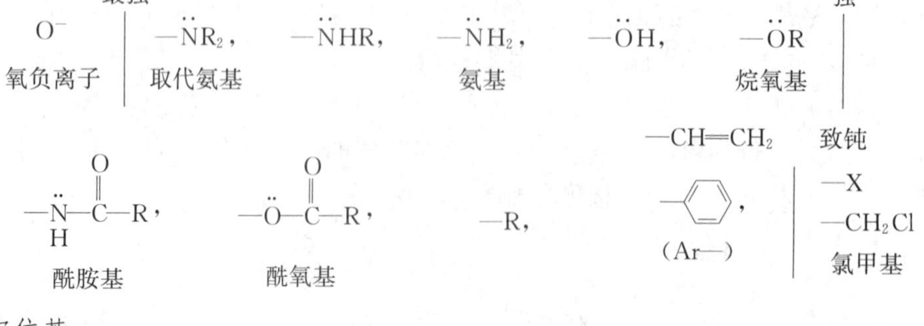

(2)第二类定位基

第二类定位基又称作间位定位基。属于间位定位基的主要有:

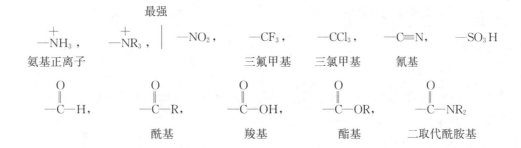

上列间位定位基是按照它们"致钝"作用的强弱先后排列的。

必须指出,这两类取代基无论哪一种,它们的定位效应都不是绝对的。邻、对位定位基可使第二个取代基主要进入它们的邻、对位,但往往也有少量间位产物生成;间位定位基的情况也如此。

2. 二元取代苯的定位规则

苯环上已有两个取代基,第三个取代基进入苯环的位置,将由原有的两个取代基来决定。有以下几种情况:

① 苯环上原有两个取代基对于引入第三个取代基的定位方向一致。

② 苯环上原有的两个取代基对于引入第三个取代基的定位方向不一致。这主要又有两种情况:第一种情况是原有两个取代基同属于一类定位基且致活或致钝作用相差较大时,第三个取代基进入的位置应主要由定位效应较强者决定;第二种情况是原有两个取代基为不同类的定位基时,第三个取代基进入的位置,通常由邻、对位定位基决定。若两个取代基属于同类定位基且定位效应强弱相近时,第三个取代基引入的位置不能被二者中一个所决定。

3. 取代定位规律在合成上的应用

取代定位规律可以用来预测反应的主要产物,从而便于设计和确定适当的合成路线,合成各种苯的衍生物。例如由甲苯合成间硝基苯甲酸,路线 1:先硝化后氧化,不行! 路线 2:先氧化后硝化,可行!

第二节　芳烃的亲电取代反应机理

芳香族亲电取代反应的进攻试剂为正离子或偶极分子(诱导偶极)的正端。当亲电试剂进攻芳香体系时,在它由芳香环得到一对电子以前首先可逆地生成 π 络合物,进一步形成一个碳正离子,这种类型的离子称为芳基正离子或称 σ 络合物。芳基正离子失去 H^+ 生成亲电取代产物。苯的亲电取代反应机理的通式如下:

第三节　卤　代　烃

烃分子中的一个或多个氢原子被卤素取代而生成的化合物,总称为卤代烃。其中卤原子就是卤代烃的官能团。

一般说来,卤代烃的性质比烃活泼得多,能发生多种化学反应,转化成其他类型的化合物。所以在分子中引入卤原子,往往是改造分子性能的第一步,在有机合成中起着桥梁作用。

卤代烃本身可用作溶剂、农药、制冷剂、灭火剂和防腐剂等。目前,对医药工业、有机合成都有重要的意义。由此可见,它是一类很重要的化合物。

一、分类、命名

1. 分类

根据分子中含有卤原子数目的多少,可将卤代烃分为:一卤代烃,如 CH_3CH_2Cl;二卤代烃,如 CH_2Cl_2;多卤代烃,如 $CHCl_3$ 及 CCl_4。

根据分子中烃基种类的不同,卤代烃可分为饱和卤代烃、不饱和卤代烃(卤代烯烃、炔烃等)和芳香卤代烃(如图 7-4)。

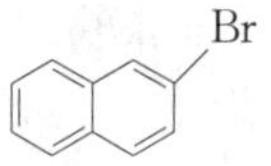

图 7-4 β-溴萘(2-溴萘)

根据卤原子直接相连的碳原子类型不同,又可将卤代烃分为:1°卤代烃(伯卤代烃)—— X(X 表示卤原子)与 1℃ 直接相连,如 RCH_2-X、CH_3CH_2Cl;2°卤代烃(仲卤代烃)—— X 与 2℃ 直接相连,如 R_2CH-X、$(CH_3)_2CHCl$;3°卤代烃(叔卤代烃)—— X 与 3℃ 直接相连,如 R_3C-X、$(CH_3)_3C-Cl$。

2. 命名

① 普通命名法:此法适用于结构较简单的卤代烃,采用相应烃或烃基的名称来命名。例如:

$CH_3CH_2CH_2Cl$　氯代丙烷(正丙基氯)

$CH_2＝CH—CH_2Cl$　烯丙基氯　　　　　　　$CH_3—CH＝CHCl$　丙烯基氯

② 系统命名法:饱和卤代烃的命名,选择含有卤原子的最长碳链作主链;靠近卤素一端编号。例如:

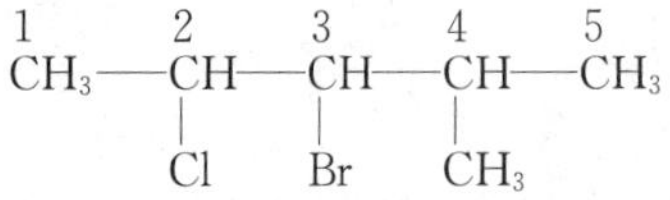

$$\overset{1}{CH_3}-\overset{2}{\underset{Cl}{CH}}-\overset{3}{\underset{Br}{CH}}-\overset{4}{\underset{CH_3}{CH}}-\overset{5}{CH_3}$$

4-甲基-2-氯-3-溴戊烷
(3-Bromo-2-chloro-4-methylpentane)

卤代烯烃的命名,选择既带卤素又含双键的最长碳链做主链,但需保持双键的位次号最小。

卤代脂环烃及卤代芳烃的命名,选用脂环或芳烃作母体,卤素原子为取代基。

二、卤代烃的制备

已经学习过的方法已有好几种了,现总结如下:

(1) 烷烃的光卤化

具体见第六章内容。

(2) 烯烃加卤素及加卤化氢,烯烃 α-H 被卤素的取代

具体见第六章内容。

(3) α-H 卤代

芳烃在催化剂的作用下,在苯环上发生亲电取代或在无催化剂作用时,在光照或加热条件下,发生侧链上 α-H 被卤素取代的反应。

(4) 采用溴化试剂 —— NBS 的溴化

(5) 氯甲基化反应

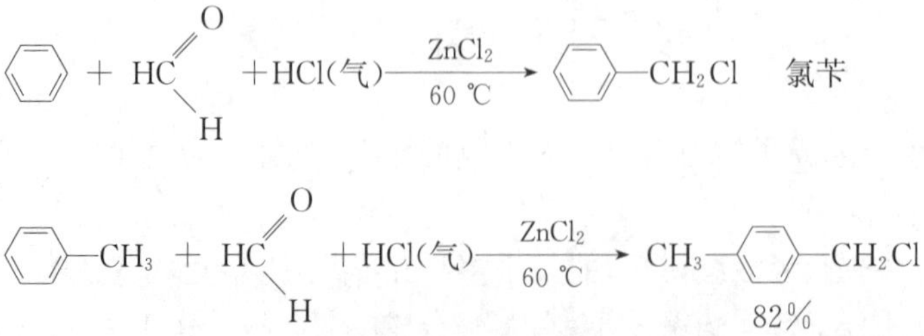

$$\text{〇} + HC\overset{O}{\underset{H}{}} + HCl(气) \xrightarrow[60℃]{ZnCl_2} \text{〇}-CH_2Cl \quad 氯苄$$

$$\text{〇}-CH_3 + HC\overset{O}{\underset{H}{}} + HCl(气) \xrightarrow[60℃]{ZnCl_2} CH_3-\text{〇}-CH_2Cl$$
$$82\%$$

(6) 由醇制备

醇与恒沸的卤氢酸反应,分子中的碳氧键断裂,羟基被卤素取代,生成卤代烷和水,这是制取卤代烷的重要方法之一。

醇与 PX_3、$SOCl_2$(亚硫酰氯)反应,也可将羟基转换成卤原子,制取卤代烷。

$$ROH + PI_3 \longrightarrow RI + P(OH)_3$$

$$ROH + PBr_3 \longrightarrow RBr + P(OH)_3$$

$$ROH + PCl_5 \longrightarrow RCl + POCl_3 + HCl$$

$$ROH + SOCl_2 \xrightarrow{\text{吡啶}} RCl + SO_2\uparrow + HCl\uparrow$$

(7) 由卤素的置换反应制备碘代烃

该反应除去制备外,还用作氯代烃及溴代烃的鉴定。

$$RCl(Br) + NaI \xrightarrow[\triangle]{\text{丙酮}} RI + NaCl(Br)\downarrow$$

三、化学性质

1. 取代反应

(1) 水解

$$RX + H_2O \rightleftharpoons \underset{\text{醇}}{ROH} + HX \qquad \text{可逆反应,反应慢}$$

$$RX + H_2O \xrightarrow{NaOH} \underset{\text{醇}}{ROH} + HX \qquad OH^- \text{是有效试剂}$$

(2) 醇解

$$RX + NaOR' \longrightarrow ROR' + NaX$$

这种制醚的反应叫威廉姆森反应(Williamson Reaction)。

(3) 氰解

这是个增长碳链的反应:

$$RX + Na(K)CN \xrightarrow{\text{醇}} \underset{\text{腈}}{R—CN} + NaX$$

$R—C\equiv N$ 中有三键,可以通过一系列反应制备其他种类的化合物:

$$R—C\equiv N \xrightarrow{H_2O} \underset{\text{酰胺}}{R—\overset{\overset{\displaystyle O}{\|}}{C}—NH_2} \xrightarrow{H_2O} \underset{\text{羧酸}}{R—\overset{\overset{\displaystyle O}{\|}}{C}\diagdown_{OH}}$$

$$R—C\equiv N \xrightarrow{[H]} \underset{\text{胺}}{RCH_2—NH_2}$$

(4) 氨解

此反应的产物胺,可继续与 RX 作用,逐步生成 R_2NH、R_3N 及 $R—NH_2 \cdot HX$(铵盐),若用过量的胺,可主要制得一级胺(伯胺)。

$$RX + NH_3(\text{过量}) \longrightarrow \underset{\text{一级胺}}{R—NH_2} + HX$$

（5）与硝酸银乙醇溶液反应

$$RX + AgNO_3 \xrightarrow{EtOH} RONO_2 + AgX\downarrow$$

NO_3^- 是有效试剂，这是 S_N1 历程的反应，可用作鉴定区别卤代烃中卤素的活泼性。

（6）与碘化钠丙酮溶液反应

$$RX + NaI \xrightarrow{CH_3\overset{\overset{\displaystyle O}{\|}}{C}CH_3} RI + NaX(X=Cl,\ Br)$$

这是 S_N2 历程的反应。

2. 消除反应

RX 的消除反应是其在碱的作用下失去一个小分子化合物（HBr 或 HCl），得到一个不饱和烃的反应。例如：

$$CH_3CH_2CH_2\underset{\beta}{}-\underset{\alpha}{CH_2}\overset{Br}{|} \xrightarrow[EtOH]{KOH} CH_3CH_2CH=CH_2 + HBr$$

消除反应的方向遵从查依采夫（Saytzeff）定则，总是从相邻的含氢少的碳上（β-C）脱去氢，主要生成双键碳上取代最多的烯烃。由碱进攻 β-C 上 H 的消除反应又叫 β-消除反应。

3. 与金属的反应

（1）与金属 Mg 的反应（有机镁化合物）

$$RX + Mg \xrightarrow{\text{干乙醚}} RMgX \quad 称为格氏试剂（Grignard\ Reagent）$$

卤代烃生成格氏试剂由易到难的顺序为 RI＞RBr＞RCl。用得较多的是溴代烷。

卤代烃生成格氏试剂时的产率由高到低的顺序为 $RCH_2X＞R_2CHX＞R_3CX$。

叔卤代烃一旦生成格氏试剂就会发生副反应，因此一般不用它做格氏试剂合成用。例如：

$$t\text{-}BuMgCl + t\text{-}BuCl \longrightarrow t\text{-}Bu\text{-}Bu\text{-}t$$

格氏试剂 CH_3MgX 与含有活泼氢的化合物反应，反应产生甲烷，从 CH_4 的体积可以测得活泼氢的含量。

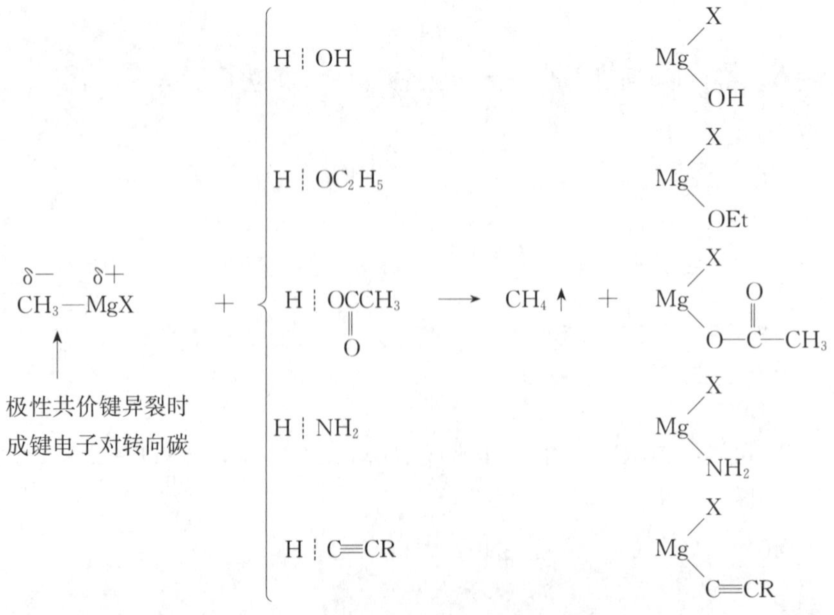

（2）与金属锂的反应（有机锂化合物）

卤代烃与金属锂反应再与碘化亚铜作用生成的二烃基铜锂是良好的烃基化试剂：

$$RCl + Li \longrightarrow RLi + LiCl$$

$$RLi + CuI \longrightarrow R_2CuLi(二烃基铜锂) + LiI$$

$$CH_3CH_2CH_2CH_2Cl + Li \xrightarrow[\text{低温}]{\text{惰性溶剂}} n\text{-}C_4H_9Li + HCl$$

$$\underset{\text{碘化亚铜}}{n\text{-}C_4H_9Li + CuI} \longrightarrow \underset{\text{二丁基铜锂}}{[CH_3(CH_2)_3]_2\text{-}CuLi}$$

（3）与金属钠的反应

$$2RBr + Na \longrightarrow R-R + NaBr$$

此反应可增长一倍的碳链，称为伍尔兹反应（Wurtz Reaction）。

（4）还原反应

卤代烷还原可制得烷。常用的还原剂有 HI，$Zn + HCl$，$Na + EtOH$，催化氢解，$LiAlH_4$。

第四节　亲核取代反应的机理

有机化合物受到某类试剂的进攻，使分子中的一个原子或原子团被这个试剂所取代的反应称为取代反应。

取代反应可分为异裂取代和均裂取代两大类。见表 7-1。

表 7-1　取代反应的分类

取代反应	异裂	亲核取代反应：亲核试剂进攻底物，简称 S_N
		亲电取代反应：亲电试剂进攻底物，简称 S_E
	均裂	游离基取代反应：游离基进攻底物，简称 S_H

这些取代反应，根据决速步骤所涉及的分子数目，可分为单分子或双分子反应。如果这些取代反应，发生在分子内各基团之间，则称为分子内取代反应。

发生在饱和碳原子上的亲核取代反应很多。例如，卤代烃和氢氧化钠（或钾）、醇钠（或钾）、酚钠、硫醇钠、氨（或胺）、羧酸钠等试剂作用，可生成一系列不同官能团的化合物。

带负电性的原子或原子团以及带孤对电子的中性分子是亲核试剂，它总是进攻电子云密度小的碳（$\alpha-C$）。由亲核试剂的进攻而发生的取代反应叫作亲核取代反应。用符号"S_N"表示（Nucleophilic Substitution），亲核取代反应又进一步分为单分子亲核取代反应 S_N1 和双分子亲核取代反应 S_N2 两种机理。

（1）单分子亲核取代（S_N1）

$$R'\!-\!\overset{|}{\underset{|}{C}}\!-\!L \xrightarrow{\quad L^- \quad} R'\!-\!\overset{|}{\underset{|}{C^+}} \xrightarrow{\quad Nu^- \quad} R'\!-\!\overset{|}{\underset{|}{C}}\!-\!Nu$$

原有的键断裂后，新的键相继生成，即反应分两步进行。

（2）双分子亲核取代（S_N2）

$$Nu^- + R'\!-\!\overset{|}{\underset{|}{C}}\!-\!L \longrightarrow \left[\overset{\delta^-}{Nu}\cdots\overset{|}{\underset{|}{C}}\cdots\overset{\delta^-}{L} \right] \searrow \quad Nu\!-\!\overset{|}{\underset{|}{C}}\!-\!R'$$
$$L^-$$

新键的形成和旧键的断裂同时进行，即反应是一步完成。

影响 S_N1、S_N2 历程和速度的因素主要有结构因素、离去基团的性质、亲核试剂以及溶剂极性等。

第五节　消除反应的机理

1. E1 机理

$$H_3C\!-\!\overset{CH_3}{\underset{CH_3}{\overset{|}{\underset{|}{C}}}}\!-\!X \xrightarrow{\;OH^-\;} CH_3\!-\!\overset{|}{C}\!=\!CH_2 + HX^-$$
$$CH_3$$

该反应是分两步进行的（X 表示卤原子）：

$$H_3C\!-\!\overset{CH_3}{\underset{CH_3}{\overset{|}{\underset{|}{C}}}}\!-\!X \xrightarrow{\;慢\;} H_3C\!-\!\overset{CH_3}{\underset{CH_3}{\overset{|}{\underset{|}{C}}}}\!\oplus \quad\text{----------------(1)}$$

$$H_3C\!-\!\underset{\beta CH_2}{\overset{CH_3}{\overset{|}{\underset{\alpha}{C}\oplus}}} \xrightarrow{\;快\;} H_3C\!-\!\overset{|}{C}\!=\!CH_2 + H_2O \quad\text{-------(2)}$$
$$H\!\leftarrow\!OH^- \qquad\qquad CH_3$$

整个反应的速度决定于（1），即生成碳正离子的速度，叫作单分子消除反应。

2. E2 机理

这是双分子消除机理：

$$CH_3CH_2BrCH_3 + C_2H_5O^- \longrightarrow CH_3\!-\!CH\!=\!CH_2 + C_2H_5OH + Br^-$$

整个反应的速度决定于（1），即生成碳正离子的速度，叫作单分子消除反应。

$$\longrightarrow \overset{H}{\underset{H}{}}C\!=\!C\overset{CH_3}{\underset{H}{}} + C_2H_5OH + Br^-$$

▶▶▶ **附1　例题解析**

【**例 7-1**】　3-氨基-2，5-二氯苯甲酸是一种可防除禾本科和阔叶杂草的除草剂，请以甲苯为原料，通过四或五步反应合成该化合物。写出其合成路线。

【解题思路】 设计多步合成路线经常用逆向合成分析方法解决问题,由目标分子 3-氨基-2,5-二氯苯甲酸逆向分析推知前一步中间体为 3-硝基-2,5-二氯苯甲酸,继续逆向分析推知前一步中间体为 2,5-二氯苯甲酸,进一步逆向分析推知前一步中间体为苯甲酸,甲苯氧化可合成苯甲酸。

【参考答案】

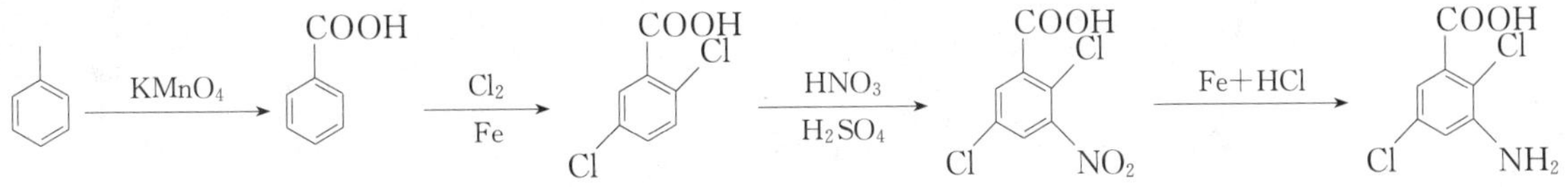

【例 7-2】 替米哌隆(Timiperone)是一种抗精神病药,主要用于治疗精神分裂症。其合成路线如下:

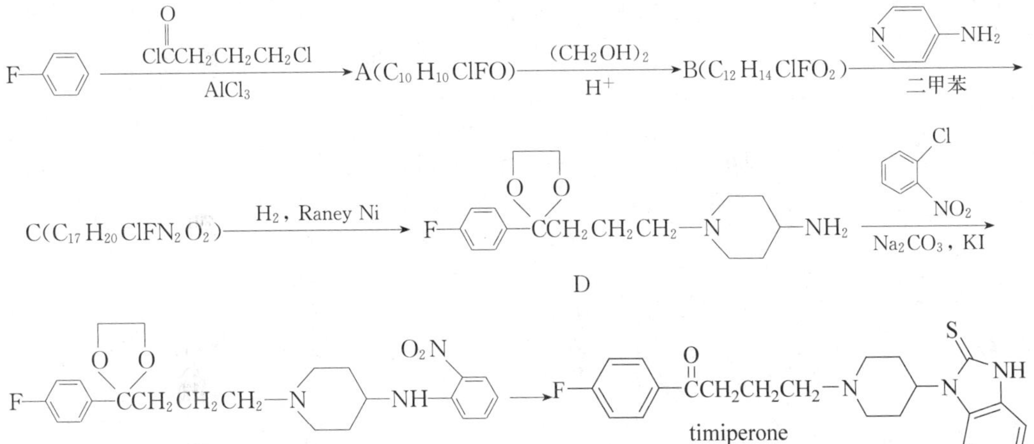

(1) 写出 A、B、C 的结构简式。

(2) 将 A 转化为 B 的目的是_____。

(3) 4-氨基吡啶与 B 的反应中是环上的 N 而不是氨基中 N 参与了反应,原因是_____。

(4) 在 D→E 转化中 KI 的作用是_____。

【解题思路】 酰卤比卤代烷烃更容易发生芳环上的亲电取代反应,结合 A 的分子式可以推知化合物 A 的结构式;依据 A 分子中酮羰基的化学性质可以推知化合物 B 是缩酮;依据化合物 B 的结构中含有氯代烷的结构特征,再根据化合物 C 的分子式以及化合物 D 的结构式中氨基所在的位置,可以推知化合物 C 的结构式。

【参考答案】

(1) A、B、C 的结构简式如下:

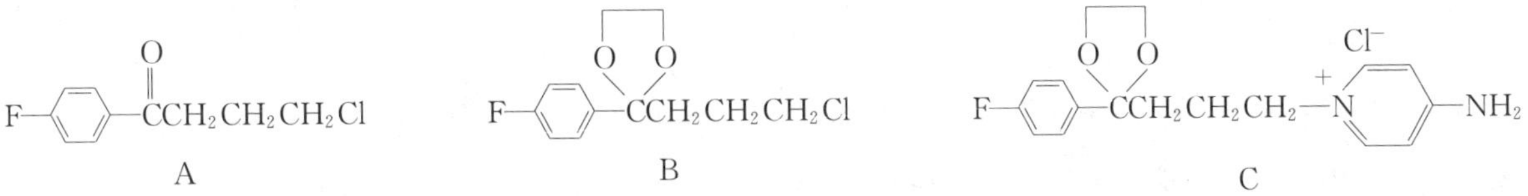

(2) 将 A 转化为 B 的目的是保护羰基,防止其在后面催化氢化时被还原。

(3) 原因是吡啶环上的 N 上的孤对电子未参与共轭,亲核性强于吡啶环上取代的氨基(N 上的孤对电子参与共轭)。

(4) KI 发生卤素交换反应,提高

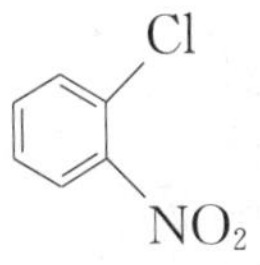

的反应活性。

【例 7-3】 磺胺药物是一类广谱抗菌药物。下面是合成一种最简单的磺胺药物——对氨基苯磺酰胺（即磺胺）的合成路线。写出在合成路线中的 A～F 所代表的化合物的结构式。

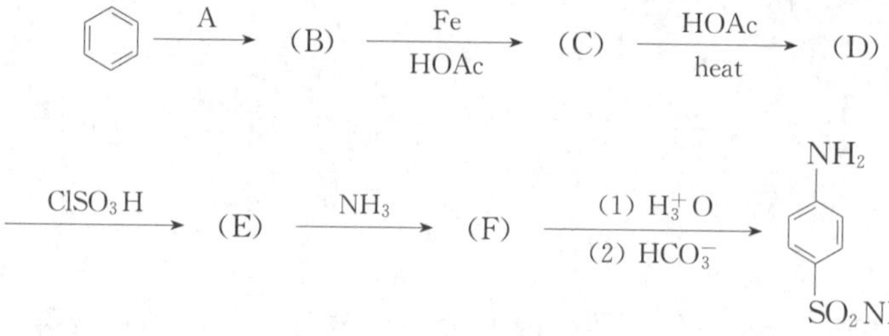

【解题思路】 题干给出的是多步合成的路线,需要结合题中信息和所学知识进行正向和逆向分析,找出正确答案。

【参考答案】

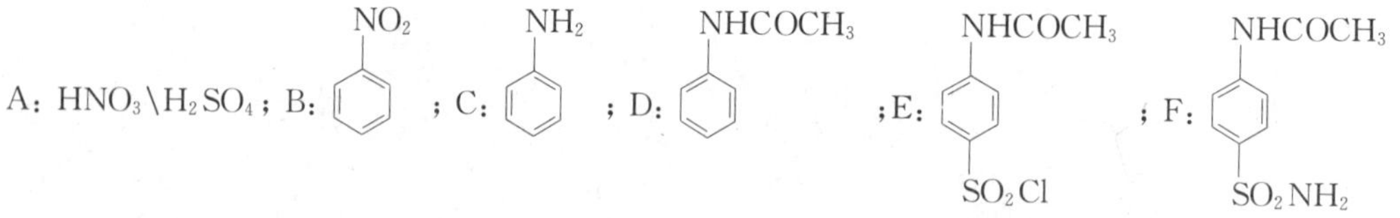

【例 7-4】 (1) 以下化合物与乙胺均可发生取代反应,写出亲核取代反应的类型。

(2) 按亲核取代反应进行的快慢,对以上化合物(用字母表示)进行排序。

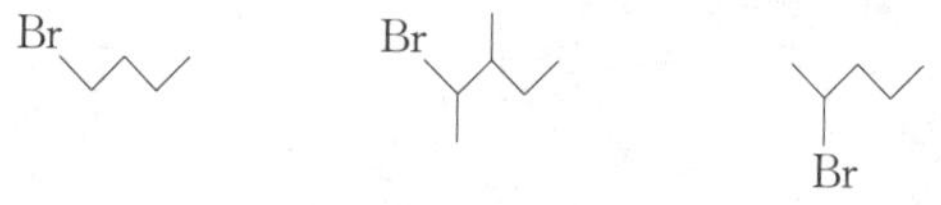

【解题思路】 依据化合物 A、B、C、D、E 分子中卤原子的类型以及烃基结构判断,上述化合物分别与乙胺均可发生 S_N2 反应。S_N2 反应速度主要取决于以下因素:亲核基团的亲核能力;离去基团的离去能力;亲核基团和亲电基团的空阻;温度;等等。此处,亲核基团相同,温度相同,那么只需要考虑离去基团的离去能力和空阻。那么,B 最快,A 次之,C 为一级溴代烷,E 和 D 为二级溴代烷;由于 D 中 α 位取代基的影响,为最慢。

【参考答案】 (1) S_N2

(2) 亲核取代反应进行的速率:B＞A＞C＞E＞D

【例 7-5】 (1) 按稳定性顺序分别画出由氯甲基苯、对甲氧基氯甲基苯以及对硝基氯甲基苯生成的稳定阳离子的结构简式。

(2) 间硝基溴苯、2,4-二硝基溴苯、对硝基溴苯以及 2,4,6-三硝基溴苯在特定条件下均能与 HO^- 反应,按其反应活性顺序分别画出对应化合物的结构简式。

【解题思路】 由(1)中的三个化合物生成的稳定阳离子都是苄基型阳离子,稳定性与苯环的 π 电子云密度大小相关,苯环上的 π 电子云密度越大越有利于分散正离子上的正电荷,阳离子就越稳定。(2)间硝基溴苯、2,4-二硝基溴苯、对硝基溴苯以及 2,4,6-三硝基溴苯在特定条件下均能与 HO^- 发生 S_N1 反应,其反应活性顺序与其反应活性中间体阳离子的稳定性相关,中间体阳离子越稳定,反应活化能越小,反应物活性越高。

【参考答案】

(1) 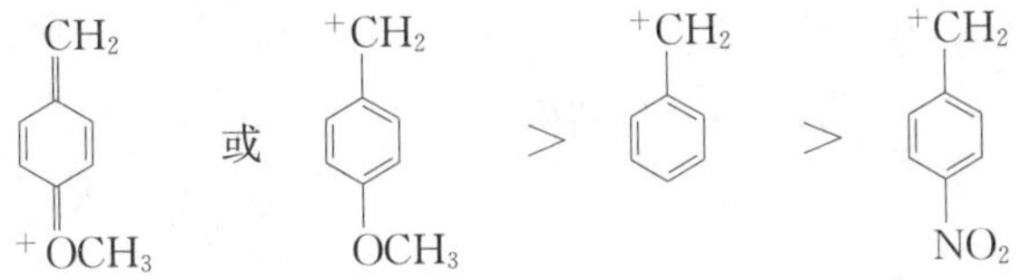 或

(2)反应活性顺序:

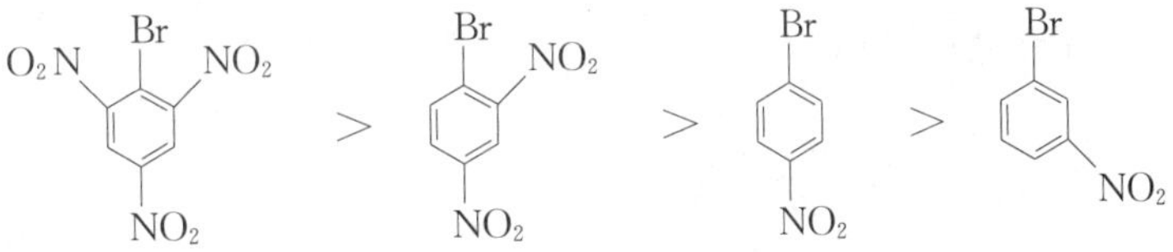

附2 综合训练

1. 研究发现,化合物 F 对白色念珠菌具有较强的抑制作用。F 可经下图所示合成路线制备:

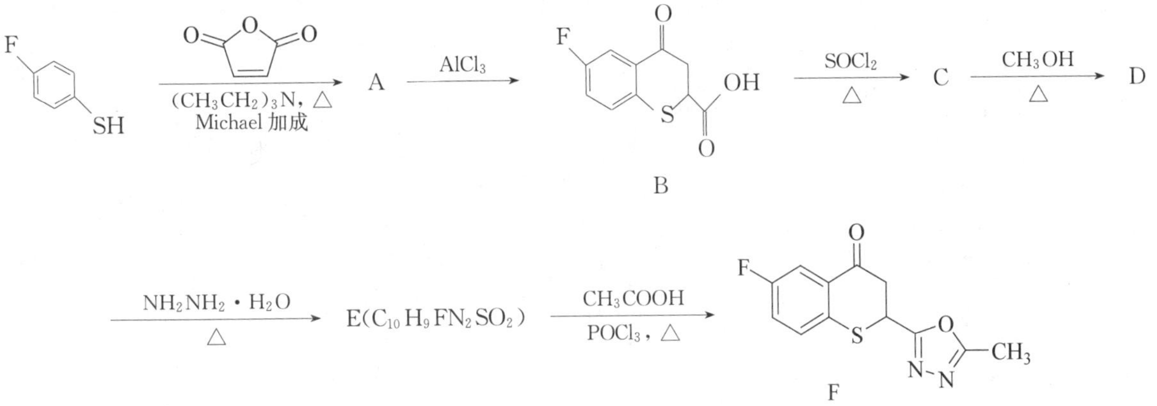

回答下列问题:

(1) 写出 A、C、D、E 的结构简式。

(2) 写出 A→B 的反应类型。

2. 塑化剂(Plasticizers)是一种增加材料的柔软性等特性的添加剂。化合物 B 作为一种塑化剂(简称 DEHP),可由化合物 A 为主要原料制备,DEHP 只能在工业上使用,不能作为食品添加剂。化合物 B 可还原为化合物 C。以 C 为原料经过下列步骤反应后,可合成化合物 F。

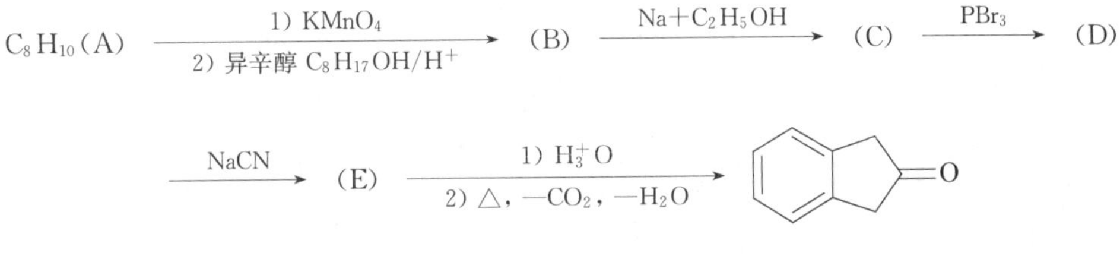

据此回答下列问题:

(1) 写出化合物 A、B、C、D、E 的结构式。

(2) 化合物 F 中有_____种不同类型的氢原子,有_____种不同类型的碳原子。

(3) 化合物 F 中的所有氢核_____(填"是"或"不是")在同一个平面上。

3. 以下给出 4 个取代反应,图 7-5 是其中某一反应的反应势能图。

$CH_3CH_2Br + NaOCH_3 \longrightarrow$

$(CH_3)_3CBr + HOCH_3 \longrightarrow$

$(CH_3)_2CHI + KBr \longrightarrow$

$(CH_3)_3CCl + (C_6H_5)_3P \longrightarrow$

(1) 指出哪个反应与此反应势能图相符。

(2) 画出过渡态 E 和 F 的结构式。

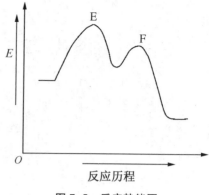

图 7-5　反应势能图

第八章 醇、酚、醚和羰基化合物

基本要求

　　掌握醇、酚、醚和羰基化合物的概念、命名、结构及其物理、化学性质；了解醇、酚、醚和羰基化合物常见化学反应；掌握亲核加成的反应机理。

第一节　醇

一、定义

醇：羟基连接到饱和碳原子上的化合物。

二、分类和命名

(1) 分类

根据分子中羟基的个数可分为一元醇、二元醇、多元醇。根据羟基所连碳原子类型伯($1°$)、仲($2°$)、叔($3°$)碳原子，分别称为伯($1°$)、仲($2°$)、叔($3°$)醇。

(2) 命名

一元醇的命名是选择含有羟基的最长碳链为主链，从离羟基最近的一端开始编号。根据主链碳原子的数目称为某醇，如果有取代基则应在母体名称前标出取代基的位置与名称。

$$CH_3CHCH_2CH_2OH$$
$$| \atop CH_3$$

3-甲基-1-丁醇

$$CH_3CH_2CHCH_2OH$$

2-苯基-1-丁醇

三、醇的物理性质

　　由于醇分子中氢氧键的高度极化，它们能通过氢键的作用相互缔合，因此，醇的沸点比相对分子质量相近的非极性的或没有缔合作用的有机物要高。甲醇、乙醇在室温条件下能与水混溶，其他一元醇随相对分子质量增加水溶性逐渐减小。醇一般易溶于有机溶剂。

分子间氢键　　　　沸点：34.5℃　　　　117.2℃　　　　75.7℃

四、醇的化学性质

1. 醇的酸碱性

醇是比水弱的酸，与炔、氢、氨、烃相比，它们的相对酸性如下：

$$H_2O > ROH > RC\equiv CH > H_2 > NH_3 > RH$$

醇可与活泼金属 Na、K、Mg 和 Li 等反应。反应速率为 $CH_3OH>$ 伯醇 $>$ 仲醇 $>$ 叔醇。

$$CH_3OH+Na \longrightarrow CH_3ONa+H_2$$
甲醇钠

$$CH_3CH_2OH+Na \longrightarrow CH_3CH_2ONa+H_2$$
乙醇钠

$$(CH_3)_2CHOH+Al \longrightarrow [(CH_3)_2CHO]_3Al+H_2$$
异丙醇铝

$$(CH_3)_3COH+K \longrightarrow (CH_3)_3COK+H_2$$
叔丁醇钾

醇钠为强碱,常用于"拔除"分子中的活泼氢形成碳负、氮负等离子,发生 C 或 N 上的烷基化、Claisen 酯缩合、Michael 加成、羟醛缩合、Darzens 反应、Wittig 试剂的生成等反应。比醇钠更强的碱可用 NaH、$NaNH_2$、$LiNH_2$、LDA(二异丙胺锂)、n-BuLi(正丁基锂)等。异丙醇铝主要用于 Oppenauer 氧化和 Meerwein 还原的催化剂。

醇分子中羟基氧上的孤对电子能接受 H^+ 或与缺电子的路易斯酸生成盐,因此醇又是一种路易斯碱。

2. 醇与含氧无机酸及有机酸的反应

醇与含氧无机酸反应生成无机酸酯:

$$ROH+HOSO_2OH \longrightarrow ROSO_2OH+H_2O$$
硫酸氢烷酯

$$CH_3OH+CH_3OSO_2OH \longrightarrow (CH_3)_2SO_4+H_2O$$
硫酸二甲酯

$$ROH+HNO_3 \longrightarrow RONO_2+H_2O$$
硝酸酯

与有机酸、酰卤或磺酰氯作用得到有机酸酯:

$$CH_3-\underset{\overset{\|}{O}}{\overset{O}{\|}}S-Cl +HO-C_2H_5 \xrightarrow{OH^-} CH_3-\underset{\overset{\|}{O}}{\overset{O}{\|}}S-O-C_2H_5$$

$$(Ms-O-C_2H_5)$$

3. 醇的卤代反应

（1）醇与氢卤酸反应

$$ROH + HX \longrightarrow RX + H_2O$$

反应活性速率为叔醇＞仲醇＞伯醇，$HI > HBr > HCl$。叔醇和仲醇反应按 S_N1 机理进行。

$$(CH_3)_3COH+HCl \rightleftharpoons (CH_3)_3C\overset{+}{O}H_2Cl^-$$

$$(CH_3)_3C-\overset{+}{O}H_2 \longrightarrow (CH_3)_3\overset{+}{C}+H_2O$$

$$(CH_3)_3\overset{+}{C}+Cl^- \longrightarrow (CH_3)_3CCl$$

伯醇与氢卤酸反应可能按 S_N2 机理进行。β-碳上有支链的伯醇在相同条件下产生部分重排产物。

$$CH_3-\underset{\overset{|}{CH_3}}{CH}-CH_2OH \xrightarrow[\triangle]{NaBr/H_2SO_4} CH_3-\underset{\overset{|}{CH_3}}{CH}-CH_2Br + CH_3-\underset{\overset{|}{Br}}{\overset{\overset{|}{CH_3}}{C}}-CH_3$$

$$80\% \qquad\qquad 20\%$$

利用不同类型醇与浓盐酸和 $ZnCl_2$（Lucas 试剂）的反应速率不同可对伯、仲、叔醇加以鉴定。在室温下，叔醇与 Lucas 试剂摇动立即变浑，生成不溶的卤代烷。仲醇在室温下需振荡数分钟才能发生反应。而伯醇在室温下数小时也不反应，需加热才变浑浊。

（2）醇与无机酸酰卤的反应：与氯化亚砜作用，生成氯代烃

以吡啶为催化剂时，手性醇的 α-碳构型翻转，无吡啶时构型保持。

$$CH_3(CH_2)_5\underset{\overset{|}{OH}}{CHCH_3} +SOCl_2 \xrightarrow[溶剂]{K_2CO_3} CH_3(CH_2)_5\underset{\overset{|}{Cl}}{CHCH_3}$$

（3）与卤化磷作用

$$R-OH \begin{cases} \xrightarrow{PCl_5} R-Cl \\ \xrightarrow{PBr_3} R-Br \\ \xrightarrow{PCl_3} P(OR)_3 \end{cases}$$

4. 醇的脱水反应

醇脱水成烯的相对反应速度为叔醇 ＞ 仲醇 ＞ 伯醇。

$$CH_3CH_2OH \xrightarrow[170\ ℃]{H_2SO_4} CH_2{=}CH_2$$

扎依采夫规则：脱去的是羟基和含氢较少的碳上的氢。一些醇在脱水时发生重排，生成更稳定的碳正离子。

$$CH_3CH_2\underset{\overset{|}{CH_3}}{CH}CHCH_3 \xrightarrow[\triangle]{H^+} CH_3CH_2\underset{\overset{|}{CH_3}}{C}{=}CHCH_3$$
（上式CHCH₃上方有OH）

$$(CH_3)_3CCHCH_3 \quad \xrightarrow[\triangle]{H^+} \quad CH_3C\!=\!CCH_3$$
$$\underset{OH}{\qquad\qquad} \qquad\qquad \underset{CH_3\ CH_3}{}$$

$$(CH_3)_2\overset{+}{C}\!-\!CHCH_3 \quad \longrightarrow \quad (CH_3)_2C\overset{+}{\underset{CH_3}{-}}\overset{H}{\underset{}{C}}CH_3 \quad \longrightarrow \quad CH_3C\!=\!CCH_3 \quad + \quad H^+$$
$$\underset{CH_3}{} \qquad\qquad\qquad\qquad\qquad\qquad \underset{CH_3\ CH_3}{}$$

醇的分子间脱水生成醚,反应温度比分子内脱水低。如:

$$CH_3CH_2OH \quad \xrightarrow[140\ ℃]{H_2SO_4} \quad CH_3CH_2OCH_2CH_3 \quad + \quad H_2O$$

5. 氧化或脱氢

$$RCH_2OH + KMnO_4 \quad \xrightarrow[-MnO_2]{OH^-,\ H_2O} \quad RCOOK \quad \xrightarrow{H^+} \quad RCOOH$$

在特定的条件下,如使用琼斯试剂(CrO_3/H_2SO_4)或氯铬酸吡啶盐(PCC,结构式),可以使伯醇的氧化控制在醛的阶段:

$$CH_3CH_2CH_2CH_2OH \quad \xrightarrow{CrO_3/H_2SO_4} \quad CH_3CH_2CH_2CHO$$

$$(C_2H_5)_2\overset{CH_3}{\underset{}{C}}\!-\!CH_2OH \ + PCC \quad \xrightarrow[25℃]{CH_2Cl_2} \quad (C_2H_5)_2\overset{CH_3}{\underset{}{C}}\!-\!CHO$$

仲醇氧化后得到酮,叔醇在同样的条件下不被氧化。

$$\overset{R}{\underset{R'}{}}CHOH \quad \xrightarrow{K_2Cr_2O_7/H_2SO_4,\ H_2O} \quad R\!-\!\overset{O}{\overset{\|}{C}}\!-\!R'$$

五、醇的制备

1. 卤代烃的水解

$$RX + OH^- \quad \longrightarrow \quad ROH + X^-$$

2. 醛和酮的还原

$$\overset{O}{\overset{\|}{-C-}} \quad \xrightarrow{还原剂} \quad \overset{OH}{\underset{}{-CH-}}$$

醛和酮能分别被 $LiAlH_4$、$NaBH_4$、催化氢化(Pd/C,Pt,Raney Ni 等)还原成伯、仲醇。

$$\text{环己酮}\!=\!O \quad \xrightarrow[2)\ H_2O]{1)\ LiAlH_4} \quad \text{环己基}\!-\!OH$$

3. 醛、酮与格氏试剂加成

醛、酮与格氏试剂加成,然后水解得伯、仲、叔醇。

$$\overset{O}{\overset{\|}{\underset{R^1\ \ R^2}{C}}} +RMgX \quad \longrightarrow \quad \overset{R\ \ \ OMgX}{\underset{R^1\ \ R^2}{C}} \quad \xrightarrow{H_3O^+} \quad \overset{R\ \ \ OH}{\underset{R^1\ \ R^2}{C}}$$

4. 烯烃的水化

在酸催化条件下烯烃与水加成生成醇。烯烃还可与硫酸加成，生成可以溶解于硫酸的烷基硫酸氢酯，加热水解后得到醇。

$$CH_3-CH=CH_2 + H_2SO_4 \longrightarrow \underset{\underset{OSO_2OH}{|}}{CH_3-CH-CH_3} \xrightarrow[\triangle]{H_2O} \underset{\underset{OH}{|}}{CH_3-CH-CH_3}$$

5. 羟汞化反应

烯烃与醋酸汞等汞盐在水溶液中反应生成有机汞化合物，后者用硼氢化钠还原成醇。

$$CH_3CH=CH_2 + Hg(OAc)_2 + H_2O \xrightarrow[25\,℃]{H_2O/THF} \underset{\underset{OH}{|}}{CH_3CHCH_2HgOAc} + HOAc$$

$$\underset{\underset{OH}{|}}{CH_3CHCH_2HgOAc} \xrightarrow[OH^-]{NaBH_4} \underset{\underset{OH}{|}}{CH_3CHCH_3} + Hg$$

6. 烯烃的硼氢化-氧化

$$3CH_3CH=CH_2 \xrightarrow{THF/BH_3} (CH_3CH_2CH_2)_3B \xrightarrow{H_2O_2,\ OH^-} 3CH_3CH_2CH_2OH$$

六、多元醇的反应

1. 高碘酸氧化

2. 频那醇重排

反应机理：

第二节 酚

一、定义

酚是由羟基直接与芳环相连的化合物。

二、酚的结构及命名

酚羟基上的氧是 sp^2 杂化。酚羟基氧上的 p 轨道与苯环上的 π 轨道交叠,其共轭效应的结果,使羟基氧上的孤对电子向苯环转移,导致苯环上的电子云密度增大,氧氢键削弱。酚的衍生物一般以酚作为母体来命名,即酚的前面加上芳环的名称为母体,再加上其他取代基的名称和位次。

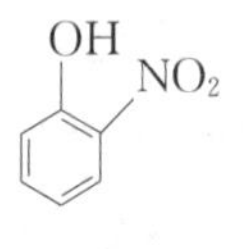

2-硝基苯酚　　　　4-甲基苯酚　　　　1,3-苯二酚　　　　1-萘酚
（或邻硝基苯酚）　（或对甲苯酚）　　（或间苯二酚）　　（或 α-萘酚）

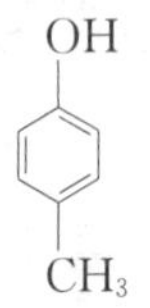

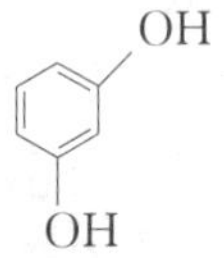

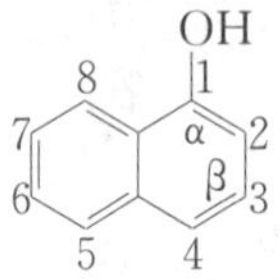

三、酚的物理性质

酚分子中由于羟基的存在,能形成分子间的氢键,因此酚的沸点比相应相对分子质量的芳烃高。如苯酚的沸点是 182 ℃,比甲苯高 70 ℃。由于苯酚中的羟基能与水形成较强的氢键,所以它能微溶于水中,加热时会逐步溶解。随着羟基的数目增多,溶解度加大。

四、酚的化学性质

1. 酚的酸性

酚的酸性比醇强,比碳酸弱。

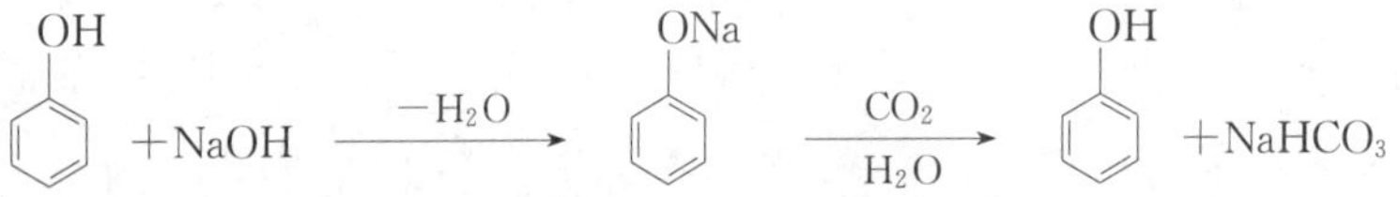

连有—NO_2 等吸电子基在芳环上可使其酸性增强,给电子的—OH、—CH_3、—NH_2 等使酸性减弱。

2. 酚醚的生成

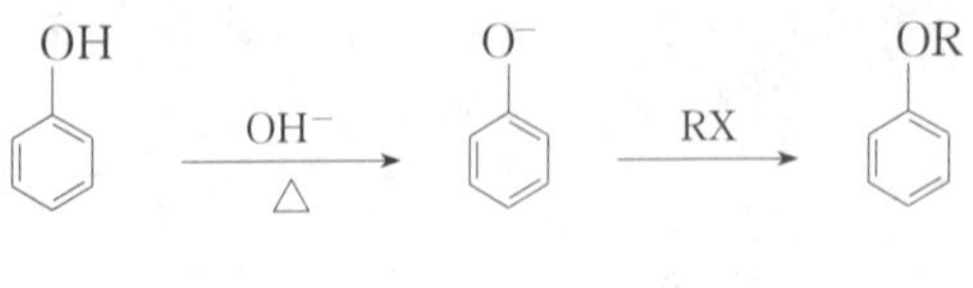

3. 酯的生成

酚可与酰卤、酸酐生成酯 ,但难与羧酸发生酯化。

4. 与 $FeCl_3$ 显色

大多数酚与 $FeCl_3$ 溶液作用生成带颜色的络离子,不同的酚生成的颜色各不相同,这个特性常用来鉴定酚。

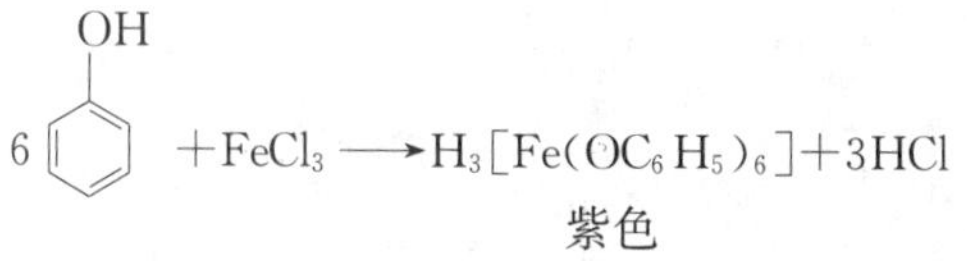

$$6\underset{}{C_6H_5OH} + FeCl_3 \longrightarrow H_3[Fe(OC_6H_5)_6] + 3HCl$$

紫色

5. 芳环上的反应

酚羟基的邻对位由于受到羟基的活化,易发生亲电取代反应。

① 溴代:生成 2,4,6-三溴苯酚白色沉淀,可用于鉴别苯酚。

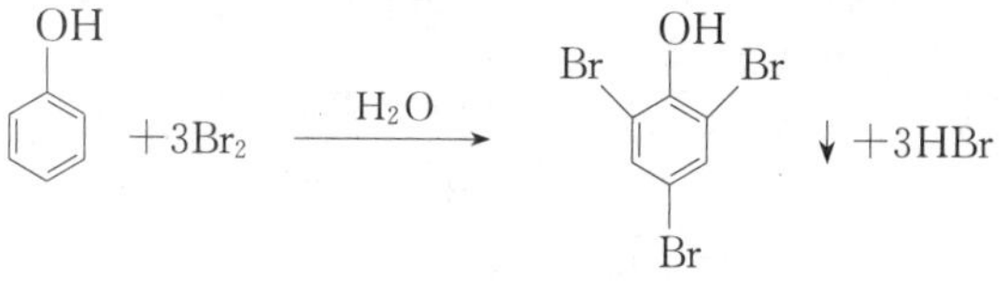

$$\underset{}{C_6H_5OH} + 3Br_2 \xrightarrow{H_2O} \text{(2,4,6-三溴苯酚)} \downarrow + 3HBr$$

② 硝化:苯酚与稀硝酸反应得到邻硝基酚和对硝基酚。邻和对位异构体可通过水蒸气蒸馏被分离。邻硝基酚由于分子内氢键容易被水蒸气带出,而对硝基苯酚则形成分子间氢键,不易被蒸出。

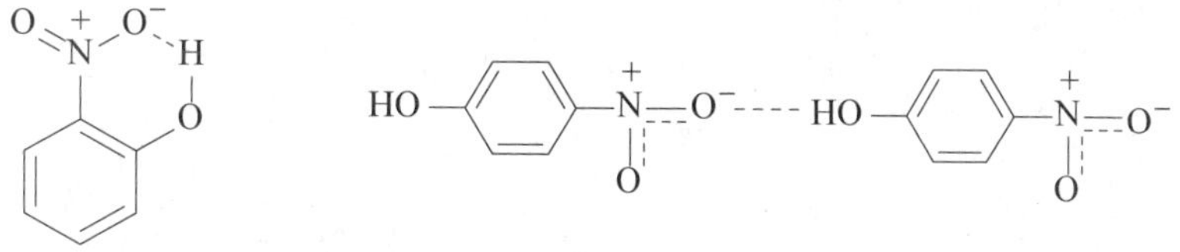

邻硝基酚　　　　　　　　　对硝基酚

③ 磺化反应:苯酚与浓硫酸反应在 25 ℃得到的主要是邻位被磺化的产物(速度控制产物),而在 100 ℃时得到的主要是对位产物(平衡控制产物)。将邻羟基苯磺酸加热至 100 ℃时,邻羟基苯磺酸转化成对羟基苯磺酸。

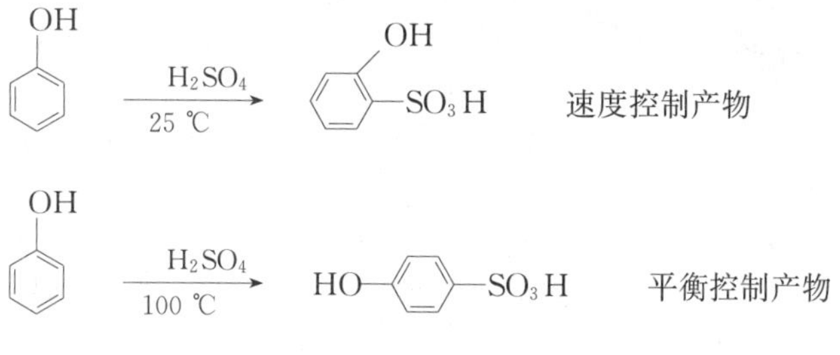

$$\underset{}{} \xrightarrow[25\text{℃}]{H_2SO_4} \text{邻-HO-C_6H_4-SO_3H} \quad 速度控制产物$$

$$\underset{}{} \xrightarrow[100\text{℃}]{H_2SO_4} \text{HO-C_6H_4-SO_3H} \quad 平衡控制产物$$

④ Kolbe-Schmitt 反应

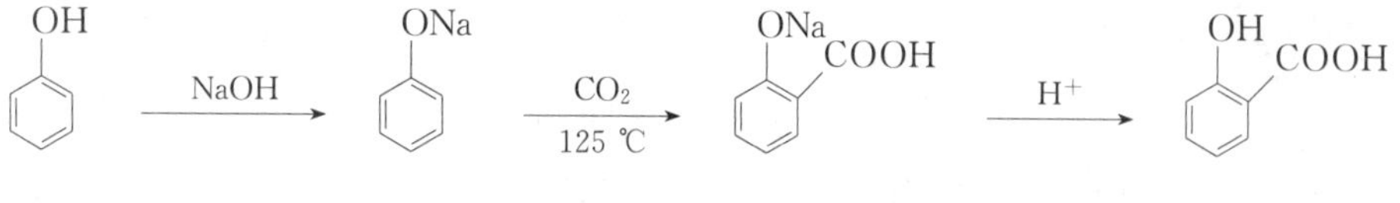

$$\underset{}{C_6H_5OH} \xrightarrow{NaOH} C_6H_5ONa \xrightarrow[125\text{℃}]{CO_2} \text{(ONa,COOH)} \xrightarrow{H^+} \text{(OH,COOH)}$$

⑤ 氧化

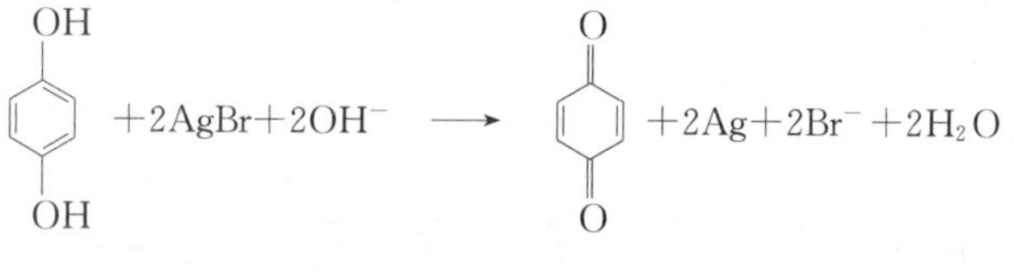

$$\text{对苯二酚} + 2AgBr + 2OH^- \longrightarrow \text{对苯醌} + 2Ag + 2Br^- + 2H_2O$$

五、酚的制备

实验室制酚的方法一般是用重氮盐水解:

$$ArNH_2 \xrightarrow{HNO_2} Ar\overset{+}{N}\equiv N \xrightarrow[Cu^{2+},\ H_2O]{Cu_2O} ArOH$$

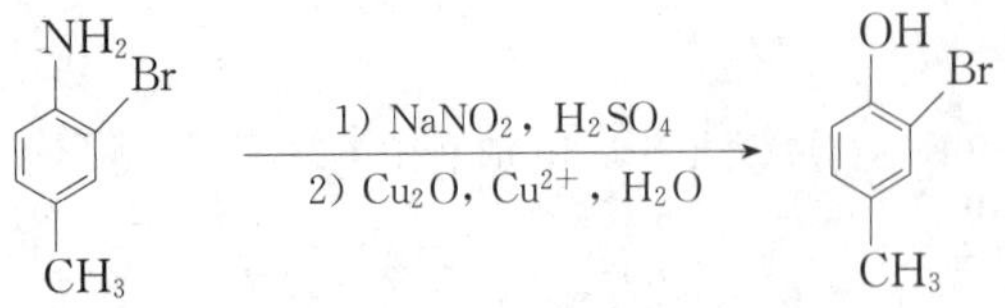

工业制备方法：

（1）氯苯水解法

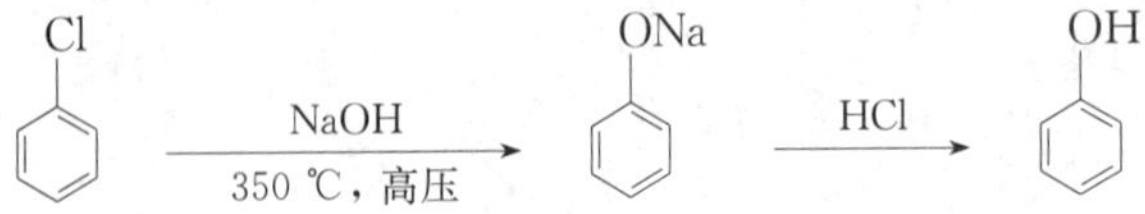

（2）异丙苯氧化法

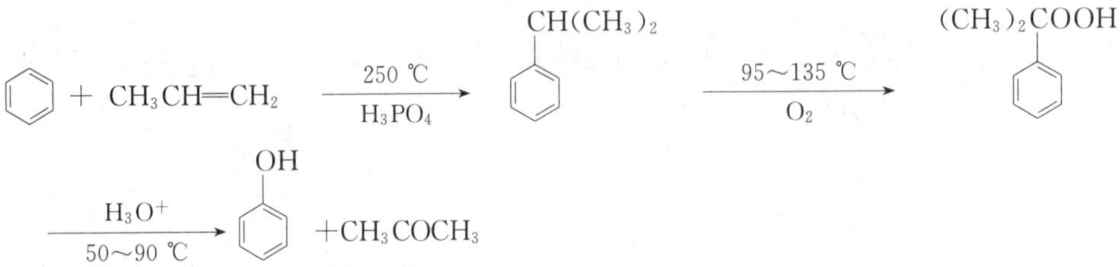

第三节　醚

一、醚的结构和命名

R—O—R′，两烃基相同，简单醚；不相同，混合醚。

醚的命名，根据烃基的名称加上醚字。

$CH_3OCH_2CH_3$　　　　　$(CH_3)_2CHOCH(CH_3)_2$　　　　　$(CH_3)_3COC_6H_5$

甲乙醚　　　　　　　　　　异丙醚　　　　　　　　　　叔丁基苯基醚

$CH_3CH_2OCH_2CH_3$　　　　$CH_2=CHCH_2OCH_3$　　　　　OCH_2CH_3

乙醚　　　　　　　　　　　烯丙基甲醚　　　　　　　　乙基苯基醚

一些复杂的醚的命名可以烃氧基作为取代基来命名。如：

　　　　　　　　　　　　　　　$CH_3CH_2CHCH_2CH_3$　　　　　$CH_3CH=CHCHCH_2CH_3$

$CH_3OCH_2CH_2CH_2OCH_3$　　　　　　　OCH_3　　　　　　　　　　　OC_6H_5

1,3-二甲氧基丙烷　　　　　3-甲氧基戊烷　　　　　4-苯氧基-2-己烯

二、醚的物理性质

醚的沸点与相应相对分子质量的烃的沸点接近，比相应醇低得多，主要原因是醚分子间不能产生氢键而形成缔合分子。醚有可能与水形成氢键，因此在水中有一定的溶解度。

三、醚的化学性质

醚一般比较稳定，不与一般的亲核试剂反应，与碱也不作用，因此常用作溶剂。但醚中氧原子上具有孤对电子，可以作为电子给予体与酸作用。

1. 盐的生成

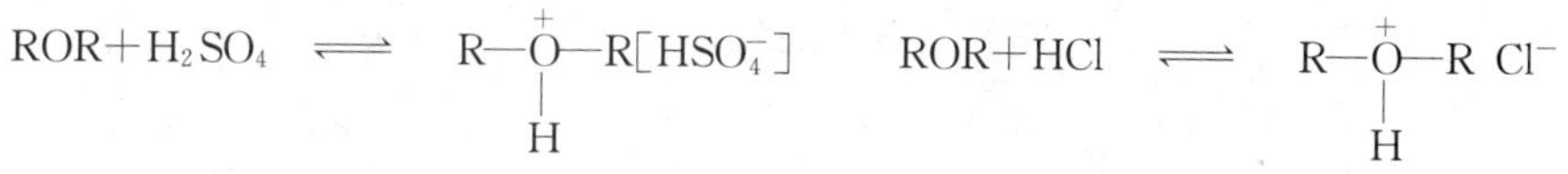

与路易斯(Lewis)酸如 $AlCl_3$、$RMgX$、BF_3 等形成络合物。

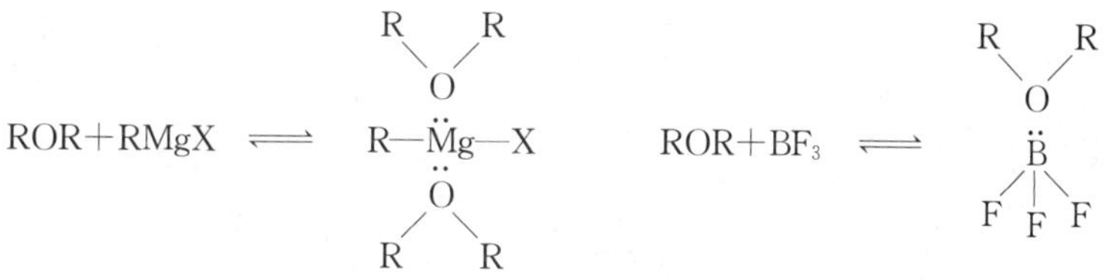

2. 醚键的断裂

HBr、HI 能引起醚分子中的碳氧键断裂。与过量的 HI 作用则生成 2 mol 的碘代烷。

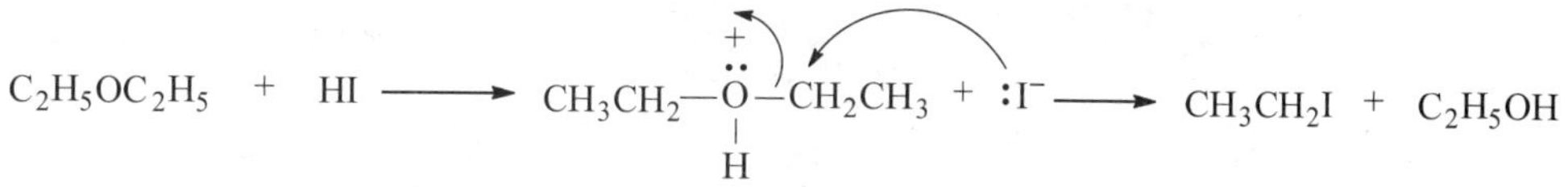

$$C_2H_5OC_2H_5 + 2HI \longrightarrow 2CH_3CH_2I + H_2O$$

混合醚中烷基较大的部分变为醇，较小的成为卤代烷。

$$(CH_3)_2CHOCH_3 + HI \longrightarrow (CH_3)_2CHOH + CH_3I$$

叔烷基的醚与 HI 发生 S_N1 反应。

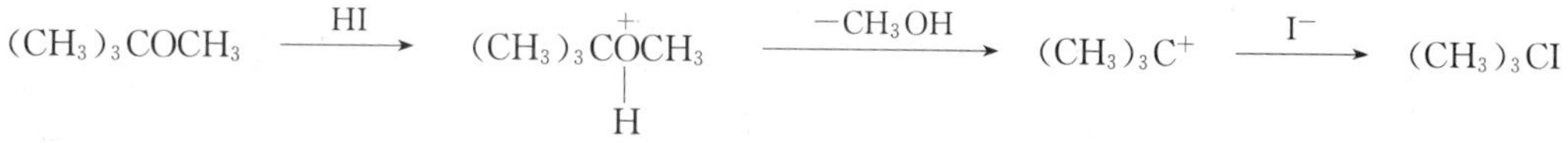

芳基烷基醚与 HI 的反应：

四、环氧化合物

1. 环氧化合物的反应

在酸性介质中，首先形成锌盐，然后亲核试剂进攻位阻大的碳（近似于 S_N1）开环。

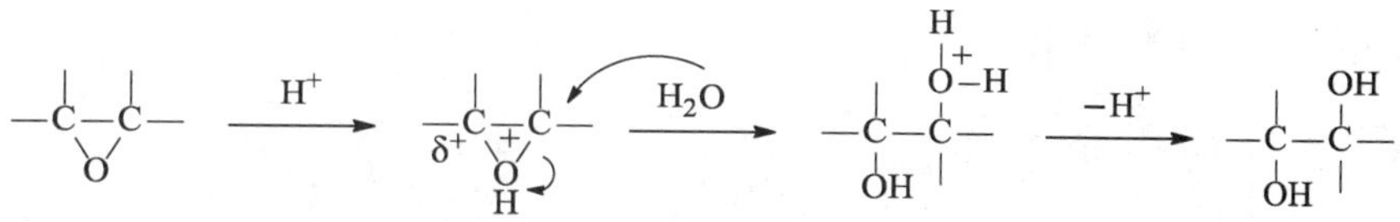

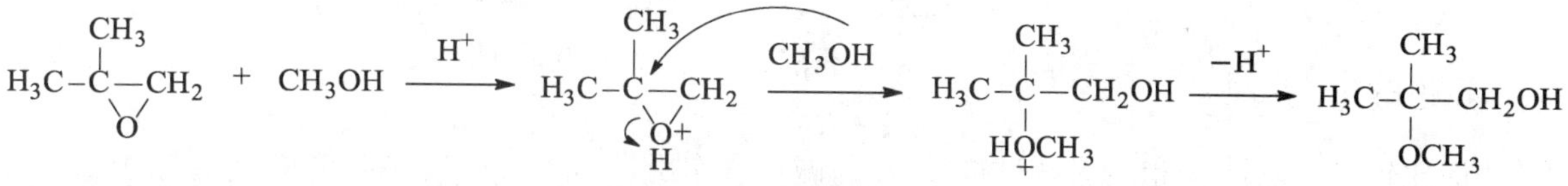

在碱性介质中，亲核试剂进攻位阻小的碳原子发生 S_N2 开环。

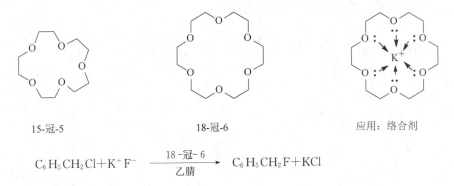

2. 环氧化合物的制备

3. 冠醚

大环多醚,其形状类似皇冠。冠醚可以作为相转移催化剂,促进亲核取代反应的进行。

15-冠-5　　　　　　　　18-冠-6　　　　　　　应用:络合剂

$$C_6H_5CH_2Cl + K^+F^- \xrightarrow[\text{乙腈}]{18\text{-冠-}6} C_6H_5CH_2F + KCl$$

第四节　羰基化合物

一、定义

　　醛和酮都含有羰基,除了甲醛是羰基与两端的氢相连外,其他的醛都是羰基与一个氢原子和一个烃基相连,酮分子中羰基与两个烃基相连。

二、醛酮的异构和命名

　　脂肪族一元醛酮的命名是先选择含羰基最长的碳链为主链,编号从靠近羰基的一端开始,由于醛基总是在碳链的一端,在命名中总是占第一位,视烃基的结构称为某醛。而在酮的名称中要注明羰基的位置。如:

$$CH_3CH_2CH_2CH_2CHO$$

戊醛

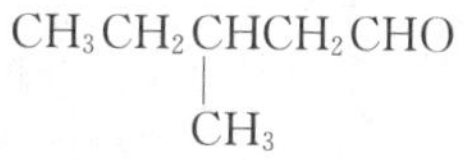

$$CH_3CH_2\underset{\underset{CH_3}{|}}{C}HCH_2CHO$$

3-甲基戊醛

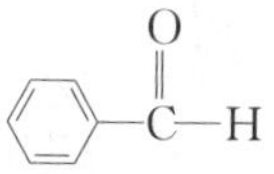

苯甲醛

$$CH_3CH_2\underset{\underset{CH_3}{|}}{C}HCH_2\overset{\overset{O}{\|}}{C}CH_2CH_3$$

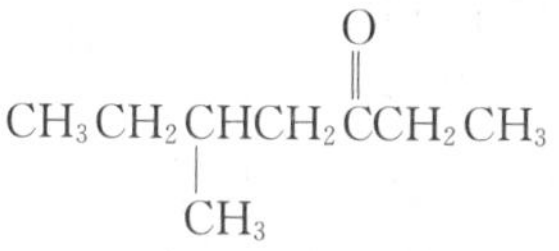

5-甲基-3-庚酮

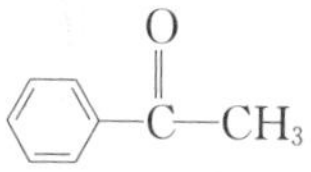

苯乙酮

三、醛、酮的物理性质

由于羰基的极性,醛酮的沸点比相当相对分子质量的烃和醚高,但因分子间不能以氢键缔合,故沸点比相应的醇低。醛酮中的羰基能与水生成氢键,因此,低级的醛酮(如甲醛、乙醛、丙酮)能与水混溶,随着相对分子质量的增大,醛酮在水中的溶解度减小。醛酮易溶于有机溶剂。

四、醛、酮的化学性质

羰基由碳氧双键组成,由于氧原子的电负性比碳原子强,碳氧双键是一个极性不饱和键。氧原子上的电子密度较高,碳原子上的电子密度较低,分别用 δ^- 和 δ^+ 表示(图8-1)。带部分正电荷的羰基碳容易受亲核试剂的进攻发生醛酮的亲核加成反应。同时,羰基的吸电子作用使 α-位的 C—H 的电荷密度降低,从而使 α-H 部分电离且表示出一定的酸性。醛的氧化以及羰基不饱和键的还原也是醛、酮类化合物的重要化学性质。

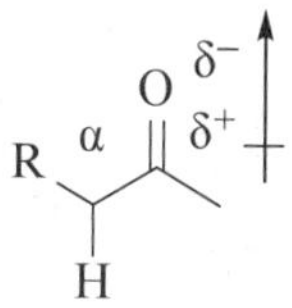

图 8-1　羰基结构示意图

1. 醛酮的亲核加成反应

反应活性:$CH_2O > CH_3CHO > C_6H_5CHO > (CH_3)_2CO > CH_3COC_6H_5 > PhCOPh$。

（1）与氢氰酸的加成

醛、脂肪族甲基酮和含8个碳以下的环酮都可以与氢氰酸发生加成。加少量的碱会大大加速反应,因为加碱能促进 CN^- 的生成。

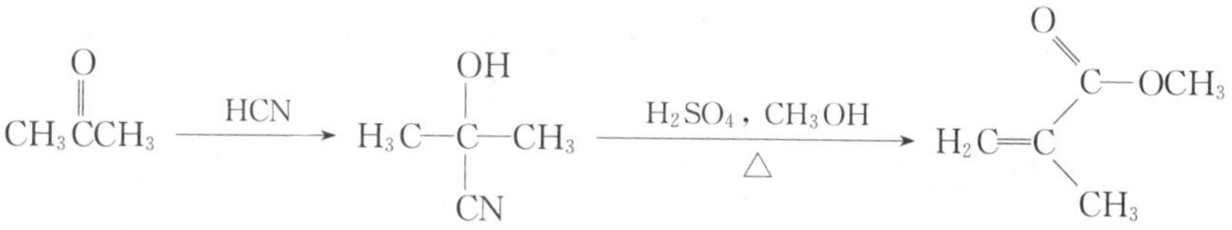

$$CH_3COCH_3 \xrightarrow{HCN} H_3C\underset{\underset{CN}{|}}{\overset{\overset{OH}{|}}{C}}CH_3 \xrightarrow[\triangle]{H_2SO_4,CH_3OH} H_2C=\underset{\underset{CH_3}{|}}{C}-\overset{\overset{O}{\|}}{C}-OCH_3$$

有机玻璃单体：α-甲基丙烯酸甲酯

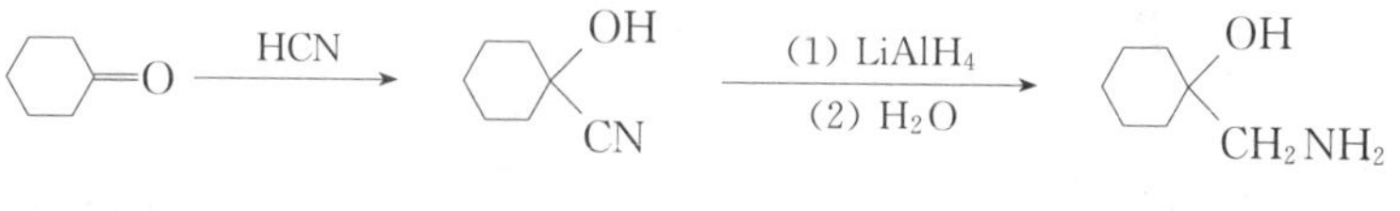

（2）与亚硫酸氢钠的加成

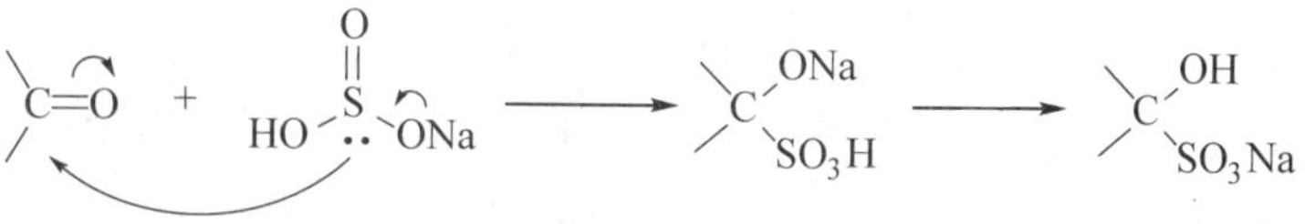

亚硫酸氢根离子的体积较大,只能与醛、甲基酮和8个碳以下的环酮进行加成。羟基磺酸盐是一白色晶体,能溶于水而不溶于有机溶剂,遇酸或碱又分解成原来的化合物,常用来提纯或分离醛或甲基酮。

（3）与格氏试剂的加成

$$\text{O} + RMgX \longrightarrow \overset{OMgX}{\underset{R}{|}} \xrightarrow{H_3O^+} \overset{OH}{\underset{R}{|}}$$

格氏试剂与甲醛加成后水解得到伯醇，与其他醛反应得到仲醇，与酮反应得到叔醇。

（4）与氨衍生物的加成

醛酮与伯胺反应形成亚胺或席夫碱的碳氮双键的化合物。醛酮与羟胺反应生成肟，与肼作用得到腙，与氨基脲作用得缩胺脲。2,4-二硝基苯肼与醛酮加成的产物是黄色固体，由此可作为醛酮的鉴定试剂。

$$C=O + \begin{cases} H_2N-R(伯胺) \longrightarrow \quad C=N-R（亚胺） \\ H_2N-OH(羟胺) \longrightarrow \quad C=N-OH（肟） \\ H_2N-NH_2(肼) \longrightarrow \quad C=N-NH_2（腙） \\ H_2N-HN-\!\!\!\bigcirc\!\!\!-NO_2 \longrightarrow C=N-HN-\!\!\!\bigcirc\!\!\!-NO_2 \downarrow \\ \qquad\quad O_2N \qquad\qquad\qquad\qquad\qquad O_2N \\ \quad 2,4-二硝基苯肼 \qquad （2,4-二硝基苯腙） \\ H_2N-HN-\overset{O}{\overset{\|}{C}}-NH_2 \longrightarrow C=N-HN-\overset{O}{\overset{\|}{C}}-NH_2 \\ \qquad\quad 氨基脲 \qquad\qquad\qquad 缩氨脲 \end{cases}$$

（5）与醇的缩合

在无水酸作用下，醇可与醛（酮）中羰基加成为不稳定的半缩醛（酮）。半缩醛（酮）可继续反应生成稳定的缩醛（酮），反应是可逆的。

$$\overset{R}{\underset{(R)H}{|}}C=O + R'OH \rightleftharpoons \overset{R}{\underset{(R)H}{|}}\overset{OR'}{\underset{OH}{|}}C \underset{R'OH, H^+}{\rightleftharpoons} \overset{R}{\underset{(R)H}{|}}\overset{OR'}{\underset{OR'}{|}}C$$
$$\qquad\qquad\qquad\qquad\qquad 半缩醛 \qquad\qquad\qquad 缩醛$$

酮与简单的醇不易得到缩酮，但与乙二醇或丙三醇作用可得到环状的缩酮。

$$\overset{R}{\underset{R}{|}}C=O + \overset{CH_2OH}{\underset{CH_2OH}{|}} \underset{}{\overset{H^+}{\rightleftharpoons}} \overset{R}{\underset{R}{>}}\!C\!\!<\!\!\begin{array}{c}O-CH_2\\O-CH_2\end{array} + H_2O$$
$$\qquad\qquad\qquad\qquad\qquad\qquad 缩酮$$

缩醛和缩酮对氧化剂和碱稳定，但在酸性水溶液中易水解成醛酮。因此，在有机合成中常用缩醛和缩酮的生成来保护羰基。如：

$$CH_3COCH_2CH_2COOCH_3 \xrightarrow[CH_3CH_2OH]{H^+} CH_3\overset{OCH_2CH_3}{\underset{OCH_2CH_3}{|}}CCH_2CH_2COOCH_3 \xrightarrow[(2)\ H_3O^+]{(1)\ LiAlH_4} CH_3COCH_2CH_2CH_2OH$$

（6）与磷叶立德的加成

$$Ph_3P + R_2CHX \longrightarrow Ph_3P^+CHR_2X^- \xrightarrow{碱} Ph_3P=CR_2 \longleftrightarrow Ph_3\overset{+}{P}-\overset{-}{C}R_2$$

磷叶立德又叫魏悌希(G. Wittig)试剂，与醛酮作用是合成增碳烯烃的良好方法，随磷叶立德的烃基、醛酮的烃基的不同，可得到不同的烯，这一反应不发生分子重排。即使是醛酮中含有碳碳双键或碳碳三键，反应也不受影响。

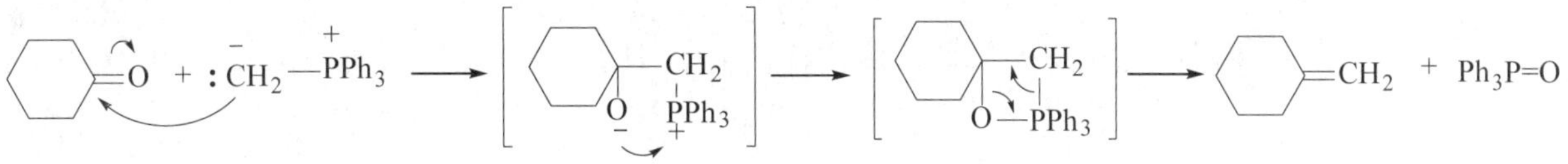

2. α-H 的酸性及有关的反应

(1) 卤代

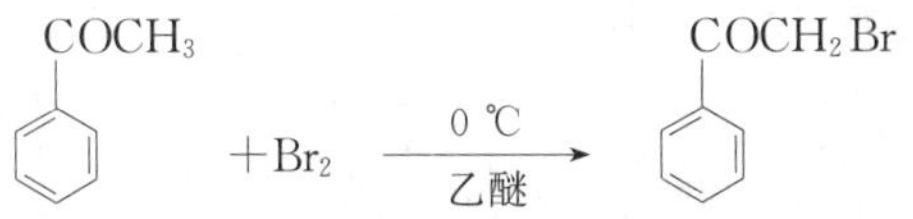

甲基酮与卤素在碱性条件下反应会得到多卤代物，继续反应生成三卤甲烷(又称卤仿)和羧酸盐。其中，与 I_2/NaOH 的反应因生成黄色的碘仿 CHI_3沉淀，常用于鉴别甲基酮(醛)类化合物(碘仿反应)。

$$CH_3COCH_3+3I_2 \xrightarrow{OH^-} CH_3COCI_3 \xrightarrow{NaOH} CHI_3\downarrow+CH_3COONa$$

(2) 羟醛缩合

具有 α-H 的醛，在碱催化下生成碳负离子，然后作为一个亲核试剂对醛酮进行亲核加成，生成 β-羟基醛，β-羟基醛在加热时易脱水变成 α,β-不饱和醛。稀酸也能作为催化剂使醛变成羟醛，这时与羰基起加成反应的是醛的烯醇式。

$$2RCH_2CHO \xrightarrow[H_2O]{OH^-} RCH_2CH(OH)CH(R)CHO \xrightarrow[\triangle]{-H_2O} RCH_2CH{=}C(R)CHO$$

反应机理：

$$RCH_2CHO \xrightarrow{OH^-} \left[R\overset{-}{C}HCHO \longleftrightarrow RCH{=}C(O^-)H\right] \xrightarrow{RCH_2CHO} RCH_2CH(O^-)CH(R)CHO \xrightarrow[-OH^-]{H_2O}$$

$$\underset{\beta\text{-羟基醛}}{RCH_2CH(OH)CH(R)CHO} \xrightarrow[-H_2O]{\triangle} RCH_2CH{=}C(R)CHO$$

含 α-H 的两种醛(酮)之间反应有四种产物，在合成上意义不大。无 α-H 的醛(如苯甲醛)也可以与有 α-H 的醛(酮)进行缩合，这一交叉的缩合反应叫 Claisen-Schmidt 反应。另外，醛(酮)与硝基化合物或含 α-H 的酯也能发生缩合反应。

$$C_6H_5CHO+CH_3COCH_3 \xrightarrow[100\ ℃]{OH^-} C_6H_5CH{=}CHCOCH_3$$

$$C_6H_5CHO+CH_3NO_2 \xrightarrow[25\ ℃]{\text{戊胺}} C_6H_5CH{=}CHNO_2$$

3. 还原反应

(1) 还原成醇

醛、酮催化氢化：在金属 Ni 、Pt 或 Pd 存在下，加压和加热条件下被 H_2 还原成醇。

$$R{-}\overset{O}{\overset{\|}{C}}{-}R+H_2 \xrightarrow[50\ ℃/6.5\ MPa]{Ni} R{-}\overset{OH}{\overset{|}{C}H}{-}R$$

$$RCH_2CH=CHCHO + H_2 \xrightarrow[\triangle/加压]{Ni} RCH_2CH_2CH_2CH_2OH$$

$$CH_3CH=CH-CH_2CHO \xrightarrow[(2) H_3O^+]{(1) NaBH_4} CH_3CH=CH-CH_2CH_2OH$$

$$C_6H_5COCH_2COOH \xrightarrow[(2) H_3O^+]{(1) LiAlH_4} C_6H_5\underset{OH}{CH}CH_2CH_2OH$$

$NaBH_4$ 作为还原剂时具有强的选择性,它能还原醛、酮、酰氯,而不还原 —C≡C—、 —NO$_2$、—COOH、—X、—CN、—COOR 等。LiAlH$_4$不仅能使醛、酮还原,还能还原羧酸、酯、腈等,遇水剧烈反应,通常要在 THF 中使用。

Meerwein-ponndorf 还原:

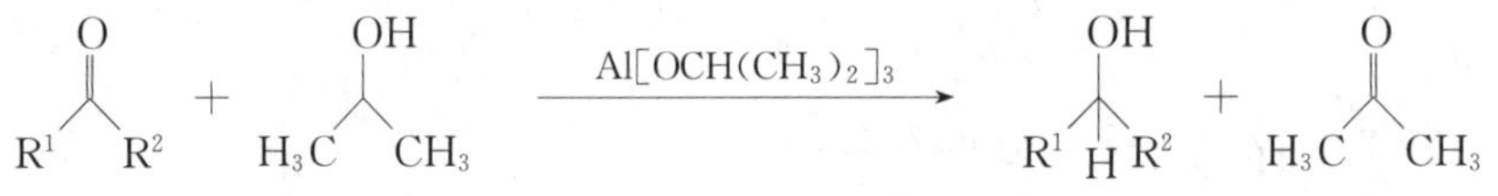

(2)还原成烃

Wolff-Kishner-黄鸣龙还原法:

醛酮与肼的水溶液在高沸点溶剂如一缩二乙二醇中回流,羰基首先与肼生成腙,腙在碱性条件下加热失去氮,羰基转化为亚甲基。

$$C_6H_5COCH_3 \xrightarrow[(HOCH_2CH_2)_2O/\triangle]{NH_2NH_2, NaOH} C_6H_5CH_2CH_3$$

Clemmensen 还原:

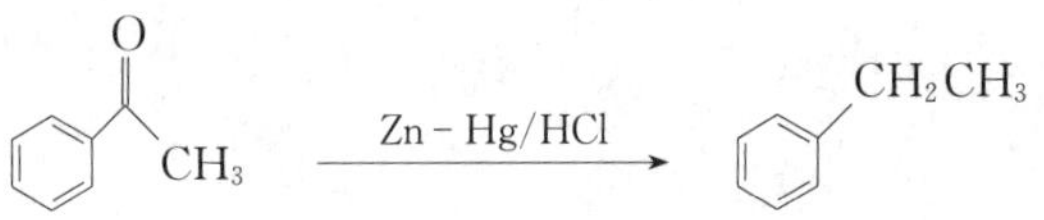

4. 氧化反应

Tollens 试剂氧化:有银镜产生,可以鉴别醛。

$$RCHO + 2[Ag(NH_3)_2]OH \longrightarrow RCOONH_4 + 2Ag\downarrow + 3NH_3 + H_2O$$

Baeyer-Villiger 反应:

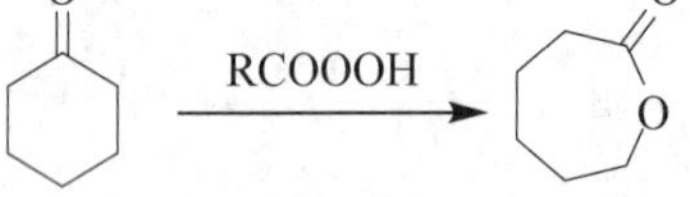

5. 歧化反应(Cannizzaro 反应)

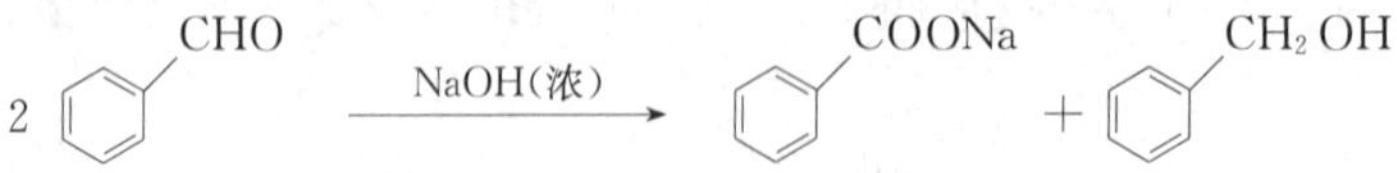

五、α、β-不饱和羰基化合物

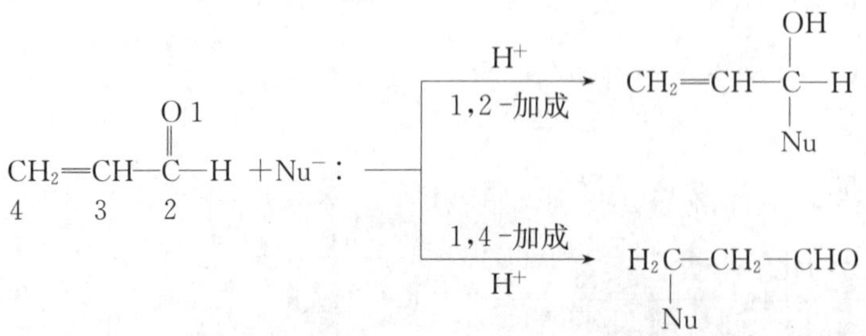

在一些情况下既有 1,2 -加成也有 1,4 -加成的产物,如 α,β -不饱和醛酮与烃基锂、格氏试剂加成。与弱碱性的亲核试剂反应时,主要以 1,4 -加成为主。烃基铜、二烃基铜锂与 α,β -不饱和羰基化合物发生 1,4 -加成。

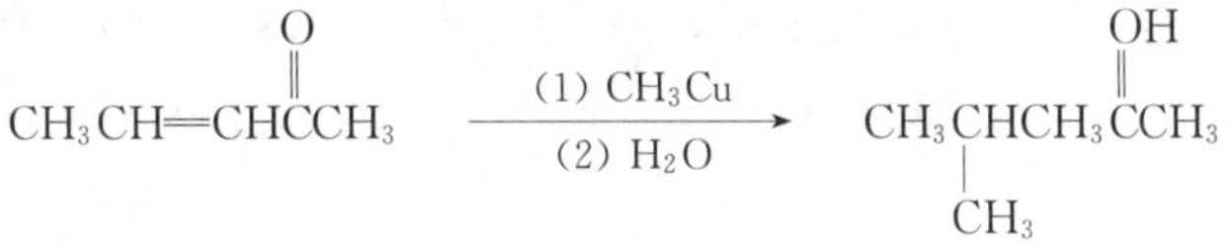

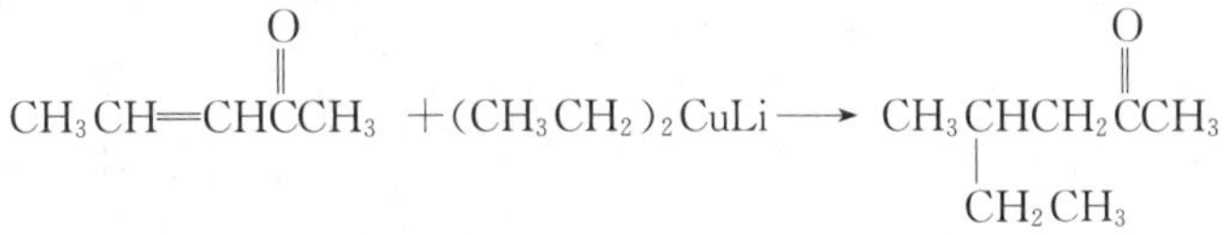

$$CH_3CH\!\!=\!\!CHCCH_3 \xrightarrow[(2)\ H_2O]{(1)\ CH_3Cu} CH_3CHCH_2CCH_3$$

$$CH_3CH\!\!=\!\!CHCCH_3 + (CH_3CH_2)_2CuLi \longrightarrow CH_3CHCH_2CCH_3$$

Michael 加成:

$$CH_3CH\!\!=\!\!CHCCH_3 + CH_2(COOC_2H_5)_2 \xrightarrow{EtONa/EtOH} CH_3CHCH_2CCH_3$$

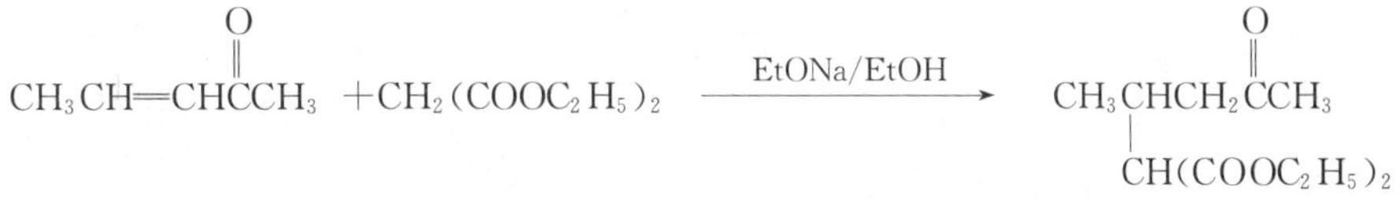

第五节 亲核加成反应机理

羰基的亲核加成反应可以在碱性条件下进行,也可以在酸性条件下进行,反应机理如下。在亲核加成反应中,由于电子效应和空间位阻的原因,醛比酮表现得更加活泼。

碱催化:

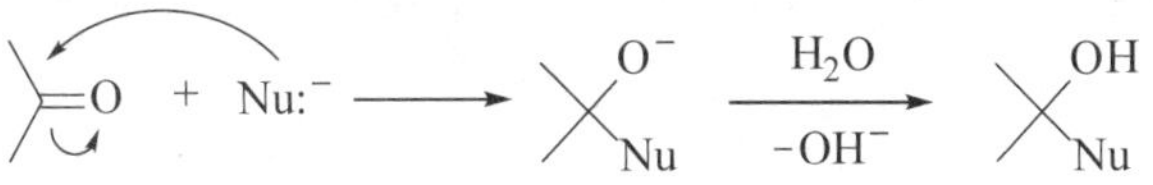

酸催化:

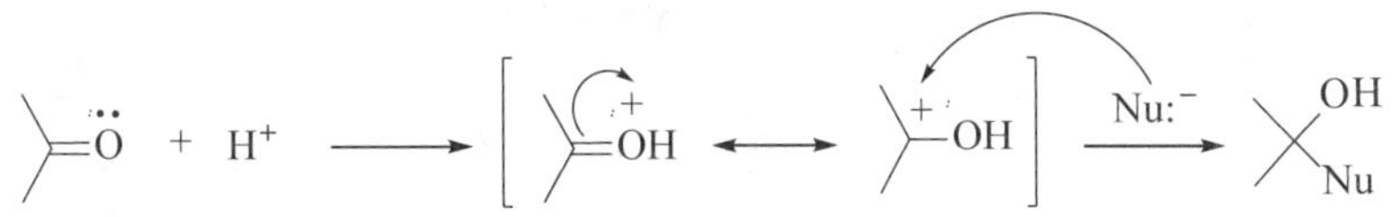

▶▶ 附1 例题解析

【例 8-1】 "芬必得"是一种目前很受欢迎的解热、镇痛及抗生素类药物的商品名,其主要成分是化合物对-异丁基-α-甲基苯乙酸$\left(H_3C\!-\!CH\!-\!CH_2\!-\!\langle\ \rangle\!-\!CH\!-\!C\!\!\stackrel{O}{\underset{OH}{}} \right)$,药名为布洛芬(Brufen),有多种合成路线,下面是合成布洛芬的一种路线:

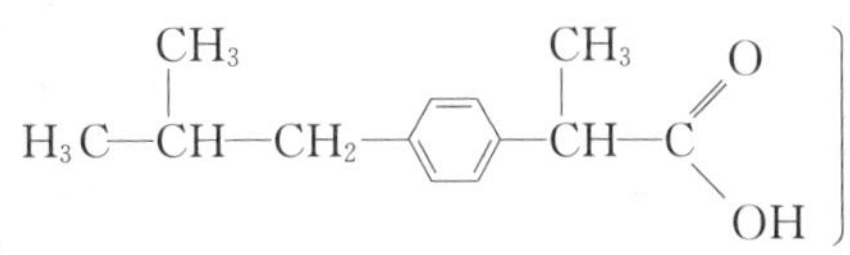

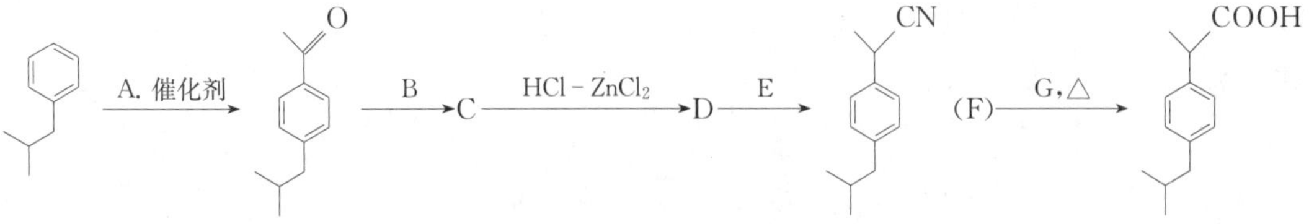

$$\langle\ \rangle \xrightarrow{A.\ 催化剂} \xrightarrow{B} C \xrightarrow{HCl-ZnCl_2} D \xrightarrow{E} \xrightarrow{(F)} \xrightarrow{G,\triangle}$$

(1) 请写出化合物 A、B、C、D、E 的结构简式(有机物)或化学式(无机物);
(2) 写出最后一步配平的化学方程式;
(3) 命名化合物 F;

（4）用" ＊ "标出产物 $\left[\begin{array}{c}\text{（结构式）}\\ \text{COOH}\end{array}\right]$ 中的全部手性碳原子。

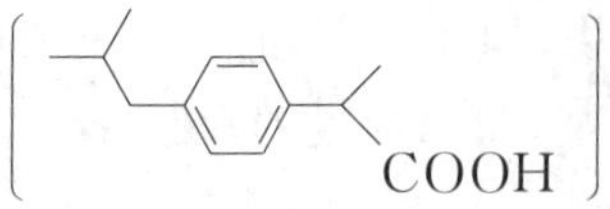

【解题思路】 从 C 到 D 用 Lucas 试剂,可知 C 为醇,D 为氯的卤代烃,由酮还原为醇可以通过催化加氢或使用 $NaBH_4$,芳环上的傅克酰基化生成酮,推出 A 为乙酰氯,氯的卤代烃与 NaCN 反应生成腈 F。

【参考答案】

（1）A：$H_3C-\overset{O}{\overset{\|}{C}}-Cl$ $\left[\text{或 } H_3C-\overset{O}{\overset{\|}{C}}-Br\right]$,B：$H_2(1\text{ mol})/Ni$,C：（结构式，含OH）,D：（结构式，含Cl）,E：NaCN；

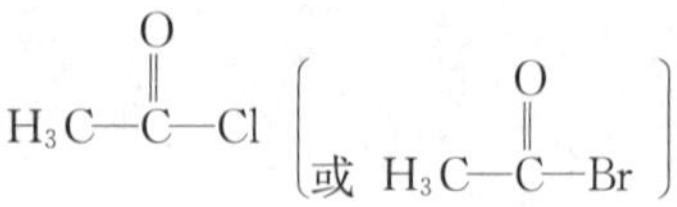

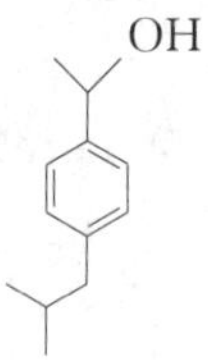

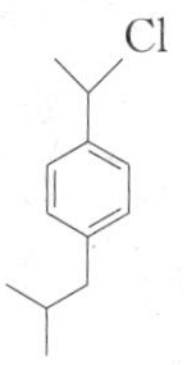

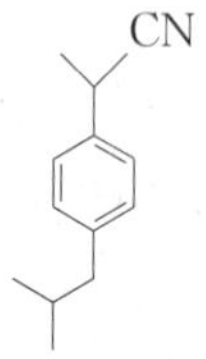

（2）（结构式，含CN）$+H^+ +2H_2O \longrightarrow$（结构式，含COOH）$+NH_4^+$；（3）对-异丁基-$\alpha$-甲基苯乙腈；

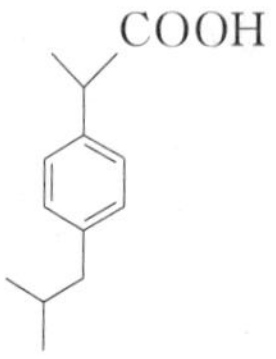

（4）（结构式，含 $\overset{*}{\text{C}}$ 和 COOH）。

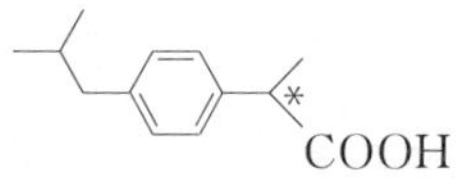

【例 8-2】 化合物（G）是生物合成核酸的必要前体物质,是蛋白质合成与分解的调节物,是氨基酸从外围组织转移至内脏的携带者,肾脏排泄的重要物质,对机体免疫功能和修复具有重要意义。化合物 G 的一种合成路线如下：

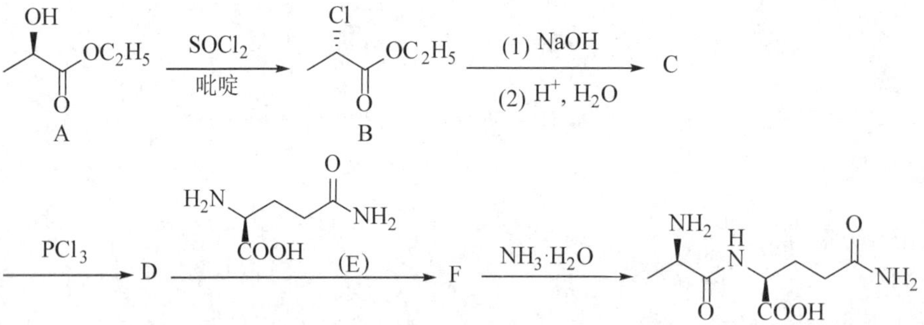

（反应路线图：A $\xrightarrow[\text{吡啶}]{SOCl_2}$ B $\xrightarrow[\text{(2) } H^+, H_2O]{\text{(1) NaOH}}$ C $\xrightarrow{PCl_3}$ D $\xrightarrow{\text{(E)}}$ F $\xrightarrow{NH_3\cdot H_2O}$ （产物结构式））

（1）化合物 A 转化为化合物 B 的具体反应类型为＿＿＿＿＿＿＿＿＿。

（2）化合物 E 中的手性碳的构型为＿＿＿＿＿＿＿＿＿。

（3）化合物 C、D、F 的结构简式为＿＿＿＿＿＿、＿＿＿＿＿＿、＿＿＿＿＿＿。

【解题思路】 醇与 $SOCl_2$ 在吡啶存在下,被氯代而且构型翻转。碱性水解酸化得羧酸,羧酸用 PCl_3 转化为酰氯,酰氯与 E 的氨基生成酰胺,最后 Cl 被氨基取代,构型再次翻转。

【参考答案】 （1）亲核取代反应；（2）S 构型；

（3）（C、D、F 三个结构式）

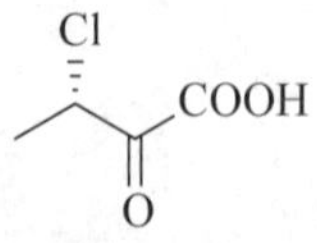

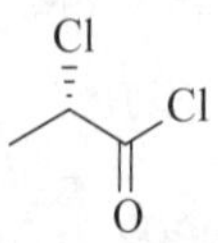

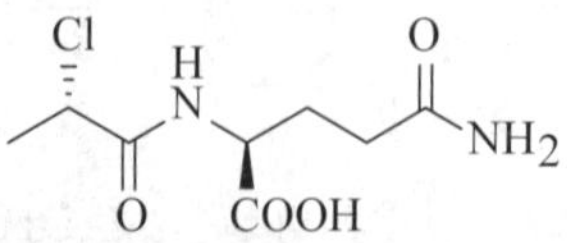

【例 8-3】 洛索洛芬钠解热镇痛药,其合成路线如下：

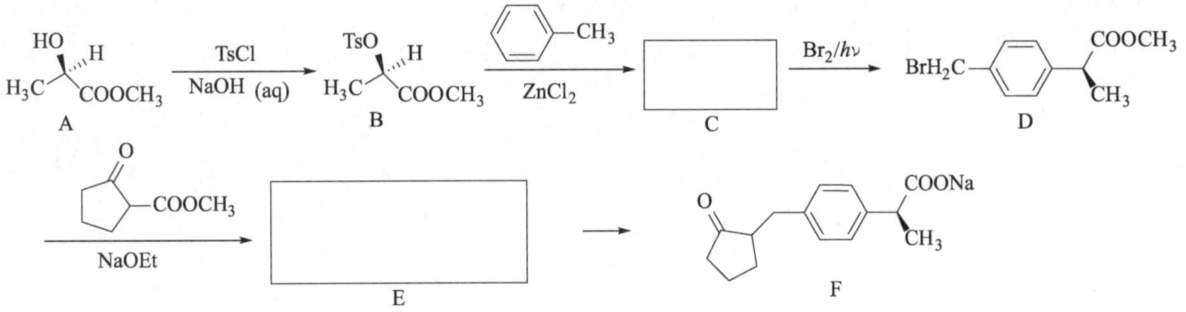

(1) 写出 C、E 的结构。

(2) A 转化为 B 的目的是什么？

【解题思路】　将羟基转化为对甲苯磺酸酯,对甲苯磺酸根是比羟基更好的离去基团,有利于后续的甲苯的亲核取代,B 到 C 为苯环上的傅克烷基化,然后芳环侧链 α-H 发生卤代反应,活泼亚甲基的负离子对卤代烷的亲核取代得到 E。

【参考答案】

(1)

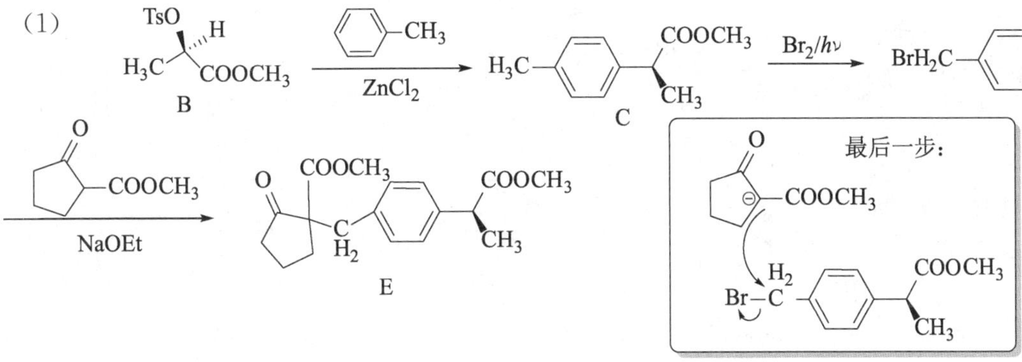

(2)　见"解题思路"。

【例 8-4】　甲磺酸多拉司琼为 5-HT3 受体拮抗剂,其合成的关键中间体的合成路线如下:

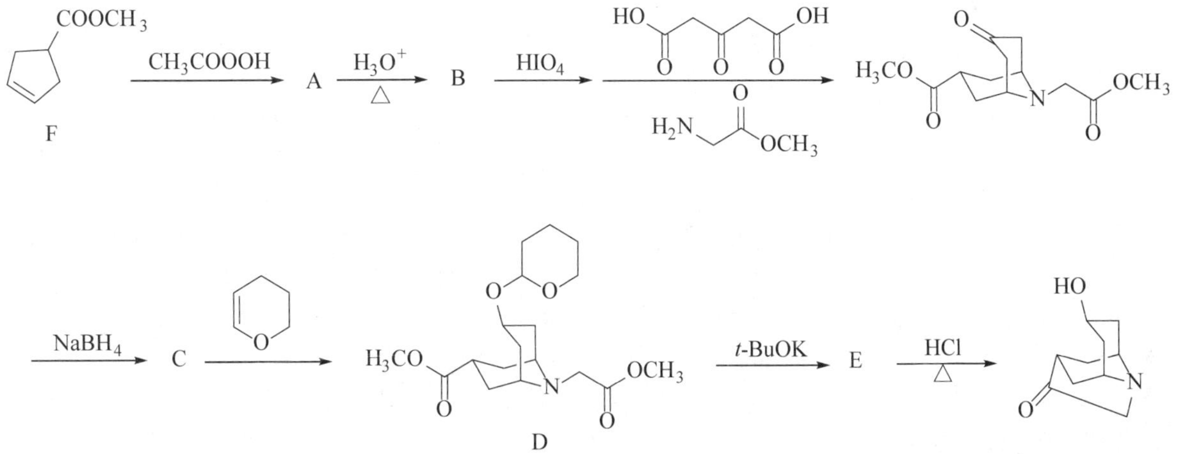

(1) 写出化合物 A、B、C、E 的结构式。

(2) 写出化合物 F 的系统命名。

(3) 化合物 C 是否为手性分子?

【解题思路】　F 首先在过氧酸的氧化下,生成环氧化合物,然后在酸性条件下水解生成环状邻二醇,高碘酸开裂邻二醇生成二元醛,然后与 3-氧代戊二酸(含两个活泼亚甲基)、一级胺发生两次 Mannich 反应,生成桥环化合物,酮羰基被 NaBH₄ 还原为醇 C,C 有对称性无手性,羟基 THP 保护,分子内克莱森酯缩合,水解脱保护基脱酸。

【参考答案】

(1) 化合物 A、B、C、E 结构式

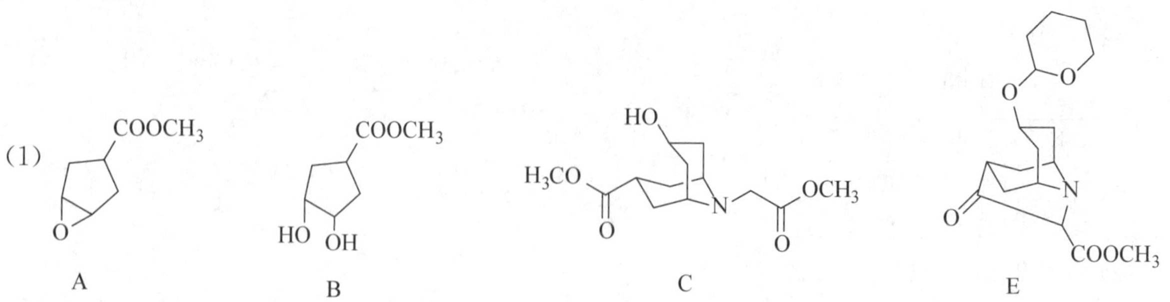

(2) 3-环戊烯-1-甲酸甲酯; (3)否。

【例 8-5】 某同学进行如下实验时在碱性条件下得到了两个产物 D 和 E,产率分别为 74.3% 和 25.7%。

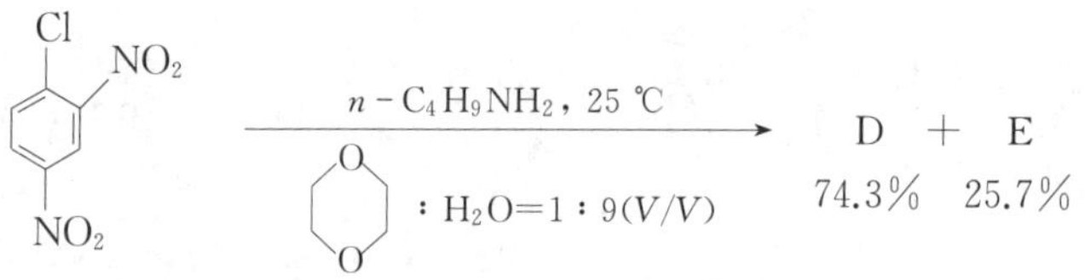

(1) 画出产物 D 和 E 的结构简式。
(2) 指明此反应所属的具体反应类型。
(3) 简述 D 产率较高的原因。
(4) 简述反应体系加入二氧六环的原因。

【解题思路】 氯的邻对位有两个硝基,活化了氯,可进行亲核取代反应,体系中有水分子和胺两种亲核试剂,由此生成 D 和 E,由于胺中 N 的亲核性大于水中的 O,D 的产率高。

【参考答案】

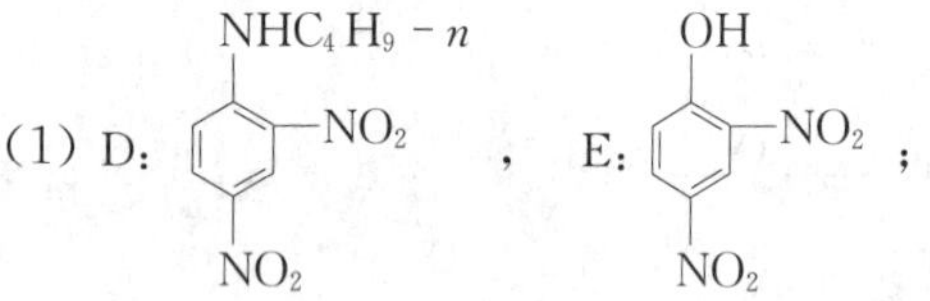

(1) D、E 结构式;

(2) 芳香亲核取代反应;
(3) 正丁胺中氮原子的亲核能力比水中氧原子的强,而二级芳香胺中氮原子的亲核能力比水中氧原子的弱;
(4) 为了增加有机反应物在水中的溶解度。

【例 8-6】 下列反应中,写出产物 D、E、F、G 和 H 的结构简式。

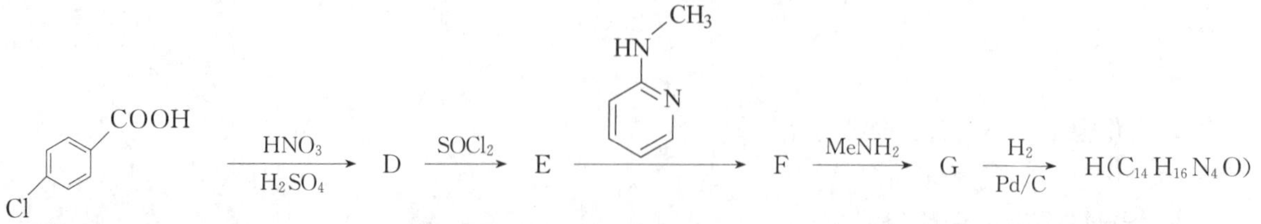

【解题思路】 反应原料中含 Cl 邻对位定位基和羧基间位定位基,而且两者的定位一致,硝基进入 Cl 的邻位,SOCl₂ 将羧酸转化为酰氯,酰氯氨解成酰胺 F,F 中在 Cl 的邻位为硝基,对位为酰胺基,都为吸电子

基,共同活化 Cl,发生 MeNH₂ 中 N 原子对 F 分子的亲核取代反应,最后硝基氢化还原。

【参考答案】

在碱性介质中,亲核试剂容易进攻环氧乙烷中位阻小的碳原子发生 S_N2 开环。请分别合理解释 CH_3SH 和 A,NH_2NH_2 和 B 的反应过程。

【参考答案】 在碱性条件下 CH_3S^- 进攻位阻小的碳,发生开环,形成醇氧负离子,然后醇氧负离子进攻氯所连的碳,发生亲核取代,生成环氧化合物;肼为碱和亲核试剂,进攻位阻小的环氧的碳,发生开环。

【例 8-8】 一种含硅阻燃剂的合成路线如下:

请写出 B、C、D、F 的结构式。

【解题思路】 苯酚的三溴代,酚与碱反应成酚钠盐,亲核进攻位阻小的环氧的碳,发生开环,形成醇氧负离子,然后醇氧负离子进攻氯所连的碳,发生亲核取代,生成环氧化合物;四氯化硅作为路易斯酸与环氧的氧成镁盐,解离出一个氯负离子,然后发生氯负离子进攻位阻大的碳,最后发生三氯硅基对环氧乙烷酸性开环的三氯乙基化。

【参考答案】

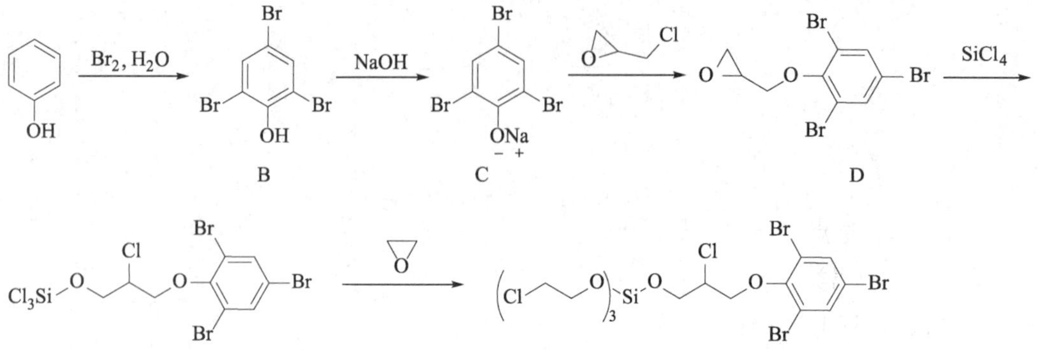

【例 8-9】 根据文献报道,醛基可和双氧水发生如下反应:

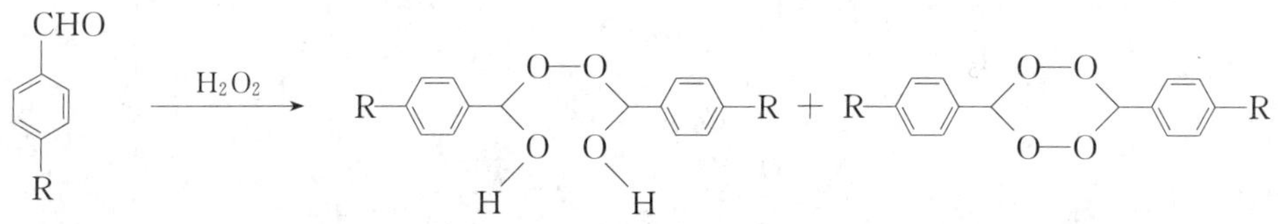

为了合成一类新药,选择了下列合成路线:

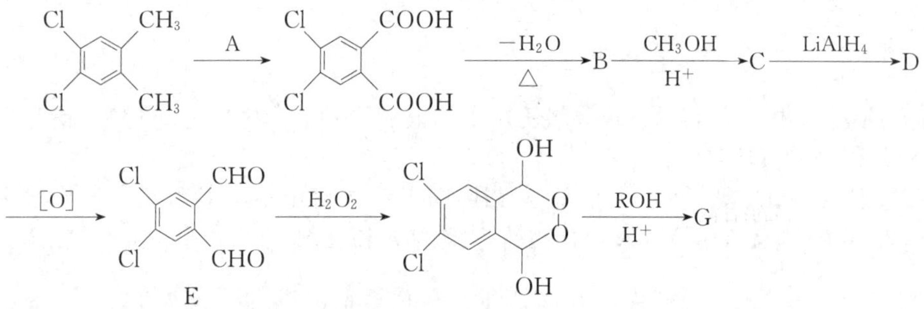

(1) 请写出 A 的化学式;画出 B、C、D 和缩醛 G 的结构式。

(2) 由 E 生成 F 和由 F 生成 G 的反应分别属于哪类基本有机反应类型?

【解题思路】 芳环侧链位氧化,成为邻苯二甲酸,受热脱水成为环状酸酐,酸酐的醇解和酯化成为二甲酯,酯的 LiAlH₄ 还原成为二苄醇,伯醇(同时也是苄醇)可用 Collins 试剂(CrO₃·2Py),PDC(重铬酸·吡啶盐),PCC(氯铬酸·吡啶盐)和活性 MnO₂ 等氧化成为邻苯二甲醛,邻苯二甲醛与过氧化氢(可以看作二元醇)亲核加成,成为环状二半缩醛,最后半缩醛与醇在酸催化下发生亲核取代生成二缩醛。

【参考答案】

(1) A 为 $Na_2Cr_2O_7/H_2SO_4$

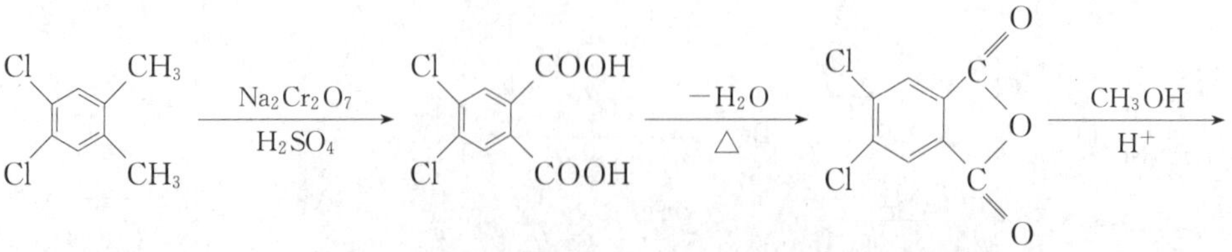

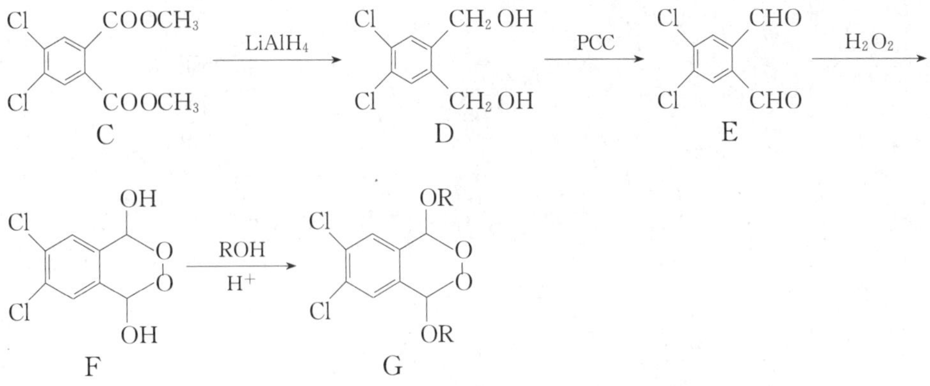

（2）亲核加成 取代反应

【例 8-10】 石斛兰属类植物中含有丰富的天然产物，可用作中药，具有治疗感冒发热、促进唾液分泌等功效。"（＋）-dendrowardol C"是 2013 年从大苞鞘石斛的茎中分离出的一种天然产物，拥有九个连续立体中心的四环倍半萜结构，以下是其全合成中关键中间体 F 的合成路线：

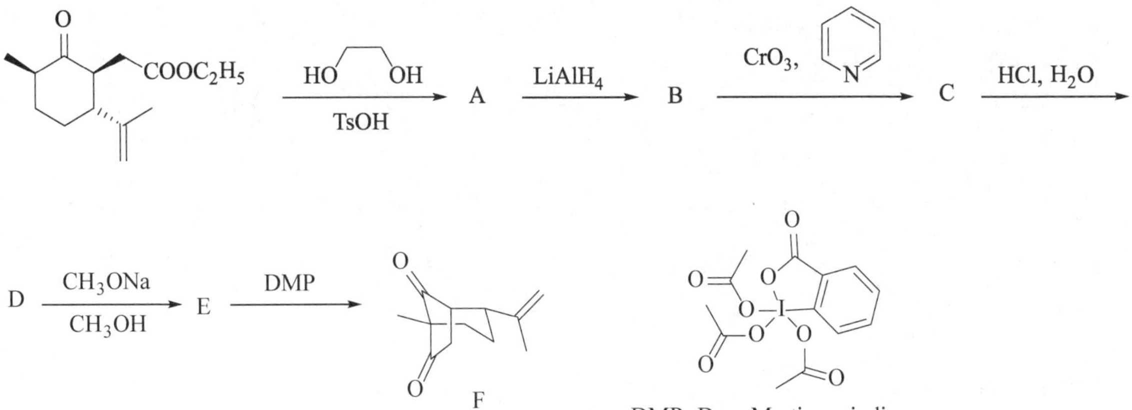

DMP: Dess-Martin periodinane

写出 A、B、C、D、E 的结构式。

【解题思路】 酮羰基与乙二醇生成缩酮，保护酮羰基，酯还原成伯醇，Collins 试剂氧化伯醇为醛，去保护，然后羟醛缩合。

【参考答案】

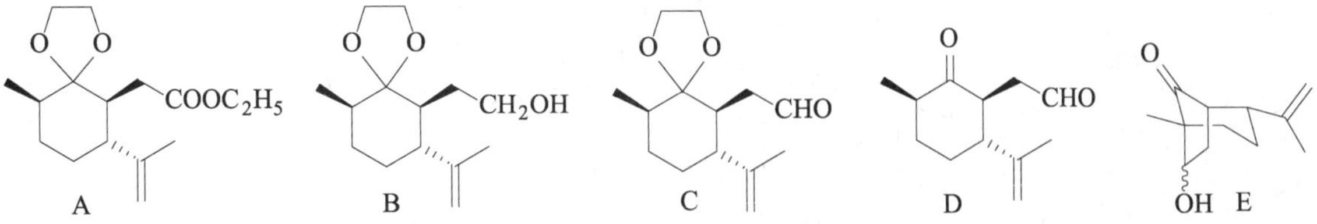

【例 8-11】 盐酸阿齐利特（Azimilide dihydrochloride），化学名 1-[5-（4-氯苯基）呋喃甲亚基]氨基-3-[4-（4-甲基哌嗪基）丁基]海因二盐酸盐，是 Procter & Gamble 公司研制的新型类Ⅲ抗心律失常药，其合成路线如下：

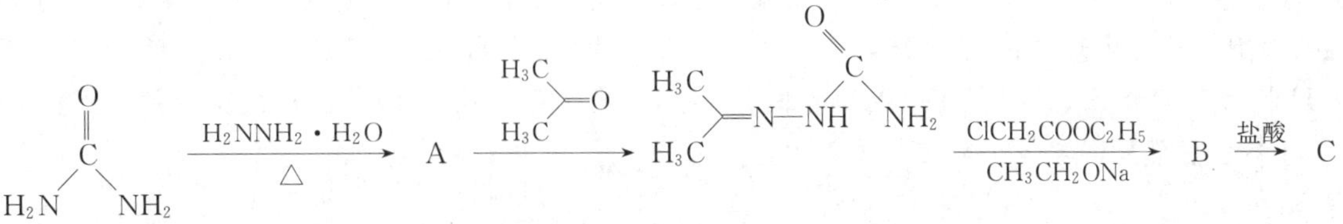

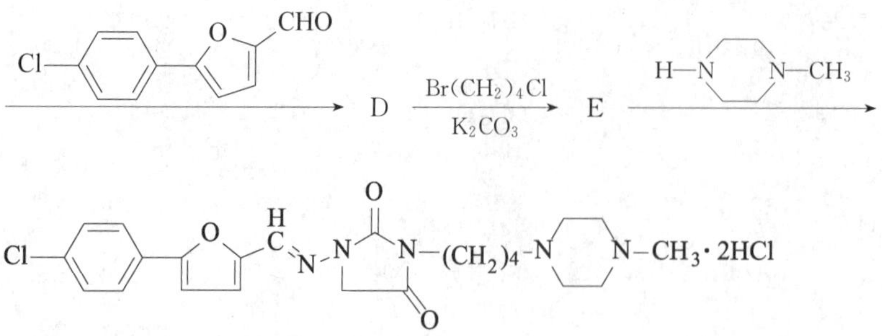

(1) 写出 A、B、D、E 的结构简式。

(2) 在 C 分子的三个氮原子中,哪个与盐酸成盐?

(3) 化合物 D 能否溶于 NaOH 水溶液? 为什么?

【解题思路】 (1)第一步反应属于羧酸衍生物的氨解。(2)第二步反应是为了将氨基保护,便于第三步的成环反应。(3)B酸解之后,有三个氮原子,其中酰胺上的氮显中性,亚酰胺的氮显酸性,不能与盐酸成盐。

【参考答案】

(1)

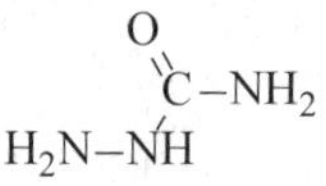

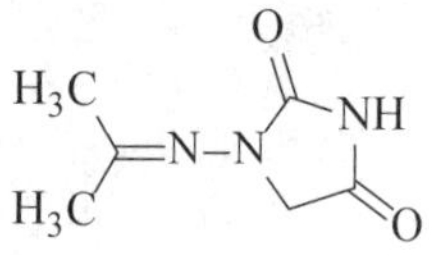

(2) 氨基的氮原子。

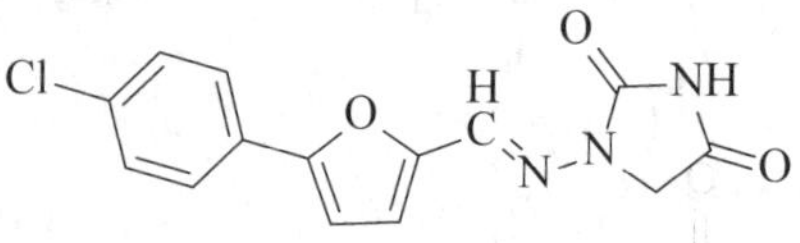

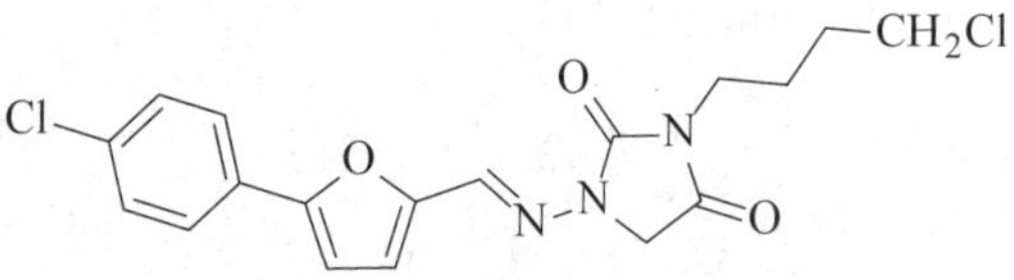

(3) 能,两个羰基之间氮上的氢受两个羰基的影响,酸性较强。

【例 8-12】 化合物 H 可由化合物 A 为起始原料经下图所示合成路线制备:

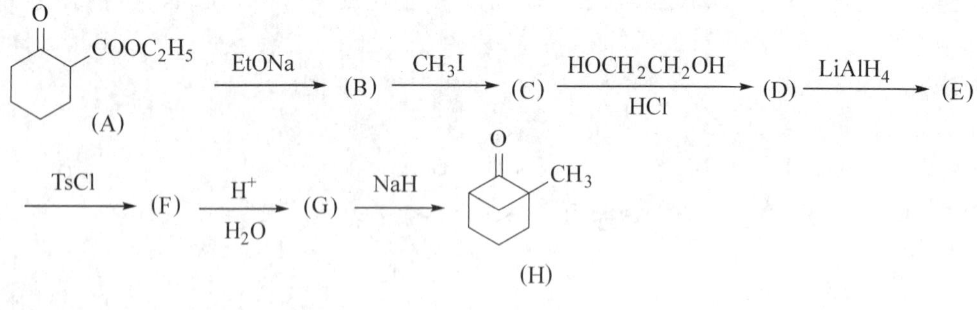

(1) 请写出 C、D、E、F、G 的结构简式。

(2) 将 C 转化为化合物 D 的反应目的是什么?

(3) 作为反应中间体的阴离子 B 可以为 B_1 或 B_2,且 B_1 和 B_2 可互变,请写出 B_1 和 B_2 离子的结构简式。

【解题思路】 化合物 A 为活泼亚甲基化合物,与醇钠作用形成碳负离子或烯醇氧负离子,碳负离子进攻碘甲烷的碳发生亲核取代,酮羰基乙二醇成缩酮保护,LiAlH$_4$ 还原酯生成伯醇,伯醇上 Ts,脱缩酮保护,NaH 拔掉酮的 α-H,成碳负离子或烯醇氧负离子,碳负离子进攻 TsO 连的碳发生亲核取代。

【参考答案】

(1) (3)

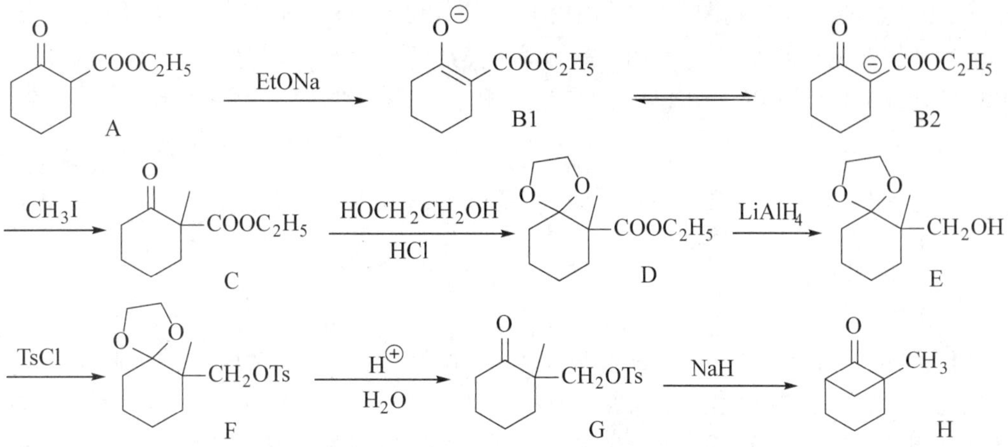

（2）C 转化为 D 是为了保护酮羰基。

【例 8-13】 环丙沙星（G）是一种新型的广谱抗菌药物，其工艺合成路线如下：

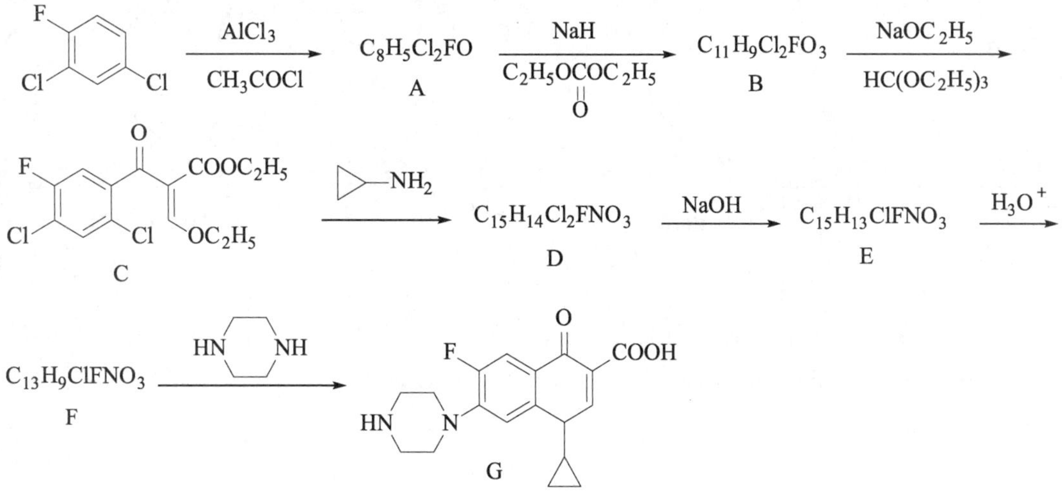

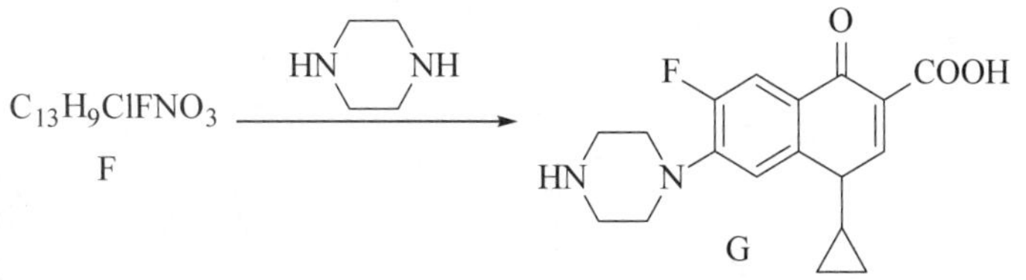

（1）画出 A、B、D、E、F 的结构式；

（2）为何由 A 转化为 B 需使用强碱 NaH，而由 B 转化为 C 的反应使用 NaOC₂H₅ 即可？

（3）由 C 转化为 D 是一步反应还是两步反应？简要说明之。

【参考答案】

（1）A：

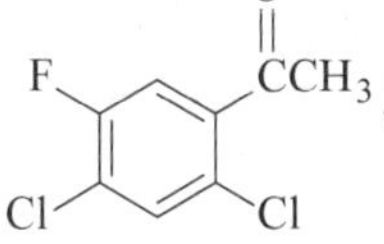

B：

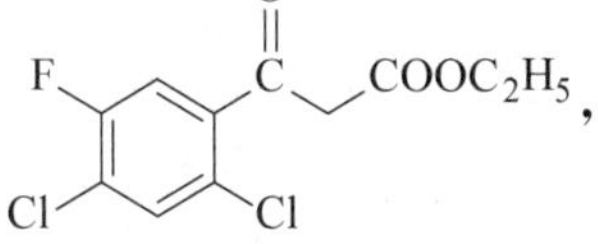

D：

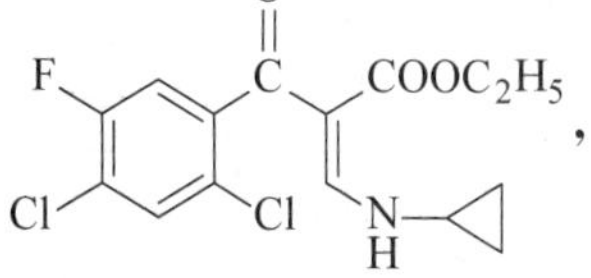

E：

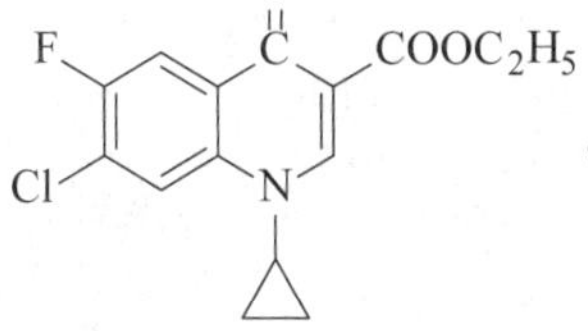

F：

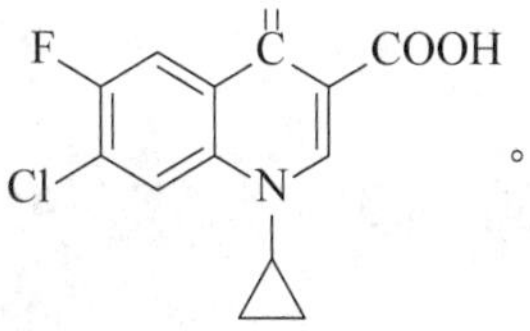

（2）A 分子中受一个羰基影响的 α-氢酸性较小，故需用强碱 NaH 才能使 α-氢离去。B 分子中受两个羰基影响的活性亚甲基的氢酸性较强，利用乙醇钠即可使其离去。

（3）由 C 转化成 D，是按加成、消除两步反应进行的。

【例 8-14】 氯化两面针碱（Nitidine chloride）是从广西特有药用植物两面针（Zanthoxylum nitidum）的根部分离得到的生物碱。前期研究已证实，其具有抗炎、抗真菌、抗氧化和抗 HIV 的多种生物活性，并因其能够抑制多种类型肿瘤细胞增殖，诱导肿瘤细胞凋亡，已被认定为潜在的抗肿瘤化合物。其合成路线如下：

写出 C、D、E、F、G 的结构式。

【解题思路】 不含 α-氢的醛与酮羟醛缩合形成 α,β-不饱和酮，NaCN 对 α,β-不饱和酮 1,4-加成，氰基水解为羧基，酮进行黄鸣龙还原，羧酸与 $SOCl_2$ 作用成为酰氯，最后分子内傅克酰基化。

【参考答案】

附2 综合训练

1. 他莫昔芬（Tamoxifen）是一种合成的非甾体类三苯乙烯衍生物，具有抗雌激素和雌激素样双重作用，主要用于治疗乳腺癌。其合成路线如下：

(1) 写出 A、C、D、F 的结构式或化学式。

(2) 写出 $\underset{N}{\diagdown}\diagup\diagdown Cl$ 的制备方法。

(3) 化合物 G 是否有顺反异构？如有，用 Z/E 法标出。

(4) 用"＊"标出 E、F 中的手性碳。

2. 桂利嗪是钙拮抗剂类周围血管扩张药，其合成路线如下：

桂利嗪

(1) 写出 A、B、C、D、E、F、G 的结构式。

(2) 标出桂利嗪分子的手性碳，是否有顺反异构？如有，用 Z/E 法标出。

3. 度洛西汀(duloxetine)是一种对 5-羟色胺和去甲肾上腺素再摄取具有双重抑制作用的抗抑郁药，其化学名为(S)-(＋)-N-甲基-3-(1-萘氧基)-3-(2-噻吩基)丙胺，其化学稳定性好、安全有效、不良反应少、对其他神经系统亲和力低，在治疗抑郁症方面比目前其他西汀类药物作用更好，代表了抑郁治疗的一大进步。其合成路线如下：

（1）写出 A、B、C 的结构。

（2）D 的光学异构体共有_____个。

（3）化合物 C 是一个外消旋体，(S)-(＋)-扁桃酸参与的由 C 到 D 的过程称为_____。

（4）C 和(S)-(＋)-扁桃酸作用形成_____种物质，它们之间的关系是_____异构体。

（5）由 E 到 F 经历了两步反应，写出两个中间产物的结构。

4. 阿莫罗芬(Amorlfine)是罗氏公司 1991 年上市的外用抗真菌药，与现有其他抗真菌药作用机理不同，它抑制麦角甾醇生物合成中的两个酶：还原酶和异构化酶，体外具有极高的抗真菌活性，其合成路线如下：

（1）写出 A、B、C、D、E 的结构式。

（2）用"＊"标出 F 中的所有手性碳原子。F 的光学异构体数目为_____。

（3）采用顺反标注时，F 的构型是_____。

第九章 羧酸及其衍生物 含氮、磷、硫有机化合物

基本要求

1. 掌握羧酸及其衍生物的制备、基本性质和相互转化。
2. 掌握硝基化合物和胺的制备、基本性质及重氮盐的制备和反应。
3. 了解几类常见的含磷、硫化合物的反应。

第一节 羧 酸

一、定义

分子中含有羧基(—COOH)的化合物。

二、分类和命名

根据烃基的种类分为脂肪族羧酸、芳香族羧酸；根据所含羧基的个数分为一元羧酸、二元羧酸、多元羧酸。

系统命名法：选择含羧基的碳链作为主链，编号从羧基开始。

一元羧酸：

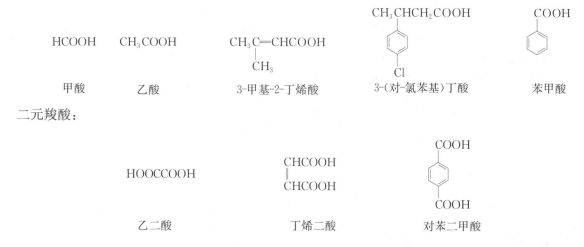

二元羧酸：

| HOOCCOOH | 丁烯二酸 | 对苯二甲酸 |

一些羧酸类化合物的俗名：

蚁酸(甲酸)，醋酸(乙酸)，硬脂酸[$CH_3(CH_2)_{16}COOH$]，软脂酸[$CH_3(CH_2)_{14}COOH$]，甘氨酸(H_2NCH_2COOH)等。

151

三、化学性质

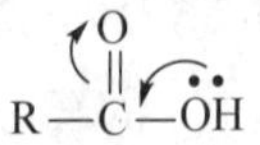

$$R-\overset{\overset{\displaystyle O}{\|}}{C}-\ddot{O}H$$

1. 酸性

$$RCOOH + H_2O \rightleftharpoons RC\overset{\overset{\displaystyle O}{\diagup}}{\underset{O^-}{\diagdown}} + H_3O^+$$

酸性：$RCOOH > ArOH > H_2O > ROH > RC\equiv CH > NH_3 > RH$，影响酸性大小的因素有：

（1）电子效应：吸电子诱导效应和共轭效应使酸度增强；给电子诱导效应和共轭效应使酸性减弱。

$-I$： $-F > -OR > -NR_2 > -CR_3$

$\quad\ \ -F > -Cl > -Br > -I$

$+I$： $-NR^- > -O^-$

$$H-CH_2COOH \qquad Cl-CH_2COOH \qquad CH_3-CH_2COOH$$

pK_a 　4.76　　　　　　　2.86　　　　　　　　4.87

（2）诱导效应和距离有关。

$$CH_3CH_2CHClCOOH \quad CH_3CHClCH_2COOH \quad ClCH_2CH_2CH_2COOH \quad CH_3CH_2CH_2COOH$$

pK_a 　　2.82　　　　　　　4.41　　　　　　　4.70　　　　　　　4.82

（3）氢键对羧酸酸性有影响。

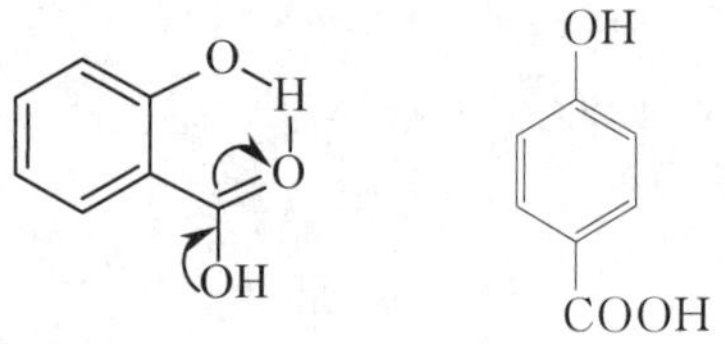

pK_a 　　2.98　　　　　　4.58

（4）溶剂和温度对羧酸酸性亦有影响。

2. 羧酸的亲核取代反应（加成-消除方式）

$$RCOH + Y^- \rightleftharpoons R-\overset{O^-}{\underset{Y}{C}}-OH \rightleftharpoons RC-Y + OH^-$$

$$\underset{酰卤}{RCX} \qquad \underset{酸酐}{RCOCR'} \qquad \underset{酯}{RCOR'} \qquad \underset{酰胺}{RCNH_2}$$

3. 脱羧反应

羧酸加热后脱去羧基（CO_2）的反应叫作脱羧反应，α 位有吸电子基团时反应较易发生。

Kolbe 反应（电解反应，自由基型脱羧）：

$$2RCOO^- \xrightarrow{-2e^-} 2RCOO\cdot \xrightarrow{-2CO_2} 2R\cdot \longrightarrow R-R$$

4. α-H 的卤代

$$RCH_2COOH + Br_2 \xrightarrow{P} RCHBrCOOH$$

5. 还原

LiAlH$_4$等强还原剂可将羧酸还原为伯醇：

$$RCOOH \xrightarrow{\text{LiAlH}_4} RCH_2OH$$

6. 二元羧酸

每个羧基具有与一元羧酸同样的反应。$K_{a1} > K_{a2}$。 两羧基的相对位置不同,受热后产物也不同,有的失水,有的脱羧,有的既失水又脱羧。乙二酸可被 KMnO$_4$氧化。

7. 取代酸

羧酸分子中烃基上的氢原子被其他原子或基团取代后的衍生物称为取代酸,重要的取代酸有卤代酸、醇酸、酚酸、酮酸、氨基酸等。

四、羧酸的来源和制备

羧酸广泛存在于自然界中,与人类的关系极为密切。一些羧酸以酯的形式存在于动植物体中。

羧酸的制备方法较多,常用的有氧化法、水解法和羧化法等。

1. 氧化法

从烯烃、伯醇、醛等氧化得到羧酸。常用的氧化剂有酸性 K$_2$Cr$_2$O$_7$、KMnO$_4$、HNO$_3$等。

2. 水解法

由腈、酯等羧酸衍生物在酸性或碱性条件下水解,可得到羧酸。

3. 羧化法

$$RMgX + CO_2 \longrightarrow R\overset{\overset{\text{O}}{\|}}{C}OMgX \xrightarrow{H_2O} R\overset{\overset{\text{O}}{\|}}{C}OH$$

第二节　羧酸衍生物

一、定义

羧酸分子中的羟基被 C、H 外的其他原子或原子团取代的产物。常见的羧酸衍生物有酰卤、酸酐、酯、酰胺等。腈水解后生成羧酸,因此有时也被认为是羧酸衍生物。

$$R\overset{\overset{\text{O}}{\|}}{C}-Y \quad Y=卤素、酰氧基、烷氧基、氨基$$

二、命名

酰卤和酰胺:根据酰基命名。

CH$_3$COCl	PhCOCl	CH$_3$CONH$_2$	PhCONH$_2$	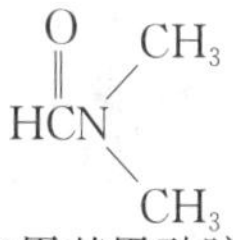 $HC\overset{\overset{\text{O}}{\|}}{N}\begin{matrix}CH_3\\CH_3\end{matrix}$
乙酰氯	苯甲酰氯	乙酰胺	苯甲酰胺	N,N-二甲基甲酰胺(DMF)

酸酐:根据水解后生成的酸的名称命名。

$CH_3\overset{\overset{\text{O}}{\|}}{C}O\overset{\overset{\text{O}}{\|}}{C}CH_3$	$CH_3\overset{\overset{\text{O}}{\|}}{C}O\overset{\overset{\text{O}}{\|}}{C}CH_2CH_3$
乙酸酐	乙丙酸酐

酯:根据水解后生成的酸和醇的名称命名。

$$CH_3COOC_2H_5 \qquad PhCOOC_2H_5 \qquad \begin{array}{c} H_2C\!=\!CCOOCH_3 \\ | \\ CH_3 \end{array}$$

乙酸乙酯 　　　　　　　苯甲酸乙酯 　　　　　　　甲基丙烯酸甲酯

三、化学性质

1. 亲核取代反应

反应活性:$RCOCl > (RCO)_2O > RCOOR' > RCONH_2 > RCONR'_2$。

水解、醇解、氨解分别生成羧酸、酯、酰胺。例如:

乙酰基水杨酸(阿司匹林)

与 Grignard 试剂反应,生成酮或醇。

$$\overset{O}{\underset{\|}{RCCl}} + R'MgCl \longrightarrow \overset{O}{\underset{\|}{RCR'}}$$

$$\overset{O}{\underset{\|}{RCOR''}} + R'MgCl \longrightarrow \left[\overset{O}{\underset{\underset{R'}{|}}{\underset{\|}{RCR'}}} \right] \xrightarrow{R'MgCl} \xrightarrow{H_3O^+} \overset{OH}{\underset{\underset{R'}{|}}{\underset{|}{RCR'}}}$$

2. 还原

催化氢化或用 $LiAlH_4$ 作还原剂,酰卤、酸酐、酯可被还原成醇,酰胺则被还原成胺。

3. 酯的缩合反应

Claisen 缩合:有 α-氢的酯在强碱作用下发生缩合反应,生成 β-酮酸酯的反应。例如:

$$2CH_3COOC_2H_5 \xrightarrow{C_2H_5ONa} CH_3COCH_2COOC_2H_5$$

在一个分子内发生的 Claisen 缩合称为 Dieckmann 缩合,可用于合成五元或六元环状化合物。例如:

$$\begin{array}{l} CH_2CH_2COOC_2H_5 \\ | \\ CH_2CH_2COOC_2H_5 \end{array} \xrightarrow{Na} \begin{array}{l} CH_2CH_2 \\ \diagdown \\ CH_2CH_2 \diagup C\!=\!O \\ | \\ COOC_2H_5 \end{array}$$

4. Reformatsky 反应

α-卤代酸酯与锌生成的有机锌化合物对醛、酮的亲核加成反应。例如:

$$BrCH_2COOC_2H_5 + Zn \longrightarrow BrZnCH_2COOC_2H_5$$

$$BrZnCH_2COOC_2H_5 + \overset{O}{\underset{\|}{C_6H_5CCH_3}} \longrightarrow \overset{CH_3}{\underset{\underset{OZnBr}{|}}{\underset{|}{C_6H_5\!-\!C\!-\!CH_2COOC_2H_5}}} \xrightarrow{H_2O} \overset{CH_3}{\underset{\underset{OH}{|}}{\underset{|}{C_6H_5\!-\!C\!-\!CH_2COOC_2H_5}}} + \overset{Br}{\underset{OH}{Zn\diagdown}}$$

四、羧酸衍生物的制备

羧酸衍生物可由羧酸或其他较活泼的羧酸衍生物制备(见羧酸、羧酸衍生物性质部分)。

五、羧酸衍生物的亲核取代反应历程

1. 一般历程(加成-消除机理)

$$\underset{\overset{\|}{O}}{R-C-L} + :Nu^- \rightleftharpoons \underset{\underset{L}{\overset{|}{}}}{R-\underset{\overset{|}{O^-}}{C}-Nu} \rightleftharpoons \underset{\overset{\|}{O}}{R-C-Nu} + :L^-$$

2. 酯的水解

酯在碱性和酸性条件下均可按上述机理发生水解反应。

六、乙酰乙酸乙酯和丙二酸酯在合成中的应用

$$CH_3COCH_2COOC_2H_5 + NaOC_2H_5 \longrightarrow CH_3\overset{\overset{O}{\|}}{C}CHCOOC_2H_5 \ (CH_3C\overset{\overset{O^-}{|}}{=}CHCOOC_2H_5)$$

$$\xrightarrow{RX} CH_3COC\underset{R}{H}COOC_2H_5 \xrightarrow[(2)\ H^+]{(1)\ KOH} CH_3COC\underset{R}{H}COOH$$

$$CH_2(COOC_2H_5)_2 + NaOC_2H_5 \longrightarrow \overset{-}{C}H(COOC_2H_5)_2 \xrightarrow{RX} RCH(COOC_2H_5)_2$$

$$\xrightarrow[2)\ H^+]{1)\ KOH} RCH(COOH)_2 \xrightarrow{\triangle} RCH_2COOH$$

RX 可以是卤代烃、酰卤、α-卤代酮、α-卤代酸酯等。但不可是乙烯式、芳卤式卤代烃和三级卤代烃。还可在同一个碳上导入第二个 R 基团。

第三节　含氮有机化合物

一、定义

含氮有机化合物是指分子中含有氮元素的有机化合物。这部分主要介绍硝基化合物、胺类化合物、重氮和偶氮化合物等。

二、硝基化合物

$$R-\overset{\overset{O}{\|}}{\underset{\underset{O}{}}{N}} \quad \left[\ -\overset{+}{N}\overset{O}{\underset{O^-}{}} \longleftrightarrow -\overset{+}{N}\overset{O^-}{\underset{O}{}} \ \right]$$

1. 芳香族硝基化合物的性质

(1) 还原

硝基化合物容易被还原,除 H_2 等常用还原剂外,经常使用的还有 Fe/HCl、Sn/HCl 等。还原产物具有多样性,最后的还原产物为胺。

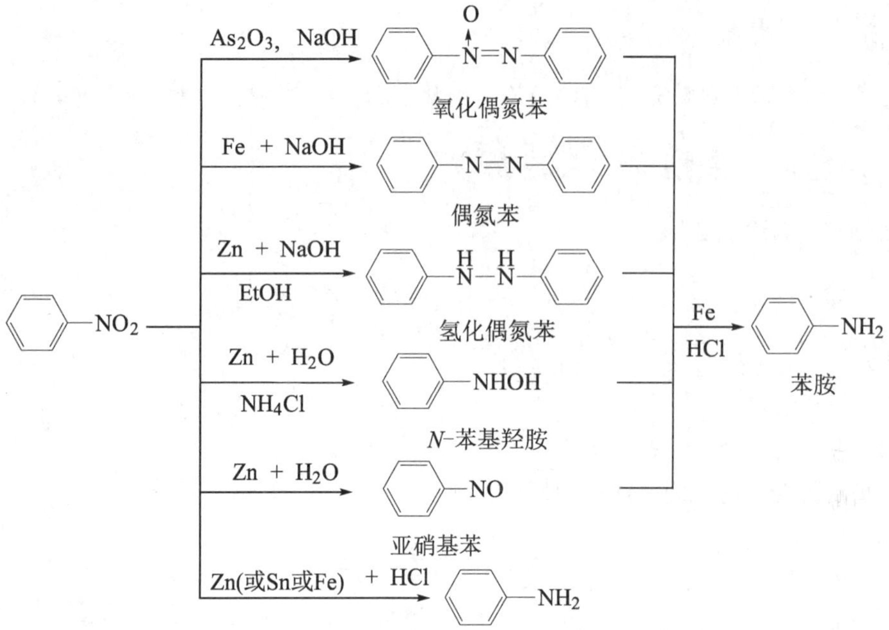

（2）芳环上的亲核取代反应

硝基的存在使苯环上易发生亲核取代反应。例如：

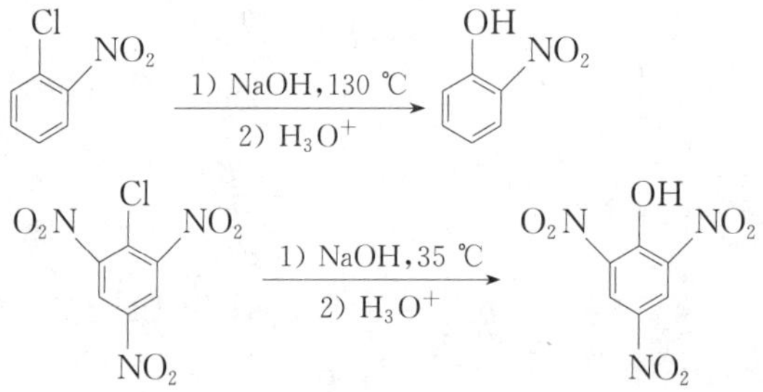

2. 脂肪族硝基化合物的性质

（1）α-氢的酸性

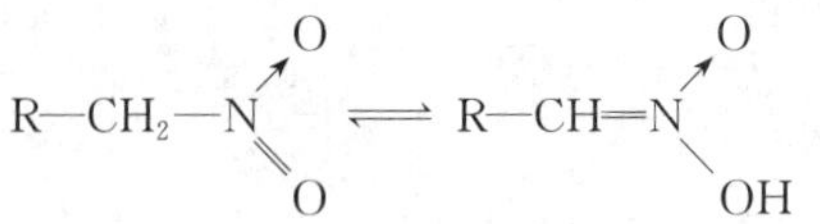

（2）与羰基化合物的反应

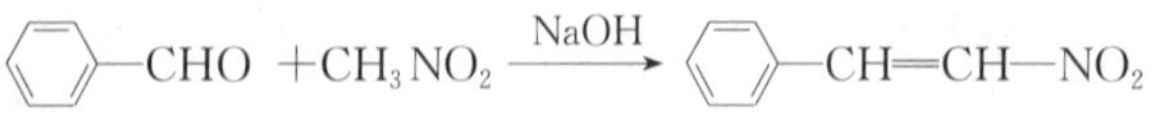

三、胺

　　氨分子中1个、2个或3个氢原子被烃基取代所生成的化合物分别称为伯胺（一级胺）、仲胺（二级胺）和叔胺（三级胺）。铵盐分子中4个氢原子都被烃基取代生成的化合物称为季铵盐。

　　胺和氨一样，氮原子为 sp^3 杂化，3个 sp^3 杂化轨道分别与氢或碳原子形成3个 σ 键，剩下1个 sp^3 杂化轨道被一对电子占据。例如甲胺、三甲胺均为棱锥形结构，苯胺中的氮原子则接近平面构型，其杂化状态在 sp^3 与 sp^2 之间。

1. 胺的命名

以胺作为母体名称，写在末尾，将与氨基相连的烃基的名称和数目写在前面。

2. 胺的化学性质

(1) 胺的碱性

$$RNH_2 + H_2O \longrightarrow R\overset{+}{N}H_3 + OH^-, \qquad K_b = \frac{[RNH_3^+][OH^-]}{[RNH_2]}$$

各类胺的碱性次序和影响因素：

气相：$NH_3 < C_2H_5NH_2 < (C_2H_5)_2NH < (C_2H_5)_3N$。

水溶液中：$NH_3 < (C_2H_5)_3N < C_2H_5NH_2 < (C_2H_5)_2NH$。

芳香胺的碱性比氨和脂肪胺弱；酰胺的碱性比胺弱，并且与酸不能形成铵盐。

(2) 烃基化反应

可以与卤代烃发生烃基化反应。

(3) 酰基化反应

伯胺和仲胺与酰氯、酸酐等发生酰基化反应生成酰胺。此外，可以利用胺的磺酰化反应来区别或分离伯、仲、叔胺(Hinsberg 反应)。

(4) 与亚硝酸的反应

脂肪族伯胺与亚硝酸反应生成的重氮盐立刻分解；芳香伯胺与亚硝酸在低温下反应生成的重氮盐可发生偶合、取代等反应，用于合成各种芳烃衍生物。

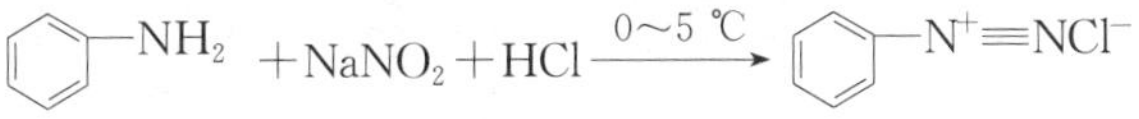

(5) 芳胺苯环上的亲电取代反应

卤代、磺化、硝化等。氨基的存在使反应活性增加。例如：

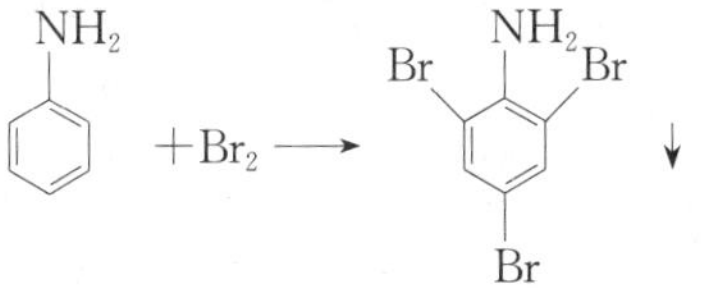

3. 胺的制备

(1) 氨和胺的直接烃化

(2) Gabriel 合成法

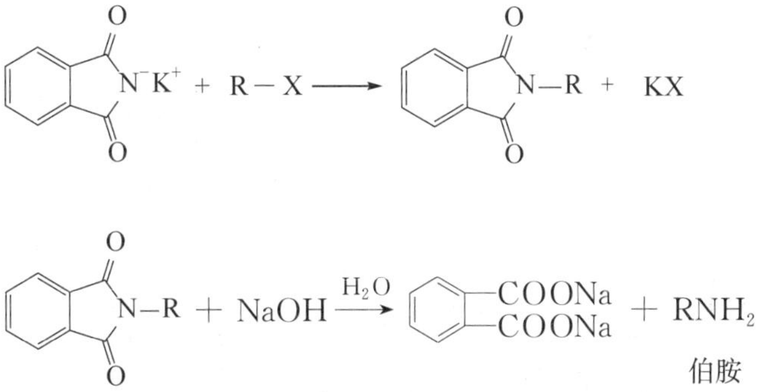

(3) 硝基化合物的还原

(4) 腈、肟和酰胺的还原

(5) 酰胺降解反应(Hofmann 重排)

$$R-\overset{\overset{\displaystyle O}{\|}}{C}-NH_2 + Br_2 + NaOH \xrightarrow{H_2O} RNH_2 + NaBr + Na_2CO_3 + H_2O$$

四、重氮和偶氮化合物

含有—N≡N—结构，一端与碳原子相连，另一端与卤素、氧、氮等非碳原子相连的为重氮化合物，两端都与碳原子相连的则为偶氮化合物。

1. 重氮盐的化学反应

(1) 偶合反应

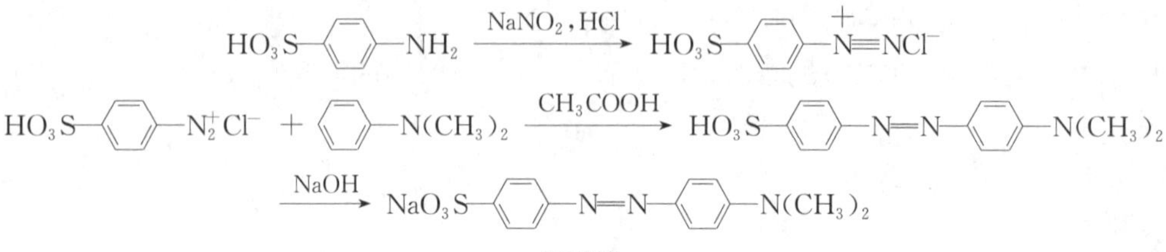

甲基橙

(2) 取代反应

重氮盐在亚铜盐（CuCl、CuBr、CuCN）的催化下重氮基被氯、溴或氰基取代的反应称为 Sandmeyer 反应。其他包括 F、I、OH、H 等的取代反应。

2. 芳香重氮盐在有机合成中的应用

合成各种取代的芳烃衍生物。

第四节　含硫、磷有机化合物

一、种类

常见的含硫化合物包括硫醇、硫酚、硫醚、亚砜、砜、磺酸及其衍生物等。

PH_3 中 1 个、2 个或 3 个氢原子被烃基取代所生成的化合物分别称为伯膦、仲膦、叔膦。常见的含磷有机化合物还有亚磷酸酯、磷(膦)酸酯等。

硫、磷除可利用 3s、3p 轨道上的价电子成键外，还可以利用能量相近的 3d 空轨道参与成键。

二、化学性质

1. 硫醇、硫酚

(1) 酸性

大于相应的醇、酚。

(2) 氧化

生成二硫醚、磺酸等。

$$2R-SH \xrightarrow{H_2O_2} R-S-S-R$$

$$CH_3CH_2SH \xrightarrow[H^+]{KMnO_4} CH_3CH_2SO_3H$$

(3) 亲核取代和亲核加成反应

$$CH_3CH_2SH + (CH_3)_2CHCH_2Br \xrightarrow[OH^-]{H_2O} (CH_3)_2CHCH_2SCH_2CH_3$$

$$\begin{matrix} H_3C \\ \\ H_3C \end{matrix}C{=}O + C_2H_5SH \xrightarrow[H^+]{ZnCl_2} \begin{matrix} H_3C \quad SC_2H_5 \\ C \\ H_3C \quad SC_2H_5 \end{matrix}$$

2. 硫醚

（1）亲核取代反应

$$CH_3SCH_3 + BrCH_2COOC_2H_5 \longrightarrow (CH_3)_2\overset{+}{S}CH_2COOC_2H_5\ Br^-$$

（2）氧化反应

$$RSR \xrightarrow{[O]} R-\overset{O}{\underset{}{\overset{\|}{S}}}-R \xrightarrow{[O]} R-\overset{O}{\underset{\underset{O}{\|}}{\overset{\|}{S}}}-R$$

（3）脱硫反应

$$PhCH_2SCH_2Ph \xrightarrow[Raney\ Ni]{H_2} PhCH_3$$

3. 亚磷酸酯和磷酸酯

Arbuzov 反应：

$$(RO)_3P + R'X \longrightarrow (RO)_2\overset{\underset{O}{\|}}{P}-R'$$

亚磷酸三烷基酯　　　　烷基磷酸酯

三、有机硫、磷试剂在合成上的应用

用于羰基的还原和羰基的保护：

$$\diagup\!\!\diagdown C{=}O \xrightarrow{HSCH_2CH_2SH} \diagup\!\!\diagdown C\underset{S}{\overset{S}{\big\langle}}\underset{}{\big\rangle} \xrightarrow[Raney\ Ni]{H_2} \diagup\!\!\diagdown CH_2$$

$$\Big\downarrow HgCl_2,H_2O$$

$$\diagup\!\!\diagdown C{=}O$$

烷基化反应和亲核加成反应：

$$C_6H_5SCH_3 \xrightarrow[THF]{n\text{-}C_4H_9Li} C_6H_5S\overset{-}{C}H_2\ Li^+ \xrightarrow[THF]{CH_3(CH_2)_9I} C_6H_5S(CH_2)_{10}CH_3$$

$$\Big\downarrow \begin{matrix} 1)\ C_6H_5CHO \\ 2)\ H_3O^+ \end{matrix}$$

$$C_6H_5S-CH_2-\underset{\underset{OH}{|}}{CH}-C_6H_5$$

Wittig 反应：磷叶立德与羰基化合物反应生成烯烃（见醛、酮部分）。

硫叶立德的反应：

$$(CH_3)_3\overset{+}{S}I^- + n\text{-}C_4H_9Li \xrightarrow[0\ ℃]{THF} (CH_3)_2\overset{+}{S}-\overset{-}{C}H_2$$

$$\diagup\!\!\diagdown\!\!\bigcirc\!\!{=}O + (CH_3)_2\overset{+}{S}-\overset{-}{C}H_2 \longrightarrow \overset{O}{\bigcirc\!\!\diagdown}CH_2 + CH_3SCH_3$$

第五节　有机合成简介

有机分子骨架的构建、官能团的引入和转换、立体化学控制,是有机合成的三个主要方面。一个好的合成路线,要求步骤少、产率高、原料便宜易得、原子经济性高、污染尽可能少。

一、有机分子骨架的构建

包括碳链增长、碳链缩短、成环等。

1. 碳链增长的方法

(1)烃基化反应

① 通过亲核取代反应:例如,乙酰乙酸乙酯、丙二酸酯等活泼亚甲基化合物的烃基化反应,通过烯胺进行羰基 α-位烃基化等。

② 通过亲核加成反应:金属有机试剂,如格氏试剂、有机锂试剂、铜锂试剂、有机锌试剂等对羰基化合物发生亲核加成反应,碳负离子对 α,β-不饱和羰基化合物的 Michael 加成等,形成碳碳键。

③ 通过偶联反应:金属有机试剂,如格氏试剂、铜锂试剂,以及炔化钠等对卤代烃的偶联反应,Cu 催化下的卤代芳烃的偶联反应(Ullmann 反应),钯等过渡金属催化的交叉偶联反应,形成碳碳键。

$$ArX + Ar'B(OH)_2 \xrightarrow{Pd(PPh_3)_4} Ar\!-\!Ar' \qquad \text{Suzuki 反应}$$

$$ArX + RCH\!=\!CH_2 \xrightarrow{Pd(PPh_3)_4} Ar\!-\!\underset{H}{C}\!=\!CHR \qquad \text{Heck 反应}$$

$$ArX + RC\!\equiv\!CH \xrightarrow{Pd(PPh_3)_4} Ar\!-\!C\!\equiv\!CR \qquad \text{Sonogashira 反应}$$

(2)羰基化合物的缩合反应

羟醛缩合反应(Aldol 反应)、Knoevenagel 反应、Darzens 反应、Mannich 反应、Perkin 反应、Benzoin 缩合、Claisen 缩合反应等,都是通过羰基化合物或羧酸衍生物构建碳碳键的途径。

2. 碳链缩短的方法

(1)氧化反应

氧化使碳碳不饱和键或 1,2-二羰基化合物发生碳碳键断裂。

(2)脱羧反应

α 位有吸电子基团时,羧酸加热后易脱去羧基(CO_2)。

(3)重排反应

如 Hofmann 重排等。

3. 成环的方法

(1)三元环

卡宾对碳碳双键的加成,Simmons-Smith 反应,硫叶立德对羰基或 α,β-不饱和羰基化合物的加成等。

(2)四元环

[2+2]环加成,乙酰乙酸乙酯和丙二酸酯法等。

(3)五元、六元环

[4+2]环加成,乙酰乙酸乙酯和丙二酸酯法,各种分子内缩合反应,如 Diekmann 缩合、羟醛缩合反应等。

(4)七元及以上环

环己酮通过碳正离子重排扩环等。

二、官能团的引入和转换

各种取代、加成、消除以及氧化、还原等反应。

三、合成中的选择性控制

反应的选择性分为化学选择性、区域选择性、立体选择性。

为了实现区域选择性合成,通常采用保护基、导向基等方法。立体选择性可借助空间效应、手性催化剂的使用等手段实现。

四、有机合成设计

反向合成分析:目标分子⇒合成子⇒试剂。

合成子(synthon)是组成目标分子或中间体骨架的单元结构的活性形式碎片,合成子的实际存在形式称为它们的等价试剂。用切断化学键的方法把目标分子骨架分割成不同性质的合成子,称为逆向切断(antithetical disconnection)。例如:

$$\text{〈〉}-CH_2-CH(COOEt)_2 \Rightarrow \text{〈〉}-\overset{+}{C}H_2 + \overset{-}{C}H(COOEt)_2 \qquad 合成子$$

$$\text{〈〉}-CH_2Br \qquad CH_2(COOEt)_2 \qquad 等价试剂$$

在反向合成分析的过程中,有时需要将目标分子中的官能团转变为其他官能团以便进一步的反向合成操作,这称为官能团互换(functional group interconversion,FGI)。例如:

$$PhO\diagdown\diagup\diagdown\diagup \Longrightarrow PhOH + Br\diagdown\diagup\diagdown\diagup \overset{FGI}{\Longrightarrow} HO\diagdown\diagup\diagdown\diagup$$

$$\overset{FGI}{\Longrightarrow} \underset{EtO}{\overset{O}{\diagup}}\diagdown\diagup\diagdown \Longrightarrow CH_2(COOEt)_2 + Br\diagdown\diagup$$

为了活化某个位置,或为下一步反向合成操作需要,有时要在目标分子上加入一个官能团,这称为官能团添加(functional group addition,FGA)。例如:

$$\underset{}{\overset{O}{\diagup}}\diagdown\diagup Ph \overset{FGA}{\Longrightarrow} \underset{COOEt}{\overset{O}{\diagup}}\diagdown\diagup Ph \Longrightarrow \underset{COOEt}{\overset{O}{\diagup}}\diagdown\diagup + PhCH_2Br$$

▶▶ 附1 例题解析

【例 9-1】 按酸性从强到弱给以下化合物排序:

A. $\underset{}{\overset{O}{\diagup}}\diagdown OH$ B. $\underset{F}{\overset{F}{\diagup}}\underset{F}{\diagdown}\overset{O}{\diagup}OH$ C. $\diagup O-\text{〈〉}-\underset{}{\overset{O}{\diagup}}OH$ D. $O_2N-\text{〈〉}-\underset{}{\overset{O}{\diagup}}OH$

【解题思路】 三氟甲基具有非常强的吸电子性,C 和 D 是芳香羧酸,甲氧基是给电子基,使酸性减弱,硝基是强吸电子基,使酸性增强。

【参考答案】 B＞D＞C＞A

【例9-2】 用乙酰乙酸乙酯法合成甲基环己基酮。

【解题思路】 产物中羰基 α-碳是一个叔碳，需要进行两次取代。考虑到要形成环状结构，因此可选用1,5-二溴戊烷作烷基化试剂与乙酰乙酸乙酯反应。

【参考答案】

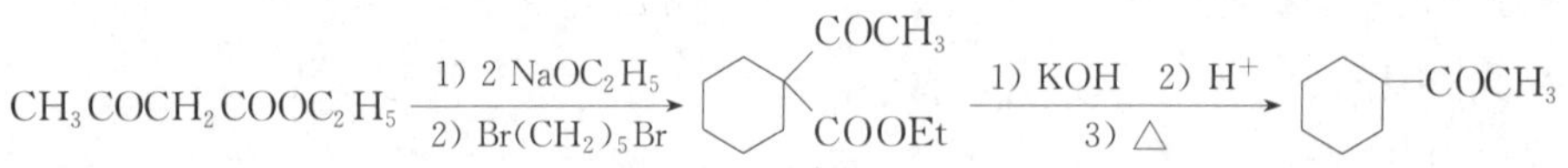

$$CH_3COCH_2COOC_2H_5 \xrightarrow[\text{2) } Br(CH_2)_5Br]{\text{1) } 2\,NaOC_2H_5} \text{(环己烷 } COCH_3, COOEt) \xrightarrow[\text{3) } \triangle]{\text{1) } KOH \quad \text{2) } H^+} \text{(环己烷 } COCH_3)$$

【例9-3】 用丙二酸二乙酯法合成己二酸。

【解题思路】 要合成的产物为二元酸，两个羧基可以来源于两分子的丙二酸二乙酯，分别对二卤代烃的两端取代。

【参考答案】

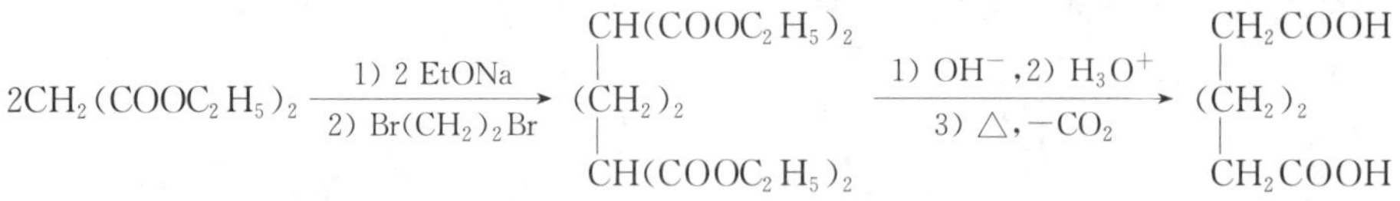

$$2CH_2(COOC_2H_5)_2 \xrightarrow[\text{2) } Br(CH_2)_2Br]{\text{1) } 2\,EtONa} \begin{array}{c} CH(COOC_2H_5)_2 \\ (CH_2)_2 \\ CH(COOC_2H_5)_2 \end{array} \xrightarrow[\text{3) } \triangle, -CO_2]{\text{1) } OH^-, \text{2) } H_3O^+} \begin{array}{c} CH_2COOH \\ (CH_2)_2 \\ CH_2COOH \end{array}$$

【例9-4】 请按碱性从强到弱给以下化合物排序：

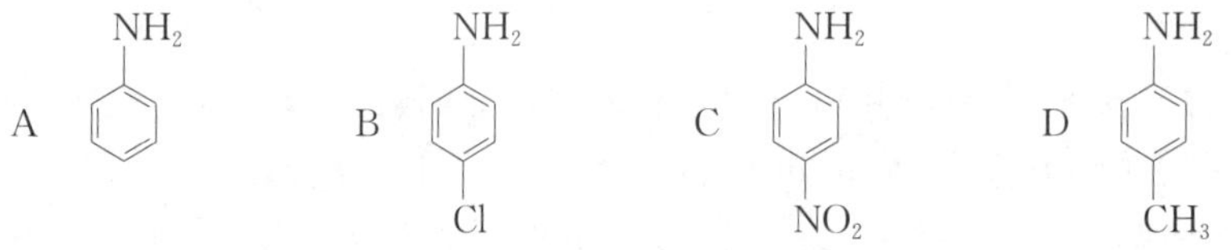

【解题思路】 甲基是给电子基，而氯、硝基是吸电子基，并且硝基吸电子性大于氯．

【参考答案】 D＞A＞B＞C。

【例9-5】 从甲苯出发合成间溴甲苯。

【解题思路】 甲基是第一类取代基，因此需要借助定位效应更强的氨基使溴取代到甲基的间位。但由于氨基的给电子性非常强，需要在上面引入乙酰基，降低其给电子性，然后进行单溴代。

【参考答案】

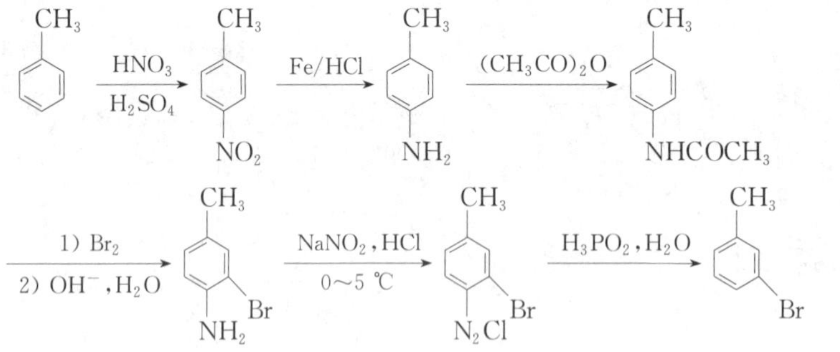

【例9-6】 从苯出发合成1,3,5-三溴甲苯。

【解题思路】 卤素是邻对位定位基团，因此直接在苯环上溴代难以得到互为间位的三溴代产物。这里可以借助氨基的强的给电子性和定位效应，形成2,4,6-三溴苯胺，再通过重氮化反应去除氨基。

【参考答案】

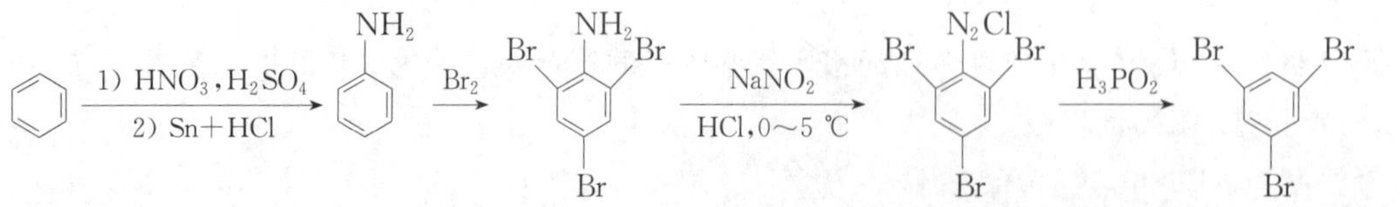

【例9-7】 设计合成 。

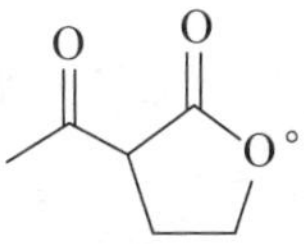

【解题思路】 内酯来源于分子内的酯交换反应,可以用乙酰乙酸乙酯产生的碳负离子对环氧乙烷的亲核加成反应在中间的亚甲基上引入羟乙基。

【参考答案】

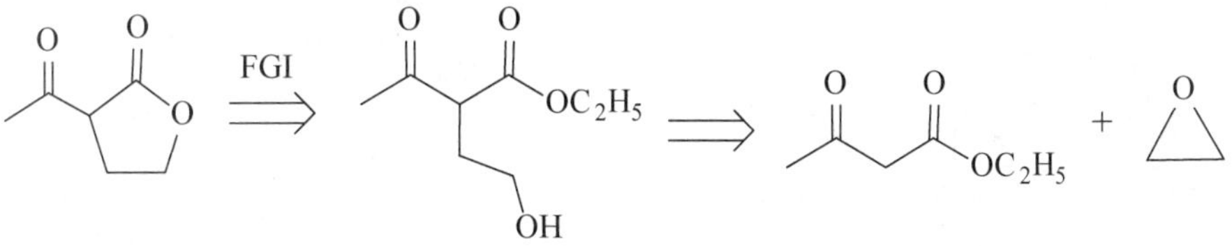

合成:

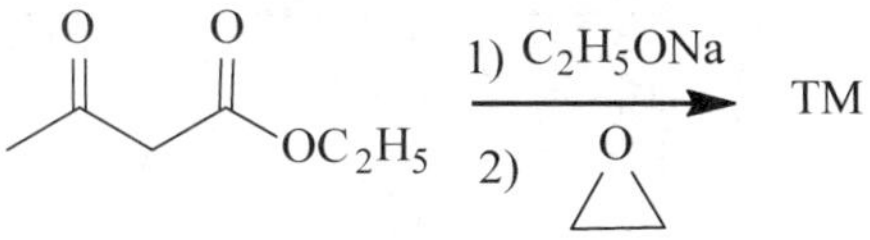

【例9-8】 设计合成 。

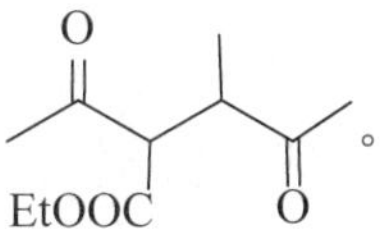

【解题思路】 目标产物是一个乙酰乙酸乙酯的亚甲基上连有取代基的化合物,可以用 α-溴代酮与其作用得到。

【参考答案】

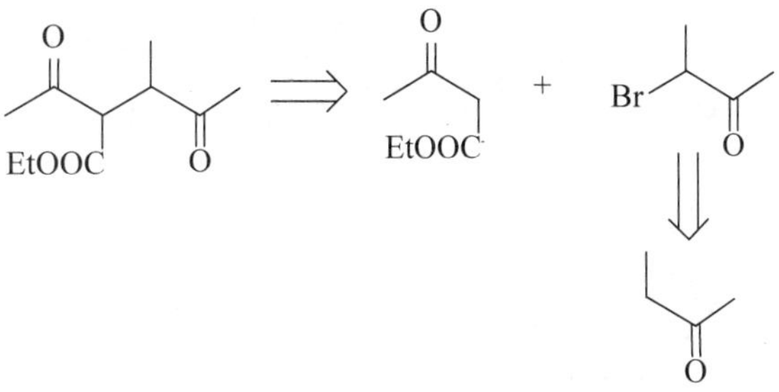

合成:

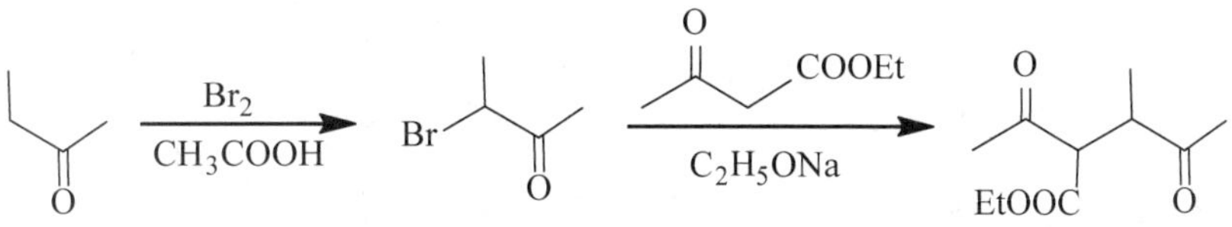

【例9-9】 设计合成 。

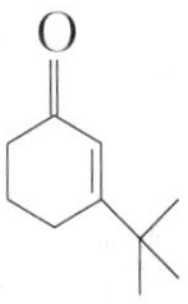

【解题思路】 目标产物是一个 α,β-不饱和羰基化合物,可以从分子内的 Aldol 反应获得。它的前驱体是一个 1,5-二羰基化合物,可以通过 Michael 加成反应得到。

【参考答案】

163

合成：

【例 9-10】 一种天然产物片段的合成路线如下：

写出 A、B、C、D 和 E 的结构简式（不考虑立体异构体）。

【解题思路】 从反应条件看，该合成步骤应包括(A)氧化，(B)酯化，(C)反马氏加成，(D)水解、酯交换，(E)还原等步骤。

【参考答案】

【例 9-11】 近年来发光材料应用广泛,基于发光的有机金属配合物的电致发光器件作为新一代显示器和传感器所具有的良好性能引起了人们极大的兴趣。金属配合物的性质介于有机物和无机物之间,具有有机物的高荧光量子效率的优点,其稳定性又可与无机化合物相媲美,被认为是最有前途的一类发光材料。下面是合成一种配体的路线,该产物与铜(Ⅱ)的配合物是一种可发蓝光的发光材料,在电致发光器材方面有很好的应用前景。

$$\text{H}_3\text{COOC}\underset{\text{N}}{\bigcirc}\text{COOCH}_3 \xrightarrow[\text{C}_2\text{H}_5\text{ONa}]{\text{CH}_3\text{COOC}_2\text{H}_5} \underset{A}{\text{C}_{15}\text{H}_{17}\text{NO}_6} \xrightarrow[\text{(2) HCl}]{\text{(1) OH}^-,\triangle} \underset{B}{\text{C}_{11}\text{H}_9\text{NO}_6} \xrightarrow{\triangle} \text{C} \xrightarrow{2\ \bigcirc\text{NH}_2} \underset{D}{\text{C}_{21}\text{H}_{19}\text{N}_3}$$

写出 A～D 各化合物的结构式,如有立体结构请用符号表明。

【解题思路】 所用的原料是一个没有 α-氢的二元酸酯,该化合物在强碱作用下可与有 α-氢的酯发生 Claisen 缩合反应。所以化合物 A 应是缩合产物 β-氧代酸酯。第二步是一个水解反应。酯在碱性条件下水解,酸化后得到一个 β-氧代羧酸,由于其羧基的 α 碳与吸电子的羧基相连,因此加热后易脱羧得到酮。最后酮与苯胺反应得到希夫碱。要注意的是,这是一个可能有顺反异构的产物,主要产物的构型应该是空间位阻较小的 E 型。

【参考答案】

A: $\text{C}_2\text{H}_5\text{OOCH}_2\text{COC}\underset{\text{N}}{\bigcirc}\text{COCH}_2\text{COOC}_2\text{H}_5$, B: $\text{HOOCH}_2\text{COC}\underset{\text{N}}{\bigcirc}\text{COCH}_2\text{COOH}$

C: $\text{H}_3\text{COC}\underset{\text{N}}{\bigcirc}\text{COCH}_3$, D: (E 型希夫碱结构) E型 。

【例 9-12】 异黄酮类化合物广泛存在于自然界中,具有众多生物活性,是许多药用植物的有效成分之一,不仅在心血管系统方面有显著的心肌保护作用,且有弱的雌激素活性及对骨质疏松预防和治疗作用。近年来,发现异黄酮类化合物能降低脑内和外周血管阻力,降低血压,改善脑循环与冠状循环,促进缺血心肌的侧支循环等,此外还可作为防止人体肿瘤细胞扩散的潜药。

不仅在医药方面有着巨大作用,异黄酮类化合物在杀虫方面特别对钉螺有较好的杀灭作用,最近,我国科学家报道了一种异黄酮类化合物,其合成路线如下:

$$\underset{\text{C}_6\text{H}_6\text{O}_2}{A} \xrightarrow{\text{ZnCl}_2/\text{HAc}} \underset{\text{C}_8\text{H}_8\text{O}_3}{B} \xrightarrow[\text{EtONa/EtOH}]{\text{EtOOCCOOEt}} \xrightarrow[\triangle]{25\%\text{H}_2\text{SO}_4} \underset{\text{C}_{10}\text{H}_6\text{O}_5}{C} \xrightarrow{\text{CH}_3\text{NH}_2} \underset{\text{C}_{11}\text{H}_9\text{O}_4\text{N}}{D}$$

B 到 C 的转化过程中可能经过的中间产物为 (中间产物结构) ,C、D 都能使溴的四氯化碳溶液褪色。

写出 A、B、C、D 的结构式。

【解题思路】 从题目所提示的 B 到 C 中间所经过的化合物结构不难推测,B 应该是 4-乙酰基-1,3-苯二酚,B 与草酸二乙酯发生酯交换反应得到所提示的化合物。从 A 到 B 是一个芳环上的付—克酰基化反应,因此 A 的结构就很清楚了。B 在碱催化下发生缩合反应生成结构稳定的六元环,再在酸催化下水解后酯基变为羧基。最后与胺反应生成酰胺。

【参考答案】

A: (间苯二酚结构) , B: (4-乙酰基间苯二酚结构) , C: (色酮羧酸结构) , D: (色酮酰胺结构) 。

【例9-13】 癌症是威胁人类健康的主要疾病之一。肿瘤的发病涉及多种因素多个步骤的病理过程。研究表明,肿瘤的发生与核小体核心组蛋白 N-端的赖氨酸残基的乙酰化和去乙酰化的失衡有着密切的关系。组蛋白去乙酰化酶 (histone deacetylases, HDACs) 抑制剂通过调节组蛋白 N-端的赖氨酸残基的乙酰化和去乙酰化,激活抑癌基因,抑制癌症基因,从而抑制肿瘤细胞生长,诱导肿瘤细胞凋亡,因此是近几年来抗肿瘤药物的研究热点之一。下面是一种 HDAC 抑制剂的合成路线,请根据该路线回答问题。

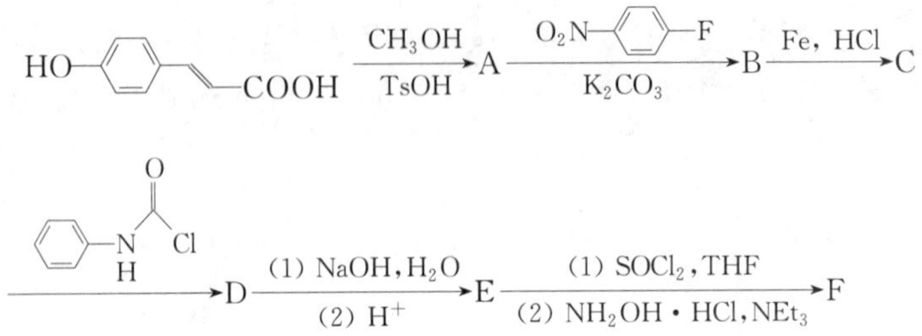

(1) 写出 A、B、C、D、E、F 的结构式。

(2) F 中哪个部位最易与 Zn^{2+} 配位？为什么？

【解题思路】 第一步是一个酯化反应,而从 A 到 B 一步,所加入的 1-氯-4-硝基苯中,硝基的存在使芳环上硝基对位的氟易于被亲核试剂取代,因而将由化合物 A 中的酚羟基对芳环取代形成二芳基醚;B 到 C 是一个还原反应,在该条件下硝基被还原成氨基,再与加入的酰氯形成酰胺。D 到 E 的水解条件下,D 中的酯基优先被水解成羧基,然后与后面一步的二氯亚砜生成酰氯,再进一步与羟胺作用得到 N-羟基酰胺。

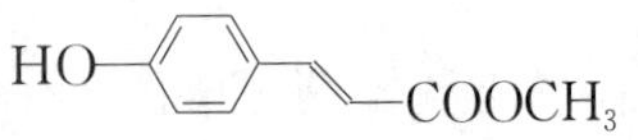

【参考答案】

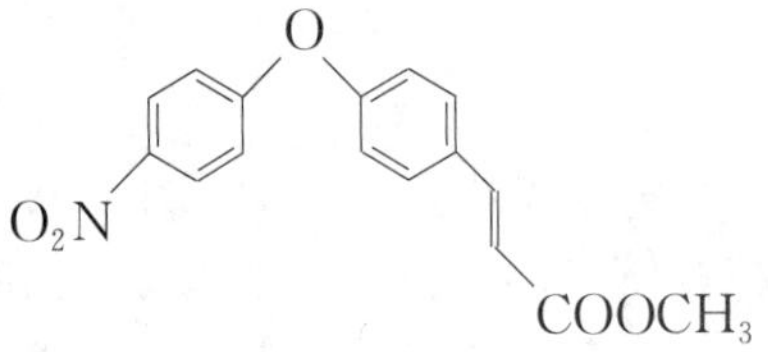

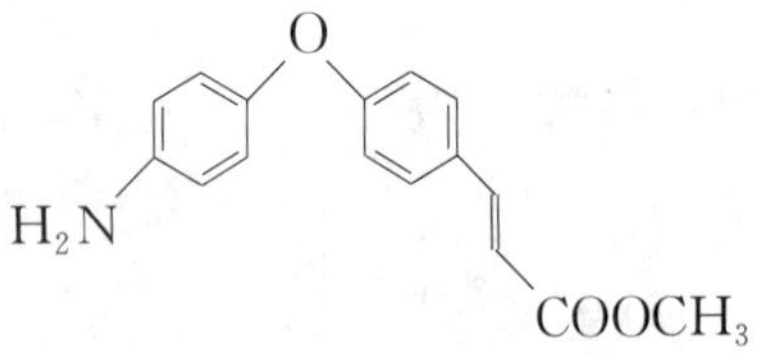

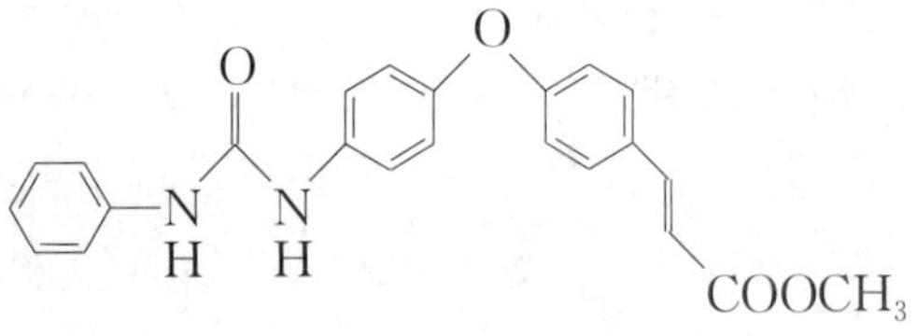

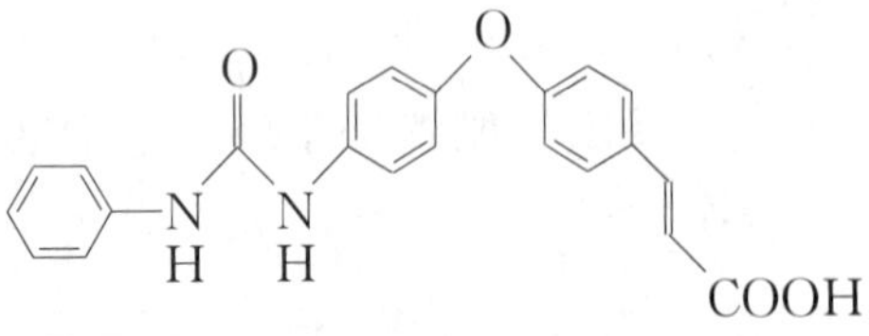

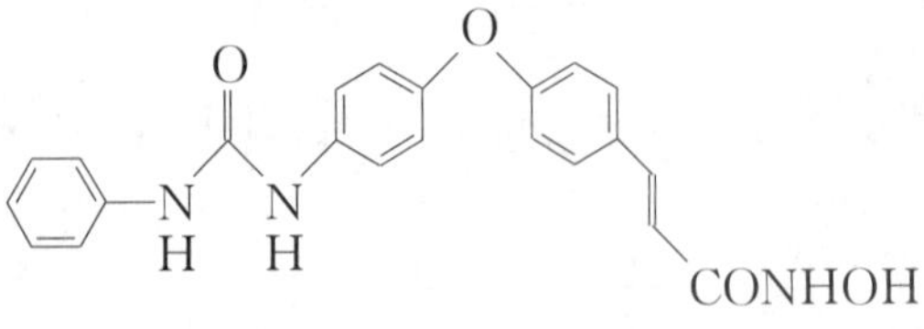

在化合物(F)中存在多个与金属离子的配位点,如下图中圆圈所示:

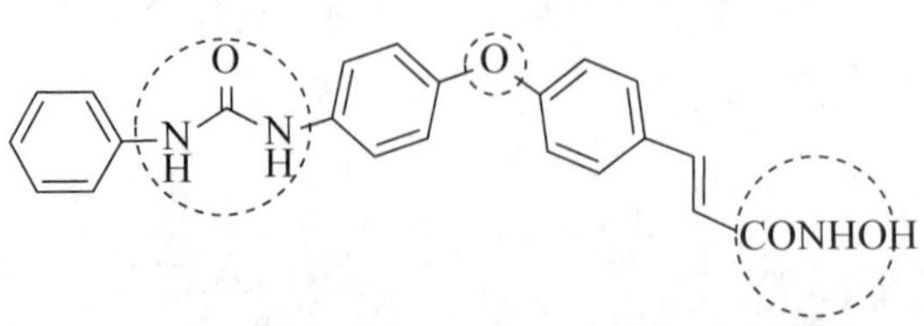

其中末端—CONHOH 处最易与锌离子配位。因为羰基氧和羟基氧原子可与金属离子形成较稳定的五

元环的螯合结构

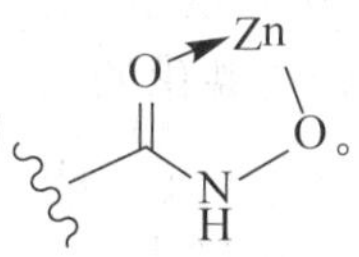

【例9-14】 加兰他敏(Galantamine)是一种天然活性生物碱,临床广泛用于阿尔茨海默病及重症肌无力等疾病的治疗。其结构如图9-1。药理研究显示,加兰他敏一方面具有强效的可逆性乙酰胆碱酯酶抑制活性,另一方面又具有神经元烟碱受体构象调节作用,因而较其他胆碱酯酶抑制剂具有更好的疗效及安全性,应用前景十分广阔。目前,加兰他敏已在英国、爱尔兰、美国、中国等多个国家和地区上市。天然加兰他敏主要源于石蒜科植物如石蒜、夏水仙、雪花莲等,其含量仅为万分之一左右,由于资源有限,且提取工艺复杂,故加兰他敏的价格一直居高不下。有鉴于此,化学家们对其合成方法进行了研究。下面是其合成路线之一:

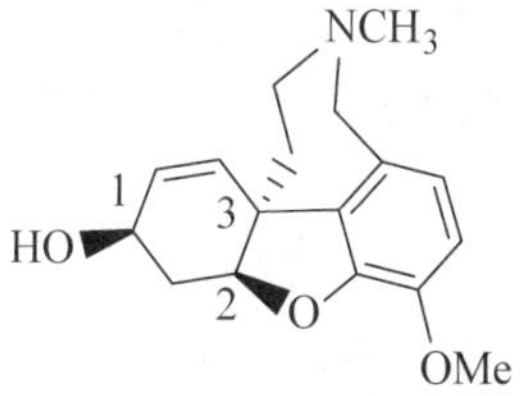

图9-1 Galantamine 结构图

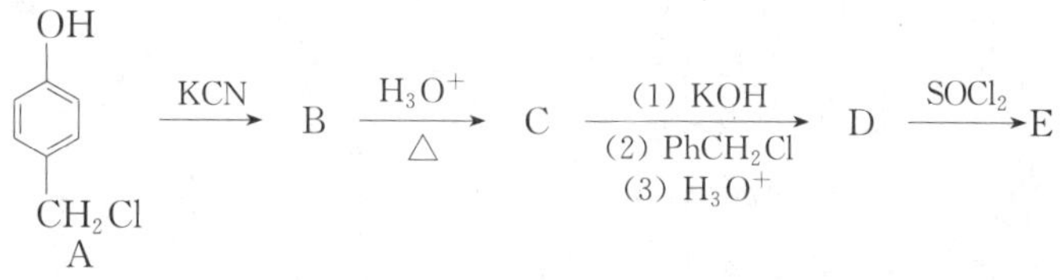

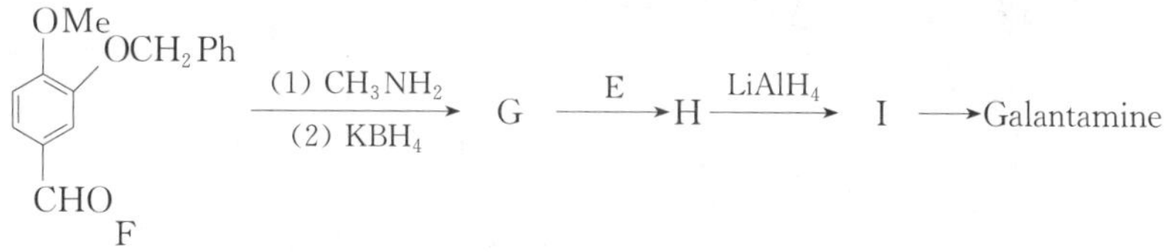

回答下列问题:

(1) 写出 B、C、D、E、G、H、I 的结构式;

(2) 产物加兰他敏中手性碳1、2、3各为什么构型?

(3) 上述合成路线中从 A 到 B 和 F 与甲胺的反应各属于什么反应类型?

【解题思路】 第一步是一个氰离子对有机卤化物的亲核取代反应,生成腈,该化合物酸性水解后得到酸。C 到 D 应该是一个亲核试剂对氯化苄的亲核取代反应,这里应该注意的是,C 中有两个亲核性的部位,分别在酚羟基和羧基的氧上。两者相比,酚羟基的亲核性大于羧基,所以应该是由羟基部位对氯化苄进行取代后生成醚。然后用羧基与二氯亚砜作用生成酰氯。在下面一条反应路线中,首先甲胺对 F 中的醛基发生亲核加成,进而脱水生成亚胺,还原后生成胺,胺与上一条路线的产物酰氯 E 作用生成酰胺,酰胺可被氢化铝锂还原成胺,然后再经过若干步反应最后可得到目标产物加兰他敏。

产物加兰他敏中,以原子序数大小顺序排列手性碳上各基团大小次序,以手性碳原子1为例,羟基为第一,双键碳第二,下面一饱和碳第三,氢排第四,从氢的反面看过去,从一号到三号基团应为顺时针方向排列,因此其构型为 R。同样方法确定手性碳原子2、3构型均为 S。

【参考答案】

(1) B: , C: , D: , E: ,

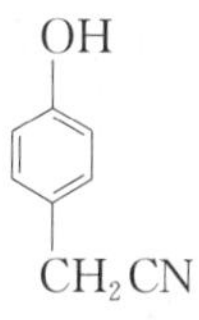

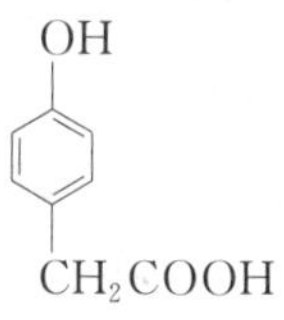

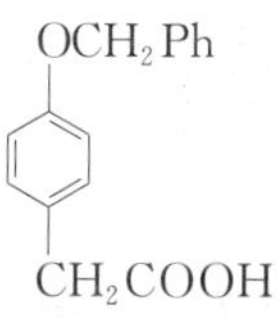

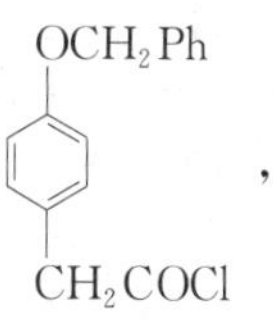

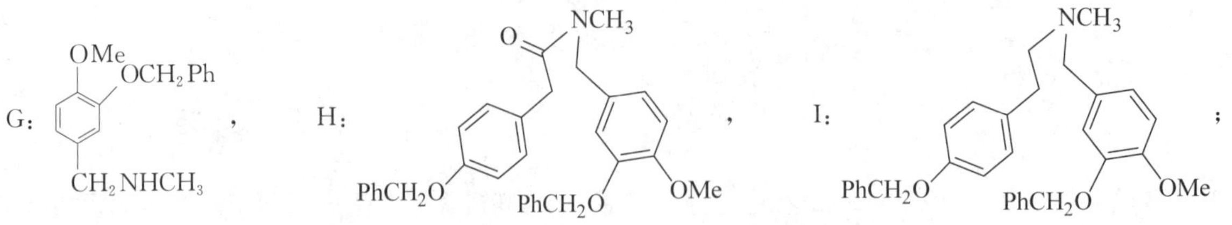

G: , H: , I: ;

（2）R，S，S；（3）亲核取代、亲核加成。

【例 9-15】 画出以下转换的中间体和产物（A～E）的结构简式。

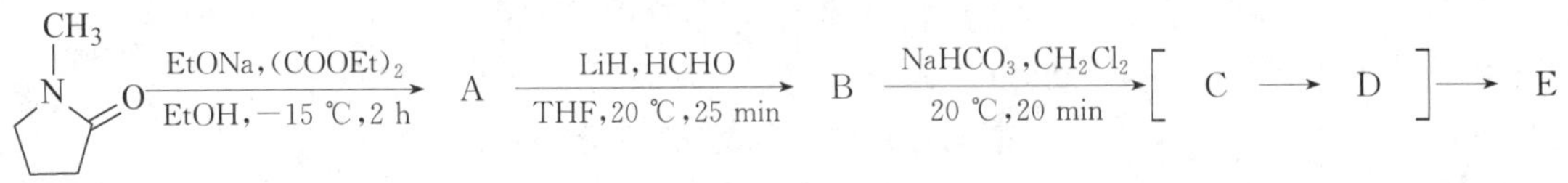

元素分析结果表明化合物 E 含 C 64.84%，H 8.16%，N 12.60%。化合物 B 不含羟基。

【解题思路】 第一步应该是一个 Claisen 缩合反应。在 EtONa 作用下，原料中羰基 α-碳上去掉质子然后对草酸二乙酯进行亲核取代，生成产物 A。要注意的是，产物 A 中有一个活泼氢，在碱作用下，A 可与甲醛在该处发生羟醛缩合反应，而产生的羟基又可以和分子内的酯基发生酯交换，从而得到一个五元环内脂 B。B 中由于一个羰基处于酯基的 α-位因而较为活泼，可以接受 NaHCO₃ 所产生的氢氧根离子的进攻而形成氧负离子 C 并可导致碳碳键断裂而形成碳负离子（烯醇负离子）D。最后，D 消除掉草酸根离子得到产物 E。经验证，产物 E 中各元素的含量与实验结果一致。

【参考答案】

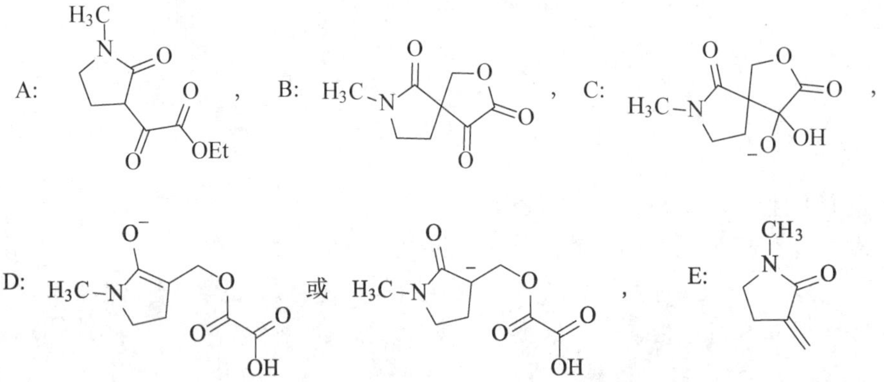

【例 9-16】 瑞替加滨（Retigabine）是一种新型神经元钾通道开放剂（图 9-2）。该药可作用于神经元的电压门控钾离子通道，抑制动作电位的产生，从而降低神经细胞的兴奋性，用于成人癫痫发作的辅助治疗。

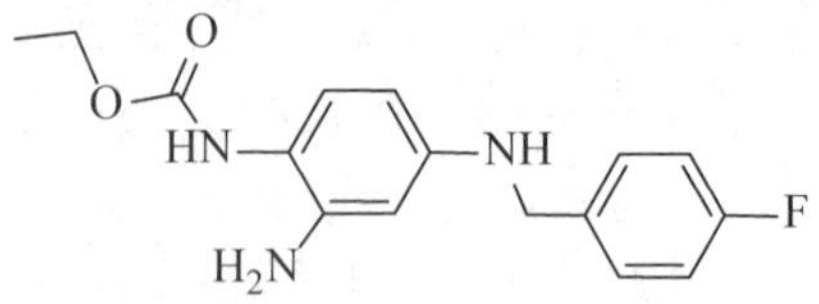

下面是该药物合成路线之一的一部分：

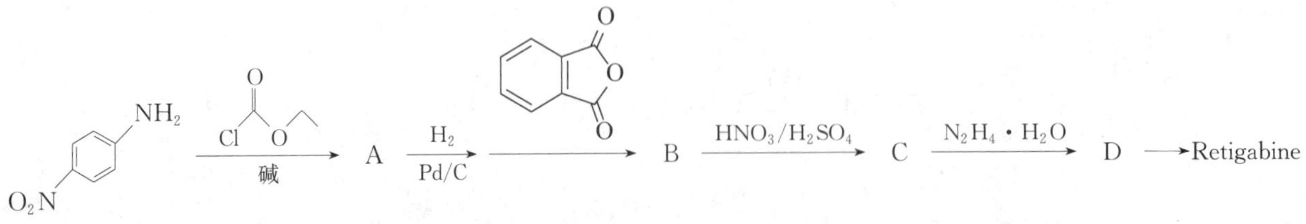

图 9-2 **Retigabine** 结构图

请根据上面的合成路线回答下列问题：

（1）指出第一步生成 A 的反应类型为＿＿＿＿＿＿。

（2）写出化合物 A～D 的结构简式。

（3）请解释从 B 生成 C 的反应中硝基所上的位置的选择性。

【解题思路】 A 显然是一个酰胺。其苯环上的硝基可被 H_2 还原为氨基，与邻苯二甲酸酐作用生成邻苯二甲酰亚胺衍生物 B，从而对氨基实施保护。B 中富电子苯环可被混酸硝化选择性地得到硝基化产物 C。C 在水合肼作用下进行去保护释放出氨基。

【参考答案】

（1）亲核取代

（2）A: ，B: ，C: ，

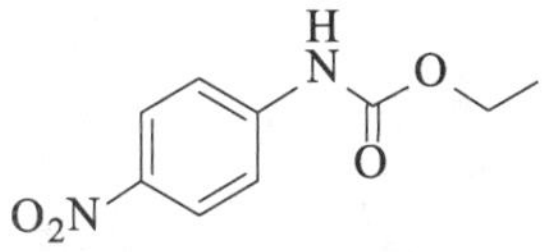

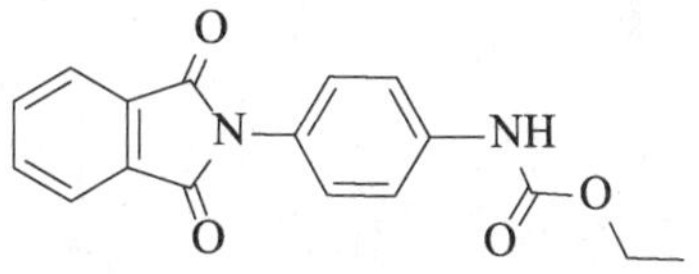

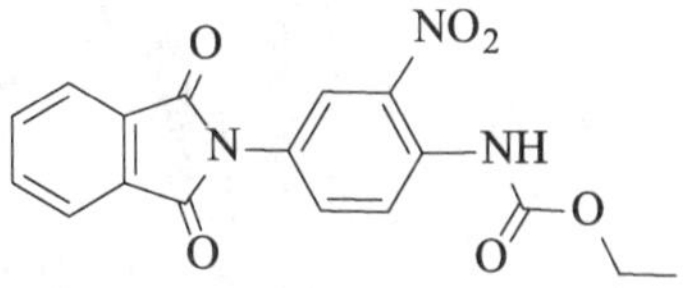

D:

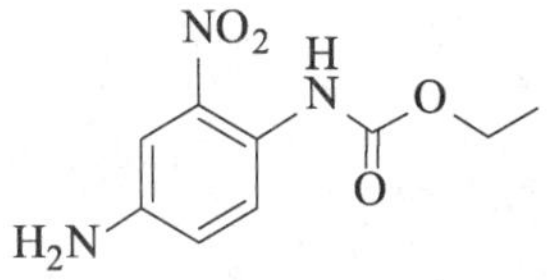

（3）反应发生在乙氧基甲酰氨基的邻位，因为乙氧基甲酰氨基的给电子性大于邻苯二甲酰氨基。

【例 9-17】 酯交换反应是合成酯的重要方法之一。化合物 A 是合成四环素的一个重要中间体，它的合成路线如下：

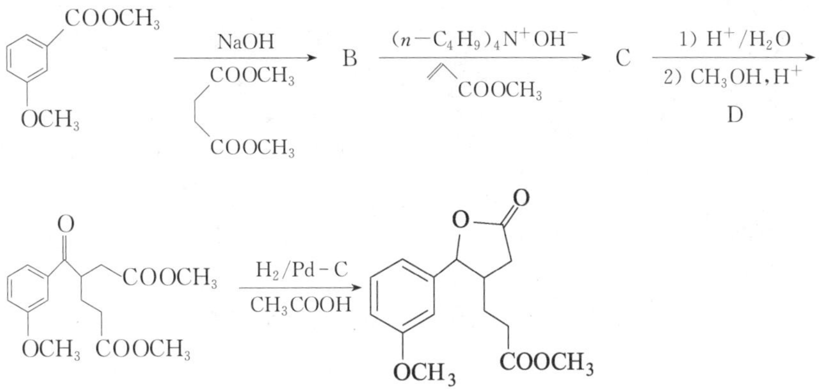

根据上述合成路线，请回答：

(1)分别写出 B，C 的结构简式。

(2)化合物 A 有几个光学异构体？

(3)由化合物 D 转化为化合物 A 的过程中可能经过两步反应，这两步反应的名称分别是

————、————。

【解题思路】 第一步是一个酯的 Claisen 缩合反应，在丁二酸二甲酯的 α-位进行酰基化，所得产物是一个活泼次甲基化合物，在碱性条件下生成碳负离子，对 α,β-不饱和酯进行亲核加成。

【参考答案】

(1) B: ，C:

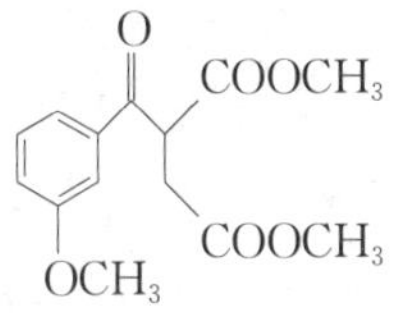

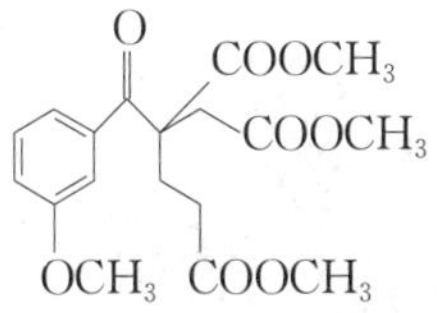

(2)4 个

（3）还原反应　酯交换反应

【例 9-18】 化合物 E 是一种具有抗肿瘤活性的分子,其合成路线如下:

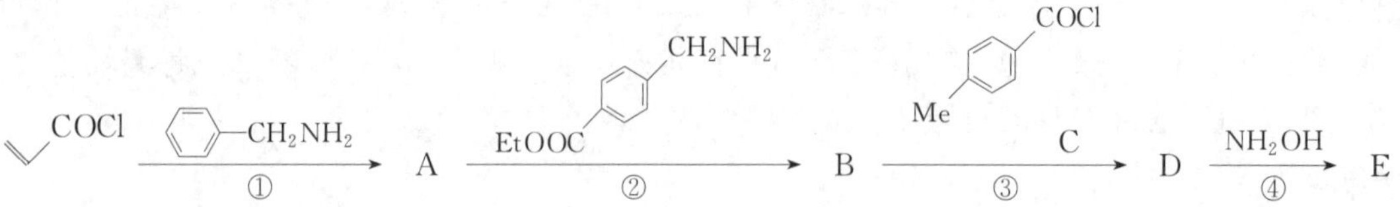

回答下列问题:

（1）写出化合物 A、B、D、E 的结构简式。

（2）A 的化学名称是＿＿＿＿＿＿＿＿。

（3）步骤②的反应类型是＿＿＿＿＿＿。

（4）化合物 C 的同分异构体 F 具有手性,含有苯环结构,可以和斐林(Fehling)试剂作用生成砖红色沉淀,F 的结构简式是＿＿＿＿＿＿＿＿。

【解题思路】 酰氯与胺反应生成酰胺,该化合物中包含一个缺电子碳碳双键,胺可以对其发生亲核加成反应得到仲胺,再与酰氯反应生成酰胺。同时,其中的酯基又可以和羟胺作用生成 N-羟基酰胺。

【参考答案】

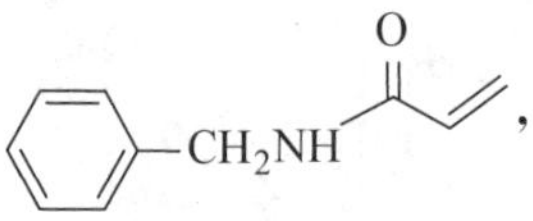

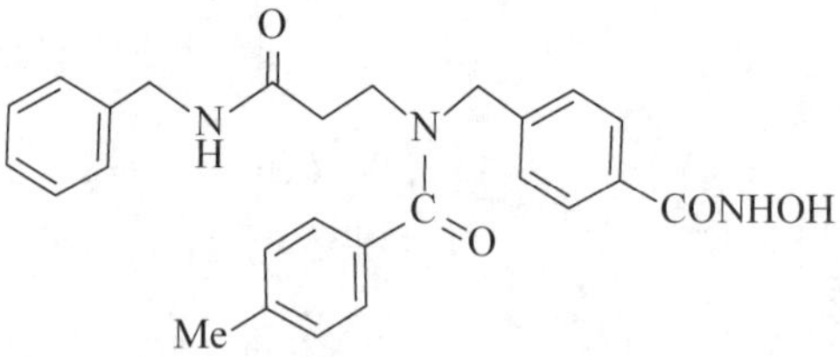

（2）N-苄基丙烯酰胺或 N-苯甲基丙烯酰胺　（3）亲核加成反应　（4）

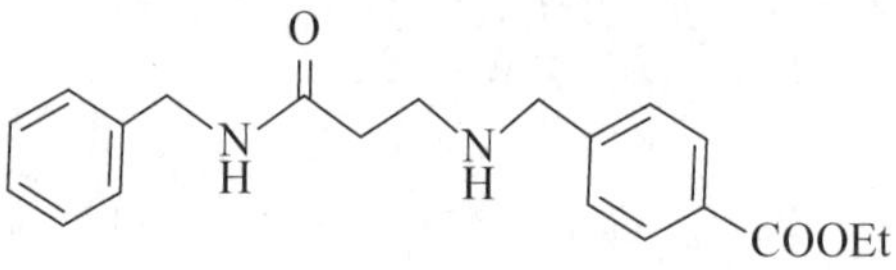

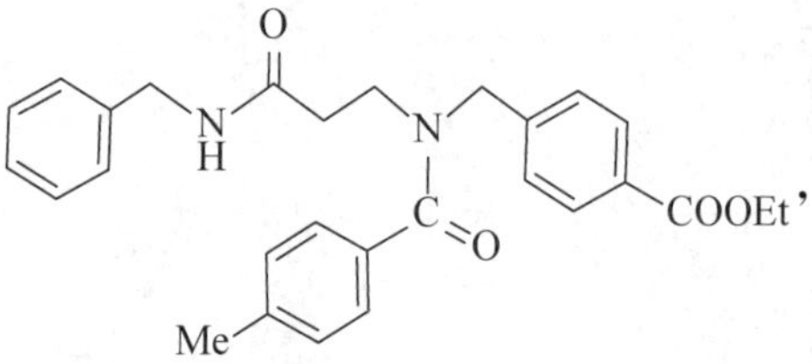

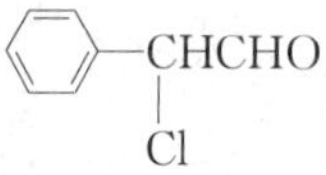

附 2　综合训练

1. 以氯苯为起始原料,用最佳方法合成 1-溴-3-氯苯(限用具有高产率的各反应,标明合成的各个步骤)。

2. 从草本植物白屈菜中可得到一种酸性物质白屈菜酸,其结构如图 9-3。试从几种简单有机物合成这个化合物。

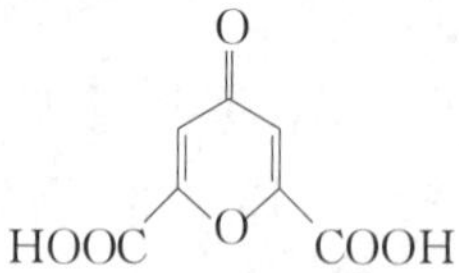

图 9-3　白屈菜酸结构图

3. 一种喹诺酮类抗菌化合物 1-(2-吡啶基)-6-氟-1,4-二氢-4-氧代-7-(1-哌嗪基)喹啉-3-羧酸可经如下步骤合成:

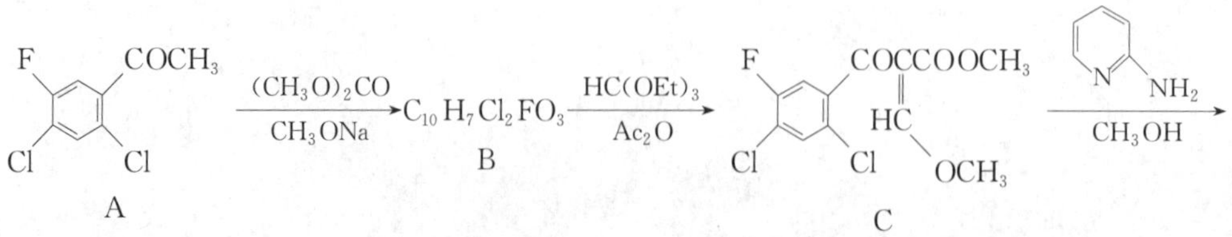

回答下列问题：

（1）画出 B、E 的结构式。

（2）写出 A～B 的反应名称。

（3）从 D 到 E 属于什么类型的反应？说明此处能够发生该反应的结构因素。

（4）H_3BO_3 在此起什么作用？

4. 一种环磷酰胺结构的化合物的合成路线如下，请完成反应，写出试剂或中间体的结构。

（注：NBS 即 N-溴代丁二酰亚胺）

5. 化合物（4）是一种新的向列型液晶材料组成成分，该化合物在环己基和芳环之间插入两个饱和碳原子，使其具有低黏度和低的介电各向异性的特性。它与低黏度和高的介电各向异性向列型液晶材料混合使用，能改善液晶材料的显示性能，提高清晰度，在液晶显示材料中具有良好的应用前景。该化合物可按下面的方法合成：

（1）用系统命名法对化合物（3）命名。

（2）写出化合物 A、E 的化学式和化合物 B、C、D、F 的结构简式。

（3）F 转化为产物时还得到了一个如下结构的副产物：

此副产物可能由 F 先进行了_____反应，再经过_____反应而产生的。（填反应类型）

6. 以下是 1-苯基-3-甲基-6-N,N-二丁基氨基-2(1H)-喹喔啉-2-酮的合成路线。这类化合物可应用于药物，如用作 N-甲基-D-天冬氨酸（NMDA）受体及 α-氨基羟甲基异噁唑丙酸（AMPA）受体拮抗剂以及杀菌剂等,还可用作植物生长抑制剂、荧光探针以及作为新型功能染料中间体等。

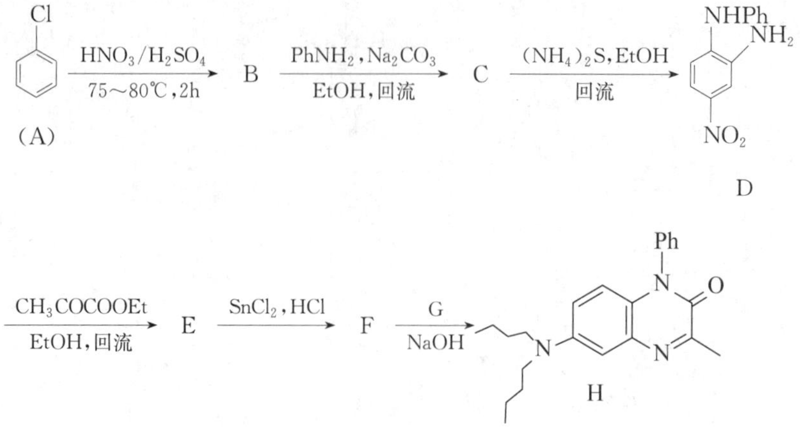

试回答以下问题:

(1) 写出 B、C、E、F、G 的结构。

(2) 从 B 到 C 属于什么反应类型? 分析其能够发生的原因。

7. 化合物 G 是重要的有机合成中间体,G 可经下图所示合成路线制备:

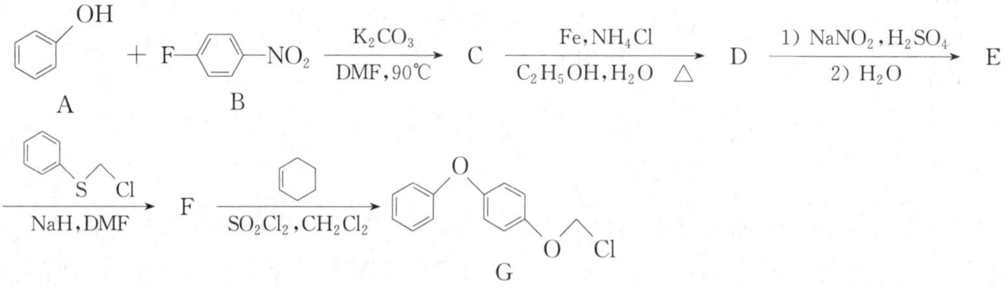

回答下列问题:

(1) 写出同时满足下列条件的 A 的一种同分异构体的结构简式:①含有碳碳三键的链状化合物;②能发生银镜反应;③分子中只含有 1 个手性碳原子且是 S 型结构。

(2) 分别写出化合物 C、D、E、F 的结构简式。

(3) 写出化合物 D 转化为 E 过程中的中间产物中含苯环的阳离子结构简式。

8. 作为临床药物的分子往往是具有某种特定构型的化合物,因此在合成过程中常需要对外消旋体进行手性拆分。一种治疗帕金森病的药物盐酸罗替戈汀(Rotigotine Hydrochloride)可由下面的路线合成:

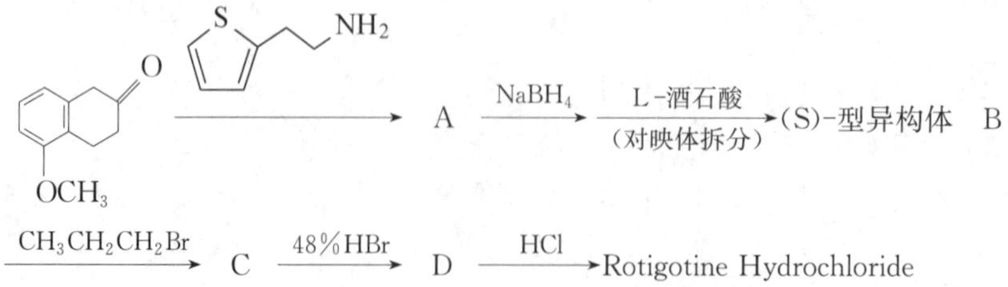

请回答下列问题:

(1) 写出第一步生成 A 的反应类型。

(2) 写出化合物 A、B、C、D 的结构简式。

(3) 本合成过程中对映异构体的拆分是基于什么原理?

第十章 高分子化合物

第一节 生命的物质及生物大分子

基本要点

  了解天然高分子与合成高分子化学初步知识,掌握高分子化合物的基本概念;熟知构成生命体的主要元素、主要化合物,认识常见的生物大分子;了解高分子单体以及主要合成反应、基本结构、聚集状态和应用条件等。

一、构成生命体的主要元素

  根据多数科学家比较一致的看法,生命必需元素一共有 28 种,包括氢、硼、碳、氮、氧、氟、钠、镁、硅、磷、硫、氯、钾、钙、钒、铬、锰、铁、钴、镍、铜、锌、砷、硒、溴、钼、锡和碘。其中,构成生命体的基本元素有 6 种:C、H、O、N、S、P 。硼是某些绿色植物和藻类生长的必需元素,而哺乳动物并不需要硼,因此,人体必需元素实际上为 27 种。在 28 种生命必需的元素中,按体内含量的高低可分为宏量元素(常量元素)和微量元素。

  在组成生物体的大量元素中,如图 10-1 所示,C、H、O、N 四种元素约占生物质量的 96%。其中 C 是最基本的元素,C、H、O、N、P、S 六种元素是组成原生质的主要元素,生物体的大部分有机化合物是由以上六种元素组成的。如果再加上 Ca 元素,这七种元素大约共占原生质总量的 99%,如图 10-2 所示。

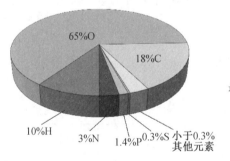

图 10-1　构成原生质的主要元素及质量比

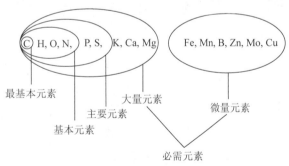

图 10-2　构成生物体的元素种类

  例如,蛋白质是由 C、H、O、N 等元素组成的,核酸是由 C、H、O、N、P 等元素组成的。生物体的化学元素还将进一步组成多种多样的化合物,这些化合物是生物体生命活动的物质基础。例如蛋白质、核酸、糖类、脂肪等。

  铁、锌、铜、锰、铬、硒、钼、钴等占人体总重量的 0.01% 以下的元素为微量元素。微量元素在生物体内的含量虽然很少,但对生物体的生命活动却起着重要作用:锌和铁是微量元素,可以从食物中获得,如果刻意去补,可能会对身体有害;硼能影响花粉的萌发和花粉管的伸长,缺硼将产生"花而不实"的现象;植物缺乏锌元素,会影响生长素(IAA)的生成,生长素缺乏时会影响农作物的生长发育;镁元素是构成植物叶绿素的主要元素;铁是构成动物血红蛋白的主要元素,缺铁会贫血;碘元素是甲状腺激素的主要元素,成人缺碘会患地方性甲状腺肿大(大脖子病),小孩缺碘会患呆小症。

二、构成生物体的主要化合物

构成细胞的主要化合物如图 10-3,人体中,水(55%)、蛋白质(20%)、脂肪(20%)、无机盐(5%)是构成生物体的主要化合物。

水:水是自然界最普通,也是生物体内含量最高的物质,水是细胞中的所有反应的介质,如果无水,生命活动便无法进行,水约占生物体鲜重状态的 80%~90%。细胞内水含量一般是 65%~80%。幼嫩植物组织细胞水的含量一般是 70%,动物组织细胞水的含量一般是 80%。

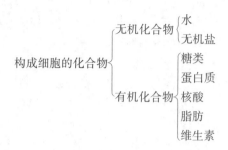

图 10-3 构成细胞的主要化合物

无机盐:一般指钙、钠、钾、镁、磷、硫和氯七种元素构成的盐,无机盐约占人体重量的 5%,构成骨骼、牙齿等坚硬组织。在肌肉等其他软组织中,也有无机盐与有机物相结合而存在。无机盐还可作为可溶性盐存在于体液、消化液和血液中,其功能包括调节机体渗透压,维持细胞的形态,维持酸碱平衡,以及参与生物体的构成和生命活动等。

有机分子和有机大分子:生物有机物分为糖类、蛋白质、核酸、脂肪、维生素,它们的功能为构成细胞和(或)提供能量,是维持正常生命活动的重要物质,其中糖类、蛋白质、核酸称为生物大分子。

三、常见的生物大分子介绍

生物大分子指的是作为生物体内主要活性成分的各种相对分子质量达到上万或更多的有机分子。常见的生物大分子包括但不限于蛋白质、核酸(DNA、RNA 等)、多糖等。生物大分子内包含的原子比较多,相对分子质量也比较大,但是它们的结构却往往比较简单,生物大分子大多数是由简单的组成结构聚合而成的,如蛋白质的组成单位是氨基酸,核酸的组成单位是核苷酸,多糖的组成单位是单糖等。生物大分子都可以在生物体内由简单的结构合成,也都可以在生物体内经过分解作用被分解为简单结构,一般在合成的过程中消耗能量,分解的过程中释放能量。这些生物大分子的复杂结构决定了它们的特殊性质,它们在体内的运动和变化体现着重要的生命功能,如进行新陈代谢供给维持生命需要的能量与物质、传递遗传信息、控制胚胎分化、促进生长发育、产生免疫功能等等。

1. 多糖

多糖一般指由 3 个以上单糖分子缩合脱水而成的分支或不分支的链状分子,如淀粉、糖原、纤维素等。如表 10-1 所示为生命体中多糖的种类和作用。

表 10-1 生命体中多糖的种类和作用

种类		分布	功能
多糖	淀粉	粮食作物的种子、变态茎或根等储藏器官中	储存能量
	纤维素	植物细胞的细胞壁中	支持保护细胞
	肝糖原	动物的肝脏中	储存能量,调节血糖
	肌糖原	动物的肌肉组织中	储存能量

(1)淀粉

淀粉是人类最主要的食物,广泛存在于各种植物及谷类中。直链淀粉的基本结构单位是 D-葡萄糖。许多 D-葡萄糖通过 α-1,4-糖苷键结合成链状。支链淀粉的主链也是由 D-葡萄糖经过 α-1,4-糖苷键连接而成,但它还有通过 α-1,6-糖苷键或其他方式连接的支链。

淀粉溶液与碘作用生成蓝色复合物,常作为淀粉的鉴别方法。

（2）纤维素及其衍生物

纤维素是自然界中最丰富的多糖，它是植物细胞的主要成分。棉花是含纤维素最多的物质，含量达92%～95%。纤维素是由几千个葡萄糖单元经β-1,4-糖苷键连接而成的长链分子，一般无支链。

纤维素的衍生物主要有纤维素酯类和纤维素醚类。

2. 蛋白质

蛋白质是生命的物质基础，如图10-4所示，它是构成细胞的基本有机物，是生命活动的主要承担者。从化学结构而言，蛋白质是由α-L-氨基酸脱水缩合而成的。人体内蛋白质的种类很多，性质、功能各异，但都是由20多种氨基酸组合而成的，并在体内不断进行代谢与更新。大多数蛋白质中的含氮量都近似为16%，即任何生物样品中，每克氮相当于6.25 g蛋白质。6.25称为蛋白质系数。

蛋白质是由多个多种氨基酸通过肽键连接而成的高分子化合物，人们通常把相对分子质量低于10 000的视为多肽，高于10 000的称为蛋白质。蛋白质是生命体最重要的有机物，它的作用体现在组成细胞、进行调节、免疫、运输、催化等，是生命活动中必不可少的物质。

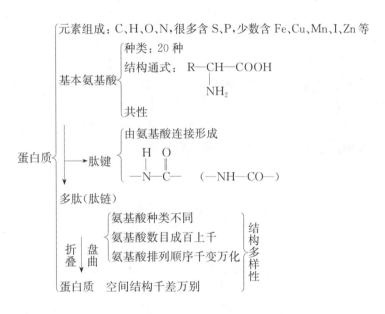

图10-4 蛋白质——生命活动的主要承担者

（1）蛋白质的结构

分为一级、二级、三级、四级结构，肽链中氨基酸通过肽键及二硫键结合形成的序列是蛋白质的一级结构；蛋白质的同根或不同肽链中氨基和酰基之间形成氢键，使得肽链具有一定的空间构象，包括α-螺旋、β-折叠、β-转角和无规卷曲等，称为蛋白质的二级结构；肽链在二级结构的基础上进一步折叠，形成一条链的明确完整的空间构象，称为三级结构；多条肽链通过非共价键聚集而成的空间结构称为四级结构，其中一条肽链叫一个亚基。

（2）蛋白质的变性

蛋白质在光、热、酸、碱、盐、有机溶剂的影响下，二级结构和三级结构发生了变化，从而理化性质改变、生物活性丧失。

（3）蛋白质的水解

酸、碱、酶均可使蛋白质发生水解，如果完全水解可得到多种α-氨基酸的混合物，部分水解得到多肽。

3. 核酸

核酸是一类含磷的酸性高分子化合物，是细胞最基本和最重要的成分，组成核酸的基本单元是核苷酸，如图10-5所示。核酸根据其组成可分为两大类：核糖核酸（简称RNA）和脱氧核糖核酸（简称DNA）。

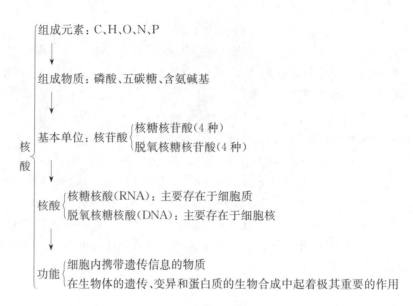

图 10-5　核酸——细胞内携带遗传信息的物质

核苷酸是由 1 分子戊糖、1 分子杂环碱和 1 分子磷酸脱水缩合而成。组成核酸的戊糖有 D-核糖和 D-2-脱氧核糖。核酸中存在的碱基主要有嘧啶和嘌呤两类杂环碱。其中最常见的有胞嘧啶（常用英文字母 C 表示）、尿嘧啶（U）、胸腺嘧啶（T）、腺嘌呤（A）、鸟嘌呤（G）5 种。

核酸是核苷酸之间通过 3,5-磷酸二酯键形成的线形大分子，链上碱基的序列称为核酸的一级结构。从分子空间构象来看，DNA 为双螺旋结构，而 RNA 则为单链结构。

第二节　高分子概述

高分子化合物是一种或多种原子或原子团经无数次重复连接而成的分子所组成的化合物。相对分子质量可高达 10 000 以上。高分子具有许多优良性能，高分子材料是当今世界发展最迅速的产业之一，目前世界上合成高分子材料的年产量已经超过 1.4 亿 t。塑料、橡胶、纤维、涂料、黏合剂等几大类高分子材料已广泛应用到电子信息、生物医药、航天航空、汽车工业、包装、建筑等各个领域。导电高分子、高分子半导体、光导电高分子、压电及热电高分子、磁性高分子、光功能高分子、液晶高分子和信息高分子材料等功能高分子材料近年发展迅速，具有特殊功能。

高分子材料普遍的基本性质有：结合键主要为共价键，有部分范德华力；相对分子质量大，无明显熔点，有玻璃化转变温度、黏流温度，并有热塑性和热固性两类；力学状态有玻璃态、高弹态、黏流态，强度较高；重量轻；具有良好的绝缘性；具有优越的化学稳定性；耐高温性能较差。

高分子材料的生产和应用十分广泛。合成塑料"四烯"——聚乙烯、聚丙烯、聚氯乙烯、聚苯乙烯，合成纤维"六纶"——涤纶、锦纶、腈纶、丙纶、维纶、氯纶，合成橡胶"四胶"——顺丁橡胶、丁苯橡胶、乙丙橡胶、异戊橡胶，以及聚四氟乙烯、聚醋酸乙烯、有机玻璃等都是经过聚合反应得到的高分子化合物。

一、高分子的基本概念

高分子科学是研究高分子化合物的合成、改性、结构、性能、成型加工等内容的一门综合性科学。图 10-6 为高分子科学分类。高分子化学是高分子科学的基础，高分子化学主要研究聚合反应机理和聚合方法。

图 10-6　高分子科学的分类

高分子通常又称为高分子化合物、大分子化合物、大分子、高聚物、聚合物等。但从严格意义上讲,聚合物和大分子在概念上是有所不同的。聚合物(Polymer)是指由千百个原子彼此以共价键结合而成的相对分子质量特别大,具有重复结构单元的化合物(如图 10-7)。而大分子(Macromolecule)仅是相对分子质量大,无重复结构单元(如蛋白分子、DNA 分子等)。

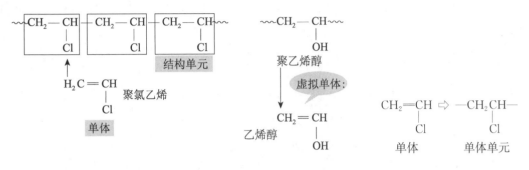

* 乙烯醇这种单体并不存在,聚乙烯醇实际上是聚醋酸乙烯酯的水解产物。

图 10-7 聚氯乙烯、聚乙烯醇的形成

图 10-8 聚氯乙烯单体及其单体单元

聚合物是由小分子单体经过聚合反应而得到的。这里的单体(Monomer)定义为能够进行聚合反应,并构成高分子基本结构组成单元的小分子,即合成聚合物的起始原料。单体在聚合后形成聚合物的结构单元(Structure unit),即在大分子链中出现的以单体结构为基础的原子团。它们是构成大分子链的基本构造单元。相关的概念还有单体单元(Monomer unit,聚合物中具有与单体相同化学组成而不同电子结构的单元)、重复单元(Repeating unit,聚合物中化学组成相同的最小单位)以及链节(Chain element,即一个重复结构单元),如图 10-8 所示。高分子的组成一般有 3 种情况。

(1) 由一种结构单元组成的高分子

包括两个类型。第一类,其结构单元=单体单元=重复单元=链节。图 10-9 为聚氯乙烯;图 10-10 为聚苯乙烯。这里,n 表示重复单元数,也称为链节数,在此等于聚合度。聚合度是衡量高分子大小的一个指标。聚合度有两种表示法:一种以大分子链中的结构单元数目表示,记作 $\overline{\chi_n}$;另一种以大分子链中的重复单元数目表示,记作 $\overline{DP}$。在一种结构单元组成的高分子中,$\overline{\chi_n}=\overline{DP}=n$。由聚合度可计算出高分子的相对分子质量:$M=\overline{\chi_n} \cdot M_0=\overline{DP} \cdot M_0$。式中,$M$ 是高分子的相对分子质量,M_0 是结构单元的相对分子质量。

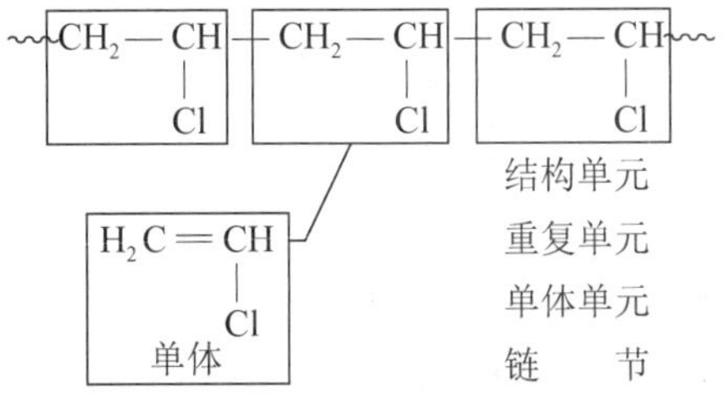

图 10-9 聚氯乙烯

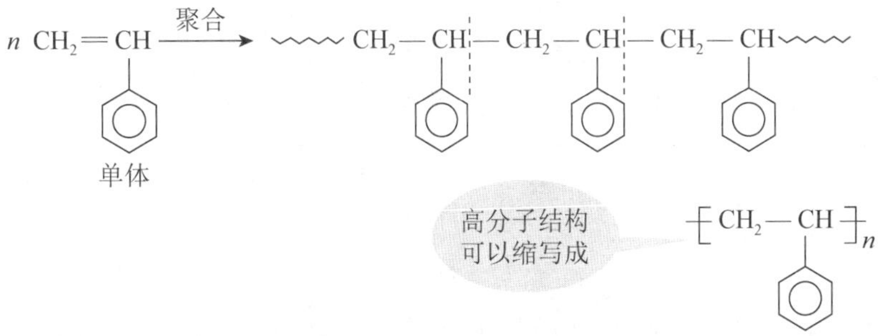

图 10-10 聚苯乙烯

由于绝大多数高聚物都是由不同链长的大分子组成,即同一种聚合物是由一组不同聚合度和不同结构形态的同系物的混合物所组成,因此,聚合物的相对分子质量或聚合度只是这种大小不一的大分子的统计平均值,或者说相对分子质量或聚合度具有一定的分布范围。

第二类,其结构单元=重复单元=链节≠单体单元。

如聚酰胺类的尼龙-6:

$$n\mathrm{H_2N{\leftarrow}CH_2{\rightarrow}_5COOH} \longrightarrow {\text{-}}[\mathrm{NH{\leftarrow}CH_2{\rightarrow}_5CO}]_n + n\mathrm{H_2O}$$

结构单元比其单体少了些原子(氢原子和氧原子),因为聚合时有小分子生成,所以此时的结构单元不等于单体单元。

(2) 由两种结构单元组成的高分子

其重复单元由两种结构单元组成,且结构单元与单体的组成不尽相同,所以,不能称为单体单元。如聚酰胺类的尼龙-66:

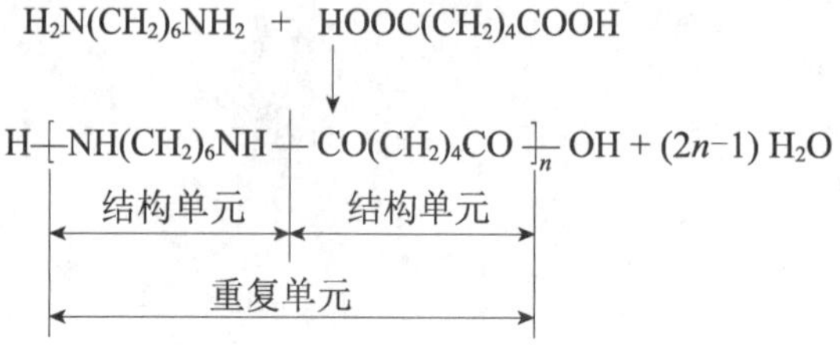

此时,结构单元≠重复单元≠单体单元,但重复单元=链节。

再如表 10-2:

表 10-2　聚合物、单体、结构单元、聚合度

聚合物	单体	结构单体	聚合度
聚对苯二甲酸乙二酯,涤纶,PET 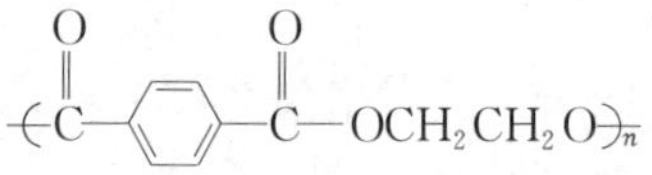	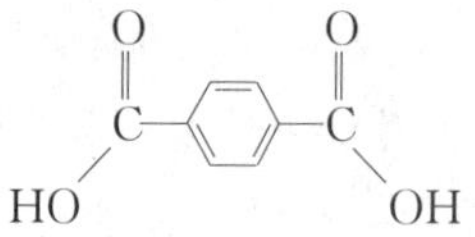 $+\mathrm{HOCH_2CH_2OH}$	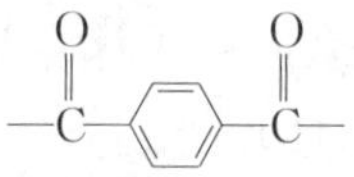 $-\mathrm{OCH_2CH_2O}-$	$2n$
	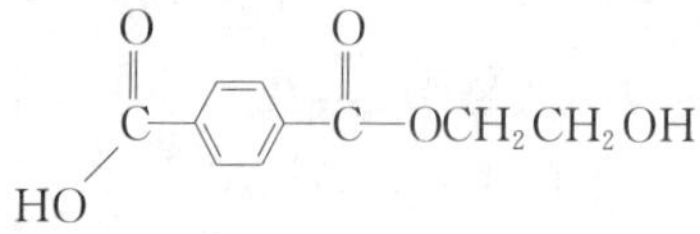	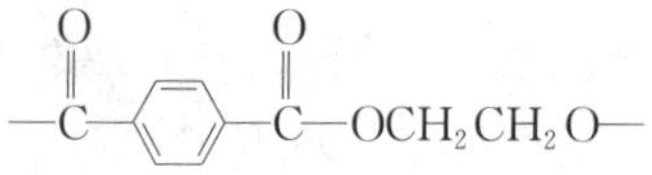	n

对于聚合度为 αn 的情况,此时,$\overline{\chi}_n=2\overline{DP}=2n$。而高分子的相对分子质量 $M=\overline{\chi}_n\cdot M_0=2\overline{DP}\cdot M_0$。这里 M_0 为两种结构单元的平均相对分子质量。

(3) 由无规排列的结构单元组成的高分子

其分子由两种或两种以上的结构单元组成,且在分子链上结构单元的排列是任意的。在这种情况下,无法确定它的重复单元。如丁苯橡胶(由单体 1,3-丁二烯和苯乙烯聚合而成):

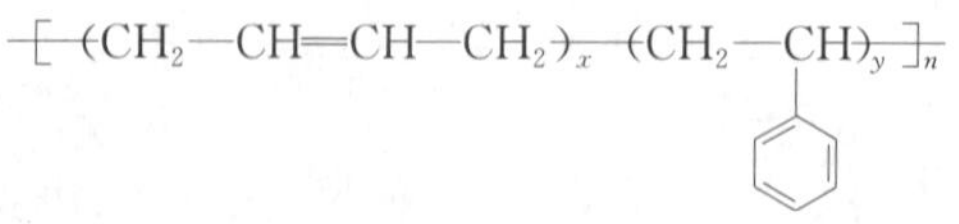

其中:x、y 为任意值,故分子链上结构单元的排列没有规律,仅结构单元=单体单元。

对于各种聚合物分子,除特殊的环状结构外,其链的末端结构单元都会与主链上的结构单元有所不同,这是由末端基团(End Groups,简称"端基")造成的。

涤纶: 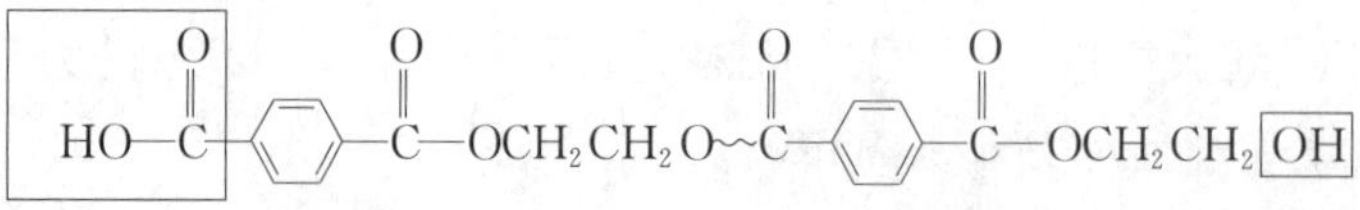

聚乙烯: $\boxed{\mathrm{CH_3}}\ \mathrm{CH_2{\leftarrow}CH_2CH_2{\rightarrow}_nCH_2}\ \boxed{\mathrm{CH_3}}$

端基的结构和性质往往会对高分子材料的整体性能产生影响,因此也是高分子材料的生产和应用中需要考虑的问题。

二、高分子的分类与命名

1. 分类

高分子化合物的分类可以有多种方式。按照其来源,可分为天然高分子(自然界天然存在的高分子)、半天然高分子(经化学改性后的天然高分子)和合成高分子(由单体聚合人工合成的高分子)。按照其主链元素组成,可分为碳链高分子[主链(链原子)完全由 C 原子组成]、杂链高分子(链原子除 C 外,还含 O、N、S 等杂原子)和元素有机高分子(链原子均为杂原子,侧链为有机基团)。

碳链高分子如:

杂链高分子如:

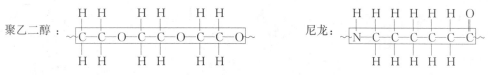

元素有机高分子如:

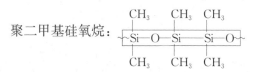

对于高分子材料,则可按照性质和用途,分为塑料、橡胶、合成纤维、黏合剂、涂料、功能高分子,如图10-11所示。

图 10-11　高分子材料分类

2. 命名

聚合物的命名方法有多种,故同一种聚合物往往有几个名称。

(1) 单体来源命名法

① 由一种单体合成的高分子:"聚"+单体名称。如聚氯乙烯、聚乙烯等。

② 由两种单体经缩聚反应合成的高分子,可以有两种命名方式。

其一,表明产物类型:"聚"+两单体生成的产物名称。如对苯二甲酸和乙二醇的缩聚产物叫"聚对苯二甲酸乙二酯",己二酸和己二胺的缩聚产物叫"聚己二酰己二胺"。

其二,不表明产物类型:单体名称或简称加后缀"树脂"或"橡胶"。如苯酚和甲醛的缩聚产物叫"酚醛树脂",尿素和甲醛的缩聚产物叫"脲醛树脂",甘油(丙三醇)和邻苯二甲酸酐的产物叫"醇酸树脂",丁二烯和苯乙烯的产物叫"丁苯橡胶",乙烯与丙烯的共聚物叫"乙丙橡胶"。

③ 由两种或多种单体通过加成聚合反应合成的共聚物:各单体名称或简称之间 +"-"+"共聚物"。如乙烯和乙酸乙烯酯的共聚产物叫"乙烯-乙酸乙烯酯共聚物",丙烯腈、丁二烯和苯乙烯的共聚产物叫"丙烯腈-丁二烯-苯乙烯共聚物(ABS树脂)"。

④ 对某些特殊的高分子类别,可用"聚"+高分子主链结构中的特征功能团作为统称。其指的是一类高分子,而非单种高分子,如:

聚酯:$HO\text{-}\left(\overset{O}{\underset{\|}{C}}\text{-}\bigcirc\text{-}\boxed{\overset{O}{\underset{\|}{C}}\text{-}OCH_2CH_2O}\right)_n H$

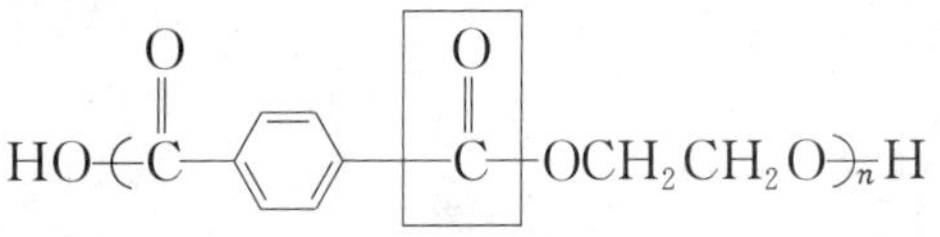

聚酰胺:$H\text{-}\left(HN\text{-}(CH_2)_6\text{-}\boxed{NHCO}\text{-}(CH_2)_4\text{-}CO\right)_n OH$

另外,还有聚氨酯(—HN—CO—O—)和聚醚(—O—)等。

(2) 商品名

以合成纤维最普遍,我国以"纶"(来自英文后缀的音译字"lon")作为合成纤维的后缀,如图10-12所示。

合成纤维
涤纶　聚对苯二甲酸乙二醇酯(聚酯)
丙纶　聚丙烯
锦纶　聚酰胺(尼龙),后面加数字[注]区别。如尼龙-66,尼龙-6
腈纶　聚丙烯腈
维尼纶　聚乙烯醇缩甲醛

(注)数字含义:第一个数字表示二元胺的碳原子数,第二个数字表示二元酸的碳原子数,只附一个数字表示内酰胺或氨基酸的碳原子数。

图10-12 合成纤维的分类

常见的商品名还有有机玻璃(聚甲基丙烯酸甲酯)、电木(酚醛树脂)等等。

(3) 英文缩写名

部分常见高分子化合物的英文缩写名称见表10-3。

表10-3 部分常见高分子化合物的英文缩写名称

PE (polyethylene)	聚乙烯	PAM (Polyacrylamide)	聚丙烯酰胺
PP (Polypropylene)	聚丙烯	PMA(Polymethacrylate)	聚丙烯酸甲酯
PTFE (Polytetrafluoroethylene)	聚四氟乙烯	PMMA (Polymethylmethacrylate)	聚甲基丙烯酸甲酯(有机玻璃)
PS (Polystyrene)	聚苯乙烯	PVA (Polyvinylalcohol)	聚乙烯醇
PVC (Polyvinylchloride)	聚氯乙烯	PVAc (Polyvinylacetate)	聚醋酸乙烯酯
PAA (Polyacrylic acid)	聚丙烯酸	PA (Polyamides)	尼龙(聚酰胺)

（4）IUPAC 系统命名法

确定重复单元结构——按规定排出重复单元结构中的次级单元(subunit,即取代基)顺序:侧基最少的元素,有取代基的部分,无取代基的部分——给重复结构单元命名:按小分子有机化合物的 IUPAC 命名规则给重复结构单元命名(IUPAC 系统命名法尚未普及,常用于国际交往)。

例:

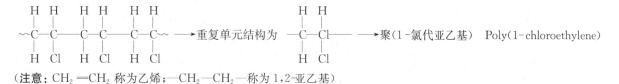

（注意:CH_2＝CH_2 称为乙烯;—CH_2—CH_2—称为1,2-亚乙基)

三、聚合反应的分类

聚合反应是由低分子单体合成聚合物的反应。其反应类型多样,一般可按两种方式进行分类,如图 10-13所示。

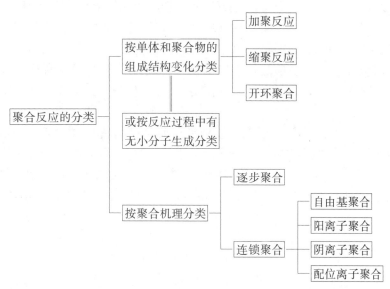

图 10-13　聚合反应的总体分类

1. 按单体和聚合物的组成结构变化分类(可分为加聚反应、缩聚反应、开环聚合反应)

（1）加聚反应

$$n CH_2＝\underset{X}{CH} \longrightarrow \underset{X}{\left[CH_2—CH \right]_n}$$

单体加成而聚合起来的反应称为加聚反应(加成聚合反应),反应产物称为加聚物。常见的加聚物有 PP、PE、PVC、PS、PMMA 等。其特征是:加聚反应往往是烯类单体 π 键加成的聚合反应,无官能团结构特征,多是碳链聚合物;加聚物的元素组成与其单体相同,仅电子结构有所改变;加聚物相对分子质量是单体相对分子质量的整数倍。

（2）缩聚反应

$$n HOOC(CH_2)_8 COOH＋n H_2N(CH_2)_6 NH_2 \longrightarrow HO\left[OC(CH_2)_8 CO—HN(CH_2)_6 NH \right]_n—H＋(2n-1)H_2O$$

缩聚反应是缩合反应多次重复缩合形成聚合物的过程,兼有缩合出低分子和聚合成高分子的双重含义,反应产物称为缩聚物。其特征是:缩聚反应通常是官能团间的聚合反应;反应中有低分子副产物产生,如水、醇、胺等;缩聚物中往往留有官能团的结构特征,如—OCO—、—NHCO—,故大部分缩聚物都是杂链

181

聚合物;缩聚物的结构单元比其单体少若干原子,故相对分子质量不再是单体相对分子质量的整数倍。

（3）开环聚合反应

$$n CH_2 \overset{O}{\diagdown\diagup} CH_2 \longrightarrow \left[CH_2{-}CH_2{-}O \right]_n \quad 聚氧化乙烯$$

$$n(CH_2)_5 \overset{CO}{\underset{NH}{\diagdown\diagup}} \overset{H_2O}{\longrightarrow} H \left[NH(CH_2)_5 CO \right]_n OH \quad 聚己内酰胺(尼龙6)$$

环状单体 σ 键断裂后聚合成线形聚合物的反应称为开环反应。其特征为:一般是杂环化合物聚合得到杂链聚合物,从结构上看像缩聚物;反应中没有低分子副产物产生,类似于加聚反应;聚合物的结构单元和单体有相同的化学组成,相对分子质量是单体相对分子质量的整数倍。

2. 按反应机理分类(可分为连锁聚合反应和逐步聚合反应)

（1）连锁聚合反应

连锁聚合反应也称链式反应,反应需要活性中心。反应中一旦形成单体活性中心,就能很快自动地传递下去,瞬间形成高分子。平均每个大分子的生成时间很短(零点几秒到几秒)。连锁聚合反应的特征是:聚合过程由链引发、链增长和链终止几步基元反应组成,各步反应速率和活化能差别很大;反应体系中只存在单体、聚合物和微量引发剂;进行连锁聚合反应的单体主要是烯类、二烯类化合物;相对分子质量增加很快,转化率逐渐增加;根据活性中心不同,连锁聚合反应又分为自由基聚合(活性中心为自由基)、阳离子聚合(活性中心为阳离子)、阴离子聚合(活性中心为阴离子)、配位离子聚合(活性中心为配位离子)。

（2）逐步聚合反应

逐步聚合反应是指单体聚合成聚合物是逐步进行的。反应初期,单体很快消失,变成二聚体、三聚体等低聚体。随着反应的进行,聚合物的相对分子质量逐步增加,经过一段时间后形成聚合物大分子。其特征是:逐步聚合反应和连锁聚合反应不同,没有特定的反应活性中心,每个单体的官能团都是活性中心,且具有相同反应活性;反应体系由单体和相对分子质量递增的系列产物组成;短期内转化率很高,但相对分子质量增加缓慢。

四、聚合物的相对分子质量和相对分子质量分布

其实,高分子并无明显的相对分子质量界限,但一般将相对分子质量低于1 000 的分子称为低分子物(小分子),相对分子质量在1 000～10 000 之间的称为齐聚物(又称低聚物、寡聚物),相对分子质量在10 000～1 000 000 之间的称为高聚物(高分子),相对分子质量高于1 000 000 的称为超高相对分子质量高分子。

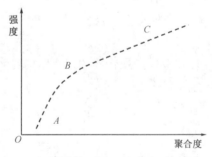

图 10-14　高分子材料的强度与其聚合度的关系

一般高分子的相对分子质量在 $10^4 \sim 10^6$ 范围内,超高相对分子质量的聚合物相对分子质量高达 10^6 以上。高分子材料的强度与相对分子质量密切相关。

在图 10-14 中,A 点是初具强度的最低聚合度,A 点以上强度随分子链迅速增加;B 点是临界点,强度增加逐渐减慢;C 点以后强度不再明显增加。不同高分子初具强度的聚合度和临界点的聚合度不同,如表 10-4 所示。

表 10-4　部分常见聚合物材料的 A、B 点聚合度

聚合物材料	A 点聚合度	B 点聚合度
尼龙	40	150
纤维素	60	250
乙烯基聚合物	100	400

高分子材料的加工性能与相对分子质量有关。相对分子质量过大,聚合物熔体黏度过高,难以成型加工。因此通常达到一定相对分子质量,保证使用强度时,不必追求过高的相对分子质量。

要注意的是,聚合物是由一系列相对分子质量(或聚合度)不等的同系物高分子组成,这些同系物高分子之间的相对分子质量差为重复单元相对分子质量的倍数,这种同种聚合物分子长短不一的特征称为聚合物的多分散性。

1. 高分子平均相对分子质量的表示方法

由于聚合物的多分散性,聚合物的相对分子质量或聚合度是统计的,是一个平均值,叫平均相对分子质量或平均聚合度。平均相对分子质量的统计可有多种标准,其中最常见的是数均相对分子质量、重均相对分子质量(质均相对分子质量)和黏均相对分子质量。

(1) 数均相对分子质量

按聚合物中含有的分子数目统计平均的相对分子质量,是 i-聚体的相对分子质量乘以其物质的量分数的加和。

$$\overline{M}_n = \frac{m}{\sum n_i} = \frac{\sum (n_i m_i)}{\sum n_i} = \frac{\sum m_i}{\sum \left(\frac{m_i}{M_i}\right)} = \sum x_i M_i$$

式中,i 为聚合物的聚合度,聚合度为 i 的聚合物为 i-聚体;m_i、n_i、x_i、M_i 分别为 i-聚体的质量、物质的量、物质的量分数和相对分子质量。

(2) 重均相对分子质量(质均相对分子质量)

按照聚合物的质量进行统计平均的相对分子质量,是 i-聚体的相对分子质量乘以其质量分数的加和。

$$\overline{M}_w = \frac{\sum (m_i M_i)}{\sum m_i} = \frac{\sum (n_i M_i^2)}{\sum (n_i M_i)} = \sum w_i M_i$$

式中,符号意义同前,w_i 是 i-聚体的质量分数。

(3) 黏均相对分子质量

对于一定的聚合物—溶剂体系,其特性黏数 $[\eta]$ 和相对分子质量的关系为 $[\eta] = K \overline{M}^\alpha$,称为 Mark-Houwink 方程。其中,$[\eta]$ 为聚合物的特性黏度,由实验测得;K、α 是与聚合物、溶剂有关的常数。

黏均相对分子质量的计算式即为

$$\overline{M}_v = \left(\frac{\sum (m_i M_i^\alpha)}{\sum m_i} \right)^{\frac{1}{\alpha}} = \left(\frac{\sum (n_i M_i^{\alpha+1})}{\sum n_i M_i} \right)^{\frac{1}{\alpha}}$$

一般,α 值在 0.5～0.9 之间。黏均相对分子质量用黏度法测得。黏度法测定聚合物相对分子质量是实验室和工业上常用的方法。

关于聚合物平均相对分子质量还应注意几点:① 对于相对分子质量均一的聚合物,数均相对分子质量=质均相对分子质量;而对于相对分子质量不均一的聚合物,$M_w > M_v > M_n$,M_v 略低于 M_w。② M_n 靠近聚合物中低相对分子质量的部分,即低相对分子质量部分对 M_n 影响较大。③ M_w 靠近聚合物中高相对分子质量的部分,即高相对分子质量部分对 M_w 影响较大。④ 一般用 M_w 来表征聚合物比 M_n 更恰当,因为聚合物的性能如强度、熔体黏度更多地依赖于样品中较大的分子。⑤ 同种聚合物,不同的测定方法,平均相对分子质量不同。

2. 高分子相对分子质量多分散性的表示方法

高分子相对分子质量的多分散性可以用数值或图线的方式进行描述。

数值方式称为"相对分子质量分布指数(d)"。即质均相对分子质量与数均相对分子质量的比值,$d = M_w / M_n$。d 越大,表明相对分子质量分布越宽。$d=1$ 时,相对分子质量为均一分布;d 接近1(1.5 ～ 2)时,相对分子质量分布较窄;d 远离 1(20 ～ 50) 时,相对分子质量分布较宽。

图线的方式称为"相对分子质量分布曲线"。将聚合物样品分成不同相对分子质量的级分,测定其重量分率。以各级分的重量分率对其平均相对分子质量作图,得到重量基相对分子质量分布曲线。该方法的优点是可直观地判断相对分子质量分布的宽窄,并能由图计算各种平均相对分子质量。

相对分子质量分布是影响聚合物性能的因素之一。相对分子质量过高的部分使聚合物强度增加,但加工成型时塑化困难;低相对分子质量部分使聚合物强度降低,但易于加工。不同用途的聚合物应有其合适的相对分子质量分布。例如合成纤维需要相对分子质量分布较窄,而塑料薄膜和橡胶相对分子质量分布可较宽。

第三节　高分子材料结构基础

高分子材料的组织结构要比金属复杂得多,可以概括为两个微观层次:一是大分子链的结构,如高分子结构单元的化学组成、键接方式、立体构型、分子大小及构象等;二是高分子的聚集态结构,如晶态、非晶态、取向结构等,如图 10-15 所示。

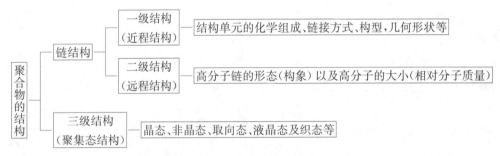

图 10-15　高分子的结构层次

一、高分子材料的基本结构

1. 高分子的微结构

高分子链的微结构十分复杂。在高分子链中,结构单元的化学组成相同时,连接方式和空间排列也会不同。

(1) 序列结构异构(单体单元的结构排列不同)

具有取代基的乙烯基单体可能存在头－尾或头－头或尾－尾连接。有取代基的碳原子为头,无取代基的碳原子为尾。

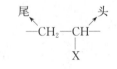

图 10-16　单体单元结构

如单体 CH_2＝CHX 聚合时,所得单体单元结构如图 10-16。

单体单元连接方式可有如图 10-17 所示的三种。

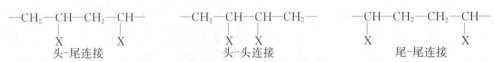

图 10-17　单体单元连接方式

(2) 手性构型异构(高分子的立体异构)

若高分子中含有手性 C 原子,就会形成手性异构体,据其连接方式可分为如下三种(以聚丙烯为例):

① 全同立构高分子(Isotactic Polymer),如图 10-18。

② 间同立构高分子(Syndiotactic Polymer),如图 10-19。

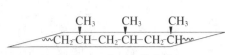

图 10-18 全同立构高分子

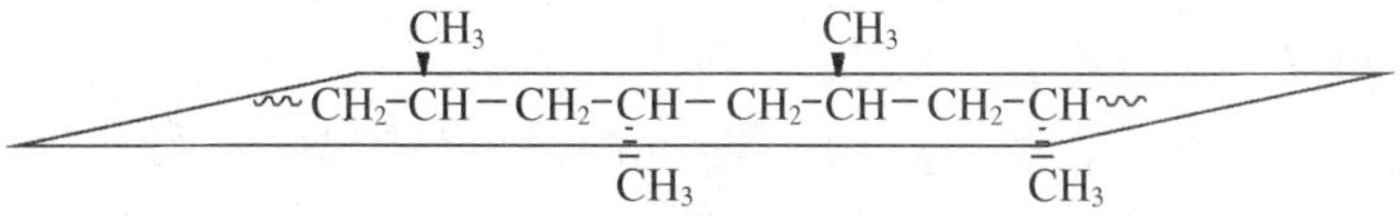

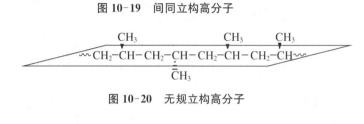

图 10-19 间同立构高分子

图 10-20 无规立构高分子

立构规整性高分子(Tactic Polymer):手性碳的立体构型有规则连接,简称等规高分子。全同立构高分子和间同立构高分子都属于等规高分子。

③ 无规立构高分子(Atactic Polymer),如图 10-20。

(3)几何异构(共轭双烯聚合物的结构)

共轭双烯单体聚合时,大分子链中存在双键时,会存在顺、反异构体。

顺式(天然橡胶)　　　　　反式(古塔波胶)

分子链中的结构差异对聚合物的性能影响很大。顺式聚丁二烯是性能很好的橡胶,反式聚丁二烯则是塑料。

2. 线形、支链形和交联形大分子

高分子链的几何形状大致有三种:线形、支链形、体形,如图 10-21 所示。

线形　　　　支链形　　　　体形

图 10-21 高分子链的几何形状

(1)线形高分子

其长链可能比较伸展,也可能卷曲成团,取决于链的柔顺性和外部条件,一般为无规线团。适当溶剂可溶解,加热可以熔融,即可溶可熔。

(2)支链高分子

线形高分子上带有侧枝,侧枝的长短和数量可不同。高分子上的支链,有的是聚合中自然形成的,有的则是人为地通过反应接枝上去的。可溶解在适当溶剂中,加热可以熔融,即可溶可熔。

(3)体形高分子

可看成是线形或支链形大分子间以化学键交联而成,许多大分子键合成一整体,已无单个大分子可言。交联程度浅,受热可软化,适当溶剂可溶胀;交联程度深的,既不溶解,又不熔融,即不溶不熔。

二、高分子聚集态和热转变

1,高分子的聚集态结构

高分子的聚集态结构,是指高聚物材料整体的内部结构,即高分子链与链之间的排列和堆砌结构,如图 10-22 所示。

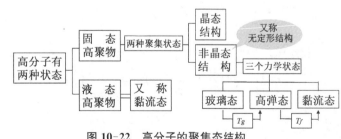

图 10-22 高分子的聚集态结构

(1)非晶态结构

① 高聚物可以是完全的非晶态。

② 非晶态高聚物的分子链处于无规线团状态。

③ 非晶态高分子没有熔点,在比体积—温度曲线上有一转折点,此点对应的温度称为玻璃化转变温度,用 T_g 表示。

④ 在 T_g 以下,聚合物处于玻璃态,其质硬,性脆,无弹性,类似玻璃,体积黏度大,链段运动受限,比体积随温度变化率较小。

⑤ 温度升高到 T_g 以上,聚合物转变为橡胶态(高弹态),质软而有弹性,链段能较自由地转动,比体积随温度变化率较大。玻璃态和高弹态均为固体。当升温到 T_f(黏流温度)时,链段运动强烈,有明显分子间位移,物料熔融达到像液体一样的流动状态,即黏流态。

将一非晶态高聚物试样,施一恒定外力,记录试样的形变随温度的变化,可得到温度形变曲线或称热机械曲线,如 10-23 所示。

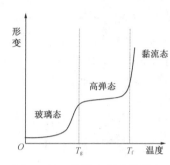

图 10-23　非晶态高聚物形变-
温度关系曲线

(2)晶态结构

高聚物可以高度结晶,但不能达到 100%,即结晶高聚物可处于晶态和非晶态两相共存的状态。结晶熔融温度 T_m 是结晶高聚物的主要热转变温度。由于晶格的束缚,在熔点 T_m 以下时,结晶高聚物只能处于玻璃态。如相对分子质量不大,加热到 T_m 后直接产生流动而进入黏流态;相对分子质量大时,则要经过一个小的高弹形变区,最后进入黏流态。T_m 和 T_g 是结晶高聚物和无定型高聚物的主要热转变温度,也是衡量聚合物耐热性的重要指标。

(3)液晶态结构

某类晶体受热熔融(热致性)或被溶剂溶解(溶致性)后,失去固体的刚性,转变成液体,但仍然保留有晶态分子的有序排列,呈各向异性,形成兼有晶体和液体性质的过渡态,称为液晶态,处于这种状态的物质称为液晶。

2. 高分子材料的使用条件

针对高分子的聚集态和热转变规律,通常所说的塑料、橡胶,正是按照 T_m 和 T_g 在室温之上或室温之下划分的。

(1)塑料

T_m 和 T_g 在室温之上。若为晶态高聚物,处于部分结晶态,T_m 是使用的上限温度;若为非晶态高聚物,处于玻璃态,T_g 是使用的上限温度。

(2)橡胶

T_m 和 T_g 在室温之下。只能是非晶态高聚物,处于高弹态。T_g 是使用的下限温度,T_g 应低于室温 70℃以上;T_f 是使用的上限温度。

(3)纤维

T_m 和 T_g 在室温之上。大部分纤维是晶态高聚物,T_m 应高于室温 150℃以上;也有非晶态高聚物,分子排列要有一定规则和取向。

➡️ 附1　例题解析

【例 10-1】　以氯乙烯单体为原料,聚合得到的聚氯乙烯的相对分子质量,根据其用途不同可在 $5\times10^4\sim1.5\times10^5$ 之间,其结构单元的相对分子质量为 62.5,计算其聚合度。

$$nCH_2{=}CH \longrightarrow \left[CH_2CH \right]_n$$
$$\qquad\quad | \qquad\qquad\qquad |$$
$$\qquad\quad Cl \qquad\qquad\qquad Cl$$

【解题思路】　$\overline{x}_n = \dfrac{\overline{M}}{M_0} = \dfrac{50\,000\sim150\,000}{62.5} = 800\sim2\,400$

通过计算可知,聚氯乙烯的平均聚合度应在 800～2 400,聚氯乙烯分子约由 800～2 400 个氯乙烯单元组成。

【参考答案】　约 800～2 400。

【例 10-2】　以对苯二甲酸与乙二醇为原料,经缩聚制得聚对苯二甲酸乙二醇酯,其相对分子质量一般在 200 000 左右,计算 $\overline{x}_n$ 及 $\overline{DP}$。

【解题思路】　已知—$O(CH_2)_2O$—结构单元相对分子质量为 60,—OC—C_6H_4—CO—结构单元相对分子质量为 132。

由 $\overline{M}_n = \overline{x}_n(M_{01} + M_{02})/2$ 得

$$20\,000 = \overline{x}_n(60 + 132)/2$$

则 $\overline{x}_n = 208$。

【参考答案】　$\overline{DP} = \overline{x}_n/2 = 104$

【例 10-3】　设一聚合物样品,其中相对分子质量为 10^4 的分子有 10 mol,相对分子质量为 10^5 的分子有 5 mol,求各种平均相对分子质量。(α 值为 0.6)

【参考答案】　$\overline{M}_n = \dfrac{\sum(n_i M_i)}{\sum n_i} = \dfrac{10 \times 10^4 + 5 \times 10^5}{10 + 5} = 40\,000$

$$\overline{M}_w = \frac{\sum(n_i M_i^2)}{\sum(n_i M_i)} = \frac{10 \times (10^4)^2 + 5 \times (10^5)^2}{10 \times 10^4 + 5 \times 10^5} = 85\,000$$

$$\overline{M}_v = \left(\frac{10 \times (10^4)^{0.6+1} + 5 \times (10^5)^{0.6+1}}{10 \times 10^4 + 5 \times 10^5}\right)^{\frac{1}{0.6}} \approx 80\,000$$

▶▶ 附 2　综合训练

1. 如何控制线形缩聚物的相对分子质量?
2. 写出下列两组高聚物的结构单元。
(1) 聚氯乙烯、聚异丁烯、聚偏二氯乙烯、聚碳酸酯;
(2) 聚丙烯酸、聚丙烯酸甲酯、聚甲基丙烯酸甲酯、聚丙烯酸乙酯。
3. 同种聚合物如果平均相对分子质量相同,其材料性质也相同。这种说法正确吗? 为什么?

第十一章 分析化学中的定量分析方法 滴定分析法

基本要求

1. 掌握误差的基本概念、表示方法，准确度和精密度的定义以及两者的关系，有效数字及其运算规则。

2. 了解滴定分析法的特点及基本方法，标准溶液的配制和浓度的标定。

3. 酸度对弱酸(碱)各型体分布的影响，酸碱溶液中氢离子浓度的计算，酸碱滴定法的原理、滴定曲线以及指示剂的选择。

4. 掌握氧化还原滴定中的电极电势计算、化学计量点电势，常用的氧化还原滴定方法的原理及应用，氧化还原滴定结果的计算。

5. 了解络合滴定剂乙二胺四乙酸(EDTA)及其络合物的分析特性，酸度对金属离子与 EDTA 形成的络合物的稳定性影响和络合滴定曲线。

6. 认识莫尔法、佛尔哈德法及法扬斯法的原理、滴定条件和应用范围。

第一节 分析方法分类

分析化学方法分类如下：

① 根据分析的目的和任务可分为定性分析、定量分析。

② 根据分析对象的不同可分为无机分析、有机分析。

$$
无机分析 \begin{cases} 元素、离子、化合物等的存在与否 \\ 元素、离子、化合物等的含量多少 \end{cases}
$$

$$
有机分析 \begin{cases} 元素分析 \\ 官能团分析及结构分析 \end{cases}
$$

③ 根据分析方法所依据的物理或物理化学性质可分为化学分析、仪器分析。

化学分析：以物质的化学反应为基础，主要有重量分析法和滴定分析法(容量分析法)。

仪器分析：以物质的物理和物理化学性质为基础，主要有光学分析法、电化学分析法、色谱分析法等。

④ 根据分析中所用试样量以及被测组分含量可分为常量分析、半微量分析、痕量分析(见表 11-1)。

表 11-1 各种分析方法的试样用量

方法	试样质量	试液体积
常量分析	>0.1 g	>10 mL
半微量分析	$0.01\sim0.1$ g	$1\sim10$ mL
微量分析	$0.001\sim0.01$ g	$0.1\sim1$ mL
	$0.1\sim1$ mg	$0.01\sim0.1$ mL
超微量分析	<0.1 mg	<0.01 mL

本章的主要内容是定量化学分析。定量化学分析的任务是测量试样中物质的含量,要求结果准确可靠,不准确的测定结果将会导致生产上的重大损失和科学研究中的错误结论,因而是应当避免的。在定量分析的过程中,即使是技术很熟练的分析工作者,用最完善的分析方法和最精密的仪器,对同一样品进行多次测定,其结果也不会完全一样,这说明客观上存在着难以避免的误差。在实际工作中,常根据准确度和精密度评价测定结果的优劣。

第二节　误差及分析结果的准确度和精密度

一、误差的表示方法

样品中某一组分的含量必有一个客观存在的真实数据,称之为真值(T)。测量值 x 与真值 T 相接近的程度称为准确度。测量值与真值越接近,其误差越小,测定结果的准确度越高。因此,分析结果的准确度可以用误差的大小衡量。误差可以用绝对误差(E_a)和相对误差(E_r)来表示,绝对误差是分析结果与真值之差,表示为式(11-1):

$$E_a = x - T \tag{11-1}$$

式中,x 为单次测量值。由于单次测量值受到外界偶然因素的影响,常常产生较大波动,因此通常采用若干次平行实验测量结果的平均值($\overline{x}$)来表示分析结果。则绝对误差表示为式(11-2):

$$E_a = \overline{x} - T \tag{11-2}$$

相对误差是绝对误差与真值的百分比率式(11-3):

$$E_r = E_a / T \times 100\% \tag{11-3}$$

在测量的绝对误差相同的情况下,待测组分含量越高,相对误差就越小;反之,相对误差就越大。因此,在实际工作中,常用相对误差表示测量结果的准确度。

二、有效数字及其运算规则

1. 有效数字

有效数字是指分析工作中实际上能测量到的数字,有效数字的位数反映了测量的准确度。记录数据和计算结果时,究竟应保留几位数字必须根据测量方法和使用仪器的准确度来确定。

例如,用准确度为百分之一克的天平称物体的质量,由于仪器本身能准确称到 ±0.01 g,所以物体的质量就应该写成 10.40 g,为 4 位有效数字,不能写成 10.4 g。如果用准确度为万分之一克的分析天平,由于其可称量至 ± 0.000 1 g,所以上述质量应写为 10.400 0 g。上述实验数据表明,有效数字是由全部能够准确测量的数据和最后一位可疑数字组成,它们共同决定有效数字的位数。表 11-2 为常用分析仪器测量的有效数字记录结果。

表 11-2　常用分析仪器测量的有效数字记录结果

定量仪器	试样质量	试样体积
台秤	1 g	
天平	1.00 g	
分析天平	1.000 0 g	
量筒、烧杯		10 mL
移液管		10.00 mL
滴定管		10.00 mL
容量瓶		10.00 mL

进行单位换算时,要注意保持有效数字位数不改变,此时如需在数字末尾加"0",最好采用指数形式表示,否则,容易引起有效数字位数的误解。例如,质量 25.0 g 若换算为毫克(mg),写成 25 000 mg,容易误解为五位有效数字,若写成 25.0×10^3 mg 就比较准确地表示出有效数字的位数是三位。

在分析化学中常遇到的 pH、pK_a 等对数值,其有效数字的位数仅取决于小数点后部分的位数,其整数部分只表示该数的方次。例如,$[H^+]=2.1 \times 10^{-13}$,pH=12.68,其有效数字是两位,而不是四位。

确定有效数字的位数时,若第一位数字等于或大于 8,其有效数字的位数应多算一位。例如,9.37 实际上只有三位,但它已接近 10.00,故可以认为它是四位有效数字。

2. 有效数字运算规则

(1)加减法

加减法运算结果的有效数字的位数,应该以参加运算数据中小数位数最少(即绝对误差最大)的数据位数为依据。

例如:0.0121＋25.64＋1.057 82
＝0.01＋25.64＋1.06＝26.71

参加运算的三个数据中,第二个数据 25.64 小数位数最少(绝对误差最大),所以,运算结果依据该数据的有效数字位数保留四位有效数字。

(2)乘除法

乘除法运算结果的有效数字的位数,应该以参加运算数据中有效数字位数最少(即相对误差最大)的数据位数为依据。

例如:0.0325×5.103×60.06÷139.8
＝0.032 5×5.10×60.1÷140＝0.071 2

参加运算的四个数据中,第一个数据 0.032 5 有效数字位数最少(相对误差最大),所以,运算结果依据该数据的有效数字位数保留三位有效数字。

三、分析结果的准确度与精密度

1. 精密度与偏差

一组平行测量结果相互接近的程度称为精密度,它反映了测量结果与平均值的符合程度。由于在实际工作中真值常常是未知的,因此精密度就成为衡量测量结果优劣的重要指标。精密度通常用偏差的大小来表示,如果测量结果彼此接近,则偏差小,分析结果的精密度高;相反,如果数据分散,则偏差大,精密度低。偏差的表示方法有以下几种:

(1)平均偏差($\bar{d}$)

$$\bar{d}=\frac{|x_1-\bar{x}|+|x_2-\bar{x}|+|x_3-\bar{x}|+\cdots+|x_n-\bar{x}|}{n}$$

(2)相对平均偏差($\bar{d}_r$)

$$\bar{d}_r=\frac{\bar{d}}{\bar{x}}\times 100\%$$

(3)标准偏差(s)

$$s=\sqrt{\frac{\sum d_i^2}{n-1}}$$

(4)相对标准偏差(s_r,也称为变异系数)

$$s_r=\frac{s}{\bar{x}}\times 100\%$$

2. 准确度与精密度的关系

测量结果的精密度高是保证准确度高的先决条件,精密度低,所测结果不可靠,就失去了衡量准确度的前提。然而由于可能存在引起误差的因素,高的精密度不一定能保证高的准确度。只有在消除了系统误差之后,测量结果的精密度高才能使其准确度也高。

第三节　滴定分析法概论

一、有关滴定分析的几个概念

1. 滴定分析

滴定分析的一般操作方法是将被测溶液置于锥形瓶中,将已知准确浓度的试剂溶液,即标准溶液(亦称滴定剂)通过滴定管准确滴加到锥形瓶中。滴定分析实验使用的玻璃仪器包括滴定管、锥形瓶等,需要的试剂包括标准溶液、待测溶液及指示剂等。

2. 化学计量点

当滴入的标准溶液的量与被测物质的量之间正好符合化学反应式所表示的化学计量关系时,这时称反应达到了化学计量点(简称计量点,以 sp 表示)。

3. 滴定终点

一般来说,由于在计量点时试液的外观并无明显变化,因此还需加入适当的指示剂,使滴定进行至指示剂的颜色发生突变时而终止,此时称为滴定终点(简称终点,以 ep 表示)。

4. 滴定误差

指示剂一般并不正好在计量点时变色,由此造成的误差称为滴定误差(亦称为终点误差,以 E_t 表示)。

二、标准溶液的配制和浓度的标定

标准溶液是指已知其准确浓度的溶液,常用四位有效数字表示。标准溶液的配制方法一般有两种,即直接配制法和间接配制法。

1. 直接配制法

能用于直接配制标准溶液的化学试剂称为基准物质(基准试剂)。在分析天平上准确称取一定质量的某基准物质,溶解于适量水中,定量转移至容量瓶中,然后稀释、定容并摇匀。根据溶质的质量和容量瓶的体积,即可计算出该溶液(称为标准溶液)的准确浓度,这种配制方法称为直接配制法。

基准物质除了可以用来直接配制标准溶液之外,也用来作为确定某一溶液准确浓度的标准物质。基准物质必须符合以下要求:在空气中稳定;纯度高,一般要求纯度达 99.9% 以上;实际组成与其化学式完全符合;具有较大的摩尔质量。

滴定分析中常用的基准物质有 $Na_2C_2O_4$、$K_2Cr_2O_7$、Na_2CO_3、$CaCO_3$ 等,上述物质的标准溶液配制可以采用直接配制法。

2. 间接配制法(标定法)

许多化学试剂不能完全符合上述基准试剂条件,只能采用间接配制方法配制溶液,即先配制成近似于所需浓度的溶液,然后采用基准物质与该溶液之间的滴定反应来确定其准确浓度,这一操作过程称为标定。大多数标准溶液的准确浓度是通过标定的方法确定的。

三、滴定分析中的计算

若被滴定物质 A 与标准溶液(滴定剂)中的溶质 B 的化学反应为

$$a A + b B \longrightarrow c C + d D$$

该式表示 A 和 B 是按照 $n_A : n_B = a : b$ 的关系反应的,这就是 A 和 B 反应的化学计量关系,是滴定分析中定量关系的依据。

按照上述反应的化学计量关系,被滴定物质 A 的物质的量 n_A 为

$$n_A = (a/b) n_B \tag{11-4}$$

由式(11-4)可得出如下几个关系式:

$$c_A V_A = (a/b) c_B V_B \tag{11-5}$$

$$m_A / M_A = (a/b) c_B V_B \tag{11-6}$$

$$w_A = \frac{m_A}{m_s} = \frac{(a/b) c_B V_B M_A}{m_s} \tag{11-7}$$

上述式(11-4)~式(11-7)是滴定分析中最常用的基本公式。

第四节 酸碱滴定法

一、水溶液中弱酸(碱)各型体的分布

1. 分析浓度和平衡浓度

当酸碱在水溶液中达到解离平衡时,往往同时存在几种形式(型体),每一种型体的浓度称为平衡浓度,以符号[ ]表示。各种型体平衡浓度之和称为分析浓度,也称为总浓度,以符号 c 表示。例如,$0.1 \text{ mol} \cdot L^{-1}$ HAc 溶液,因溶质部分解离,在溶液中以 HAc 和 Ac^- 两种型体存在,平衡浓度分别为[HAc]和[Ac^-],$c_{HAc} = [HAc] + [Ac^-] = 0.1 \text{ mol} \cdot L^{-1}$。

2. 酸度对弱酸(碱)溶液中各型体分布的影响

在弱酸(碱)溶液中,酸碱每种型体的平衡浓度占其分析浓度的分数称为分布系数,用 δ 表示。例如,在 HAc 溶液中,HAc 的分布系数 $\delta_{HAc} = \frac{[HAc]}{c_{HAc}}$;$Ac^-$ 的分布系数 $\delta_{Ac^-} = \frac{[Ac^-]}{c_{HAc}}$。

根据分布系数的定义和 K_a 的表达式有:

$$\delta_{HAc} = \frac{[HAc]}{c_{HAc}} = \frac{[HAc]}{[HAc] + [Ac^-]} = \frac{[H^+]}{K_a + [H^+]}$$

$$\delta_{Ac^-} = \frac{[Ac^-]}{c_{HAc}} = \frac{[Ac^-]}{[HAc] + [Ac^-]} = \frac{K_a}{K_a + [H^+]}$$

$$\delta_{HAc} + \delta_{Ac^-} = \frac{[H^+]}{K_a + [H^+]} + \frac{K_a}{K_a + [H^+]} = 1 \tag{11-8}$$

由式(11-8)可以看出,分布系数 δ 是 H^+ 浓度的函数,而与其分析浓度无关。以 δ 值为纵坐标,pH 为横坐标,可以得到 HAc 各型体的 δ-pH 曲线,如图 11-1 所示。

从图中可以看出,δ_{HAc} 随 pH 增高而减小,δ_{Ac^-} 随 pH 增高而增大;pH$\ll$pK_a 时(pH=pK_a-2),$\delta_{HAc} \rightarrow 1$,溶液中存在的主要型体为 HAc;pH$\gg$p$K_a$ 时(pH=pK_a+2),$\delta_{Ac^-} \rightarrow 1$,溶液中存在的主要型体为 Ac^-;当 pH=pK_a 时(4.74),两曲线相交,此时 $\delta_{HAc} = \delta_{Ac^-} = 0.50$,[HAc]=[$Ac^-$]。

有了分布系数及分析浓度即可求得溶液中酸碱各型体的平

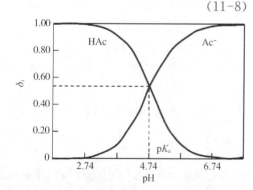

图 11-1 HAc 各型体的 δ-pH 曲线

衡浓度。

二、酸碱溶液中氢离子浓度的计算

1. 一元强酸(碱)溶液中 H$^+$ 浓度的计算

假设一元强酸浓度为 c_a(mol·L^{-1}),一般来说,只要强酸的浓度不是太低,$c_a \geqslant 10^{-6}$ mol·L^{-1},就可以忽略水的解离,$[H^+] = c_a$。

同理,假设一元强碱浓度为 c_b(mol·L^{-1}),当 $c_b \geqslant 10^{-6}$ mol·L^{-1} 时,$[OH^-] = c_b$。

2. 一元弱酸(碱)溶液 pH 的计算

对于解离常数为 K_a、浓度为 c_a 的一元弱酸 HA:

$$[H^+] = \sqrt{c_a K_a} \quad (c_a K_a \geqslant 20 K_w, \frac{c_a}{K_a} \geqslant 400)$$

同理,对于解离常数为 K_b、浓度为 c_b 的一元弱碱 HB:

$$[OH^-] = \sqrt{c_b K_b} \quad (c_b K_b \geqslant 20 K_w, \frac{c_b}{K_b} \geqslant 400)$$

3. 缓冲溶液 pH 的计算

对于 HA-NaA 所组成的缓冲体系,假设 HA 的浓度为 c_a,解离常数为 K_a,NaA 的浓度为 c_b:

$$[H^+] = \frac{c_a}{c_b} K_a, \quad pH = pK_a + \lg \frac{c_b}{c_a}$$

三、酸碱滴定的滴定曲线

1. 强碱(酸)滴定强酸(碱)的滴定曲线

以 NaOH 滴定 HCl 为例来讨论。设 HCl 的浓度为 c_a(0.100 0 mol·L^{-1}),体积为 V_a(20.00 mL);NaOH 的浓度为 c_b(0.100 0 mol·L^{-1}),滴定时加入的体积为 V_b(mL)。整个滴定过程可分为以下 4 个阶段:

(1)滴定前

此时溶液的 pH 由 HCl 的起始浓度计算,即
$$[H^+] = c_a = 0.100 0 \text{ mol·L}^{-1}$$
$$pH = 1.00$$

(2)滴定开始至化学计量点前

随着 NaOH 不断地滴入,溶液中 H$^+$ 浓度逐渐减小,溶液的酸度取决于剩余 HCl 的浓度,即

$$[H^+] = \frac{V_a - V_b}{V_a + V_b} c_a$$

例如,滴入 19.98 mL NaOH(−0.1% 相对误差)时:

$$[H^+] = \frac{20.00 - 19.98}{20.00 + 19.98} \times 0.100 0 = 5.00 \times 10^{-5} \text{ mol·L}^{-1}$$

$$pH = 4.30$$

(3)化学计量点时

已滴入 NaOH 溶液 20.00 mL,溶液呈中性:

$$[H^+] = [OH^-] = 1.00 \times 10^{-7} \text{ mol·L}^{-1}$$

$$pH=7.00$$

（4）化学计量点后

溶液的酸度取决于过量 NaOH 的浓度。例如，滴入 20.02 mL NaOH 溶液（+0.1% 相对误差）时：

$$[OH^-]=\frac{20.02-20.00}{20.00+20.02}\times0.100\,0=5.00\times10^{-5}(\text{mol}\cdot\text{L}^{-1})$$

$$pOH=4.30 \quad pH=9.70$$

滴定过程中各阶段溶液 pH 变化计算结果如表 11-3 所示。如果以 NaOH 的加入量（或滴定分数）为横坐标，以滴定过程中溶液 pH 变化为纵坐标作图，即得到 NaOH 滴定 HCl 的滴定曲线，如图 11-2 所示。

表 11-3 NaOH 滴定 HCl 时溶液的 pH

加入 NaOH 溶液体积/mL	HCl 被滴定的百分数/%	剩余 HCl 溶液体积/mL	过量 NaOH 溶液体积/mL	$[H^+]$ mol·L^{-1}	pH
0.00		20.00		1.0×10^{-1}	1.00
18.00	90.00	2.00		5.3×10^{-2}	2.28
19.80	99.00	0.20		5.0×10^{-4}	3.30
19.96	99.80	0.04		1.0×10^{-4}	4.00
19.98	99.90	0.02		5.0×10^{-5}	4.30
20.00	100.0	0.00		1.0×10^{-7}	7.00
20.02	100.1		0.02	2.0×10^{-10}	9.70
20.04	100.2		0.04	1.0×10^{-10}	10.00
20.20	101.0		0.20	2.0×10^{-11}	10.70
22.00	110.0		2.00	2.0×10^{-12}	11.70
40.00	200.0		20.00	3.0×10^{-13}	12.50

（突跃范围：4.30～9.70）

计量点前后 ±0.1% 相对误差范围内溶液 pH 的变化范围，称为酸碱滴定的 pH 突跃范围。由上述计算可知：0.100 0 mol·L^{-1} NaOH 滴定 0.100 0 mol·L^{-1} HCl 滴定突跃范围为 4.3～9.7。

滴定突跃范围是选择酸碱指示剂的依据，凡在滴定突跃范围内变色的指示剂，如酚酞（变色范围 pH=8～10）、甲基橙（变色范围 pH=3.1～4.4）、甲基红（变色范围 pH=4.4～6.2）等都可以作为这一类型滴定的指示剂。

2. 强碱（酸）滴定一元弱酸（碱）的滴定曲线

以 NaOH 滴定 HAc 为例来讨论。设 HAc 的浓度为 c_a（0.100 0 mol·L^{-1}），体积为 V_a（20.00 mL）；NaOH 的浓度为 c_b（0.100 0 mol·L^{-1}），滴定时加入的体积为 V_b（mL）。同强碱滴定强酸一样，可分为以下 4 个阶段来讨论：

（1）滴定前

此时溶液的 H$^+$ 主要来自 HAc 的解离。

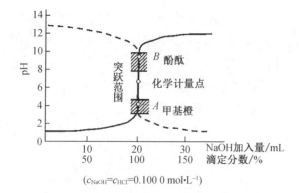

$(c_{\text{NaOH}}=c_{\text{HCl}}=0.100\,0\ \text{mol}\cdot\text{L}^{-1})$

图 11-2 NaOH 滴定 HCl 的滴定曲线

$$[H^+]=\sqrt{c_a K_a}=\sqrt{0.100\ 0\times1.8\times10^{-5}}=1.34\times10^{-3}(\text{mol}\cdot\text{L}^{-1})$$

$$pH=2.87$$

(2) 滴定开始至化学计量点前

溶液中未反应的 HAc 和反应产物 NaAc 组成一个缓冲体系,其 pH 为

$$pH=pK_a+\lg\frac{[\text{Ac}^-]}{[\text{HAc}]}$$

$$[\text{Ac}^-]=\frac{c_b V_b}{V_a+V_b}\qquad[\text{HAc}]=\frac{c_a V_a-c_b V_b}{V_a+V_b}$$

因为 $c_a=c_b=0.100\ 0\ \text{mol}\cdot\text{L}^{-1}$,于是

$$pH=pK_a+\lg\frac{V_b}{V_a-V_b}$$

例如滴入 19.98 mL NaOH 时(相对误差为 -0.1%):

$$pH=4.74+\lg\frac{19.98}{20.00-19.98}=7.74$$

(3) 化学计量点时 $(V_a=V_b)$

已滴入 NaOH 溶液 20.00 mL,此时全部 HAc 被中和,生成 NaAc。Ac^- 为一元弱碱,根据它在溶液中的解离平衡,溶液中的 OH^- 浓度为

$$[\text{OH}^-]=\sqrt{c_b K_b}=\sqrt{0.05\times5.6\times10^{-10}}=5.3\times10^{-6}(\text{mol}\cdot\text{L}^{-1})$$

$$pOH=5.28\quad pH=8.72$$

(4) 化学计量点后 $(V_b>V_a)$

由于过量 NaOH 的存在,抑制了 Ac^- 的解离,故此时溶液的 pH 主要取决于过量的 NaOH 浓度,计算方法与计算强碱滴定强酸相同,当滴入 20.02 mL NaOH 溶液(相对误差为 $+0.1\%$):

$$[\text{OH}^-]=\frac{20.02-20.00}{20.00+20.02}\times0.100\ 0=5.00\times10^{-5}(\text{mol}\cdot\text{L}^{-1})$$

$$pOH=4.30\quad pH=9.70$$

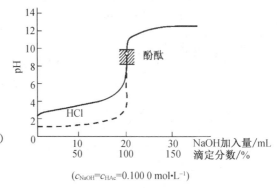

$(c_{\text{NaOH}}=c_{\text{HAc}}=0.100\ 0\ \text{mol}\cdot\text{L}^{-1})$

图 11-3　NaOH 滴定 HAc 的滴定曲线

滴定过程中各阶段溶液 pH 变化计算结果见表 11-4。

NaOH 滴定 HAc 的滴定曲线如图 11-3 所示。由图中可以看出,NaOH—HAc 滴定曲线起点的 pH 比 NaOH—HCl 的高约 2 个单位,这是因为 HAc 的解离度要比等浓度的 HCl 小的缘故。pH 突跃范围为 7.74~9.70,比强碱滴定强酸时要小,此时可选用酚酞作指示剂,而在酸性范围内变色的甲基橙、甲基红则不能作为指示剂,否则将引起很大的滴定误差。

表 11-4　NaOH 滴定 HAc 时溶液的 pH

$(c_{\text{NaOH}}=c_{\text{HAc}}=0.100\ 0\ \text{mol}\cdot\text{L}^{-1},V_{\text{HAc}}=20.00\ \text{mL})$

加入 NaOH 溶液体积/mL	HAc 被滴定的百分数/%	剩余 HAc 溶液体积/mL	过量 NaOH 溶液体积/mL	pH
0.00	0.00	20.00		2.87
18.00	50.00	10.00		4.70

（续表）

加入 NaOH 溶液 体积/mL	HAc 被滴定的 百分数/%	剩余 HAc 溶液体积/mL	过量 NaOH 溶液体积/mL	pH	
19.80	90.00	2.00		5.70	
19.96	99.00	0.20		6.74	
19.98	99.90	0.02		7.74	突跃范围
20.00	100.0	0.00		8.72	
20.02	100.1		0.02	9.70	
20.20	101.0		0.20	10.70	
22.00	110.0		2.00	11.70	
40.00	200.0		20.00	12.50	

第五节　氧化还原滴定法

一、氧化还原滴定曲线

1. 滴定过程中体系的电极电势

对于一般的氧化还原滴定反应：$a\,\mathrm{ox}_1 + b\,\mathrm{Red}_2 = a\,\mathrm{Red}_1 + b\,\mathrm{ox}_2$，如果参与反应的两个电对均为可逆电对，则可以利用能斯特方程计算滴定过程中体系的电势变化。

以 $0.100\,0\ \mathrm{mol \cdot L^{-1}}$ $\mathrm{Ce(SO_4)_2}$ 标准溶液滴定 $20.00\ \mathrm{mL}$ $0.100\,0\ \mathrm{mol \cdot L^{-1}}$ 的 $\mathrm{Fe^{2+}}$ 溶液为例，说明滴定过程中电极电势的计算方法。

设溶液的酸度为 $1\ \mathrm{mol \cdot L^{-1}}$ $\mathrm{H_2SO_4}$，滴定反应为

$$\mathrm{Ce^{4+} + Fe^{2+} \longrightarrow Ce^{3+} + Fe^{3+}}$$

氧化剂及还原剂的半反应及电极电势为

$$\mathrm{Fe^{3+} + e^- \longrightarrow Fe^{2+}} \qquad E^{\ominus}_{\mathrm{Fe^{3+}/Fe^{2+}}} = 0.68\ \mathrm{V}$$

$$E_{\mathrm{Fe^{3+}/Fe^{2+}}} = E^{\ominus}_{\mathrm{Fe^{3+}/Fe^{2+}}} + 0.059\lg \frac{c_{\mathrm{Fe^{3+}}}}{c_{\mathrm{Fe^{2+}}}}$$

$$\mathrm{Ce^{4+} + e^- \longrightarrow Ce^{3+}} \qquad E^{\ominus}_{\mathrm{Ce^{4+}/Ce^{3+}}} = 1.44\ \mathrm{V}$$

$$E_{\mathrm{Ce^{4+}/Ce^{3+}}} = E^{\ominus}_{\mathrm{Ce^{4+}/Ce^{3+}}} + 0.059\lg \frac{c_{\mathrm{Ce^{4+}}}}{c_{\mathrm{Ce^{3+}}}}$$

在滴定过程中，每加入一定量的滴定剂，反应达到一个新的平衡，此时两个电对的电极电势相等，即

$$E_{\mathrm{Fe^{3+}/Fe^{2+}}} = E_{\mathrm{Ce^{4+}/Ce^{3+}}}$$

（1）计量点前

在达到计量点前，溶液中 $\mathrm{Ce^{4+}}$ 很小，且不能直接求得，而当加入一定量 $\mathrm{Ce^{4+}}$ 标准溶液时，溶液中 $\mathrm{Fe^{3+}}$、$\mathrm{Fe^{2+}}$ 是已知的，因此可利用任一平衡点时 $\mathrm{Fe^{3+}/Fe^{2+}}$ 电对的能斯特方程来计算滴定过程中体系的电势。

例如，若加入 $12.00\ \mathrm{mL}$ 的 $0.100\,0\ \mathrm{mol \cdot L^{-1}}$ 的 $\mathrm{Ce^{4+}}$ 标准溶液，则溶液中生成的 $\mathrm{Fe^{3+}}$ 浓度为

$$c_{\mathrm{Fe^{3+}}} = \frac{12.00 \times 0.100\,0}{20.00 + 12.00} = 0.037\,5\,(\mathrm{mol \cdot L^{-1}})$$

$$c_{Fe^{2+}} = \frac{(20.00 - 12.00) \times 0.100\,0}{20.00 + 12.00} = 0.025(mol \cdot L^{-1})$$

则此时体系的电势

$$E_{Fe^{3+}/Fe^{2+}} = E_{Fe^{3+}/Fe^{2+}}^{\ominus} + 0.059\lg\frac{c_{Fe^{3+}}}{c_{Fe^{2+}}} = 0.68 + 0.059\lg\frac{0.037\,5}{0.025} = 0.69(V)$$

若加入 19.98 mL 的 0.100 0 mol·L⁻¹ 的 Ce^{4+} 标准溶液(即滴定分数为 99.9%)时,同理可以计算此时体系的电势 $E_{Fe^{3+}/Fe^{2+}} = 0.86$ V。

(2) 化学计量点

化学计量点时恰好加入 20.00 mL Ce^{4+} 标准溶液,此时 Ce^{4+} 和 Fe^{2+} 均已全部反应完毕,因此无论是滴定剂电对或被滴定物电对,都无法用能斯特方程求得此时体系的电势。由于化学计量点时两电对的电势相等,即

$$E_{Fe^{3+}/Fe^{2+}} = E_{Ce^{4+}/Ce^{3+}} = E_{sp} \text{(计量点的电位)}$$

则

$$E_{sp} = E_{Ce^{4+}/Ce^{3+}}^{\ominus} + 0.059\lg\frac{c_{Ce^{4+}}}{c_{Ce^{3+}}}$$

$$E_{sp} = E_{Fe^{3+}/Fe^{2+}}^{\ominus} + 0.059\lg\frac{c_{Fe^{3+}}}{c_{Fe^{2+}}}$$

根据反应方程式,反应到达计量点时,$c_{Ce^{3+}} = c_{Fe^{3+}}$。

此时 Ce^{4+}、Fe^{2+} 虽已定量反应完毕,但是由于产物发生逆反应的结果,溶液中仍存在极少量的 Ce^{4+} 和 Fe^{2+},且 $c_{Ce^{4+}} = c_{Fe^{2+}}$。

将上述滴定剂电对和被滴定物电对的能斯特方程相加,即

$$2E_{sp} = E_{Ce^{4+}/Ce^{3+}}^{\ominus} + E_{Fe^{3+}/Fe^{2+}}^{\ominus} = 1.44 + 0.68$$

$$E_{sp} = \frac{1.44 + 0.68}{2} = 1.06(V)$$

(3) 化学计量点后

化学计量点后加入的 Ce^{4+} 过量,此时溶液中 Ce^{4+}、Ce^{3+} 浓度容易求得,因此可利用 Ce^{4+}/Ce^{3+} 电对来计算体系的电势:$E_{Ce^{4+}/Ce^{3+}} = E_{Ce^{4+}/Ce^{3+}}^{\ominus} + 0.059\lg\frac{c_{Ce^{4+}}}{c_{Ce^{3+}}}$。

例如:当加入 Ce^{4+} 溶液 20.02 mL(即滴定分数为 100.1%)时,则:

$$E_{Ce^{4+}/Ce^{3+}} = 1.44 + 0.059\lg\frac{0.02 \times 0.100\,0}{20.00 \times 0.100\,0} = 1.26(V)$$

滴定过程中体系电势变化的部分计算结果列于表 11-5 中。

由计算结果可以得到:对于可逆的、对称的氧化还原电对,当滴定分数为 50% 时,体系的电势恰好是 Fe^{3+}/Fe^{2+} 电对的条件电势;当滴定分数为 200% 时,体系的电势则等于 Ce^{4+}/Ce^{3+} 电对的条件电势。当滴定分数为 100% 时,体系的电势即化学计量点的电位 E_{sp}。当 $n_1 = n_2$ 时,$E_{sp} = \frac{E_1^{\ominus} + E_2^{\ominus}}{2}$,在滴定突跃中部。当 $n_1 \neq n_2$,E_{sp} 偏向得失电子数较多的。

例如:

$$MnO_4^- + 5Fe^{2+} + 8H^+ \longrightarrow Mn^{2+} + 5Fe^{3+} + 4H_2O$$

$$E_{sp} = \frac{5 \times 1.51 + 1 \times 0.771}{1 + 5} = 1.39(V)$$

其突跃范围为 0.94～1.48 V,突跃中点为 1.21 V,E_{sp} 并不在滴定突跃中部,而是偏向 MnO_4^-(得失电子数多)一方。

2. 化学计量点电势及滴定突跃范围

对于一般的氧化还原滴定反应 $a\ OX_1 + b\ Red_2 \longrightarrow a\ Red_1 + b\ OX_2$,其化学计量点时的电位为

$$E_{sp} = \frac{n_1 E_1^{\ominus} + n_2 E_2^{\ominus}}{n_1 + n_2}$$

式中,$E_1^{\ominus}$ 为氧化剂电对的条件电势;$E_2^{\ominus}$ 为还原剂电对的条件电势;n_1、n_2 分别为氧化剂和还原剂得失的电子数。当条件电势查不到时,可用标准电极电势 $E^{\ominus}$ 代替。

注意:此式仅适用于对称的电对,即氧化还原半反应方程式中氧化型与还原型的系数相同。如果电对的氧化型与还原型的系数不相等,即是不对称电对,如 $Cr_2O_7^{2-}/Cr^{3+}$、$I_2/2I^-$,则计量点时的电位的计算较复杂,E_{sp} 除与 $E^{\ominus}$ 及 n 有关外,还与反应物及产物的浓度有关。

$Ce(SO_4)_2$ 滴定 Fe^{2+} 溶液滴定过程中体系的电极电势见表 11-5。

表 11-5　$Ce(SO_4)_2$ 滴定 Fe^{2+} 溶液滴定过程中体系的电极电势

0.100 0 mol·L^{-1} Ce^{4+}滴定 0.100 0 mol·L^{-1} Fe^{2+}($V_{Fe(II)}$=20.00 mL, 1.0 mol·L^{-1} H_2SO_4 中)

滴入 Ce^{4+} 溶液的体积 V/mL	滴定分数 f	体系的电极电势 E/V	
1.00	0.050	0.60	
2.00	0.100	0.62	
4.00	0.200	0.64	
8.00	0.400	0.67	
10.00	0.500	0.68	
12.00	0.600	0.69	
18.00	0.900	0.74	
19.80	0.990	0.80	
19.98	0.999	0.86	滴
20.00	1.000	1.06	定
20.02	1.001	1.26	突
22.00	1.100	1.38	跃
30.00	1.500	1.42	
40.00	2.000	1.44	

若以化学计量点前后 0.1% 误差时电势的变化作为滴定突跃范围,当滴定进行到 99.9%(计量点前 −0.1% 误差)时:

$$E_{ox_2/Red_2} = E_{ox_2/Red_2}^{\ominus} + \frac{0.059}{n_2}\lg\frac{99.9}{0.1} = E_{ox_2/Red_2}^{\ominus} + \frac{0.059}{n_2} \times 3$$

当滴定进行到 100.1%(计量点后 0.1% 误差)时:

$$E_{ox_1/Red_1} = E_{ox_1/Red_1}^{\ominus} + \frac{0.059}{n_1}\lg\frac{0.1}{100} = E_{ox_1/Red_1}^{\ominus} - \frac{0.059}{n_1} \times 3$$

则滴定突跃范围为

$$E^{\ominus}_{\text{ox}_2/\text{Red}_2} + \frac{0.059}{n_2} \times 3 \sim E^{\ominus}_{\text{ox}_1/\text{Red}_1} - \frac{0.059}{n_1} \times 3$$

二、常用的氧化还原滴定方法

1. 高锰酸钾法

(1) $KMnO_4$ 标准溶液的标定

$KMnO_4$ 是一种强氧化剂,其氧化能力与溶液的酸度有关。在强酸性溶液中,MnO_4^- 被还原为 Mn^{2+},其半反应和标准电极电势为

$$MnO_4^- + 8H^+ + 5e^- \longrightarrow Mn^{2+} + 4H_2O$$

$$E^{\ominus}_{MnO_4^-/Mn^{2+}} = 1.5 \text{ V}$$

$KMnO_4$ 试剂常含有少量 MnO_2 和其他杂质,因此不能作为基准物质直接配制 $KMnO_4$ 标准溶液,而只能采用标定法,标定 $KMnO_4$ 溶液的基准物质以 $H_2C_2O_4 \cdot 2H_2O$ 和 $Na_2C_2O_4$ 最为常见。在酸性条件下,用 $Na_2C_2O_4$ 标定 $KMnO_4$ 的反应为

$$2MnO_4^- + 5C_2O_4^{2-} + 16\,H^+ \longrightarrow 2Mn^{2+} + 10CO_2\uparrow + 8H_2O$$

(2) 应用示例 H_2O_2 含量的测定

$$2MnO_4^- + 5H_2O_2 + 6\,H^+ \longrightarrow 2Mn^{2+} + 5O_2\uparrow + 8H_2O$$

2. 重铬酸钾法

(1) 概述

$K_2Cr_2O_7$ 是一种常用的氧化剂,在酸性溶液中具有很强的氧化性,其半反应和标准电极电势为

$$Cr_2O_7^{2-} + 14H^+ + 6e^- \longrightarrow 2Cr^{3+} + 7H_2O$$

$$E^{\ominus}_{Cr_2O_7^{2-}/Cr^{3+}} = 1.36 \text{ V}$$

$K_2Cr_2O_7$ 固体试剂易提纯且稳定,因此可以作为基准试剂直接配制标准溶液。$K_2Cr_2O_7$ 标准溶液非常稳定,可以长期保存和使用。

(2) 应用示例：化学耗氧量的测定

化学耗氧量(简称 COD),是一个量度水体受污染程度的重要指标。它是指一定体积的水体中能被强氧化剂氧化的还原性物质的量,表示为氧化这些还原性物质所需消耗的 O_2 的量(单位 $mg \cdot L^{-1}$)。由于废水中的还原性物质大部分是有机物,因此常将 COD 作为水质是否受到有机物污染的依据。$K_2Cr_2O_7$ 适合于工业废水 COD 的测定。

3. 碘量法

(1) 概述

碘量法是以 I_2 的氧化性和 I^- 的还原性为基础的氧化还原滴定方法,所依据的半反应和标准电极电势为

$$I_2 + 2e^- \longrightarrow 2I^- \qquad E^{\ominus}_{I_2/I^-} = 0.535 \text{ V}$$

碘量法分为直接碘量法和间接碘量法,可分别用于还原性物质和氧化性物质的测定。

直接碘量法(碘滴定法)：用 I_2 溶液作为滴定剂,为防止 I_2 的挥发,最好在带塞的碘量瓶中进行。

间接碘量法(滴定碘法)：将待测氧化物与过量的 I^- 发生反应,生成与其计量相当的 I_2,再用 $Na_2S_2O_3$ 标准溶液进行滴定,从而求出该氧化物的含量。滴定反应为

$$I_2 + 2S_2O_3^{2-} \longrightarrow 2I^- + S_4O_6^{2-}$$

碘量法采用淀粉为指示剂,在间接碘量法中淀粉在临近终点时加入,即滴定到 I_2 的黄色已经接近褪去

时加入,否则会有较多的 I_2 与淀粉结合,而导致终点滞后。

（2）应用示例

① 间接碘量法测铜

在弱酸条件下,Cu^{2+} 可以被 KI 还原为 CuI,同时析出与之计量相当的 I_2:

$$2Cu^{2+} + 5I^- \longrightarrow 2CuI\downarrow（白）+ I_3^-$$

用 $Na_2S_2O_3$ 标准溶液滴定生成的 I_2,以淀粉为指示剂,蓝色恰好褪去为终点。反应式为

$$2S_2O_3^{2-} + I_3^- \longrightarrow S_4O_6^{2-} + 3I^-$$

在上述反应中,I^- 不仅是 Cu^{2+} 的还原剂,还是 Cu^{2+} 的沉淀剂和 I_2 的络合剂。由于 CuI 沉淀表面易吸附少量 I_2,这部分 I_2 无法被 $Na_2S_2O_3$ 滴定,而使终点提前,造成结果偏低。为此应在临近终点时加入 KSCN 或 NH_4SCN 溶液,使 CuI 转化为溶解度更小的 CuSCN,而 CuSCN 几乎不吸附 I_2,从而使被吸附的那部分 I_2 释放出来,提高了测定的准确度。

$$CuI\downarrow + SCN^- \longrightarrow CuSCN\downarrow + I^-$$

② 抗坏血酸测定

抗坏血酸（即维生素C,分子式为 $C_6H_8O_6$）是一种还原剂,广泛用于容量分析中。在滴定过程中抗坏血酸被 I_2 氧化为脱氧抗坏血酸（$C_6H_6O_6$）。以淀粉为指示剂,滴定到出现稳定的浅蓝色且 30 s 不褪去为终点。反应式为

$$C_6H_8O_6 + I_2 \longrightarrow C_6H_6O_6 + 2I^- + 2H^+$$

4. 溴酸钾法

$KBrO_3$ 是一种强氧化剂,其半反应和标准电极电势为

$$BrO_3^- + 6H^+ + 6e^- \longrightarrow Br^- + 3H_2O$$

$$E^\ominus_{BrO_3^-/Br^-} = 1.44\text{ V}$$

$KBrO_3$ 标准溶液中通常加入过量的 KBr,生成与 $KBrO_3$ 计量相当的 Br_2,反应式为

$$BrO_3^- + 5Br^- + 6H^+ \longrightarrow 3Br_2 + 3H_2O$$

可见 $KBrO_3$ 标准溶液就相当于 Br_2 的标准溶液。

第六节　络合滴定法

一、EDTA 及其分析特性

利用形成稳定络合物的络合反应来进行滴定的分析方法称为络合滴定法。在络合滴定中一般用络合剂作为标准溶液来滴定金属离子,其中以乙二胺四乙酸（简称 EDTA）为标准溶液（滴定剂）的络合滴定法应用最广泛。

1. EDTA 及其二钠盐

EDTA 是乙二胺四乙酸的简称,通常用 H_4Y 来表示。其结构式为

$$\begin{array}{c}
\text{HOOCH}_2\text{C} \\
 \\
^-\text{OOCH}_2\text{C}
\end{array}
\underset{\text{H}}{\overset{+}{>}}\text{N}-\text{CH}_2\text{CH}_2-\underset{\text{H}}{\overset{+}{>}}\text{N}
\begin{array}{c}
\text{CH}_2\text{COO}^- \\
 \\
\text{CH}_2\text{COOH}
\end{array}$$

由于 EDTA 在水中的溶解度很小,故常将其制备成二钠盐,分子式为 $Na_2H_2Y \cdot 2H_2O$,一般也称为 EDTA 或 EDTA 的二钠盐。

2. EDTA 的解离平衡

EDTA 是一种四元酸,当 H_4Y 溶于酸性强的溶液时,其分子中的两个羧基可再接受 H^+ 而形成六元酸 H_6Y^{2+},在水溶液中存在六级解离平衡:

$$H_6Y^{2+} \rightleftharpoons H^+ + H_5Y^+$$

$$H_5Y^+ \rightleftharpoons H^+ + H_4Y$$

$$\cdots\cdots$$

$$HY^{3-} \rightleftharpoons H^+ + Y^{4-}$$

在水溶液中总是以 H_6Y^{2+}、H_5Y^+、H_4Y、H_3Y^-、H_2Y^{2-}、HY^{3-} 和 Y^{4-} 七种形式存在。

$$c_{EDTA} = [H_6Y^{2+}] + [H_5Y^+] + [H_4Y] + \cdots + [Y^{4-}]$$

由解离平衡可知,在不同的酸度中,各种存在形式的浓度是不相同的,而 EDTA 与金属离子形成的络合物中以 Y^{4-} 与金属离子形成的络合物最为稳定。

3. EDTA 与金属离子形成的络合物的特点

组成简单,绝大多数络合比为 1:1;水溶性好;络合物稳定,形成含多个五元、六元环的螯合物。

$$M + Y \longrightarrow MY$$

$$K_{MY} = \frac{[MY]}{[M][Y]}$$

K_{MY} 称为络合物的稳定常数。不同的金属离子与 EDTA 形成的络合物的稳定常数(K_{MY} 或 $\lg K_{MY}$)相差较大,K_{MY} 越大,表示生成的络合物越稳定。

二、酸度对金属离子与 EDTA 形成的络合物的稳定性影响

1. EDTA 的酸效应及酸效应系数

$$M + Y \rightleftharpoons MY \quad 主反应$$
$$+$$
$$H^+$$
$$\| \quad 副反应$$
$$HY^{3-}$$
$$\vdots$$
$$H_6Y^{2+}$$

金属离子与 Y^{4-} 形成络合物时,Y^{4-} 受到溶液酸度的影响,Y^{4-} 接受质子形成一系列质子化的酸,降低了 Y 与 M 的络合能力,从而降低了 MY 的稳定性。

由于溶液的酸度引起的 Y 与 M 络合能力降低的现象称为酸效应。酸效应的大小用酸效应系数 $\alpha_{Y(H)}$ 或 $\lg\alpha_{Y(H)}$ 的大小来衡量。不同 pH 的酸效应系数 $\alpha_{Y(H)}$ 或 $\lg\alpha_{Y(H)}$ 可查分析化学教材附录。

2. 络合物的条件稳定常数 K'_{MY}

当副反应仅考虑 EDTA 的酸效应时:

201

$$M + Y \Longrightarrow MY$$
$$+$$
$$H^+$$
$$\Updownarrow$$
$$HY^{3-}$$
$$\vdots$$
$$H_6Y^{2+}$$

则络合物的条件稳定常数 $\lg K'_{MY} = \lg K_{MY} - \lg \alpha_{Y(H)}$。

K'_{MY} 是考虑了酸效应的 EDTA-金属离子络合物的稳定常数,称为条件稳定常数,它的大小表明在一定的酸度下络合物的实际稳定程度。

3. 络合滴定的最高酸度和最低酸度

在络合滴定中,要求络合反应能定量地进行完全,必须满足:

$$\lg c_{M,sp} K'_{MY} \geqslant 6,\ \text{若}\ c_M = 2 \times 10^{-2}\ \text{mol} \cdot \text{L}^{-1},\ \text{则要求}\ \lg K'_{MY} \geqslant 8$$

$$\lg K'_{MY} = \lg K_{MY} - \lg \alpha_{Y(H)} \geqslant 8,\ \lg \alpha_{Y(H)} \leqslant \lg K_{MY} - 8$$

所以,当滴定某一金属离子时,根据 EDTA-金属离子络合物的稳定常数 $\lg K_{MY}$,利用上述公式可以求出准确滴定所允许的最高的酸效应系数 $\lg \alpha_{Y(H)}$,然后查表找出对应的 pH,该 pH 称为滴定某一金属离子所允许的最高酸度。最低酸度通常以金属离子开始生成氢氧化物沉淀时的酸度来计算,它可由该金属离子的氢氧化物沉淀的溶度积求得。

三、络合滴定曲线

1. 直接准确滴定条件

根据 $\lg c_{M,sp} K'_{MY} \geqslant 6$,若 $c_M = 2 \times 10^{-2}\ \text{mol} \cdot \text{L}^{-1}$,则要求 $\lg K'_{MY} \geqslant 8$。

2. 计量点 pM_{sp}

$$M + Y \longrightarrow MY$$

$$K_{MY} = \frac{[MY]}{[M][Y]}$$

当反应到达化学计量点时,溶液中各化合物的平衡浓度符合上式,且 $[M] = [Y]$,则 $K_{MY} = \dfrac{[MY]}{[M]^2}$。

$$pM_{sp} = \frac{1}{2}(pc_{M,sp} + \lg K_{MY})$$

当考虑酸效应时:

$$pM_{sp} = \frac{1}{2}(pc_{M,sp} + \lg K'_{MY})$$

3. 滴定终点 pM_{ep}(金属指示剂变色点 pMt)

滴定终点时:$pM_{ep} = \lg K'_{MIn} = \lg K_{MIn} - \lg \alpha_{In(H)}$。

即滴定终点的 pM_{ep} 等于金属指示剂与金属离子形成络合物的条件稳定常数。

从络合滴定曲线可知,在计量点附近时,被滴定的金属离子的 pM 发生突跃,因此要求指示剂能在此区间内发生颜色的变化,并且指示剂变色点(即滴定终点)的 pM_{ep} 应尽量与计量点的 pM_{sp} 一致,以减小滴定误差。

第七节　沉淀滴定法

沉淀滴定法是以沉淀反应为基础的一种滴定分析方法。能用于沉淀滴定法的沉淀反应必须符合以下条件：生成沉淀的溶解度必须很小；沉淀反应必须迅速、定量地进行；有合适的确定终点的方法。

目前应用较广的是生成难溶性银盐的沉淀反应，如：

$$Ag^+ + Cl^- \longrightarrow AgCl\downarrow$$

$$Ag^+ + SCN^- \longrightarrow AgSCN\downarrow$$

利用生成难溶性银盐的沉淀滴定法称为银量法。根据确定终点所用的指示剂不同，按创立者名字命名而分为莫尔(Mohr)法、佛尔哈德(Volhard)法和法扬斯(Fajans)法。

一、莫尔法

1. 原理

以 K_2CrO_4 作为指示剂的银量法称为莫尔法。以测定 Cl^- 为例，在中性溶液中加入 K_2CrO_4 指示剂，用 $AgNO_3$ 标准溶液滴定：

$$Ag^+ + Cl^- \longrightarrow AgCl\downarrow \quad （白色）$$

$$2Ag^+ + CrO_4^{2-} \longrightarrow Ag_2CrO_4\downarrow \quad （砖红色）$$

由于 $AgCl$ 沉淀（$K_{sp}=1.8\times10^{-10}$）的溶解度小于 Ag_2CrO_4 沉淀（$K_{sp}=2.0\times10^{-12}$）的溶解度，所以在滴定过程中，首先生成 $AgCl$ 沉淀，随着 $AgNO_3$ 标准溶液继续加入，$AgCl$ 沉淀不断生成，溶液中 Cl^- 浓度越来越小，Ag^+ 浓度越来越大，直至 $[Ag^+]^2[CrO_4^{2-}] > K_{sp,Ag_2CrO_4}$ 时，便出现砖红色 Ag_2CrO_4 的沉淀，指示滴定终点的到达。

2. 滴定条件

① 溶液的酸度应控制在 $pH=6.0\sim10.5$（中性或弱碱性）的范围，若酸度太高会引起下列反应，使 Ag_2CrO_4 沉淀溶解。

$$Ag_2CrO_4 + H^+ \longrightarrow 2Ag^+ + HCrO_4^-$$

若溶液的碱性太强，则易生成 Ag_2O 沉淀而无法指示终点。

$$2Ag^+ + 2OH^- \longrightarrow Ag_2O + H_2O$$

② 凡是与 Ag^+ 生成沉淀的阴离子，如 PO_4^{3-}、AsO_4^{3-}、AsO_3^{3-}、CO_3^{2-}、SO_3^{2-}、S^{2-}、CrO_4^{2-} 以及与 CrO_4^{2-} 生成沉淀的阳离子 Ba^{2+}、Pb^{2+} 等及易水解的 Fe^{3+}、Al^{3+}、Bi^{3+}、Sn^{4+} 等都干扰测定，应预先分离。

3. 应用范围

莫尔法可用于以 $AgNO_3$ 为滴定剂直接测定 Cl^-、Br^-、CN^- 等离子。由于 I^- 和 SCN^- 易被 AgI 和 $AgSCN$ 沉淀吸附，所以莫尔法不适合滴定 I^- 和 SCN^-。

二、佛尔哈德法

1. 原理

以铁铵矾 $NH_4Fe(SO_4)_2$ 作为指示剂的银量法称为佛尔哈德法。本法可分为直接滴定法和返滴定法。

（1）直接滴定法

在酸性条件下，用 $KSCN$ 或 NH_4SCN 标准溶液直接滴定 Ag^+，滴定至计量点时，SCN^- 与 Fe^{3+} 生成红

色络合物指示到达终点。滴定反应终点络合反应分别为

$$Ag^+ + SCN^- \longrightarrow AgSCN\downarrow \quad 白色$$

$$Fe^{3+} + SCN^- \longrightarrow FeSCN^{2+} \quad 红色$$

（2）返滴定法

测 X^-、SCN^- 时，一般采用返滴定法。首先在试液中加入一定量过量的 $AgNO_3$ 标准溶液，使 X^-、SCN^- 生成相应的银盐沉淀，再加入铁铵矾指示剂，用 KSCN 或 NH_4SCN 标准溶液返滴定剩余的 $AgNO_3$。

$$X^- + Ag^+（过量）\longrightarrow AgX\downarrow$$

$$Ag^+（剩余）+ SCN^- \longrightarrow AgSCN\downarrow$$

$$Fe^{3+} + SCN^- \longrightarrow FeSCN^{2+} \quad 红色$$

此法可用于测定卤化物及硫氰酸盐。

2. 滴定条件

① 因为 Fe^{3+} 易水解，滴定需在酸性溶液中进行，一般采用在硝酸（$0.1\sim1$ mol·L^{-1}）中滴定。

② 直接滴定法滴定 Ag^+ 时，由于 AgSCN 沉淀易吸附溶液中的 Ag^+，使测定结果偏低，因此在接近终点时，应剧烈摇动，使被吸附 Ag^+ 释出。

③ 返滴定法滴定 Cl^- 时，临近终点时，应轻轻摇动，以避免 AgCl 沉淀的转化。

$$AgCl + SCN^- \longrightarrow AgSCN + Cl^-$$

如发生了上述沉淀转化反应，溶液中 SCN^- 的浓度降低，使已经生成的红色络合物分解，导致终点难以确定，滴定误差大。为防止发生 AgCl 沉淀的转化，可先将 AgCl 沉淀滤去，然后再用 KSCN 标准溶液滴定滤液中剩余的 $AgNO_3$，但是这样的操作较为麻烦。目前比较简便的方法是在滴定之前加入一些有机试剂（如硝基苯、CCl_4 等），使 AgCl 沉淀的表面被有机试剂包裹形成保护膜，以减慢转化速度。测定 Br^-、I^- 时，AgBr、AgI 沉淀溶解度低，不易发生上述转化反应，因此不需加入上述步骤。

3. 应用范围

佛尔哈德法的优点是可以在酸性溶液中滴定，避免了许多弱酸根离子的干扰，因而方法具有较高的选择性。采用直接滴定法可测定 Ag^+ 等，返滴定法可测定 Cl^-、Br^-、I^- 和 SCN^- 等离子。

三、法扬斯法

1. 原理

利用吸附指示剂确定终点的滴定方法称为法扬斯法。吸附指示剂是一类有机化合物，当被沉淀表面吸附后，其结构发生改变，从而引起沉淀颜色变化以指示滴定终点。例如，用 $AgNO_3$ 标准溶液滴定 Cl^- 时，采用荧光黄作为指示剂。荧光黄是一种有机弱酸，可用 HFIn 表示。在溶液中的解离平衡为

$$HFIn \longrightarrow H^+ + FIn^- \quad （黄绿色）\qquad pK_a = 7.0$$

在计量点以前，溶液中存在着过量的 Cl^-，AgCl 沉淀吸附 Cl^- 而形成带负电荷的 $AgCl\cdot Cl^-$，此时 FIn^- 不被吸附，溶液呈现 FIn^- 的黄绿色。当滴定到计量点后，溶液中出现过量的 Ag^+，则 AgCl 沉淀便吸附 Ag^+ 而形成带正电荷的 $AgCl\cdot Ag^+$，它将强烈地吸附 FIn^-，使其结构发生变化而使沉淀呈现粉红色。终点的变色反应可表示为

$$AgCl\cdot Ag^+ + FIn^-（黄绿色）\longrightarrow AgCl\cdot Ag\cdot FIn \quad （粉红色）$$

2. 滴定条件

① 由于吸附指示剂是吸附在沉淀表面而变色，为了使终点的颜色变化更明显，需使沉淀保持溶胶状态

以具有较大的比表面积,以便于吸附更多的指示剂。可通过加入糊精、淀粉等胶体保护剂防止沉淀凝聚。

② 适宜的滴定酸度与指示剂的酸性强弱(pK_a)有关。例如,荧光黄 $pK_a=7$,适于在 pH$=7\sim10$ 的酸度下滴定。曙红 $pK_a=2$,则可在 pH$=2\sim10$ 酸度范围内使用。

③ 卤化银易感光变灰,应避免强光照射下滴定。

④ 选择指示剂的吸附能力应略小于沉淀对被测离子的吸附能力,否则会出现终点过早现象。例如,用 $AgNO_3$ 滴定 Cl^- 时,如果用曙红作指示剂,由于 AgCl 沉淀吸附曙红阴离子强于 Cl^-,因此造成终点提前。

3. 应用范围

法扬斯法可用于 Cl^-、Br^-、I^-、CN^-、SCN^- 和 Ag^+ 等离子的测定。

▶▶ 附1 例题解析

【例 11-1】 测定某铜矿试样,其中铜的质量分数为 24.87%,24.93% 和 24.69%,真值为 25.06%,计算:(1) 测定结果的平均值;(2) 绝对误差;(3) 相对误差。

【参考答案】 本题考查误差的计算方法。

(1) $\bar{x} = \dfrac{24.87\% + 24.93\% + 24.69\%}{3} = 24.83\%$

(2) $E_a = \bar{x} - T = 24.83\% - 25.06\% = -0.23\%$

(3) $E_r = \dfrac{E_a}{T} \times 100\% = -0.92\%$

【例 11-2】 测定铁矿石中铁的质量分数(以 $w_{Fe_2O_3}$ 表示),5 次结果分别为 67.48%,67.37%,67.47%,67.43% 和 67.40%。计算:(1)平均偏差;(2)相对平均偏差;(3)标准偏差;(4)相对标准偏差;(5)极差(最大及最小值之差)。

【参考答案】 本题考查偏差的相关计算方法。

(1) $\bar{x} = \dfrac{67.48\% + 67.37\% + 67.47\% + 67.43\% + 67.40\%}{5} = 67.43\%$

$\bar{d} = \dfrac{1}{n}\sum|d_i| = \dfrac{0.05\% + 0.06\% + 0.04\% + 0.03\%}{5} = 0.04\%$

(2) $\bar{d}_r = \dfrac{\bar{d}}{\bar{x}} = \dfrac{0.04\%}{67.43\%} \times 100\% = 0.06\%$

(3) $s = \sqrt{\dfrac{\sum d_i^2}{n-1}} = \sqrt{\dfrac{(0.05\%)^2 + (0.06\%)^2 + (0.04\%)^2 + (0.03\%)^2}{5-1}} = 0.05\%$

(4) $s_r = \dfrac{s}{\bar{x}} \times 100\% = \dfrac{0.05\%}{67.43\%} \times 100\% = 0.07\%$

(5) $x_m = x_大 - x_小 = 67.48\% - 67.37\% = 0.11\%$

【例 11-3】 某铁矿石中铁的质量分数为 39.19%,若甲的测定结果(%)为 39.12,39.15,39.18;乙的测定结果(%)为 39.19,39.24,39.28。试比较甲、乙两人测定结果的准确度和精密度(精密度以标准偏差和相对标准偏差表示)。

【参考答案】 本题考查比较测定结果的准确度和精密度的计算方法。

甲:$\bar{x}_甲 = \dfrac{39.12\% + 39.15\% + 39.18\%}{3} = 39.15\%$

$E_甲 = \bar{x}_甲 - T = 39.15\% - 39.19\% = -0.04\%$

$s_甲 = \sqrt{\dfrac{\sum d_i^2}{n-1}} = \sqrt{\dfrac{(0.03\%)^2 + (0.03\%)^2}{3-1}} = 0.03\%$

$$s_{r,\text{甲}} = \frac{s_{\text{甲}}}{\bar{x}_{\text{甲}}} \times 100\% = \frac{0.03\%}{39.15\%} \times 100\% = 0.08\%$$

$$乙：\bar{x}_{\text{乙}} = \frac{39.19\% + 39.24\% + 39.28\%}{3} = 39.24\%$$

$$E_{\text{乙}} = \bar{x}_{\text{乙}} - T = 39.24\% - 39.19\% = 0.05\%$$

$$s_{\text{乙}} = \sqrt{\frac{\sum d_i^2}{n-1}} = \sqrt{\frac{(0.05\%)^2 + (0.04\%)^2}{3-1}} = 0.05\%$$

$$s_{r,\text{乙}} = \frac{s_{\text{乙}}}{\bar{x}_{\text{乙}}} \times 100\% = \frac{0.05\%}{39.24\%} \times 100\% = 0.13\%$$

由计算结果可知 $|E_{\text{甲}}| < |E_{\text{乙}}|$，因此甲的准确度比乙高。又因为 $s_{\text{甲}} < s_{\text{乙}}$、$s_{r,\text{甲}} < s_{r,\text{乙}}$，可知甲的精密度比乙高。综上所述，甲测定结果的准确度和精密度均比乙高。

【例 11-4】 准确称取 0.587 7 g 基准试剂 Na_2CO_3，溶解后在 100 mL 容量瓶中配制成溶液，其浓度为多少？移取该标准溶液 20.00 mL 标定某 HCl 溶液，滴定中用去 HCl 溶液 21.96 mL，计算该 HCl 溶液的浓度。

【参考答案】 本题考查滴定分析的计算方法。

$$c_{Na2CO3} = \frac{n_{Na2CO3}}{V_{Na2CO3}} = \frac{\dfrac{m_{Na2CO3}}{M_{Na2CO3}}}{V_{Na2CO3}} = \frac{0.587\ 7}{100 \times 10^{-3} \times 106} = 0.055\ 44(\text{mol} \cdot \text{L}^{-1})$$

$$2HCl + Na_2CO_3 \longrightarrow 2NaCl + CO_2 + H_2O$$

设该 HCl 溶液的浓度为 c_{HCl}，则

$$2 \times c_{Na2CO3} \times 20.00 = c_{HCl} \times 21.96$$

$$c_{HCl} = \frac{2 \times c_{Na2CO3} \times 20.00}{21.96} = \frac{2 \times 0.055\ 44 \times 20.00}{21.96} = 0.101\ 0(\text{mol} \cdot \text{L}^{-1})$$

【例 11-5】 分析不纯 $CaCO_3$（其中不含干扰物质）时，称取试样 0.300 0 g，加入浓度为 0.250 0 mol·L^{-1} 的 HCl 标准溶液 25.00 mL。煮沸除去 CO_2，用浓度为 0.201 2 mol·L^{-1} 的 NaOH 溶液返滴过量酸，消耗 5.84 mL，计算试样中 $CaCO_3$ 的质量分数。（$M_{CaCO_3} = 100.09$ g·mol^{-1}）

【参考答案】 本题考查滴定分析的计算方法。

已知 $CaCO_3 + 2HCl \longrightarrow CaCl_2 + H_2O + CO_2$，$NaOH + HCl \longrightarrow NaCl + H_2O$

则返滴定时用去的 HCl 的量为 $0.201\ 2 \times 5.84 \times 10^{-3} = 0.001\ 175(\text{mol})$

滴定时消耗的 HCl 的量为 $0.250\ 0 \times 25.00 \times 10^{-3} - 0.001\ 175 = 0.005\ 075(\text{mol})$

由此得试样中 $CaCO_3$ 的质量 $m = \frac{1}{2} \times 0.005\ 075 \times 100.09 = 0.254\ 0(\text{g})$

所以试样中 $CaCO_3$ 的质量分数 $w = \frac{0.254\ 0}{0.300\ 0} \times 100\% = 84.66\%$

【例 11-6】 已知 pH=5.00，求 0.100 mol·L^{-1} 的 HAc 溶液中 [HAc] 和 [Ac^-]。

【解题思路】 本题考查酸碱平衡体系中分布系数的计算方法。

【参考答案】 pH=5.00，[H^+]=1.00×10^{-5} mol·L^{-1}，$K_a = 1.8 \times 10^{-5}$

$$\delta_{HAc} = \frac{[H^+]}{K_a + [H^+]} = \frac{1.0 \times 10^{-5}}{1.0 \times 10^{-5} + 1.8 \times 10^{-5}} = 0.36$$

$$\delta_{Ac^-} = 1 - \delta_{HAc} = 0.64$$

$$[HAc] = c_{HAc} \times \delta_{HAc} = 0.36 \times 0.100 = 3.6 \times 10^{-2}(\text{mol} \cdot \text{L}^{-1})$$

$$[Ac^-] = c_{HAc} \times \delta_{Ac^-} = 0.64 \times 0.100 = 6.4 \times 10^{-2}(\text{mol} \cdot \text{L}^{-1})$$

【例 11-7】 某一元弱酸 HA 试样 1.250 g 用水溶解后稀释至 50.00 mL,可用 41.20 mL 0.090 00 mol·L^{-1} NaOH 滴定至计量点。当加入 8.24 mL NaOH 时溶液的 pH＝4.30。(1)求该弱酸的摩尔质量;(2)计算弱酸的解离常数 K_a 和计量点的 pH;(3)选择何种指示剂?

【解题思路】　本题考查强碱滴定一元弱酸体系中计量点的 pH 的计算方法,以及指示剂的选择。

【参考答案】　(1) $M_{HA} = \dfrac{1.250 \times 1\,000}{41.20 \times 0.090\,00} = 337.1 (g \cdot mol^{-1})$

(2)加入 8.24 mL NaOH 溶液后构成缓冲体系:

$$pH = pK_a + lg \frac{[A^-]}{[HA]}$$

设此时溶液体积为 V mL,于是

$$[A^-] = \frac{8.24 \times 0.090\,00}{V} mol \cdot L^{-1}$$

$$[HA] = \frac{(41.20 - 8.24) \times 0.090\,00}{V} mol \cdot L^{-1}$$

$$pH = pK_a + lg \frac{[A^-]}{[HA]} \quad 4.30 = pK_a + lg \frac{8.24}{32.96}$$

$$pK_a = 4.90 \quad K_a = 1.26 \times 10^{-5}$$

(3)计量点时:

$$c_{NaA} = (41.20 \times 0.090\,00)/(41.20 + 50.00) = 0.041 (mol \cdot L^{-1})$$

则

$$[OH^-] = \sqrt{c_b K_b} = \sqrt{0.041 \times 7.94 \times 10^{-10}} = 5.7 \times 10^{-6} (mol \cdot L^{-1})$$

pOH＝5.24,pH＝8.76,故选用酚酞作指示剂。

【例 11-8】　取市售双氧水 3.00 mL 稀释定容至 250.0 mL,从中取出 20.00 mL 试液,需用 $KMnO_4$ 标准溶液 21.18 mL 滴定至终点。已知 1 mL $KMnO_4$ 相当于 0.012 60 g $H_2C_2O_4 \cdot 2H_2O$。计算每 100.0 mL 市售双氧水中所含 H_2O_2 的质量。

【解题思路】　本题考查 $KMnO_4$ 法测定 H_2O_2 含量的原理、相关反应方程式及结果计算。

【参考答案】　有关反应如下:

$$2MnO_4^- + 5H_2O_2 + 6H^+ \longrightarrow 5O_2 \uparrow + 2Mn^{2+} + 8H_2O$$
$$2MnO_4^- + 5C_2O_4^{2-} + 16H^+ \longrightarrow 2Mn^{2+} + 10CO_2 \uparrow + 8H_2O$$
$$2MnO_4^- \sim 5H_2C_2O_4 \cdot 2H_2O$$
$$c_{KMnO_4} = \frac{2}{5} \times \frac{1\,000 \times 0.012\,60}{126.07} = 0.040\,00 (mol \cdot L^{-1})$$
$$2MnO_4^- \sim 5H_2O_2$$
$$c_{H_2O_2} = \frac{5}{2} \times \frac{0.040\,00 \times 21.18 \times 10^{-3}}{20.00 \times 10^{-3}} = 0.105\,9 (mol \cdot L^{-1})$$
$$n_{H_2O_2} = 250 \times 10^{-3} \times 0.105\,9 = 0.026\,48 (mol)$$
$$m_{H_2O_2} = \frac{0.026\,48 \times M_{H_2O_2} \times 100}{3.00} = 30.00 (g)$$

【例 11-9】　准确称取软锰矿试样 0.526 1 g,在酸性介质中加入 0.704 9 g 纯 $Na_2C_2O_4$。待反应完全后,过量的 $Na_2C_2O_4$ 用 0.021 60 mol·L^{-1} $KMnO_4$ 标准溶液滴定,用去 30.47 mL。计算软锰矿的氧化能力(以含 MnO_2 的质量分数表示)。

【解题思路】 本题考查 $KMnO_4$ 法测定软锰矿中 MnO_2 含量的原理、相关反应方程式及结果计算。

【参考答案】 本题涉及的反应如下：

$$MnO_2 + C_2O_4^{2-} + 4H^+ \longrightarrow Mn^{2+} + 2CO_2\uparrow + 2H_2O$$

$$2MnO_4^- + 5C_2O_4^{2-} + 16H^+ \longrightarrow 2Mn^{2+} + 10CO_2\uparrow + 8H_2O$$

$$5MnO_2 \sim 5C_2O_4^{2-} \sim 2MnO_4^-$$

$$n_{MnO_2} = \frac{0.704\,9}{M_{Na_2C_2O_4}} - \frac{5}{2} \times (0.021\,60 \times 30.47) \times 10^{-3} = 0.003\,615 (\text{mol})$$

$$w_{MnO_2} = \frac{0.003\,615 \times M_{MnO_2}}{0.526\,1} \times 100\% = 59.74\%$$

【例 11-10】 取废水样 100.0 mL，用 H_2SO_4 酸化后，加入 $0.016\,67\ mol\cdot L^{-1}\ K_2Cr_2O_7$ 溶液 25.00 mL，使水样中的还原性物质在一定条件下被完全氧化。然后用 $0.100\,0\ mol\cdot L^{-1}\ FeSO_4$ 标准溶液滴定剩余的 $Cr_2O_7^{2-}$，用去了 15.00 mL。计算废水样的化学耗氧量。

【解题思路】 本题考查 $K_2Cr_2O_7$ 法测定 COD 的原理、相关反应方程式及结果计算。

【参考答案】 依题意，反应物之间的计量关系为

$$Cr_2O_7^{2-} \sim 6Fe^{2+} \qquad Cr_2O_7^{2-} \sim \frac{3}{2}O_2 \sim 6e^-$$

故

$$COD = \frac{\left(c_{K_2Cr_2O_7}V_{K_2Cr_2O_7} - \frac{1}{6}c_{FeSO_4}V_{FeSO_4}\right) \times \frac{3}{2} \times M_{O_2}}{V_{水样}}$$

$$= \frac{\left(0.016\,67 \times 25.00 \times 10^{-3} - \frac{1}{6} \times 0.100\,0 \times 15.00 \times 10^{-3}\right) \times \frac{3}{2} \times 32.00 \times 10^3}{100.0 \times 10^{-3}}$$

$$= 80 (\text{mg}\cdot L^{-1})$$

【例 11-11】 称取苯酚试样 0.408 2 g，用 NaOH 溶解后，移入 250.0 mL 容量瓶中，加水稀释至刻度，摇匀。吸取 25.00 mL，加入溴酸钾标准溶液 $(KBrO_3 + KBr)$ 25.00 mL，然后加入 HCl 及 KI。待析出 I_2 后，再用 $0.108\,4\ mol\cdot L^{-1}\ Na_2S_2O_3$ 标准溶液滴定，用去 20.04 mL。另取 25.00 mL 溴酸钾标准溶液做空白试验，消耗同浓度的 $Na_2S_2O_3$ 标准溶液 41.60 mL。试计算试样中苯酚的质量分数。

【解题思路】 本题考查 $KBrO_3$ 法的原理、相关反应方程式及采用 $Na_2S_2O_3$ 标准溶液返滴定未反应的样品的有关计算。

【参考答案】 本题涉及如下反应：

$$BrO_3^- + 5Br^- + 6H^+ \longrightarrow 3Br_2 + 3H_2O$$

$$C_6H_5OH + 3Br_2 \longrightarrow C_6H_3OBr_3 + 3Br^- + 3H^+$$

$$Br_2 + 2I^- \longrightarrow I_2 + 2Br^-$$

$$I_2 + 2S_2O_3^{2-} \longrightarrow 2I^- + S_4O_6^{2-}$$

由以上反应可知 $C_6H_5OH \sim \frac{1}{6}S_2O_3^{2-}$。

$$w_{C_6H_6OH} = \frac{\frac{1}{6} \times (41.60 - 20.04) \times 10^{-3} \times 0.108\,4 \times M_{C_6H_6OH} \times 10}{0.408\,2} \times 100\% = 89.80\%$$

【例 11-12】 将 0.196 3 g 分析纯 $K_2Cr_2O_7$ 试剂溶于水，酸化后加入过量 KI，析出的 I_2 需用 33.61 mL $Na_2S_2O_3$ 溶液滴定。计算 $Na_2S_2O_3$ 溶液的浓度。

【解题思路】 本题考查间接碘量法的测定原理、相关反应方程式以及滴定结果计算。

【参考答案】　本题涉及如下反应：

$$Cr_2O_7^{2-} + 6I^- + 14H^+ \longrightarrow 2Cr^{3+} + 3I_2 + 7H_2O$$
$$I_2 + 2S_2O_3^{2-} \longrightarrow 2I^- + S_4O_6^{2-}$$

由以上反应可知 $Cr_2O_7^{2-} \sim 6S_2O_3^{2-}$。

$$c_{S_2O_3^{2-}} = \frac{0.196\,3 \times 6 \times 1\,000}{294.18 \times 33.16} = 0.120\,7(mol \cdot L^{-1})$$

【例 11-13】　0.489 7 g 铬铁矿试样经 Na_2O_2 熔融后，使其中的 Cr^{3+} 氧化为 $Cr_2O_7^{2-}$，然后加入 10 mL 3 mol·L^{-1} H_2SO_4 及 50.00 mL 0.120 2 mol·L^{-1} 硫酸亚铁铵溶液处理。过量的 Fe^{2+} 需用 15.05 mL $K_2Cr_2O_7$ 标准溶液滴定，而 1.00 mL $K_2Cr_2O_7$ 标准溶液相当于 0.006 023 g Fe。试求试样中铬的质量分数。若以 Cr_2O_3 表示时又为多少？

【解题思路】　本题考查 $K_2Cr_2O_7$ 法的测定原理、相关反应方程式以及根据返滴定实验结果计算样品质量分数。

【参考答案】　本题涉及如下反应：

$$Cr_2O_7^{2-} + 6Fe^{2+} + 14H^+ \longrightarrow 2Cr^{3+} + 6Fe^{3+} + 7H_2O$$
$$Cr^{3+} \sim 3Fe^{2+}$$

$$n_{Cr^{3+}} = \frac{1}{3} \times \left(0.050\,00 \times 0.120\,2 - \frac{15.05 \times 0.006\,023}{55.85}\right) = 0.001\,462(mol)$$

$$w_{Cr} = \frac{0.001\,462 \times M_{Cr}}{0.489\,7} \times 100\% = 15.53\%$$

$$w_{Cr_2O_3} = \frac{\frac{1}{2} \times 0.001\,462 \times M_{Cr_2O_3}}{0.489\,7} \times 100\% = 22.69\%$$

【例 11-14】　在 1 mol·L^{-1} $HClO_4$ 介质中，用 0.020 00 mol·L^{-1} $KMnO_4$ 滴定 0.10 mol·L^{-1} Fe^{2+}，试计算滴定分数分别为 0.50，1.00 和 2.00 时体系的电位。已知在此条件下，MnO_4^-/Mn^{2+} 电对的 $E^{\ominus} = 1.45$ V，Fe^{3+}/Fe^{2+} 电对的 $E^{\ominus} = 0.73$ V。

【解题思路】　本题考查 $KMnO_4$ 法滴定过程中在不同滴定分数时体系的电位计算。

【参考答案】

$$MnO_4^- + 5Fe^{2+} + 8H^+ \longrightarrow Mn^{2+} + 5Fe^{3+} + 4H_2O$$

$$f = 0.50 \qquad E = E_{Fe^{3+}/Fe^{2+}}^{\ominus} + 0.059\lg\frac{[Fe^{3+}]}{[Fe^{2+}]} = 0.73(V)$$

$$f = 1.00 \qquad E_{sp} = \frac{5E_{MnO_4^-/Mn^{2+}}^{\ominus} + E_{Fe^{3+}/Fe^{2+}}^{\ominus}}{6} = \frac{5 \times 1.45 + 0.73}{6} = 1.33(V)$$

$$f = 2.00 \qquad E = E_{MnO_4^-/Mn^{2+}}^{\ominus} + \frac{0.059}{5}\lg\frac{[MnO_4^-][H^+]^8}{[Mn^{2+}]} = 1.45(V)$$

【例 11-15】　用碘量法测定铬铁矿中铬的含量时，试液中共存的 Fe^{3+} 有干扰。若溶液的 pH = 2.0，Fe(Ⅲ) 的浓度为 0.10 mol·L^{-1}，Fe(Ⅱ) 的浓度为 1.0×10^{-5} mol·L^{-1}；加入 EDTA 并使其过量的浓度为 0.10 mol·L^{-1}。问此条件下，Fe^{3+} 的干扰能否被消除？

【解题思路】　本题采用 EDTA 作为络合掩蔽剂，用来消除滴定过程中共存 Fe^{3+} 对测定的干扰。

【参考答案】　碘量法测定铬铁矿中铬含量的有关反应如下：

$$Cr_2O_7^{2-} + 6I^- + 14H^+ \longrightarrow 2Cr^{3+} + 3I_2 + 7H_2O$$

$$I_2 + 2S_2O_3^{2-} \longrightarrow 2I^- + S_4O_6^{2-}$$

$$E^{\ominus}_{Fe^{3+}/Fe^{2+}} = 0.77\ V \qquad E^{\ominus}_{I_2/I^-} = 0.54\ V$$

所以 Fe(Ⅲ) 将氧化 I_2，干扰测定。

查表得 $\lg K_{FeY^-} = 25.1$，$\lg K_{FeY^{2-}} = 14.32$。

$$pH = 2.0\ 时\ \lg \alpha_{Y(H)} = 13.51$$
$$\lg K'_{FeY^-} = \lg K_{FeY^-} - \lg \alpha_{Y(H)} = 11.59$$
$$\lg K'_{FeY^{2-}} = \lg K_{FeY^{2-}} - \lg \alpha_{Y(H)} = 0.81$$
$$\alpha_{Fe^{3+}(Y)} = 1 + K'_{FeY^-}[Y^-] = 1 + 10^{11.59} \times 0.10 = 3.89 \times 10^{10}$$
$$\alpha_{Fe^{2+}(Y)} = 1 + K'_{FeY^{2-}}[Y^-] = 1 + 10^{0.81} \times 0.10 = 1.64$$
$$E_{Fe^{3+}/Fe^{2+}} = E^{\ominus}_{Fe^{3+}/Fe^{2+}} + 0.059\lg\frac{[Fe^{3+}]}{[Fe^{2+}]} = 0.77 + 0.059\lg\frac{0.1 \times 1.64}{3.89 \times 10^{10} \times 1.0 \times 10^{-5}} = 0.37(V)$$

此时 $E_{Fe^{3+}/Fe^{2+}}$（0.37 V）$<$ E_{I_2/I^-}（0.54 V），所以可以消除干扰。

【例 11-16】 称取 0.500 0 g 铜锌镁合金,溶解后配成 100.0 mL 试液。移取 25.00 mL 试液调至 pH = 6.0,用 PAN 作指示剂,用 0.050 00 mol·L^{-1} EDTA 滴定 Cu^{2+} 和 Zn^{2+},消耗 37.30 mL。另取 25.00 mL 试液调至 pH = 10.0,加 KCN 掩蔽 Cu^{2+} 和 Zn^{2+} 后,用等浓度的 EDTA 溶液滴定 Mg^{2+},用去 4.10 mL。然后再滴加甲醛解蔽 Zn^{2+},又用上述 EDTA 滴定至终点用去 13.40 mL。计算试样中铜、锌、镁的质量分数。

【解题思路】 本题考查控制酸度(稳定常数之差 $\Delta\lg K \geqslant 6$)、加入掩蔽剂($\Delta\lg K < 6$)用于混合金属离子溶液中分别滴定的测定原理及组分质量分数计算。

【参考答案】 已知滴定 Cu^{2+}、Zn^{2+} 和 Mg^{2+} 时,所消耗 EDTA 溶液的体积分别为（37.30-13.40）mL、13.40 mL 和 4.10 mL。

$$w_{Mg} = \frac{4.10 \times 0.050\ 00 \times \dfrac{1}{1\ 000} \times M_{Mg}}{0.500\ 0 \times \dfrac{25}{100}} \times 100\% = 3.99\%$$

$$w_{Zn} = \frac{13.40 \times 0.050\ 00 \times \dfrac{1}{1\ 000} \times M_{Zn}}{0.500\ 0 \times \dfrac{25}{100}} \times 100\% = 35.05\%$$

$$w_{Cu} = \frac{(37.30-13.40) \times 0.050\ 00 \times \dfrac{1}{1\ 000} \times M_{Cu}}{0.500\ 0 \times \dfrac{25}{100}} \times 100\% = 60.75\%$$

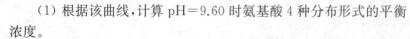

附2 综合训练

1. 某氨基酸在水溶液中有 4 种分布形式(用 H_2A^{2+}、HA^+、A 和 A^- 表示)。若用 1.00 mol·L^{-1} 的 NaOH 溶液滴定等浓度的 H_2A^{2+},得到如下曲线[横坐标为滴定分数 $\alpha = \dfrac{(cV)_{NaOH}}{(cV)_{H_2A^{2+}}}$,纵坐标为溶液 pH]:

（1）根据该曲线,计算 pH = 9.60 时氨基酸 4 种分布形式的平衡浓度。

（2）实验室现有 0.10 mol·L^{-1} NaOH 溶液、0.10 mol·L^{-1} HCl

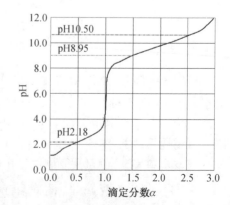

溶液、草酸基准物质($H_2C_2O_4 \cdot 2H_2O$，126.07 g·mol^{-1})、邻苯二甲酸氢钾基准物质（$KHC_8H_4O_4$，204. 22 g·mol^{-1})、三(羟甲基)氨基甲烷基准物质[简称 Tris，$(HOCH_2)_3CNH_2$，$K_b = 1.15 \times 10^{-6}$，121.14 g· mol^{-1}]、碳酸钠基准物质(Na_2CO_3，105.99 g·mol^{-1})，以及酚酞、甲基橙和甲基红等三种指示剂，欲用酸碱滴定法测定某化学纯氨基酸试样的含量。

① 指出合适的滴定剂并简要说明理由，写出滴定反应化学方程式。

② 计算滴定终点时溶液 pH，根据计算结果选择最佳指示剂。

③ 假设所选滴定剂的消耗量 25 mL，通过计算所需基准物质的质量及其称量的相对误差确定最佳基准物质。

④ 假设实验中准确称取 m g 氨基酸试样(其摩尔质量用符号 M 表示)，滴定至终点时消耗 V mL 浓度为 c mol·L^{-1} 的所选滴定剂标准溶液，写出该试样中氨基酸质量分数(w)的计算式。

2. 蛋氨酸[$CH_3S(CH_2)_2CH(NH_2)COOH$，相对分子质量 149.21]能与铜离子在适当的酸度条件下生成蛋氨酸铜螯合物沉淀。它是一种重要的铜矿物质饲料添加剂，是家禽、水产动物补铜的优质铜源，在猪饲料中可作为安全性高的富铜饲料添加剂使用，较无机铜盐具有副作用小、吸收性能好、利用率高等特点。

蛋氨酸铜的组成可用下述方法测定：

(1) 蛋氨酸含量的测定

称取 0.250 0 g 样品于 250 mL 碘量瓶中，加入 25 mL 水，再加入 2 mol·L^{-1} 盐酸 3 mL，加热至全部溶解后，加入 70 mL 磷酸盐缓冲溶液(pH＝6.5)，摇匀，冷却，再加入 0.100 0 mol·L^{-1} 碘的标准溶液 25.00 mL，于暗处放置 15 min，用 0.100 0 mol·L^{-1} $Na_2S_2O_3$ 标准溶液滴至近终点，加入 2 mL 淀粉指示剂，滴至深蓝色样品液变为开始时的天蓝色，消耗了 22.08 mL。已知：蛋氨酸与碘反应时物质的量之比为 1：1。

① 写出碘和硫代硫酸根反应的离子方程式。

② 蛋氨酸的百分含量为_____。

(2) 铜含量的测定

称取 0.250 0 g 样品于锥形瓶中，加 50 mL 水，再加 2 mol·L^{-1} 盐酸 3 mL，加热至全部溶解，用 1：5 氨水调至刚出现浑浊，再加入 NH_3-NH_4Cl 缓冲溶液 10 mL，加热至 70 ℃ 左右，加入 0.1％ PAN 指示剂 5 滴，用 0.025 00 mol·L^{-1} EDTA 标准溶液滴至终点(天蓝色变为黄绿色)，消耗 EDTA 标准溶液 27.90 mL。铜的百分含量为_____。

(3) 根据上述测定结果，可得出 $n_{蛋}：n_{铜}＝$_____。

第十二章 酸碱平衡和沉淀溶解平衡

基本要求

本章首先介绍了酸碱理论及其应用,通过学习了解路易斯酸碱概念,掌握弱电解质的电离平衡的概念和应用,以及缓冲溶液的基本概念和有关计算。本章接着介绍了沉淀溶解平衡的概念,需要掌握溶度积规则及应用,能够通过计算说明沉淀的生成和溶解。

第一节 酸 碱 理 论

一、酸碱电离理论

1887年,瑞典化学家阿伦尼乌斯(S. A. Arrhenius)提出了酸碱电离理论。该理论指出,在水溶液中,解离的阳离子全部为氢离子(H^+)的物质就是酸,解离的阴离子全部为氢氧根离子(OH^-)的物质就是碱。酸碱的相对强弱是根据它们在水溶液中解离的程度来衡量。酸碱反应的实质是 H^+ 和 OH^- 结合生成盐和水的反应。酸碱电离理论对酸和碱的认识被限制在以水为溶剂的体系中,无法解释非水体系和无溶剂体系,存在一定的局限。

二、酸碱质子理论

1923年,布朗斯特(J. N. Brønsted)和劳里(T. M. Lowry)提出了酸碱质子理论,是在酸碱电离理论的基础上发展起来的。酸碱质子理论指出,在反应中凡是能给出 H^+ 的分子或离子都是酸,凡能接受 H^+ 的分子或离子都是碱。也就是说,酸是质子的给予体,碱是质子的接受体。例如,HCl、HSO_4^-、NH_4^+ 都能给出质子,是酸,OH^-、$[Al(H_2O)_5OH]^{2+}$、NH_3 都能接受质子,是碱。质子理论扩大了酸碱的范围,且不局限在水溶液中,只要能够接受或给出质子,无论是离子还是分子,都可以进行解释。

1. 共轭酸碱对

质子理论认为酸和碱不是完全孤立的,是相互依存的关系:酸→质子+共轭碱;碱+质子→共轭酸。

可见,酸通过给出质子可以得到碱,而碱通过接受质子后变成酸,这种关系叫作共轭关系。也就是说,有酸必有它的共轭碱,有碱必有相应的共轭酸,二者称为共轭酸碱对,如 HCl 和 Cl^-,NH_4^+ 和 NH_3。酸中含碱,碱可变酸,共轭酸碱对相互依存,又通过得失质子而相互转化。

酸和碱可以是分子、正离子、负离子,还可以是两性离子。如果某一物质在一对共轭酸碱对中是酸,但在另一对共轭酸碱对中是碱,例如 HCO_3^-、H_2O、$H_2PO_4^-$、$^+NH_3CH_2COO^-$ 等,这一类物质称为两性物质。这类物质的酸碱性与其所处的环境有关,在一种条件下可以给出质子,就是酸,而在另一种条件下可以接受质子,就是碱。值得注意的是,在酸碱质子理论中没有涉及盐的概念。关于盐的表述是在电离理论中提出的,如 NH_4Cl,在质子理论中,NH_4Cl 的阴阳离子需要分别讨论,其中 NH_4^+ 是离子酸,Cl^- 是离子碱。

2. 酸碱的强度

首先,酸碱的强度与物质的本性有关。质子理论中,物质酸碱性的强弱与其给出或接受质子能力的差别有关。对于一对共轭酸碱对而言,它们之间的强弱是相对的,且具有相互依赖的关系。一般来说,如果酸给出质子的能力越强,则表现强酸性,其共轭碱接受质子的能力则越弱,表现弱碱性;如果酸给出质子的能力较弱,表现弱酸性,则其共轭碱接受质子的能力就越强,表现强碱性。当物质以水溶液的形式存在时,其酸碱性是通过与水分子之间的质子转移来表现的。

其次,酸碱的强弱也与溶剂有关。质子理论认为,物质的酸碱性是由其转移质子的能力所决定的。因此,一种物质所显示的酸碱性强弱,除了与其本性(给出或接受质子的能力)有关外,还与物质的反应对象(或溶剂)的性质有关。溶剂参与反应存在拉平效应和区分效应。当同一种酸在几种接受质子能力不同的溶剂中,可以表现出不同的强度。例如,将醋酸(HAc)分别溶于液氨和氟化氢(HF)两种溶剂中,因为液氨接受质子的能力比水接受质子的能力强,所以当液氨做溶剂时可以促进 HAc 的电离,而使其表现较强的酸性;但当以 HF 为溶剂时,由于 HF 给出质子的能力强于 HAc,使 HAc 获得质子生成 H_2Ac^+,表现为弱碱性。再如 HNO_3 在水中为强酸,但在冰醋酸(即纯 HAc)中,其酸的强度便大大降低。因此,在讨论物质酸碱性的强弱时,需同时考虑物质的本性和选择的溶剂两方面。

酸碱强弱可以用电离度和电离常数来定量反应。酸碱作为电解质,其电离的程度称为电离度(α),定义式(12-1)表示已解离的分子数占总分子数的百分比(%)。

$$\alpha = \frac{\text{已解离的分子数}}{\text{原有该物质的总分子数}} \times 100\% \tag{12-1}$$

共轭酸碱的强弱可以由物质在水溶液中转移质子过程的平衡常数来衡量。在如下反应中,HAc 通过给出质子与 H_2O 结合,生成水合质子(H_3O^+)和醋酸根(Ac^-)。该反应的平衡常数称为 HAc 的电离常数或酸性常数,用 K_a 表示。K_a 的数值越大,说明酸性越强,当 K_a 大于 1,则为强酸。

$$HAc + H_2O \longrightarrow H_3O^+ + Ac^-$$

$$K_a = \frac{[H_3O^+][Ac^-]}{[HAc]} \tag{12-2}$$

式中,$[H_3O^+]$、$[Ac^-]$和$[HAc]$分别表示 H_3O^+、Ac^- 和 HAc 的平衡浓度,H_2O 作为溶剂大量存在,其浓度视为 1。如果是碱的解离,如下反应中,NH_3 通过接受 H_2O 分子给出的质子,生成 NH_4^+ 和 OH^-。

$$NH_3 + H_2O \longrightarrow NH_4^+ + OH^-$$

$$K_b = \frac{[NH_4^+][OH^-]}{[NH_3]} \tag{12-3}$$

式中,$[NH_4^+]$、$[OH^-]$和$[NH_3]$分别表示 NH_4^+、OH^- 和 NH_3 的平衡浓度。K_b 的数值越大,说明碱性越强,当 K_b 大于 1,则为强碱。

对于一对共轭酸碱对(HA 和 A^-),相应的 K_a 和 K_b 满足公式(12-4):

$$K_a \times K_b = [H^+][OH^-] = K_w = 10^{14} (25\ ℃) \tag{12-4}$$

说明在一定温度下,二者的乘积为一定值。如果酸的 K_a 值越大,则其共轭碱的 K_b 值就越小,说明酸的酸性越强,则其共轭碱的碱性就越弱。反之亦然。此外,通过该公式,也可以计算共轭酸碱的电离常数。

3. 酸碱反应的实质

酸碱质子理论认为,酸碱反应的实质是酸碱之间的质子转移反应。一种酸通过给出质子,得到相应的共轭碱,该反应称为酸碱的半反应,由一对共轭酸碱对组成。然而,该半反应是不能独立存在的,因为酸不能自动地给出质子,质子也不能独立存在,而必须同时有另一个物质作为碱接受质子。欲使酸表现给出质子的性质,必须有一种碱来接受质子,即酸碱之间发生反应。也就是说,酸碱反应应由两对共轭酸碱对组成。因此酸碱反应的通式可表示为

$$\begin{array}{cccc} HA_1 & + & A_2 & \longrightarrow & HA_2 & + & A_1 \\ (\text{酸}_1) & & (\text{碱}_2) & & (\text{酸}_2) & & (\text{碱}_1) \end{array}$$

其中,HA_1 和 A_1 为一对共轭酸碱对,HA_2 和 A_2 为一对共轭酸碱对。在酸碱反应中,HA_1 将质子转移给

A_2，生成 A_1 和 HA_2。

4. 酸碱反应的类型

质子理论中，水的电离、弱酸或弱碱的电离、酸碱中和反应及盐类的水解反应等都可以归为质子转移的酸碱反应。

（1）水的电离反应

水分子属于两性物质，如下反应中一个水分子可以转移质子给另一个水分子，生成 H_3O^+（可简写为 H^+）和 OH^-。这类由同种溶剂分子之间发生质子转移的反应称为溶剂的自递反应，相应的平衡常数称为自递常数。水的自递反应平衡常数 K_w 称为水的离子积常数或离子积（25 ℃时，数值约为 1×10^{14}），公式如式(12-5)。只要是水溶液的体系，该反应就会发生。

$$H_2O + H_2O \longrightarrow H_3O^+ + OH^-$$

$$K_w = [H^+][OH^-] \tag{12-5}$$

（2）酸碱的解离反应

在水溶液中，酸碱的解离反应可视为酸碱与溶剂分子发生质子转移的过程。

例如：

$$HAc + H_2O \longrightarrow H_3O^+ + Ac^-$$

在该反应中，HAc 是酸，H_2O 是碱，属于酸碱反应。反应中的反应物 H_2O 可以忽略，H_3O^+ 也可以简写为 H^+，如反应式：$HAc \longrightarrow H^+ + Ac^-$。

又例如，$NH_3 + H_2O \longrightarrow NH_4^+ + OH^-$，在该反应中，$NH_3$ 是碱，H_2O 是酸，也属于酸碱反应。

（3）酸碱的中和反应

酸碱电离理论中，酸和碱发生中和反应，生成盐和水。酸碱的中和反应包括强酸与强碱，强酸与弱碱，弱酸与强碱，弱酸与弱碱。例如：$HAc + OH^- \longrightarrow H_2O + Ac^-$。

（4）盐的水解反应

根据质子理论来理解盐这一类物质，由离子酸和离子碱组成。例如 NH_4Cl 中的 NH_4^+ 是离子酸，Cl^- 是离子碱，但接受质子的能力很弱，因此其水解过程可以用如下反应表示：

$$NH_4^+ + H_2O \longrightarrow H_3O^+ + NH_3$$

这里忽略了 Cl^- 对酸碱平衡的影响，NH_4^+ 将质子转移给溶剂 H_2O 分子，同样属于酸碱反应。

三、酸碱电子理论

美国物理化学家路易斯(G. N. Lewis)提出了更为广义的酸碱电子理论。他认为，在反应过程中凡能接受电子对的分子或离子都是酸，凡能给出电子对的分子或离子都是碱。也就是说，酸是电子对的接受体，而碱是电子对的给予体，分别称为路易斯酸和路易斯碱。例如，H^+、Cu^{2+}、BF_3 都能接受电子对，是路易斯酸。OH^-、H_2O、F^-、NH_3 都能给出电子对，是路易斯碱。酸碱反应的实质就是电子转移反应。在配位反应中，中心金属离子通过接受配体给予的一对电子，形成配位键，生成配合物。例如：

$$Cu^{2+} + 4NH_3 \longrightarrow [Cu(NH_3)_4]^{2+}$$

其中，中心金属离子 Cu^{2+} 接受电子对，是路易斯酸，配体分子 NH_3 给出电子对，是路易斯碱，该反应属于酸碱反应。

根据路易斯酸碱性质的差异，可以将酸碱分为软、硬和交界三大类。所谓的"软"和"硬"，是指中心核子对外层电子的吸引力强弱。对外层电子吸引力强的路易斯酸属于硬酸，吸引力弱的属于软酸，吸引力适中的属于交界一类。根据软硬酸碱规则，"硬碰硬、软亲软"，即硬酸易与硬碱结合，软酸易与软碱结合，各自形成稳定的化合物。软硬酸碱规则可用于解释很多化学过程,例如预测化合物的稳定性、配位情况、溶解度等。

第二节 酸碱的电离平衡

一、一元弱酸弱碱的电离平衡

弱电解质在水溶液中的电离是可逆的。例如,醋酸的电离过程为

$$HAc \rightleftharpoons H^+ + Ac^-$$

HAc 溶于水后,有一部分分子首先电离为 H^+ 和 Ac^-,另一方面 H^+ 和 Ac^- 又会结合成 HAc 分子。最后当离子化速度和分子化速度相等时,体系达到动态平衡。弱电解质溶液在一定条件下存在的未电离的分子和离子之间的平衡称为弱电解质的电离平衡。

根据化学平衡原理,HAc 溶液中有关组分的平衡浓度的关系,即未电离的 HAc 分子的平衡浓度和 H^+、Ac^- 的平衡浓度之间的关系可用弱酸的电离常数 K_a 表示,弱碱的电离常数用 K_b 表示。电离常数的数值越大,说明该电离平衡反应进行得越完全,相应的酸或碱的强度越强。在一定温度下,该电离常数为一定值,与体系中各物种的浓度无关。

一元弱酸弱碱水溶液的 pH 或 $[H^+]$ 计算是以其在水溶液中的电离平衡为基础的。对于一元弱酸(HA)的水溶液,根据存在的弱电解质的电离平衡、水的电离平衡、物料平衡和电荷平衡,通过联立方程可以推导出 $[H^+]$ 的精确计算公式见式(12-6):

$$[H^+] = \sqrt{K_a[HA] + K_w} \tag{12-6}$$

式中,$[HA]$ 表示达到电离平衡时 HA 分子的平衡浓度。该公式在测定和计算酸碱的电离常数时有意义,但是在一般工作中,由于 $[HA]$ 不易直接获得,通常根据计算 H^+ 浓度的允许误差及 K_a 和 c_{HA} 值的大小,推导出 $[H^+]$ 的最简计算公式见式(12-7):

$$[H^+] = \sqrt{K_a c_{HA}} \tag{12-7}$$

式中,c_{HA} 代表弱酸的总浓度,或称为分析浓度。

对于一元弱碱(BOH)水溶液,计算 $[OH^-]$ 的最简计算公式见式(12-8):

$$[OH^-] = \sqrt{K_b c_{BOH}} \tag{12-8}$$

进一步根据式(12-5)求得 $[H^+]$。利用 K_a 或 K_b 就可以计算一定浓度的弱酸或弱碱中的 $[H^+]$ 或 $[OH^-]$。

最简计算公式是在计算弱酸(弱碱)电离的 $[H^+]$($[OH^-]$)时,忽略水的电离,而只考虑弱酸弱碱的电离平衡,且要求酸碱的浓度不太稀。所以只有当 $cK_a > 20K_w$(或 $cK_b > 20K_w$),且 $c/K_a \geqslant 400$(或 $c/K_b \geqslant 400$)时,才可以应用公式(12-7)和公式(12-8)进行计算。

二、多元弱酸弱碱的电离平衡

多元弱酸弱碱能够给出或接受多个质子,其电离平衡是分步完成的。例如 H_2S 的电离平衡反应和相应的电离常数如下:

$$H_2S \longrightarrow HS^- + H^+$$

$$K_{a1} = \frac{[H^+][HS^-]}{[H_2S]} \tag{12-9}$$

$$HS^- \longrightarrow S^{2-} + H^+$$

$$K_{a2} = \frac{[H^+][S^{2-}]}{[HS^-]} \tag{12-10}$$

式中,用 K_{a1} 和 K_{a2} 分别表示 H_2S 的两级电离常数,下标"1"和"2"对应给出质子的顺序。多数情况下,多元弱酸存在 $K_{a1} \gg K_{a2} \gg K_{a3} \gg \cdots\cdots$,因此 H^+ 浓度主要决定于第一步电离。计算多元弱酸溶液的 $[H^+]$ 时,可以当作一元弱酸来处理。因此,当 $c/K_{a1} \geqslant 400$ 时,亦可使用最简式(12-7)近似计算。多元弱碱性质类似,满足条件即可用最简式(12-8)近似计算。

多元弱酸根浓度很小,当工作中需要浓度较高的多元弱酸酸根离子时,应该使用该酸的可溶性盐类。例如,需用较高浓度的 S^{2-} 时,可选用 Na_2S、$(NH_4)_2S$ 或 K_2S 等。当二元弱酸 $K_{a1} \gg K_{a2}$ 时,例如 H_2S,其酸根离子浓度 $[S^{2-}]$ 近似等于第二级解离的电离平衡常数 K_{a2}。

三、盐的电离平衡

盐溶液的水解反应和水合作用,实质也是离子与水的作用,是盐的阴阳离子进入水环境后与溶剂中的 H_2O、H_3O^+ 和 OH^- 发生作用。

1. 强酸与弱碱生成的盐的水解

强酸与弱碱生成的盐发生水解,主要存在其阳离子酸的电离平衡。例如,NH_4Cl 的水解,其阴离子 Cl^- 的碱性很弱,只需考虑其阳离子 NH_4^+ 作为弱酸的电离平衡,因此 NH_4Cl 的水解溶液显弱酸性,其中 $[H^+]$ 可根据一元弱酸溶液计算。

2. 多元弱酸与强碱生成的盐的水解

多元弱酸与强碱生成的盐发生水解,主要是其酸根阴离子的电离平衡。例如,Na_3PO_4 水溶液中的阴离子 PO_4^{3-},根据质子理论属于三元弱碱,最多可以接受 3 个 H^+,形成 H_3PO_4。因此,Na_3PO_4 发生水解反应达到平衡时,溶液显弱碱性。而三元弱碱 PO_4^{3-} 存在 $K_{b1} \gg K_{b2} \gg K_{b3}$,因此 OH^- 浓度主要决定于第一步电离。计算 Na_3PO_4 溶液的 $[OH^-]$ 时,可以当作一元弱碱来处理。

3. 酸式盐的水解

酸式盐的阴离子具有两性,例如 NaH_2PO_4 的阴离子 $H_2PO_4^-$,既可以给出质子生成 HPO_4^{2-},又可以接受质子得到 H_3PO_4,因此溶液的酸碱性由这两个电离平衡共同决定。通过比较二者反应的电离常数的相对大小,如果作为酸的电离程度大于作为碱的电离,则溶液显弱酸性;反之,则显弱碱性。对于 NaH_2PO_4 溶液来说,作为酸的电离常数大于作为碱的电离常数,因此溶液显弱酸性。

4. 弱酸和弱碱生成的盐的水解

弱酸和弱碱生成的盐发生水解,其阴阳离子都存在电离平衡,二者反应程度决定溶液的酸碱性。例如,NH_4Ac 溶液的阴阳离子 Ac^- 和 NH_4^+ 分别为一元弱碱和一元弱酸,二者的电离常数很接近,导致溶液接近中性。而如果是 NH_4F,其阴离子 F^- 的电离常数小于 Ac^-,说明溶液中两个电离平衡以 NH_4^+ 作为弱酸的电离为主,导致溶液显弱酸性。

第三节 缓冲溶液

一、缓冲溶液的概念

一般溶液的 pH 不易恒定,可以随加入物质的酸碱性而急剧变化,甚至会因为溶解空气中的某些成分而改变 pH。然而,有一些具有特殊组分的溶液,它们的 pH 不易改变,即使加入少量强酸或强碱,或者进行适当稀释,其 pH 也没有明显的变化。能抵抗外加小量强酸、强碱和稀释而保持 pH 基本不变的溶液称为缓冲溶液。缓冲溶液对强酸、强碱和稀释的抵抗作用称为缓冲作用。

二、缓冲作用的原理

缓冲溶液多数由浓度相近的一对共轭酸碱对组成,其反应可用通式表示为

$$A + H_2O \rightleftharpoons H_3O^+ + B$$

式中,A 表示共轭酸,B 表示共轭碱。当加入酸时,消耗共轭碱 B,平衡向左移动,同时产生共轭酸 A。当加入碱时,消耗共轭酸 A,平衡向右移动,同时产生共轭碱 B。无论平衡往哪个方向移动,最终都使溶液的 pH 基本保持不变。因此,A 为抗碱成分,B 为抗酸成分,这两种成分合称为缓冲对。

三、缓冲溶液的 pH 计算

根据缓冲溶液的电离平衡,其平衡常数即为共轭酸 A 的电离常数,因此可通过式(12-11)计算相应的 pH。

$$pH = pK_a + \lg \frac{c_B}{c_A} \tag{12-11}$$

式中,K_a 表示缓冲对中共轭酸的电离常数,c_B 和 c_A 分别表示缓冲对中共轭碱和酸的总浓度,严格来说应为平衡浓度,但多数情况由于平衡移动导致浓度变化很小,近似用总浓度计算。需要注意的是,缓冲溶液的缓冲作用都是有限的,每一种缓冲溶液都有一个有效的 pH 范围,称为有效缓冲范围,缓冲溶液只有在该缓冲范围内才具有缓冲能力。缓冲能力与缓冲中各组分的浓度有关,浓度较大且比值 c_A/c_B 接近 1 时,缓冲能力强。因此,对于不同的缓冲溶液,其有效缓冲范围为

$$pH = pK_a \pm 1 \tag{12-12}$$

四、缓冲溶液的选择与配制

根据公式(12-11)可知,缓冲溶液的 pH 由共轭酸的电离常数以及二者浓度的比值共同决定。因此,首先应选择合适的缓冲对,使所配制的缓冲溶液的 pH 尽量接近于共轭酸的 pK_a,这样可以保证溶液具有较强的缓冲能力。其次,应确定适当的总浓度。为使溶液有较大的缓冲能力,总浓度一般在 0.01～1 mol·L^{-1} 之间。同时,选择合适的缓冲对时,还应考虑是否会对分析过程有显著影响。例如,在光度分析中,在所测波长范围应基本没有吸收,在电化学分析时电位测定范围没有峰,在配位滴定分析中对被测离子没有显著的副反应发生等。如果所要求的 pH 不正好等于 pK_a,要根据所需 pH,利用公式(12-11)计算出各缓冲成分所需要的实际量。必要时,可用酸度计进行调准。

第四节 沉淀溶解平衡和溶度积常数

在含有难溶电解质的饱和溶液中,存在着固体与其已解离的阴阳离子间的化学平衡,这是一种多相的离子平衡,称为沉淀溶解平衡。在科研实验和生产过程中,经常需要利用沉淀反应和溶解反应来制备所需要的产品,或进行离子分离、除去杂质,进行定量分析。怎样判断沉淀能否生成或溶解,如何使沉淀的生成或溶解更加完全,又如何创造条件? 在含有几种离子的溶液中如何实现分步沉淀,也就是某一种或某几种离子的完全沉淀,而其余离子保留在溶液中? 这些都是实际工作中经常遇到的问题。

一、沉淀溶解平衡

我们习惯上把在水中溶解度极小(100 g 水中小于 0.01 g)的物质称为难溶物,而在水中溶解度很小,溶

于水后电离生成水合离子的物质称为难溶电解质,例如 $BaSO_4$、$CaCO_3$、$AgCl$ 等。在一定条件下,当难溶电解质的溶解速率与溶液中的有关离子重新生成沉淀的速率相等时,此时溶液中存在的溶解和沉淀间达到动态平衡,此时的溶液为饱和溶液,溶液中离子的浓度不再变化,称为沉淀溶解平衡。

二、溶度积常数

沉淀溶解平衡是一种多相平衡,即在未完全溶解的固体与溶液中的离子之间建立的动态平衡体系。例如,难溶电解质 $AgCl$ 的沉淀溶解平衡过程可以用如下化学反应方程式表示:

$$AgCl(s) \rightleftharpoons Ag^+(aq) + Cl^-(aq)$$

根据化学平衡原理,平衡体系中有关组分的平衡浓度存在着常数关系。因为固体物质的浓度固定不变,可以不写在平衡关系式中,所以 $AgCl$ 沉淀溶解平衡的平衡常数表达式为

$$K_{sp}(AgCl) = [Ag^+][Cl^-] \tag{12-13}$$

式中,K_{sp} 表示难溶电解质的溶度积常数,简称溶度积,$[Ag^+]$ 和 $[Cl^-]$ 表示相应离子的平衡浓度。对于难溶电解质 A_mB_n 来说,其沉淀溶解平衡反应方程和溶度积表达式可表示为

$$A_mB_n(s) \rightleftharpoons mA^{n+} + nB^{m-}$$

$$K_{sp}(A_mB_n) = [A^{n+}]^m[B^{m-}]^n \tag{12-14}$$

溶度积常数属于平衡常数,只是温度的函数,而与溶液中离子浓度无关,反映了难溶电解质的溶解能力,其数值可以通过实验测定,表 12-1 中列出了不同类型的难溶电解质的沉淀溶解平衡和溶度积常数。

表 12-1　不同类型的难溶电解质的沉淀溶解平衡和溶度积常数

难溶电解质的类型	举例	反应方程式	溶度积常数(K_{sp})
AB	$BaSO_4$	$BaSO_4(s) \rightleftharpoons Ba^{2+} + SO_4^{2-}$	$[Ba^{2+}][SO_4^{2-}]$
A_2B	Ag_2CrO_4	$Ag_2CrO_4(s) \rightleftharpoons 2Ag^+ + CrO_4^{2-}$	$[Ag^+]^2[CrO_4^{2-}]$
AB_2	$Mg(OH)_2$	$Mg(OH)_2(s) \rightleftharpoons Mg^{2+} + 2OH^-$	$[Mg^{2+}][OH^-]^2$
AB_3	$Fe(OH)_3$	$Fe(OH)_3(s) \rightleftharpoons Fe^{3+} + 3OH^-$	$[Fe^{3+}][OH^-]^3$

三、溶度积与溶解度的关系

难溶电解质的溶解度(S)是指在一定温度下,该电解质形成饱和溶液时的浓度,在研究沉淀溶解平衡体系问题时常用单位为 $mol \cdot L^{-1}$。溶解度的大小能反映难溶电解质的溶解能力,与 K_{sp} 既有联系也有差别。K_{sp} 不受离子浓度的影响,而 S 则不同。相同类型难溶电解质的 K_{sp} 越大,其溶解度也越大,K_{sp} 越小,其溶解度也越小。不同类型的难溶电解质,由于 K_{sp} 与 S 的关系式不同,不能通过比较 K_{sp} 的大小来判断 S 的大小。

溶解度和溶度积都可以用来表示物质的溶解能力。根据难溶电解质的沉淀溶解平衡的有关组分与溶解度的相互关系,可以进行溶解度和溶度积的互相换算。由于不同类型的难溶电解质在水溶液中的解离方式不同,溶解度与溶度积之间的换算关系也不同,具体见表 12-2。

表 12-2　不同类型的难溶电解质的溶度积常数和溶解度的关系

难溶电解质的类型	反应方程式	K_{sp} 与 S 的关系	换算公式
AB	$AB(s) \rightleftharpoons A^+ + B^-$	$K_{sp} = [A^+][B^-] = S^2$	$S = (K_{sp})^{1/2}$

（续表）

难溶电解质的类型	反应方程式	K_{sp} 与 S 的关系	换算公式
A_2B	$A_2B(s) \rightleftharpoons 2A^+ + B^{2-}$	$K_{sp} = [A^+]^2[B^{2-}] = (2S)^2 S$	$S = (K_{sp}/4)^{1/3}$
AB_2	$AB_2(s) \rightleftharpoons A^{2+} + 2B^-$	$K_{sp} = [A^{2+}][B^-]^2 = S(2S)^2$	
AB_3	$AB_3(s) \rightleftharpoons A^{3+} + 3B^-$	$K_{sp} = [A^{3+}][B^-]^3 = S(3S)^3$	$S = (K_{sp}/27)^{1/4}$

第五节　溶度积规则

一、离子积

在难溶电解质溶液中,有关离子浓度幂的乘积为离子浓度积,用符号 Q 表示,计算公式如式(12-15)。

$$Q(A_mB_n) = c_A^m c_B^n \tag{12-15}$$

离子积的表达式与 K_{sp} 的相近,但两者的概念不同,可用于判断溶液的平衡状态和沉淀反应进行的方向。K_{sp} 表示难溶电解质溶液达到沉淀溶解平衡时,饱和溶液中离子平衡浓度幂的乘积。某一难溶电解质,在一定温度条件下,K_{sp} 为一常数。而 Q 表示体系在任何情况下(不一定是平衡状态)的离子浓度幂的乘积,其数值不一定等于 K_{sp}。因此,K_{sp} 可以看作是 Q 的一个特例。

二、溶度积规则

根据离子积与溶度积的相对大小来判断沉淀生成和溶解的关系的规则称为溶度积规则。

当 $Q < K_{sp}$ 时,溶液未达到饱和,若溶液中有固体存在,固体会发生溶解,溶液中离子浓度逐渐增大,直至 $Q = K_{sp}$ 时达到新的平衡。

当 $Q = K_{sp}$ 时,溶液处于沉淀溶解平衡状态,此时的溶液为饱和溶液,溶液中既无沉淀生成,又无固体溶解。

当 $Q > K_{sp}$ 时,溶液处于过饱和状态,会有沉淀生成,随着沉淀的生成,溶液中离子浓度下降,直至 $Q = K_{sp}$ 时达到新的平衡。

根据溶度积规则,在一定温度下,通过控制难溶电解质溶液中离子的浓度,使溶液中离子起始浓度的离子积大于或小于溶度积常数,就可以使难溶电解质生成沉淀或使其沉淀溶解。

第六节　沉淀溶解平衡的转化

一、沉淀的生成和溶解

沉淀溶解平衡属于化学平衡,平衡移动的规律也遵从勒夏特列原理。当外界影响使溶液中某种离子浓度增大时,平衡就向这种离子浓度减小,也就是沉淀生成的方向移动;反之,则平衡向沉淀溶解的方向移动。

如果要使某种离子以沉淀方式从溶液中析出,通常采用的方法是加入适量的化学试剂,促进生成难溶电解质。根据溶度积规则,当体系离子积(Q)大于该难溶电解质的溶度积(K_{sp})时析出沉淀。使用的化学试剂称为沉淀剂。因为溶液中沉淀溶解平衡总是存在的,即溶液中总会含有极少量的待沉淀的离子,定量分析中,当残留在溶液中的某种离子浓度小于 10^{-6} mol·L^{-1} 时,就可认为这种离子沉淀完全。

反过来,根据溶度积规则,只要创造一定的条件降低溶液中的有关组分的离子浓度,使溶液中离子浓度幂的乘积小于溶度积,沉淀溶解平衡向溶解的方向移动,难溶电解质的沉淀就会溶解。常用的使沉淀溶解的方法有生成弱电解质、生成配合物和发生氧化还原反应等。

二、影响沉淀溶解度的因素

1. 同离子效应

在难溶电解质的饱和溶液中,加入与其具有相同离子(称为同离子)的可溶性强电解质时,按照平衡移动原理,平衡将向生成沉淀的方向移动,使难溶电解质的溶解度减小,这种现象叫作同离子效应。

同离子效应可以应用在沉淀的洗涤过程中。从溶液中分离出的沉淀物,常常吸附有各种杂质,必须对沉淀进行洗涤。如果使用纯水进行洗涤,沉淀在水中总有一定程度的溶解,为了减少沉淀的溶解损失,常常用含有与沉淀具有相同离子的电解质稀溶液作洗涤剂对沉淀进行洗涤。例如,在洗涤硫酸钡沉淀时,可以用很稀的 H_2SO_4 溶液或很稀的 $(NH_4)_2SO_4$ 溶液洗涤。

2. 盐效应

在难溶电解质的饱和溶液中,加入一定浓度的可溶性强电解质,而使难溶电解质的溶解度增大的现象叫作盐效应。例如,将 AgCl 溶于 KNO_3 溶液中,随着 KNO_3 浓度的增大,AgCl 溶解度逐渐增大。盐效应是由于离子强度的影响,当溶液中离子总数较大时,离子之间的静电作用增强,导致溶解的部分 Ag^+ 和 Cl^- 受到牵制而无法自由移动,其有效浓度降低,平衡向沉淀溶解的方向移动,故 AgCl 的溶解度增大。

值得注意的是,当加入含有同离子的可溶性强电解质时,往往同离子效应和盐效应同时存在,通常在同离子的浓度较低时,同离子效应占主导;当浓度较高时,盐效应占主导。当用沉淀反应来分离溶液中离子时,加入适当过量的沉淀剂可以使难溶电解质沉淀得更加完全,但如果沉淀剂过量太多,沉淀反而会出现溶解现象,这就是盐效应的作用。

3. 酸效应

在难溶电解质的饱和溶液中,加入酸性溶液,而使难溶电解质的溶解度增大甚至沉淀完全溶解的现象叫做酸效应。许多沉淀的生成和溶解与溶液的酸度有着十分密切的关系。对于难溶氢氧化物或弱酸,酸度会直接影响沉淀的生成。以难溶的金属氢氧化物为例,大多数的金属氢氧化物都难溶于水。所有难溶氢氧化物的溶解度随着溶液酸度的增大而增大,这是因为提高溶液酸度,会使 OH^- 浓度下降,促进难溶氢氧化物的沉淀溶解平衡向溶解方向移动。

对于难溶的弱酸盐,酸度通过影响弱酸根离子的浓度而使平衡移动。例如,在达到饱和的 CaC_2O_4 中加入酸,溶液中的 $C_2O_4^{2-}$ 与 H^+ 结合成 $HC_2O_4^-$ 和 $H_2C_2O_4$,导致溶液中 $C_2O_4^{2-}$ 浓度减小,CaC_2O_4 的沉淀溶解平衡向沉淀溶解的方向移动,使 CaC_2O_4 的溶解度增加。当酸度很大时,溶液中将主要是 $HC_2O_4^-$ 和 $H_2C_2O_4$,$C_2O_4^{2-}$ 浓度极小,甚至不能生成 CaC_2O_4 沉淀。

4. 配位效应

在难溶电解质的饱和溶液中加入某种配体,通过与难溶电解质的离子发生配位反应,使难溶电解质的溶解度增大,甚至沉淀完全溶解的现象叫作配位效应。加入的配体称为配位剂。例如,使用 Cl^- 沉淀 Ag^+ 时,得到白色 AgCl 沉淀,若此时再加入氨水,则因 NH_3 与 Ag^+ 发生配位,形成配合物离子 $[Ag(NH_3)_2]^+$,使 AgCl 溶解度增大,甚至全部溶解。沉淀剂也可以作为配位剂。如果加入过量的 Cl^-,Cl^- 能与 AgCl 进一步配位形成 $AgCl_2^-$ 和 $AgCl_3^{2-}$ 等配合物离子,也会使沉淀逐渐溶解。

5. 其他因素

除了上述几个效应,温度、溶剂、沉淀颗粒大小、沉淀性质和结构都对沉淀溶解度存在一定的影响。

三、分步沉淀

分步沉淀是指当溶液中存在两种或两种以上的被沉淀离子,一定条件下,通过加入适当的沉淀剂,让被沉淀离子按照达到溶度积的先后次序生成沉淀的现象。分步沉淀可以解决沉淀的顺序问题及被沉淀离子分离是否完全的问题。只要掌握体系中离子的性质,有效地控制沉淀反应条件,就可以利用分步沉淀的方法达到混合离子的有效分离。

分步沉淀的次序与沉淀类型和生成沉淀的 K_{sp} 有关。如果沉淀类型相同,则 K_{sp} 小的先沉淀,K_{sp} 大的后沉淀。如果沉淀类型不同,需要通过计算得到不同离子沉淀所需沉淀剂的用量,用量越少越先沉淀。此外,分步沉淀的次序还与被沉淀离子浓度有关,如果改变被沉淀的不同离子浓度,有可能导致沉淀的先后次序发生变化。

应用分步沉淀方法来分离不同的离子,首先两种离子应该先后沉淀,并且还必须保证先开始沉淀的离子沉淀完全(离子浓度小于 10^{-6} mol·L^{-1})以后,第二种离子才开始生成沉淀。

四、沉淀的转化

借助某种试剂,使一种难溶电解质转化为另一种难溶电解质的过程叫作沉淀的转化。例如,在 $AgNO_3$ 溶液中加入淡黄色 K_2CrO_4 溶液后,产生砖红色 Ag_2CrO_4 沉淀,再加入 NaCl 溶液后,溶液中同时存在两种沉淀溶解平衡:

$$Ag_2CrO_4(s) \rightleftharpoons 2Ag^+ + CrO_4^{2-}$$

$$AgCl(s) \rightleftharpoons Ag^+ + Cl^-$$

当阴离子浓度相同时,生成 AgCl 沉淀所需的 Ag^+ 浓度较小,在 Ag_2CrO_4 的饱和溶液中,Ag^+ 浓度对于 AgCl 沉淀来说却是过饱和的,所以会生成 AgCl 沉淀,同时 Ag^+ 降低;此时的 Ag^+ 浓度对于 Ag_2CrO_4 来说是不饱和,Ag_2CrO_4 沉淀溶解而使 Ag^+ 浓度增加,随后继续生成 AgCl 沉淀。最终,绝大部分砖红色 Ag_2CrO_4 沉淀转化为白色 AgCl 沉淀。

在生活中,有时需要将一种沉淀转化为另一种沉淀。例如,有的地区的水质永久硬度较高,锅炉中会形成主要含 $CaSO_4$ 的锅垢,这种锅垢不溶于酸中,不易除去。如果用 Na_2CO_3 溶液处理,就可以转化成 $CaCO_3$ 沉淀,清除起来就方便多了。

沉淀转化的实质是沉淀溶解平衡移动。一般难溶电解质更容易转化成溶解度更小的难溶电解质,在特殊条件下难溶电解质也可转化成溶解度比之稍大的电解质。一般来说,从溶解度较大的沉淀转化为溶解度较小的沉淀容易进行,两种沉淀的溶解度差别越大,转化反应进行的趋势越大。反之,从溶解度较小的沉淀转化为溶解度较大的沉淀则难以进行,两种沉淀的溶解度差别越大,转化反应进行的趋势越小。当两种沉淀的溶解度差别不大时,两种沉淀可以相互转化,转化反应是否能够进行完全,则与所用转化溶液的浓度有关。沉淀的转化在科研和生产过程中具有重要的应用价值。

附1 例题解析

【例 12-1】 氨基酸是一类具有重要功能的生理活性物质,也是蛋白质和多肽的基本结构单元。其中,丙氨酸简称 Ala,结构式见图 12-1。

丙氨酸的滴定曲线显示,其结构中 2 个功能基团的电离 pK_a 是 2.34 和 9.69。对于 2 个、3 个或更多的丙氨酸聚合而成的寡肽,虽然实验测得的 pK_a 值不同,但也仅显示有 2 个电离的功能基团,相应 pK_a 值的变化趋势如表 12-3 所示。

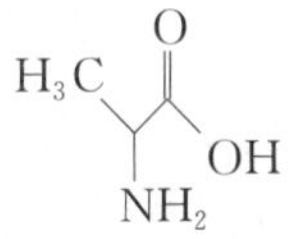

表 12-3 pK_a 值的变化趋势

氨基酸或寡肽	pK_1	pK_2
Ala	2.34	9.69
Ala-Ala	3.12	8.30
Ala-Ala-Ala	3.39	8.03
Ala-$(Ala)_n$-Ala, $n \geq 4$	3.42	7.94

图 12-1 丙氨酸结构示意图

(1) 0.10 mol·L^{-1}丙氨酸盐酸盐水溶液的 pH 为多少?

(2) 画出 pH=7.0 时 Ala-Ala-Ala 的结构式,并确定与 pK_1 和 pK_2 相应的功能基团。

(3) 由以上数据显示,随着 Ala 残基的增多,pK_1 逐渐增大而 pK_2 逐渐减小,试分析原因。

【解题思路】 (1) 由于两级电离常数相差很大,二级解离可以忽略,视为一元酸,则用最简式计算。

(2) 多肽是通过相邻氨基酸之间发生缩合反应,通过酰胺键连接形成。中性 pH 条件下,一端的氨基质子化,另一端的羧基发生解离。

(3) 多肽的酸碱性与氨基酸类似,存在两个电离的功能基团,二者带相反电荷,存在静电作用,随着肽链的延长,其静电作用发生变化,从而引起电离常数的改变。

【参考答案】 (1) $[H^+] = (K_1 c)^{1/2} = (10^{-2.34} \times 0.10)^{1/2} = 10^{-1.67}$,得 $pH = 1.67$

(2) ,质子化的氨基:$pK_2 = 8.03$;羧基:$pK_1 = 3.39$。

(3) 羧酸阴离子和质子化的氨基之间存在静电作用,有利于羧基的质子化。随着多聚丙氨酸链的增长,这种有利的静电作用逐渐减弱,羧基阴离子结合质子更加容易,从而导致了 pK_1 增大,而另一端质子化的氨基也更容易失去质子,导致 pK_2 减小。

【例 12-2】 实验室现有 $0.10\ mol \cdot L^{-1}$ NaOH 溶液、$0.10\ mol \cdot L^{-1}$ HCl 溶液、草酸基准物质($H_2C_2O_4 \cdot 2H_2O$, $126.07\ g \cdot mol^{-1}$)、邻苯二甲酸氢钾基准物质($KHC_8H_4O_4$, $204.22\ g \cdot mol^{-1}$)、三(羟甲基)氨基甲烷基准物质[简称 Tris,$(HOCH_2)_3CNH_2$,$K_b = 1.15 \times 10^{-6}$,$121.14\ g \cdot mol^{-1}$]、碳酸钠基准物质($Na_2CO_3$,$105.99\ g \cdot mol^{-1}$),以及酚酞、甲基橙和甲基红等三种指示剂。欲用酸碱滴定法测定某化学纯精氨酸试样的含量。(已知精氨酸 $pK_{a1} = 2.17$,$pK_{a2} = 9.04$,$pK_{a3} = 12.48$)

(1) 指出合适的滴定剂并简要说明理由,写出滴定反应化学方程式。

(2) 计算滴定终点时溶液 pH,根据计算结果选择最佳指示剂。

【解题思路】 精氨酸为碱性氨基酸,在水溶液中有 4 种分布形式(用 H_2A^{2+}、HA^+、A 和 A^- 表示),因此电中性的精氨酸分子 A 属于两性物质。利用强酸或者强碱作为滴定剂进行直接滴定,需要首先判断能否直接滴定,然后根据滴定终点时产物的酸碱性,计算 pH 并选择合适的指示剂。

【参考答案】

(1) 精氨酸 A 的 $K_{b2} = K_w / K_{a2} = 10^{-14}/10^{-9.04} = 10^{-4.96}$,$cK_{b2} > 10^{-8}$

$K_{b3} = K_w / K_{a1} = 10^{-14}/10^{-2.17} = 10^{-11.83}$,$cK_{b3} < 10^{-8}$

可用盐酸标准溶液作滴定剂,只能形成一个滴定突跃,终点产物为 HA^+。

滴定反应方程式:$A + HCl \longrightarrow HA^+ \cdot Cl^-$ (或 $C_6H_{14}N_4O_2 + HCl \longrightarrow [C_6H_{15}N_4O_2]^+ \cdot Cl^-$)。

写离子反应方程式也可:$A + H^+ \longrightarrow HA^+$ (或 $C_6H_{14}N_4O_2 + H^+ \longrightarrow C_6H_{15}N_4O_2^+$)。

(2) 滴定计量点处为 HA^+ 溶液,属于两性物质,$pH = 1/2(pK_{a1} + pK_{a2}) = 1/2(2.17 + 9.04) = 5.60$,因此最佳指示剂为甲基红。

【例 12-3】 已知 $K_{sp}(CuS) = 6.0 \times 10^{-36}$,$H_2S$ 的 $pK_{a1} = 7.24$,$pK_{a2} = 14.92$,计算 CuS 在纯水中的溶解度。

(1) 不考虑 S^{2-} 的水解;

(2) 考虑 S^{2-} 的水解;

(3) CuS 溶解度变化多少?

【解题思路】 如果不考虑 S^{2-} 的水解,则溶液达到沉淀溶解平衡时,S^{2-} 和 Cu^{2+} 平衡浓度相同,根据 AB 型难溶物的溶度积与溶解度的关系求解。如果考虑 S^{2-} 的水解,实际是酸效应影响,S^{2-} 的水解产物为 HS^- 和 H_2S。CuS 的溶解度则为 S^{2-} 及其水解产物的浓度和,可根据酸效应系数求解。

【参考答案】 (1) 不考虑 S^{2-} 的水解情况下 CuS 的溶解度 S_1。

$$S_1 = [Cu^{2+}] = [S^{2-}] = K_{sp}^{1/2} = 2.4 \times 10^{-18} (mol \cdot L^{-1})$$

(2) 考虑 S^{2-} 的水解情况下 CuS 的溶解度 S_2，S^{2-} 的水解反应为酸效应影响，

$$CuS(s) \longrightarrow Cu^{2+} + S^{2-}, \quad K'_{sp} = K_{sp}\,\alpha_{S(H)} = S^2$$

$$S^{2-} + H^+ \longrightarrow HS^-, \quad K_1 = \frac{1}{K_{a2}}$$

$$HS^- + H^+ \longrightarrow H_2S, \quad K_2 = \frac{1}{K_{a1}}$$

由于 CuS 的溶解度很小，即使 S^{2-} 水解，产生的 OH^- 也很少，不引起溶液 pH 的改变，认为 pH＝7.00，因此酸效应系数 $\alpha_{S(H)} = 1 + \beta_1[H^+] + \beta_2[H^+]^2$。

累积稳定常数：$\beta_1 = K_1 = \dfrac{1}{K_{a2}}, \quad \beta_2 = K_1 K_2 = \dfrac{1}{K_{a1}K_{a2}}$

$$\alpha_{S(H)} = 1 + \beta_1[H^+] + \beta_2[H^+]^2 = 1 + 10^{14.92-7.0} + 10^{22.16-14.00} = 2.3 \times 10^8$$
$$S_2 = (K_{sp}\,\alpha_{S(H)})^{1/2} = (6.0 \times 10^{-36} \times 2.3 \times 10^8)^{1/2} = 3.7 \times 10^{-14}\,(mol \cdot L^{-1})$$

(3) 溶解度变化：$S_2/S_1 = 3.7 \times 10^{-14}/2.4 \times 10^{-18} = 1.5 \times 10^4$ 倍，由于增大水解作用，CuS 的溶解度扩大到 1.5×10^4 倍。

【例 12-4】 在工业污水处理中，经常通过沉淀的方法除去水中的重金属离子并进行资源化。例如，某化工厂用盐酸加热处理粗 CuO 的方法制备 $CuCl_2$，每 100 ml 所得的溶液中有 0.055 g Fe^{2+} 杂质。该厂采用使 Fe^{2+} 氧化成 Fe^{3+} 再调整 pH 使 Fe^{3+} 以 $Fe(OH)_3$ 沉淀析出的方法除去铁杂质。请在 $KMnO_4$、H_2O_2、$NH_3 \cdot H_2O$、Na_2CO_3、ZnO、CuO 等化学药品中为该厂选出合适的氧化剂和调整 pH 的试剂。已知 $K_{sp}[Fe(OH)_2] = 4.86 \times 10^{-17}$，$K_{sp}[Cu(OH)_2] = 2.2 \times 10^{-20}$，$K_{sp}[Fe(OH)_3] = 2.8 \times 10^{-39}$。通过计算说明：(1) 为什么不用直接沉淀出 $Fe(OH)_2$ 的方法提纯 $CuCl_2$？

(2) 请设计该厂所采用的去除铁杂质的方案的可行条件。

【解题思路】 (1) 若用直接沉淀出 $Fe(OH)_2$ 的方法提纯 $CuCl_2$，必须保证在 Cu^{2+} 开始沉淀之前，Fe^{2+} 被沉淀完全。因此需要求得 Fe^{2+} 被沉淀完全时溶液中 Cu^{2+} 的浓度。

(2) 在离子分离的实际操作中，应把握的基本原则是：

① 将作为杂质去除的某元素离子尽可能沉淀完全，为此应选取该元素溶度积最小的沉淀。

⑤ 如果需要改变杂质的氧化态，尽可能不要引入新的杂质。

⑥ 调剂系统的 pH 时，也应不引入新的杂质。本题最适宜的氧化剂是 H_2O_2。

【参考答案】 (1) 若使得 Fe^{2+} 先沉淀出来，并使其沉淀完全，即：$c(Fe^{2+}) \leqslant 1.0 \times 10^{-6}\,mol \cdot L^{-1}$，

则：$$c_1(OH^-) \geqslant \sqrt{\frac{K_{sp}[Fe(OH)_2]}{c(Fe^{2+})}} = \sqrt{\frac{4.86 \times 10^{-17}}{1.0 \times 10^{-6}}} = 7.0 \times 10^{-6}\,(mol \cdot L^{-1})$$

若此时 Cu^{2+} 不沉淀，Cu^{2+} 的浓度应低于 $c_1(Cu^{2+})$，计算如下：

$$c_1(Cu^{2+}) \leqslant \frac{K_{sp}[Cu(OH)_2]}{c_1(OH^-)} = \frac{2.2 \times 10^{-20}}{(7.0 \times 10^{-6})^2} = 4.5 \times 10^{-10}\,(mol \cdot L^{-1})$$

显然，用直接生成 $Fe(OH)_2$ 的方法不能得到主产品 $CuCl_2$。

(2) Fe^{3+} 沉淀完全时，$c(Fe^{3+}) \leqslant 1.0 \times 10^{-6}\,mol \cdot L^{-1}$，溶液中 OH^- 的浓度为

$$c_2(OH^-) = \sqrt[3]{\frac{K_{sp}[Fe(OH)_3]}{c(Fe^{3+})}} = \sqrt[3]{\frac{2.8 \times 10^{-39}}{1.0 \times 10^{-6}}} = 1.4 \times 10^{-11}\,(mol \cdot L^{-1})$$

若此时不生成 $Cu(OH)_2$ 沉淀，则 Cu^{2+} 的浓度为：

$$c_2(Cu^{2+}) = \frac{K_{sp}[Cu(OH)_2]}{c_2(OH^-)^2} = \frac{2.2 \times 10^{-20}}{(1.4 \times 10^{-11})^2} = 112(mol \cdot L^{-1})$$

此浓度远高于 $CuCl_2$ 的溶解度。说明可以采用生成 $Fe(OH)_3$ 沉淀的方法除去 $CuCl_2$ 中的杂质铁。本题最适宜的氧化剂是 H_2O_2。

若所得溶液中 $c(Cu^{2+}) = 1.0\ mol \cdot L^{-1}$，则 $Cu(OH)_2$ 开始沉淀时 OH^- 的浓度为

$$c_3(OH^-) = \sqrt{\frac{K_{sp}[Cu(OH)_2]}{c(Cu^{2+})}} = \sqrt{\frac{2.2 \times 10^{-20}}{1}} = 1.5 \times 10^{-10}(mol \cdot L^{-1})$$

即将 pH 控制在 2.8~4.2 之间，可达到除铁提纯 $CuCl_2$ 的目的。

计算说明，调节 pH 的最佳试剂为 CuO，CuO 和 HCl 反应，使系统的 pH 控制在 3~4 之间。

附2　综合训练

1. 欲在室温下配制 1.00 L pH 9.00 的 NH_3-NH_4Cl 缓冲溶液，现有 6.80 g NH_4Cl，请计算需要加入 25% 浓氨水（密度 $\rho = 0.907\ g \cdot mL^{-1}$）的体积（氨水的 $pK_b = 4.74$）。

2. 25 ℃，银离子在溶液中与间苯二胺和对苯二胺定量发生如下反应：

$$4Ag^+ + H_2N\!-\!\langle\ \rangle\!-\!NH_2 + H_2N\!-\!\langle\ \rangle\!-\!NH_2 \longrightarrow 4Ag + 3H^+ + H_2N\!-\!\langle\ \rangle\!-\!N\!=\!\langle\ \rangle\!=\!NH_2$$

氧化得到的偶联产物在 550 nm 波长处的摩尔消光系数为 $1.8 \times 10^4\ L \cdot mol^{-1} \cdot cm^{-1}$。利用这一反应，通过分光光度法可测定起始溶液中的银离子浓度。在纯水中配得乙酸银的饱和水溶液。取 1.00 mL 溶液，按计量加入两种苯二胺，至显色稳定后，稀释定容至 1 L。用 1 cm 的比色皿，测得溶液在 550 nm 处的吸光度为 0.180。计算乙酸银的溶度积 K_{sp}。

（已知朗伯-比尔方程 $A = \varepsilon l c$，A 为吸光度；ε 为摩尔消光系数；l 为光通过溶液的路径长；c 为溶液浓度。提示：可合理忽略副反应。）

3. Ag_2CrO_4 在 298 K 时溶度积常数为 1.12×10^{-12}，试计算其溶解度。

4. 将 $0.004\ mol \cdot L^{-1}\ AgNO_3$ 和相同浓度的 $K_2C_2O_4$ 溶液等体积混合时，是否有沉淀析出？ $[K_{sp}(Ag_2C_2O_4) = 3.5 \times 10^{-11}]$

第十三章 化学平衡

基本要求

了解热力学的一些基本概念;掌握热力学基本公式;掌握化学平衡热力学和动力学特征;了解 van't Hoff 等温方程式;掌握反应的平衡常数的计算方法;掌握影响化学平衡的因素。

第一节 化学热力学基础导言

一、物理化学的两个主要研究领域解决的问题

1. 化学热力学

研究变化可能性的判断问题:研究化学变化的方向,能达到的最大限度,外界条件对平衡的影响。

2. 化学动力学

研究将可能性变为现实性的问题:研究化学反应的速率,温度、压力、催化剂、溶剂和光照等外界因素对反应速率的影响,反应的机理。

二、状态函数和状态函数的改变

用以描述系统状态的物理量称为"状态函数"。状态函数是系统的单值函数,其数值仅取决于系统所处的状态,而与系统的历史无关。状态函数的改变值仅取决于系统的始态和终态,而与变化的途径无关。某一状态函数的改变等于该状态函数的终态值减去该状态函数的始态值。状态函数的特性:异途同归,值变相等;周而复始,数值还原。

几个常用热力学状态函数:

热力学能(内能)U(热力学第一定律数学表达式):
$$\Delta U = Q + W \tag{13-1}$$

焓 H:
$$H = U + pV \tag{13-2}$$

熵 S:
$$\mathrm{d}S = \frac{\delta Q_R}{T_环} \tag{13-3}$$

吉布斯自由能 G:
$$G = H - TS \tag{13-4}$$

三、化学反应计量方程式

化学反应计量方程式是用以表示一个反应系统的变化关系的定量方程式。一个反应系统的化学反应计量方程式有无数个。任何一个写出的化学反应计量方程式都称为 1 mol 反应。

四、化学反应计量方程式的通式表示

将所有化学计量方程写成一般的通式为 $0 = \sum_B \nu_B$。式中 B 代表反应式中任一组分,ν_B 代表任一组分 B 的化学计量系数。ν_B 是量纲为一的量,单位为 1。对反应物的 ν_B 取负值,生成物的 ν_B 取正值。

五、反应进度

反应进度的定义为

$$\xi = \frac{\Delta n_B}{\nu_B} \tag{13-5}$$

其量纲为 mol。

引入反应进度的优点：在反应进行到任意时刻，可以用任一反应物或生成物来表示反应进行的程度，所得的值都是相同的。注意：反应进度必须与化学反应计量方程式相对应。

第二节　化学平衡的热力学和动力学特征

热力学特征：化学反应达到平衡时，各物种的浓度维持不变。

动力学特征：达到平衡时，正反应速率和逆反应速率是相等的。

ΔG 判据的前提条件是：等温、等压、不做非体积功。

$(\Delta_r G_m)_{T,p} = 0$，反应达到平衡，此时正逆方向上反应的速率相等。

$(\Delta_r G_m)_{T,p} < 0$，反应自发地向右进行。

$(\Delta_r G_m)_{T,p} > 0$，反应自发地向左进行。

第三节　van't Hoff 等温方程式和反应的平衡常数

一、理想气体反应的平衡常数

对理想气体反应：$0 = \sum_B \nu_B B(pg)$。

van't Hoff 等温方程式：$\Delta_r G_m = \Delta_r G_m^{\ominus} + RT \ln Q_p$。

式中，Q_p 为压力商，$Q_p = \prod_B \left(\frac{p_B}{p^{\ominus}}\right)^{\nu_B}$，它为无量纲的纯数。

$$Q_a = \prod_B (a_B)^{\nu_B} = \prod_B \left(\frac{p_B}{p^{\ominus}}\right)^{\nu_B} = Q_p, \text{ 其中 } a_B = \frac{\gamma_B \, p_B}{p^{\ominus}} = \frac{p_B}{p^{\ominus}}。$$

平衡时：$\Delta_r G_m = 0$，可得 $\Delta_r G_m^{\ominus} = -RT \ln K_p^{\ominus}$。

$$K_p^{\ominus} = \prod_B \left(\frac{p_{B,eq}}{p^{\ominus}}\right)^{\nu_B}$$

式中，$K_p^{\ominus}$ 为标准压力平衡常数，其仅与温度有关，与压力无关，且为无量纲的纯数。

二、平衡常数与 Gibbs 自由能变化

$$\Delta_r G_m^{\ominus} = -RT \ln K_p^{\ominus} = \sum_B \nu_B \, \Delta_f G_m^{\ominus}(B) = \Delta_r H_m^{\ominus} - T \Delta_r S_m^{\ominus} = -z E^{\ominus} F$$

(1) $\Delta_r G_m^{\ominus} = -RT \ln K_p^{\ominus}$

$$K_p^{\ominus} = \prod_B \left(\frac{p_{B,eq}}{p^{\ominus}}\right)^{\nu_B}$$

$$\Delta_r G_m = \Delta_r G_m^\ominus + RT \ln Q_p = -RT \ln K_p^\ominus + RT \ln Q_p$$

若：$K_p^\ominus > Q_p$，则 $\Delta_r G_m < 0$，反应可正向自发进行；

$K_p^\ominus = Q_p$，则 $\Delta_r G_m = 0$，反应处于平衡状态；

$K_p^\ominus < Q_p$，则 $\Delta_r G_m > 0$，反应可逆向自发进行。

(2) $\Delta_r G_m^\ominus = \sum\limits_B \nu_B \Delta_f G_m^\ominus(B)$

$\Delta_f G_m^\ominus(B)$ 为标准摩尔生成吉布斯自由能。

在标准压力下，由稳定单质生成 1 mol 化合物时吉布斯自由能的变化值，称为该化合物的标准摩尔生成吉布斯自由能。

(3) $\Delta_r G_m^\ominus = \Delta_r H_m^\ominus - T \Delta_r S_m^\ominus$

$$\Delta_r S_m^\ominus = \sum\limits_B \nu_B S_m^\ominus(B)$$

$$\Delta_r H_m^\ominus = \sum\limits_B \nu_B \Delta_f H_m^\ominus(B) \quad (物质 B 的标准摩尔生成焓)$$

$$= -\sum\limits_B \nu_B \Delta_c H_m^\ominus(B) \quad (物质 B 的标准摩尔燃烧焓)$$

$$= \sum\limits_B \Delta_b H_m^\ominus(反应物) - \sum\limits_B \Delta_b H_m^\ominus(产物) \quad (物质的键焓)$$

$$自发反应 \xrightarrow{T_转} 非自发反应$$

当 $\Delta_r G_m^\ominus = 0$ 时，$\Delta_r H_m^\ominus = T_转 \Delta_r S_m^\ominus$，则 $T_转 = \dfrac{\Delta_r H_m^\ominus}{\Delta_r S_m^\ominus} \xrightarrow{近似计算} = \dfrac{\Delta_r H_m^\ominus(298\ K)}{\Delta_r S_m^\ominus(298\ K)}$

(4) $\Delta_r G_m^\ominus = -z E^\ominus F$

$\qquad E^\ominus = E_+^\ominus - E_-^\ominus$，$F = 96\,500\ C \cdot mol^{-1}$，$z$ 的量纲：mol 电子/mol 反应。

三、各种平衡常数及其相互之间的关系

对理想气体反应：$0 = \sum\limits_B \nu_B B(pg)$。

(1) 压力平衡常数 $K_p^\ominus$ 和 K_p

$$K_p^\ominus = \prod\limits_B \left(\frac{p_{B,eq}}{p^\ominus}\right)^{\nu_B}$$

$K_p^\ominus$ 仅与温度有关，且为无量纲的纯数。

$$K_p^\ominus = \prod\limits_B \left(\frac{p_{B,eq}}{p^\ominus}\right)^{\nu_B} = \left[\prod\limits_B (p_{B,eq})^{\nu_B}\right]\left[\prod\limits_B \left(\frac{1}{p^\ominus}\right)^{\nu_B}\right] = K_p \left(\frac{1}{p^\ominus}\right)^{\sum\limits_B \nu_B}$$

$$K_p^\ominus = K_p \left(\frac{1}{p^\ominus}\right)^{\sum\limits_B \nu_B}$$

可见，当 $\sum\limits_B \nu_B \neq 0$ 时，K_p 是一个有量纲的物理量，且仅与温度有关。

(2) 物质的量浓度平衡常数和 K_c

因为 $K_c^\ominus = \prod\limits_B \left(\frac{c_{B,eq}}{c^\ominus}\right)^{\nu_B}$ 且 $p_B = \dfrac{n_B RT}{V} = c_B RT$，所以：

$$K_p^\ominus = \prod\limits_B \left(\frac{p_{B,eq}}{p^\ominus}\right)^{\nu_B} = \left[\prod\limits_B (c_{B,eq})^{\nu_B}\right]\left[\prod\limits_B \left(\frac{RT}{p^\ominus}\right)^{\nu_B}\right]$$

$$= \left[\prod\limits_B \left(\frac{c_{B,eq}}{c^\ominus}\right)^{\nu_B}\right]\left[\prod\limits_B \left(\frac{c^\ominus RT}{p^\ominus}\right)^{\nu_B}\right] = K_c^\ominus \cdot \left(\frac{c^\ominus RT}{p^\ominus}\right)^{\sum\limits_B \nu_B}$$

$$K_p^\ominus = K_c^\ominus \left(\frac{c^\ominus RT}{p^\ominus} \right)^{\sum\limits_B \nu_B}$$

可见，$K_c^\ominus$ 仅与温度有关，且为无量纲的纯数。

因为 $K_c = \prod\limits_B (c_{B,eq})^{\nu_B}$，可得 $K_p^\ominus = K_c \left(\frac{RT}{p^\ominus} \right)^{\sum\limits_B \nu_B}$，可见，当 $\sum\limits_B \nu_B \neq 0$ 时，K_c 是一个有量纲的物理量，且仅与温度有关。

(3) 物质的量分数平衡常数 K_y

$$K_y = \prod\limits_B (y_{B,eq})^{\nu_B}，且\ y_B = \frac{n_B}{n_{总}}，p_B = y_B p$$

可得 $K_p^\ominus = K_y \left(\frac{p}{p^\ominus} \right)^{\sum\limits_B \nu_B}$，可见，$K_y$ 是一个无量纲的物理量，且与温度、压力有关。

(4) 物质的量平衡常数 K_n

$$K_n = \prod\limits_B (n_{B,eq})^{\nu_B}，且\ p_B = y_B p = \frac{n_B}{n_{总}} p，可得\ K_p^\ominus = K_n \left(\frac{p}{n_{总} p^\ominus} \right)^{\sum\limits_B \nu_B}$$

可见，当 $\sum\limits_B \nu_B \neq 0$ 时，K_n 是一个有量纲的物理量，且与温度、压力和总物质的量有关。

第四节　影响化学平衡的因素

勒夏特列原理：如果改变影响化学平衡的一个条件(如浓度、温度、压力等)，平衡就向能够减弱这种改变的方向移动。

一、温度的影响

范特霍夫公式的微分式为

$$\frac{d \ln K_p^\ominus}{dT} = \frac{\Delta_r H_m^\ominus}{RT^2}$$

对于吸热反应，$\Delta_r H_m^\ominus > 0$，$K_p^\ominus$ 的数值随温度升高而增大。因此，升高温度对吸热反应有利，平衡向生成物一方移动。

对于放热反应，$\Delta_r H_m^\ominus < 0$，$K_p^\ominus$ 的数值随温度升高而下降。因此，升高温度对吸热反应不利，平衡向反应物一方移动。

当 $\Delta_r H_m^\ominus$ 为常数时，有：

不定积分式：$\ln K_p^\ominus = -\frac{\Delta_r H_m^\ominus}{RT} + C$

定积分式：$\ln \frac{K_p^\ominus(T_2)}{K_p^\ominus(T_1)} = \frac{\Delta_r H_m^\ominus}{R} \left(\frac{1}{T_1} - \frac{1}{T_2} \right)$

二、压强的影响

$K_p^\ominus = K_y \left(\frac{p}{p^\ominus} \right)^{\sum\limits_B \nu_B}$（$p$ 为反应系统的总压）

$\sum\limits_B \nu_B > 0$，反应后气体分子数增大，当 p 增大时，$K_p^\ominus$ 不变，K_y 减小，平衡向气体分子数减小的方向移动。

三、惰性气体的影响

$$K_p^{\ominus} = K_n \left(\frac{p}{n_{总} \, p^{\ominus}} \right)^{\sum\limits_{B} \nu_B}$$

式中，p 为反应系统的总压，$n_{总}$ 为反应系统总的物质的量。

1. 总压力不变下，加入惰性气体等同于降压效应

$\sum\limits_{B} \nu_B < 0$（反应后气体的分子数减小），$p$ 不变，$n_{总}$ 增加，$K_p^{\ominus}$ 不变，平衡向气体分子数增大的方向移动。

2. 总体积不变下，加入惰性气体，平衡不移动

因为 $\dfrac{p}{n_{总}} = \dfrac{RT}{V} = $ 常数 且 $K_p^{\ominus} = K_n \left(\dfrac{p}{n_{总} \, p^{\ominus}} \right)^{\sum\limits_{B} \nu_B}$，所以 K_n 不变。

第五节　若干典型化学平衡的计算实例

主要有 3 种计算：①理想气体反应的平衡转化率等；②酸碱反应的酸碱平衡常数与酸碱强度的定性关系；③难溶盐的溶度积。

▶ 附1　例题解析

【例 13-1】 在一定温度下，将气体 X 和气体 Y 各 0.16 mol 充入 10 L 恒容密闭容器中，发生反应 $X(g) + Y(g) \rightleftharpoons 2Z(g)$，$\Delta H < 0$，一段时间后达到平衡，反应过程中测定的数据如下表：

t/min	2	4	7	9
$n(Y)$/mol	0.12	0.11	0.10	0.10

下列说法正确的是　　　　　　　　　　　　　　　　　　　　　　　　　　　（　　）

A. 反应前 2 min 的平均速率 $v(Z) = 2.0 \times 10^{-3}$ mol $\cdot$ L^{-1} $\cdot$ min^{-1}

B. 其他条件不变，降低温度，反应达到新平衡前 $v(逆) > v(正)$

C. 保持其他条件不变，起始时向容器中充入 0.32 mol 气体 X 和 0.32 mol 气体 Y，达到平衡时，$n(Z) < 0.24$ mol

D. 其他条件不变，向平衡体系中再充入 0.16 mol 气体 X，与原平衡相比，达到新平衡时，气体 Y 的转化率增大，X 的体积分数增大

【参考答案】 A. 2 min 内 Y 物质的量变化为 0.16 mol － 0.12 mol = 0.04 mol，$v(Y) = 0.04$ mol $\div$ 10 L $\div$ 2 min = 0.002 mol/(L $\cdot$ min)，利用速率之比等于化学计量数之比，故 $v(Z) = 2v(Y) = 0.004$ mol $\cdot$ L^{-1} $\cdot$ min^{-1}，故 A 错误；B. 该反应正反应是放热反应，降低温度，平衡向正反应方向移动，反应达到新平衡前 $v(正) > v(逆)$，故 B 错误；C. 起始时向容器中充入 0.32 mol 气体 X 和 0.32 mol 气体 Y，与原平衡等效，相当于在原平衡基础上增大压强，由于反应前后气体的体积不变，所以平衡不移动，Z 的体积分数不变，$n(Z) = 0.24$ mol，故 C 错误；D. 其他条件不变，向平衡体系中再充入 0.16 mol 气体 X，平衡正向移动，所以达到新平衡时，气体 Y 的转化率增大，X 的转化率减小，X 的体积分数增大。

故 D 正确。

【例 13-2】 如图 13-1 所示，在一密闭体系中，甲、乙之间的隔板 K 以及最右边的活塞都可以自由移动。在甲中充入 2 mol 气体 A 和 1 mol 气体 B。在乙中充入 2 mol 气体 C 和 1 mol 惰性气体 D。此时 K 停在

6 刻度线处。在一定条件下可以发生可逆反应：$2A(g) + B(g) \rightleftharpoons 2C(g)$，反应达到平衡后,恢复到反应发生前时的温度。问：

(1) 可根据什么现象来判断甲、乙都已达到平衡？

(2) 反应达到平衡后,可移动活塞最终停留的刻度范围如何？

(3) 反应达到平衡后,甲、乙中气体 C 的物质的量哪一个多,为什么？

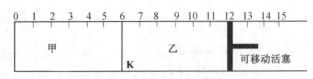

图 13-1　例 13-2 示意图

(4) 反应达到平衡后,通过计算说明,若活塞还在刻度 12 处时隔板 K 最终停留在何处？

【参考答案】 (1) 当反应平衡时,甲、乙中物质的量不变,此时隔板 K 和可移动活塞不再移动,故答案为：隔板 K 和可移动活塞移动到新的位置后,不再移动。

(2) 考虑平衡 $2A(g) + B(g) \rightleftharpoons 2C(g)$ 的两种极端情形：

当平衡右移到底时,甲中有 2 mol C,乙中有 2 mol C 和 1 mol D,共 5 mol 气体,可移动活塞最终停留的刻度在 10。

当平衡左移到底时,甲中有 2 mol A 和 1 mol B,乙中有 2 mol A、1 mol B 和 1 mol D,共 7 mol 气体,可移动活塞最终停留的刻度在 14。

故可移动活塞最终停留的刻度在 10～14 之间。

(3) 甲多,加 D 相当于分压减小。

(4) 设 K 向左移动 x,1 mol 气体相当于 2 格。

因此平衡时,甲中 A 为 $(2-x)$ mol,B 为 $(1-x/2)$ mol,C 为 x mol,总的物质的量为 $(3-x/2)$ mol。

乙中 A 为 x mol,B 为 $x/2$ mol,C 为 $(2-x)$ mol,总的物质的量为 $(3+x/2)$ mol。

甲、乙达到平衡时,反应的平衡常数不变,即可联立出方程式：

$$\frac{x^2(6-x)}{(2-x)^2\left(1-\dfrac{x}{2}\right)} = \frac{(2-x)^2(6+x)}{x^2\dfrac{x}{2}}$$

$$x = 1.035$$

隔板 K 最终停留位置：4.965。

【例 13-3】 潮湿的碳酸银在 110 ℃用空气进行干燥。已知气体常数 $R = 8.314 \, \text{J} \cdot \text{mol}^{-1} \cdot \text{K}^{-1}$。在 25 ℃ 和 100 kPa 下相关的热力学数据列表如下：

	$Ag_2CO_3(s)$	$Ag_2O(s)$	$CO_2(g)$
$\Delta_f H_m^{\ominus}/(\text{kJ} \cdot \text{mol}^{-1})$	−501.66	−29.08	−393.45
$S_m^{\ominus}/(\text{J} \cdot \text{mol}^{-1} \cdot \text{K}^{-1})$	167.4	121.8	213.8

(1) 通过计算说明,如果避免碳酸银分解为氧化银和二氧化碳,则空气中 CO_2 的分压至少应为 _____。设反应的焓变与熵变不随温度变化。

(2) 若反应系统中二氧化碳处于标态,判断此条件下上述分解反应的自发性：_____（填写对应的字母）,并给出原因：_____。

　　A. 不自发　　　　B. 达平衡　　　　C. 自发

(3) 如降低干燥的温度,则上述反应的标准平衡常数如何变化？ _____（填写对应的字母）,并给出原因：_____。

　　A. 不变化　　　　B. 减小　　　　C. 增大

【参考答案】 (1) 对于反应 $Ag_2CO_3(s) \longrightarrow Ag_2O(s) + CO_2(g)$

$\Delta_r S_m^{\ominus}(298 \text{ K}) = (121.8 + 213.8 - 167.4) \, \text{J} \cdot \text{mol}^{-1} \cdot \text{K}^{-1} = 168.2 \, \text{J} \cdot \text{mol}^{-1} \cdot \text{K}^{-1}$

$\Delta_r H_m^{\ominus}(298\ K) = (-29.08 - 393.45 + 501.66)\ kJ \cdot mol^{-1} = 79.13\ kJ \cdot mol^{-1}$

由于该反应的焓变和熵变均不随温度变化,因此

$\Delta_r S_m^{\ominus}(383\ K) = 168.2\ J \cdot mol^{-1} \cdot K^{-1}$

$\Delta_r H_m^{\ominus}(383\ K) = 79.13\ kJ \cdot mol^{-1}$

因此,$\Delta_r G_m^{\ominus}(383\ K) = \Delta_r H_m^{\ominus}(383\ K) - T\Delta_r S_m^{\ominus}(383\ K) = 79.13\ kJ \cdot mol^{-1} - 383\ K \times 168.2 \times 10^{-3}\ kJ \cdot mol^{-1} \cdot K^{-1} = 14.71\ kJ \cdot mol^{-1}$

又 $\Delta_r G_m^{\ominus}(383\ K) = -RT\ln[p_{(CO_2)}/p^{\ominus}]$

即 $14.71 \times 10^3\ J \cdot mol^{-1} = -8.314\ J \cdot mol^{-1} \cdot K^{-1} \times 383\ K \times \ln[p_{(CO_2)}/100\ kPa]$

解得 $p_{(CO_2)} = 0.98\ kPa$。

因此,要避免碳酸银分解,空气中 $CO_2(g)$ 的分压至少应为 $0.98\ kPa$。

(2) A 若 $p_{(CO_2)} = 100\ kPa$,即此时 CO_2 的分压力远大于该温度下 CO_2 的平衡分压($0.98\ kPa$),因此,正方向的分解反应受到抑制,不能自发进行

(3) B 由于 $d\ln K/dT = \Delta_r H_m^{\ominus}/RT^2$,且分解反应的 $\Delta_r H_m^{\ominus} = 79.13\ kJ \cdot mol^{-1} > 0$,因此,降低干燥温度将导致其标准平衡常数减小。

【例 13-4】 化学家 Fritz Haber 奠定了合成氨理论基础,Carl Bosch 实现了合成氨工业过程,Gerhard Ertl 在催化剂表面化学研究领域做出了开拓性贡献,他们分别获得 1918 年、1931 年和 2007 年的诺贝尔化学奖。近年来,电化学合成氨等新的氨合成方法得到快速发展。

(1) 已知 298.15 K 时,$N_2(g)$、$H_2(g)$ 和 $NH_3(g)$ 的标准摩尔熵 $S_m^{\ominus}$ 分别为 191.61 J·K^{-1}·mol^{-1}、130.68 J·K^{-1}·mol^{-1} 和 192.45 J·K^{-1}·mol^{-1},$NH_3(g)$ 的标准摩尔生成焓 $\Delta_f H_m^{\ominus}$ 为 -46.11 kJ·mol^{-1}。计算 298.15 K 时合成氨反应 $\frac{1}{2}N_2(g) + \frac{3}{2}H_2(g) \longrightarrow NH_3(g)$ 的标准平衡常数。

(2) 假设上述合成氨反应在 298.15~723.15 K 温度范围内的标准摩尔反应焓为 -49.31 kJ·mol^{-1}。计算 723.15 K 时的标准平衡常数。

(3) 以 $H_2(g)$ 和 $N_2(g)$ 的物质的量之比为 $m:1$ 投入原料气(除催化剂外,不含其他组分),在 723.15 K 和 30.0 MPa 下反应,平衡气相中 $NH_3(g)$ 的物质的量分数为 y。试推导出仅含 y 与 m 为变量的关系式。

(4) 绘出上述 y 随 m 变化曲线的示意图(须标注出极值点的坐标)。

(5) 实验测得合成氨反应 $\frac{1}{2}N_2(g) + \frac{3}{2}H_2(g) \longrightarrow NH_3(g)$ 在 723.15 K 和不同压力下的 $K_p = \dfrac{p_{NH_3}}{p_{N_2}^{1/2}p_{H_2}^{3/2}}$ 如下表。试解释不同压力下的 K_p 为何不是常数。

p/MPa	1.01	3.04	5.07	10.1	30.4
K_p /(10^{-5} kPa^{-1})	6.60	6.67	6.81	7.16	8.72

(6) 以水和氮气为原料,采用合适的催化剂,可实现常温常压非均相催化电化学合成氨,从而实现氨的绿色合成。若以 $NaHCO_3$ 水溶液为电解质,试写出两个电极上的反应。

【参考答案】 (1)

$$\frac{1}{2}N_2(g) + \frac{3}{2}H_2(g) \longrightarrow NH_3(g)$$

$\Delta_f H_m^{\ominus}$/(kJ·mol^{-1})   0   0 -46.11

$S_m^{\ominus}$/(J·K^{-1}·mol^{-1})   191.61   130.68   192.45

$\Delta_r H_m^{\ominus} = -46.11$ kJ·mol^{-1}

$\Delta_r S_m^{\ominus} = 192.45 - \frac{1}{2} \times 191.61 - \frac{3}{2} \times 130.68 = -99.38$(J·K^{-1}·mol^{-1})

$$\Delta_r G_m^{\ominus} = -46.11 - 298.15 \times (-99.38)/1\,000 = -16.48(\text{kJ} \cdot \text{mol}^{-1})$$

$$\Delta_r G_m^{\ominus} = -RT\ln K^{\ominus}$$

$$K^{\ominus} = \exp(-\Delta_r G_m^{\ominus}/RT) = 772$$

（2）

$$\ln \frac{K_2^{\ominus}}{K_1^{\ominus}} = -\frac{\Delta_r H_m^{\ominus}}{R}\left(\frac{1}{T_2} - \frac{1}{T_1}\right)$$

$$\ln \frac{K_2^{\ominus}}{772} = \frac{49.31 \times 1\,000}{8.314}\left(\frac{1}{723.15} - \frac{1}{298.15}\right)$$

$$K_2^{\ominus} = 6.46 \times 10^{-3}$$

该反应在 723.15 K 时的标准平衡常数为 6.46×10^{-3}。

（3）

$$\frac{1}{2}N_2(g) + \frac{3}{2}H_2(g) \longrightarrow NH_3(g)$$

开始物质的量	1	m	0
平衡物质的量	$1-\alpha$	$m-3\alpha$	2α

$$\sum n = 1 + m - 2\alpha$$

平衡摩尔分数 $\quad \dfrac{1-\alpha}{1+m-2\alpha} \qquad \dfrac{m-3\alpha}{1+m-2\alpha} \qquad \dfrac{2\alpha}{1+m-2\alpha}$

平衡分压 $\quad \dfrac{1-\alpha}{1+m-2\alpha}p \qquad \dfrac{m-3\alpha}{1+m-2\alpha}p \qquad \dfrac{2\alpha}{1+m-2\alpha}p$

$$
\begin{aligned}
K^{\ominus} &= \left(\frac{p_{NH_3}}{p^{\ominus}}\right)\left(\frac{p_{N_2}}{p^{\ominus}}\right)^{-1/2}\left(\frac{p_{H_2}}{p^{\ominus}}\right)^{-3/2} \\
&= \left(\frac{2\alpha}{1+m-2\alpha}\frac{p}{p^{\ominus}}\right)\left(\frac{1-\alpha}{1+m-2\alpha}\frac{p}{p^{\ominus}}\right)^{-1/2}\left(\frac{m-3\alpha}{1+m-2\alpha}\frac{p}{p^{\ominus}}\right)^{-3/2} \\
&= \frac{2\alpha(1+m-2\alpha)}{(1-\alpha)^{1/2}(m-3\alpha)^{3/2}}\frac{p^{\ominus}}{p}
\end{aligned}
$$

$NH_3(g)$ 的平衡摩尔分数 $y = \dfrac{2\alpha}{1+m-2\alpha}$

于是 $\alpha = \dfrac{(1+m)y}{2(1+y)}$

代入平衡常数表达式，有

$$\frac{y(1+m)^2}{(2+y-my)^{1/2}(2m-3y-my)^{3/2}} = \frac{K^{\ominus}p}{4\,p^{\ominus}} = \frac{6.46\times10^{-3}\times300}{4}$$

$$\frac{y(1+m)^2}{(2+y-my)^{1/2}(2m-3y-my)^{3/2}} = 0.485$$

（4）y 随 m 变化示意图见图 13-2。

（5）在高压下，气体不是理想气体，不同压力下的气体因分子间作用力不同而表现出对理想气体不同程度的偏离，使 K_p 不是常数。

（6）阳极反应：$12OH^- \longrightarrow 6H_2O + 3O_2 + 12e^-$

阴极反应：$N_2 + 6H_2O + 6e^- \longrightarrow 2NH_3 + 6OH^-$

【例 13 - 5】 N_2O_4 和 NO_2 的相互转化 $N_2O_4(g) \Longrightarrow$

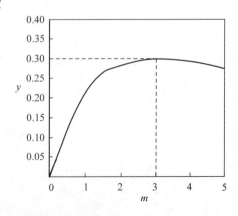

图 13-2 y 随 m 变化示意图

$2NO_2(g)$ 是讨论化学平衡问题的常用体系。已知该反应在 295 K 和 315 K 温度下平衡常数 K_p 分别为 0.100 和 0.400。将一定量的气体充入一个带活塞的特制容器,通过活塞移动使体系总压恒为 1 bar(1 bar = 100 kPa)。

（1）计算 295 K 下体系达平衡时 N_2O_4 和 NO_2 的分压。

（2）将上述体系温度升至 315 K,计算达平衡时 N_2O_4 和 NO_2 的分压。

（3）计算恒压下体系分别在 315 K 和 295 K 达平衡时的体积比及物质的量之比。

（4）保持恒压条件下,不断升高温度,体系中 NO_2 分压最大值的理论趋近值是多少(不考虑其他反应)? 根据平衡关系式给出证明。

（5）上述体系在保持恒外压的条件下,温度从 295 K 升至 315 K,下列说法正确的是:

①平衡向左移动;②平衡不移动;③平衡向右移动;④三者均有可能。

（6）与体系在恒容条件下温度从 295 K 升至 315 K 的变化相比,恒压下体系温度升高,下列说法正确的是(简述理由,不要求计算):

①平衡移动程度更大;②平衡移动程度更小;③平衡移动程度不变;④三者均有可能。

【参考答案】　（1）设体系在 295 K(V_1, T_1) 达平衡时,$N_2O_4(g)$ 的分压为 p_1,$NO_2(g)$ 的分压为 p_2,根据所给条件,有

$$p_1 + p_2 = 1 \text{ bar} \tag{a}$$

根据反应式:$N_2O_4(g) \rightleftharpoons 2NO_2(g)$ 和所给平衡常数,有

$$K_{p(298K)} = (p_2/p_2^{\ominus})^2/(p_1/p_1^{\ominus}) = 0.100 \tag{b}$$

解联立方程(a) 和(b),得

$$p_1 = 0.730 \text{ bar}, \quad p_2 = 0.270 \text{ bar}$$

（2）设 315 K(V_2, T_2) 下体系达平衡,$N_2O_4(g)$ 的分压为 p_1',$NO_2(g)$ 的分压为 p_2',类似的有

$$p_1' + p_2' = 1 \text{ bar} \tag{c}$$

$$K_{p(315K)} = (p_2'/p_2^{\ominus})^2/(p_1'/p_1^{\ominus}) = 0.400 \tag{d}$$

解联立方程(c) 和(d),得

$$p_1' = 0.537 \text{ bar}, \quad p_2' = 0.463 \text{ bar}$$

（3）根据反应计量关系,有 $2 \times \Delta n(N_2O_4) = \Delta n(NO_2)$,结合理想气体方程 $pV = nRT$,得

$$2 \times (p_1 V_1/T_1 - p_1' V_2/T_2)/R = (p_2' V_2/T_2 - p_2 V_1/T_1)/R$$

$$(2p_1 + p_2) V_1/T_1 = (2p_1' + p_2') V_2/T_2$$

$$\begin{aligned}
V_2/V_1 &= T_2/T_1 \times (2p_1 + p_2)/(2p_1' + p_2') \\
&= 315/295 \times (2 \times 0.730 + 0.270)/(2 \times 0.537 + 0.463) \\
&= 1.20
\end{aligned}$$

因为体系的总压不变,则 $n_2/n_1 = V_2/V_1 \times T_1/T_2 = 1.20 \times 295/315 = 1.12$。

（4）理论最大值趋向于 1 bar。

由恒压关系(= 1 bar)和平衡关系,设 NO_2 分压为 y,则 $N_2O_4(g)$ 的分压为 y^2/K,有 $y + \dfrac{y^2}{K} = 1$,

即 $y^2 + Ky - K = 0$;

解得

$$y = \frac{1}{2}(\sqrt{K^2 + 4K} - K) = \frac{1}{2}(\sqrt{(K+2)^2 - 4} - K)$$

当 $K + 2 \gg 4$ 时，$\sqrt{(K+2)^2 - 4} \approx K + 2$，此时 $y = 1$。

(5) ③。

(6) ①。因为平衡常数随温度升高而增大，恒容条件下升温平衡向右移动，从而导致体系总压增大，此时若要保持恒压，则需要增大体积，而体积增大会促使反应向生成更多气体物质的量的方向移动，即促使平衡进一步向右移动。

若采用计算说明，解析如下。

恒容条件，因为随温度升高平衡常数增大，所以从 295 K 升至 315 K，会导致 N_2O_4 分解。温度升高，导致两种气体的分压均增大，设温度升高而平衡未移动时 N_2O_4 的分压为 p_3，NO_2 为 p_4，则 $p_3 = 0.730 \times 315/295 = 0.779$ (bar)，$p_4 = 0.27 \times 315/295 = 0.288$ (bar)。体系在 315 K 达平衡时，设 N_2O_4 的分压降低 x。根据反应关系，有

$$N_2O_4(g) \rightleftharpoons 2NO_2(g)$$
$$p_3 - x \qquad\qquad p_4 + 2x$$
$$(p_4 + 2x)^2 / (p_3 - x) = 0.400$$

$2.5 \times (p_4^2 + 4p_4 x + 4x^2) = p_3 - x$

$2.5 \times (0.288^2 + 4 \times 0.288x + 4x^2) = 0.779 - x$

$10 x^2 + 3.88x - 0.572 = 0$

$x = 0.114$ (bar)

$p(N_2O_4) = 0.779 - 0.114 = 0.665$ (bar)，$p(NO_2) = 0.288 + 0.114 \times 2 = 0.516$ (bar)，

$p_{总} = 1.181$ bar；NO_2 的物质的量分数 $= 0.436$。恒压下 NO_2 的物质的量分数 $= 0.463 > 0.436$，故恒压下移动的程度更大。

【例 13-6】 高炉炼铁是重要的工业过程。冶炼过程中涉及如下反应：

ⓐ $FeO(s) + CO(g) \longrightarrow Fe(s) + CO_2(g)$ $K_1 = 1.00$ $(T = 1\,200\ K)$

ⓑ $FeO(s) + C(s) \longrightarrow Fe(s) + CO(g)$ K_2 $(T = 1\,200\ K)$

气体常数 $R = 8.314\ J \cdot mol^{-1} \cdot K^{-1}$；相关的热力学数据（298 K）列入下表：

	FeO(s)	Fe(s)	C(s,石墨)	CO(g)	$CO_2(g)$
$\Delta_f H_m^\ominus$ (kJ·mol⁻¹)	−272.0	—	—	−110.5	−393.5
$S_m^\ominus$ (J·mol⁻¹·K⁻¹)	60.75	27.3	5.74	—	x

(1) 假设上述反应体系在密闭条件下达平衡时总压为 $1\,200$ kPa，计算各气体的分压。

(2) 计算 K_2。

(3) 计算 $CO_2(g)$ 的标准熵 $S_m^\ominus$（单位：$J \cdot mol^{-1} \cdot K^{-1}$），设反应的焓变和熵变不随温度变化。

(4) 反应体系中，若 CO(g) 和 $CO_2(g)$ 均保持标态，判断此条件下反应的自发性（填写对应的字母）：

① 反应ⓐ：A. 自发   B. 不自发   C. 达平衡

② 反应ⓑ：A. 自发   B. 不自发   C. 达平衡

(5) 若升高温度，指出反应平衡常数如何变化（填写对应的字母）。计算反应焓变，给出原因。

① 反应ⓐ：A. 增大   B. 不变化   C. 减小

② 反应ⓑ：A. 增大   B. 不变化   C. 减小

【参考答案】 （1）根据反应①的平衡常数：$K_1 = 1.00$；则 $p(CO) = p(CO_2) = 600$ kPa。

（2）$K_2 = p(CO) / p^\ominus = 600\ kPa/100\ kPa = 6.00$

(3) 反应ⓐ和反应ⓑ加和得反应ⓒ：

ⓒ：$2FeO(s) + C(s) \longrightarrow 2Fe(s) + CO(g)$ $K_3 = 6.00$

由关系式：$\Delta G^{\ominus} = -RT \ln K$，

得：$\Delta G_3^{\ominus} = -8.314\ J \cdot mol^{-1} \cdot K^{-1} \times 1\ 200\ K \times \ln 6.00 \times 10^{-3} = -17.9\ kJ \cdot mol^{-1}$

$\Delta H_3^{\ominus} = -393.5 - (-272.0 \times 2) = 150.5(kJ \cdot mol^{-1})$

$\Delta S_3^{\ominus} = x + 2 \times 27.3 - 5.74 - 2 \times 60.75 = x - 72.63(J \cdot mol^{-1} \cdot K^{-1})$

由标态下的 Gibbs-Helmholtz 方程：$\Delta G^{\ominus} = \Delta H^{\ominus} - T\Delta S^{\ominus}$，

得：$\Delta S_3^{\ominus} = (150.5 + 17.9) \times 10^3\ J \cdot mol^{-1} \cdot K^{-1}/(1\ 200\ K) = 140.3(J \cdot mol^{-1} \cdot K^{-1})$

$x - 72.63 = 140.3$

$x = 213.0$

$CO_2(g)$的标准熵：$S_m^{\ominus} = 213.0\ J \cdot mol^{-1} \cdot K^{-1}$

(4) ① C ② A

(5) ① C；$\Delta H_1^{\ominus} = -393.5 - (-110.5 - 272.0) = -11.0(kJ \cdot mol^{-1})$，放热反应，随温度升高 K 减小。

② A；$\Delta H_2^{\ominus} = -110.5 - (-272.0) = 161.5(kJ \cdot mol^{-1})$，吸热反应，随温度升高 K 增大。

【例 13-7】 水煤气制备过程的化学平衡，水煤气制备过程会发生如下两个反应：

$$C(s) + H_2O(g) \longrightarrow H_2(g) + CO(g) \qquad K_{\mathrm{I}}^{\ominus}$$

$$CO(g) + H_2O(g) \longrightarrow H_2(g) + CO_2(g) \qquad K_{\mathrm{II}}^{\ominus}$$

已知所涉及物质在 298 K 时的热力学数据如下表：

物 质	C(s)	$H_2(g)$	CO(g)	$CO_2(g)$	$H_2O(g)$
$\Delta_f H_m^{\ominus}/(kJ \cdot mol^{-1})$	0	0	-110.5	-393.5	-241.8
$S_m^{\ominus}/(J \cdot K^{-1} \cdot mol^{-1})$	5.74	130.7	197.7	213.7	188.9

请作适当的近似处理，回答以下问题：

(1) 求算以上两个反应在 1 300 K 时的平衡常数 $K_{\mathrm{I}}^{\ominus}$ 和 $K_{\mathrm{II}}^{\ominus}$。

(2) 设 1 mol H_2O 与过量的 C(s) 在 1 300 K、100 kPa 条件下反应达到平衡，求各气体物质的物质的量分数[若(1)问不能求算出结果，可取 $K_{\mathrm{I}}^{\ominus} = 50$，$K_{\mathrm{II}}^{\ominus} = 0.20$]。

【参考答案】 (1) 近似处理：$\Delta_r H_m^{\ominus}$ 和 $\Delta_r S_m^{\ominus}$ 不随温度变化。

反应Ⅰ：$\Delta_r H_m^{\ominus} = -110.5 + 241.8 = 131.3(kJ \cdot mol^{-1})$

$\Delta_r S_m^{\ominus} = 197.7 + 130.7 - 188.9 - 5.74 = 133.8(J \cdot K^{-1} \cdot mol^{-1})$

$\Delta_r G_m^{\ominus} = \Delta_r H_m^{\ominus} - T\Delta_r S_m^{\ominus} = 131.3 \times 10^3 - 1\ 300 \times 133.8 = -42\ 640(J \cdot mol^{-1})$

$K_{\mathrm{I}}^{\ominus} = \exp(-\Delta_r G_m^{\ominus}/RT) = \exp(42\ 640/8.314 \times 1\ 300) = 51.7$

反应Ⅱ：$\Delta_r H_m^{\ominus} = -393.5 + 241.8 + 110.5 = -41.2(kJ \cdot mol^{-1})$

$\Delta_r S_m^{\ominus} = 213.7 + 130.7 - 188.9 - 197.7 = -42.2(J \cdot K^{-1} \cdot mol^{-1})$

$\Delta_r G_m^{\ominus} = \Delta_r H_m^{\ominus} - T\Delta_r S_m^{\ominus} = -41\ 200 + 1\ 300 \times 42.2 = 13\ 660(J \cdot mol^{-1})$

$K_{\mathrm{II}}^{\ominus} = \exp(-\Delta_r G_m^{\ominus}/RT) = \exp(-13\ 660/8.314 \times 1\ 300) = 0.283$

(2) 近似处理：$K_{\mathrm{II}} \ll K_{\mathrm{I}}$，$x \pm y = x$。

$$\begin{array}{cccc} C(s) + H_2O(g) & \longrightarrow & H_2(g) + & CO(g) \quad (I) \\ 1-x-y & & x+y & x-y \end{array}$$

$$\begin{array}{cccc} CO(g) + H_2O(g) & \longrightarrow & H_2(g) + & CO_2(g) \quad (II) \\ x-y \quad 1-x-y & & x+y & y \end{array}$$

平衡时总物质的量 $n_T = (1+x)$ mol

$$(x+y)(x-y)/[(1-x-y)(1+x)] = K_I^\ominus, \tag{a}$$

$$(x+y)y/[(1-x-y)(x-y)] = K_{II}^\ominus, \tag{b}$$

由于 $K_{II} \ll K_I$，式(a)中 y 可略，则式(a)简化为 $x^2/[(1-x)(1+x)] = 51.7$，

解得：$x = 0.990$ mol，并代入式(b)：

$(0.990 + y)y/[(0.01-y)(0.990-y)] = 0.283$

可解得 $y = 0.0022$ mol

$x(H_2O) = (1-x-y)/1.99 = 0.0040$

同样可得：$x(H_2) = 0.499$；$x(CO) = 0.496$；$x(CO_2) = 0.0011$。

若取 $K_I = 50$，$K_{II} = 0.20$

$x = 0.990$ mol，$y = 0.0017$ mol，$x(H_2O) = 0.0041$，$x(H_2) = 0.498$，$x(CO) = 0.497$，

$x(CO_2) = 0.0009$。

【例 13-8】 酸性溶液中 Ce(Ⅳ) 是一种强氧化剂，被用于定量分析和有机合成等领域。

(1) 尽管水溶液中 Ce^{4+} 强烈水解，但在高酸度溶液（$[HClO_4] > 6.05$ mol·kg^{-1}）中 Ce^{4+} 仍然会发生反应：$Ce^{4+} + e^- \longrightarrow Ce^{3+}$，高氯酸溶液中 Ce^{4+} 与 OH^- 形成 4 种配合物的累积生成常数的对数分别为 $\lg \beta_1^\ominus = 14.76$、$\lg \beta_2^\ominus = 28.04$、$\lg \beta_3^\ominus = 40.53$、$\lg \beta_4^\ominus = 51.86$，有关物质的标准摩尔生成吉布斯自由能 $\Delta_f G_m^\ominus$ 列于下表：

物质	$\Delta_f G_m^\ominus /(\text{kJ} \cdot \text{mol}^{-1})$
$H_2O(l)$	-237.10
$OH^-(aq)$	-157.20
$H^+(aq)$	0
$Ce^{4+}(aq)$	-503.80

① 写出 Ce^{4+} 水解反应的一般表达式、标准水解平衡常数的一般表达式。

② 写出 Ce^{4+} 与 OH^- 形成配合物反应的一般表达式、标准累积生成常数 $\beta_i^\ominus$ 的一般表达式。

③ 求 Ce^{4+} 水解反应生成的 4 种氢氧化物的 $\Delta_f G_m^\ominus$。

④ 当 $pH < 8$，Ce^{3+} 不水解。当 $[HClO_4] < 6.05$ mol·kg^{-1} 时，Ce^{4+}/Ce^{3+} 电对的电位是溶液的 pH、Ce(Ⅳ) 配合物的 $\beta_i^\ominus$、有关物种浓度的函数，试导出这一函数关系。

(2) 在 $HClO_4$ 溶液中，Ce^{4+}/Ce^{3+} 电对的电位与温度的关系如图 13-3 所示。

根据上图指出，当 $HClO_4$ 的浓度大于或小于 1.85 mol·kg^{-1} 时，Ce^{4+} 被还原为 Ce^{3+} 的反应的熵变 ΔS 是大于 0、等于 0 或小于 0，并说明反应焓变 ΔH 的相应变化情况。

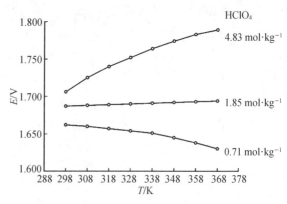

图 13-3 Ce^{4+}/Ce^{3+} 电对的电位与温度关系图

【参考答案】 (1) ① $K_i^\ominus$ 的表达式：

$$Ce^{4+} + iH_2O \Longrightarrow Ce(OH)_i^{(4-i)+} + iH^+ \tag{a}$$

$$K_i^\ominus = [Ce(OH)_i^{(4-i)+}]([H^+]/m^\ominus)^i/[Ce^{4+}] \tag{b}$$

式中，$i = 1, 2, 3, 4$，$m^\ominus = 1$ mol·kg^{-1}。

② $\beta_i^\ominus$ 的表达式：

$$Ce^{4+} + iOH^- \Longrightarrow [Ce(OH)_i]^{(4-i)+}$$

$$\beta_i^{\ominus} = [Ce(OH)_i^{(4-i)+}]/\{[Ce^{4+}]([OH^-]/m^{\ominus})^i\}$$

式中，$i=1,2,3,4$。

③ 式(b)可表示为

$$K_i^{\ominus} = [Ce(OH)_i^{(4-i)+}]([H^+]/m^{\ominus})^i([OH^-]/m^{\ominus})^i/\{[Ce^{4+}]([OH^-]/m^{\ominus})^i\} = \beta_i^{\ominus}(K_w^{\ominus})^i$$

Ce^{4+} 水解反应的标准摩尔吉布斯自由能变为

$$\Delta_r G_m^{\ominus} = -RT\ln K_i^{\ominus}$$

$$\Delta_r G_m^{\ominus} = \Delta_f G_m^{\ominus}(Ce(OH)_i^{(4-i)+}) + i\,\Delta_f G_m^{\ominus}(H^+) - \Delta_f G_m^{\ominus}(Ce^{4+},aq) - i\,\Delta_f G_m^{\ominus}(H_2O,l)$$

$$\Delta_f G_m^{\ominus}(Ce(OH)_i^{(4-i)+}) = [-5.707\,7 \times (lg\,\beta_i^{\ominus} + i\,lg\,K_w^{\ominus}) - 503.80 - i \times 237.10]\,kJ \cdot mol^{-1}$$

利用题目所给数据，由上式可求得 Ce^{4+} 的 4 个水解物种的 $\Delta_f G_m^{\ominus}$，计算结果列于下表。

物　　种	$\Delta_f G_m^{\ominus}/(kJ \cdot mol^{-1})$
$Ce(OH)^{3+}$	-745.26
$Ce(OH)_2^{2+}$	-978.27
$Ce(OH)_3^{+}$	$-1\,206.77$
$Ce(OH)_4$	$-1\,428.65$

④ 当 $[HClO_4] \geqslant 6.05\,mol \cdot kg^{-1}$ 时，半电池反应为 $Ce^{4+} + e^- \rightleftharpoons Ce^{3+}$。

H^+ 浓度降低时，Ce^{4+} 将与 OH^- 形成配合物，发生反应 $Ce^{4+} + i\,OH^- \rightleftharpoons [Ce(OH)_i]^{(4-i)+}$。

$$[Ce^{4+}] = [Ce(\text{IV})]/[1 + \sum_{i=1}^{4} \beta_i^{\ominus}([OH^-]/m^{\ominus})^i]$$

式中，$[Ce(\text{IV})]$ 为体系中 $Ce(\text{IV})$ 的总浓度。

将 $[Ce^{4+}]$ 的表达式代入半电池反应的能斯特方程，得

$$E = E^{\ominus} - (RT/F)\ln[Ce^{3+}]/[Ce^{4+}]$$

$$= E^{\ominus} - (RT/F)\ln\{[1 + \sum_{i=1}^{4} \beta_i^{\ominus}([OH^-]/m^{\ominus})^i] \times [Ce^{3+}]/[Ce(\text{IV})]\}$$

$$= E^{\ominus} - (RT/F)\ln\{[1 + \sum_{i=1}^{4} \beta_i^{\ominus} 10^{(i \times pH)}] \times [Ce^{3+}]/[Ce(\text{IV})]\}$$

式中，$E^{\ominus}$ 为半电池反应的标准电极电位。

(2) 固定 $[HClO_4]$ 的浓度时，电位随温度变化曲线的斜率为

$$\Delta E/\Delta T = \Delta S(T)/(nF)$$

式中，n、F 分别为氧化还原反应转移的电子数和法拉第常数。由式可知：

$[HClO_4] > 1.85\,mol \cdot kg^{-1}$ 时，$\Delta E/\Delta T > 0$，故 $\Delta S > 0$。

$[HClO_4] < 1.85\,mol \cdot kg^{-1}$ 时，$\Delta E/\Delta T < 0$，故 $\Delta S < 0$。

反应的焓变 ΔH 为 $\Delta H = \Delta G + T\Delta S$。

由于该体系中的氧化还原反应是自发的，所以在任意高氯酸浓度时都有 $\Delta G < 0$，因此，可推出：

$[HClO_4] > 1.85\,mol \cdot kg^{-1}$ 时，$\Delta S > 0$，而 $\Delta G < 0$，故 ΔH 由 ΔG 和 $T\Delta S$ 共同决定，或答：ΔH 可能大于 0，等于 0 或小于 0。

$[HClO_4] < 1.85\,mol \cdot kg^{-1}$ 时，$\Delta S < 0$，又 $\Delta G < 0$，故 $\Delta H < 0$。

【例 13-9】 甲醇既是重要的化工原料,又是一种很有发展前途的代用燃料。甲醇分解制氢已经成为制取氢气的重要途径,它具有投资省、流程短、操作简便、氢气成本相对较低等特点。

我们可以根据 298 K 时的热力学数据(如下表)对于涉及甲醇的各种应用进行估算、分析和预判。

物质	$H_2(g)$	$O_2(g)$	$CO(g)$	$CO_2(g)$	$H_2O(l)$	$H_2O(g)$	$CH_3OH(l)$	$CH_3OH(g)$
$\Delta_f H_m^{\ominus} /(kJ \cdot mol^{-1})$	0	0	110.52	393.51	285.83	241.82	238.66	200.66
$S_m^{\ominus} /(J \cdot K^{-1} \cdot mol^{-1})$	130.68	205.14	197.67	213.74	69.91	188.83	126.80	239.81

(1) 估算 400.0 K、总压为 100.0 kPa 时甲醇裂解制氢反应的平衡常数(设反应的 $\Delta_r H_m^{\ominus}$ 和 $\Delta_r S_m^{\ominus}$ 不随温度变化,下同)。

(2) 将 0.426 g 甲醇置于体积为 1.00 L 的抽真空刚性容器中,维持温度为 298 K 时,甲醇在气相与液相的质量比为多少? 已知甲醇在大气中的沸点为 337.7 K。

(3) 由甲醇制氢的实际生产工艺通常是在催化剂的作用下利用水煤气转化反应与裂解反应耦合,以提高甲醇的平衡转化率。请写出耦合后的总反应方程式,并求总压为 100.0 kPa,甲醇与水蒸气体积进料比为 1:1 时,使甲醇平衡转化率达到 99.0% 所需的温度。

【参考答案】 (1) 对于反应 $CH_3OH(g) \Longrightarrow CO(g) + 2H_2(g)$

$\Delta_r H_m^{\ominus} = \Delta_f H_m^{\ominus}(CO) - \Delta_f H_m^{\ominus}[CH_3OH(g)] = -90.14 \text{ kJ} \cdot mol^{-1}$

$\Delta_r S_m^{\ominus} = S_m^{\ominus}(CO) + 2S_m^{\ominus}(H_2) - S_m^{\ominus}[CH_3OH(g)] = 219.22 \text{ J} \cdot K^{-1} \cdot mol^{-1}$

$\Delta_r G_m^{\ominus}(400 \text{ K}) = \Delta_r H_m^{\ominus} - T\Delta_r S_m^{\ominus} = (90.14 - 400 \times 0.219\,2) \text{ kJ} \cdot mol^{-1} = 2.46 \text{ kJ} \cdot mol^{-1}$

$K^{\ominus} = \exp(-\Delta_r G_m^{\ominus}/RT) = 0.477$

(2) 据 Clausius-Clapeyron 方程: $\ln \dfrac{p_2}{100.0 \text{ kPa}} = \dfrac{\Delta_V H_m^{\ominus}}{R}\left(\dfrac{1}{337.7} - \dfrac{1}{298}\right)$

$\Delta_V H_m^{\ominus} = \Delta_f H_m^{\ominus}[CH_3OH(g)] - \Delta_f H_m^{\ominus}[CH_3OH(l)] = -38.00 \text{ kJ} \cdot mol^{-1}$

$p_2 = 16.48 \text{ kPa}$

$m^g = MpV/RT = 0.213 \text{ g};$ 即 $m^g : m^l = 1.0$

(3) 总反应 $CH_3OH(g) + H_2O(g) \Longrightarrow CO_2(g) + 3H_2(g)$

平衡时各物质的量 0.010 0.010 0.990 2.970 $n_{总} = 3.980$

$K^{\ominus} = K_x(p_{总}/p^{\ominus})^{\sum \nu(B)} = \dfrac{x_{H_2}^3 x_{CO}}{x_{CH_3OH} x_{H_2O}}\left(\dfrac{p_{总}}{p^{\ominus}}\right)^2$, $K^{\ominus} = 1.64 \times 10^4$

$\Delta_r H_m^{\ominus} = \Delta_f H_m^{\ominus}(CO_2) - \Delta_f H_m^{\ominus}[H_2O(g)] - \Delta_f H_m^{\ominus}[CH_3OH(g)] = -48.97 \text{ kJ} \cdot mol^{-1}$

$\Delta_r S_m^{\ominus} = S_m^{\ominus}(CO_2) + 3S_m^{\ominus}(H_2) - S_m^{\ominus}[CH_3OH(g)] - S_m^{\ominus}[H_2O(g)] = 177.14 \text{ J} \cdot K^{-1} \cdot mol^{-1}$

$T = \dfrac{\Delta_r H_m^{\ominus}}{\Delta_r S_m^{\ominus} - R\ln K^{\ominus}} = \dfrac{48\,970}{177.14 - R\ln(1.64 \times 10^4)} = 508 \text{ K}$

▶附2 综合训练

1. 在 $p^{\ominus}$ 下,乙苯脱氢制苯乙烯的反应,已知 873 K 时的 $K_p^{\ominus} = 0.178$。若原料气中乙苯与水蒸气的体积比为 1:9,求乙苯的最大转化率。若不添加水蒸气,则乙苯的转化率又为多少(假设气体为理想气体)?

2. 在 25 ℃,下列三反应达到平衡时 p_{H_2O} 是

① $CuSO_4(s) + H_2O(g) \Longrightarrow CuSO_4 \cdot H_2O(s)$ $p_{H_2O} = 106.7 \text{ Pa}$

② $CuSO_4 \cdot H_2O(s) + 2H_2O(g) \Longrightarrow CuSO_4 \cdot 3H_2O(s)$ $p_{H_2O} = 746.6 \text{ Pa}$

③ $CuSO_4 \cdot 3H_2O(s) + 2H_2O(g) \Longrightarrow CuSO_4 \cdot 5H_2O(s)$ $p_{H_2O} = 1\,039.9 \text{ Pa}$

在此温度水的蒸气压为 3 173.1 Pa,试求 $CuSO_4(s) + 5H_2O(g) \Longrightarrow CuSO_4 \cdot 5H_2O(s)$ 过程的 $\Delta_r G_m$。

在什么 p_{H_2O} 下,此反应恰好达到平衡? 若 p_{H_2O} 小于 1 039.9 Pa 而大于 746.6 Pa,有何结果?

3. 在真空的容器中放入固态的 NH_4HS,其在 25 ℃时分解为 $NH_3(g)$ 和 $H_2S(g)$,平衡时容器里的压力为 66.66 kPa。

(1) 当放入 $NH_4HS(s)$ 时容器中已有 39.99 kPa 的 $H_2S(g)$,求平衡时容器中的压力。

(2) 容器中原有 6.666 kPa 的 $NH_3(g)$,问需要多大压力的 $H_2S(g)$,才能形成 NH_4HS 固体?

4. 在 800 K、$p^{\ominus}$ 下,乙苯脱氢制苯乙烯的反应为

$C_6H_5C_2H_5(g) \Longrightarrow C_6H_5C_2H_3(g) + H_2(g)$,反应的 $K^{\ominus} = 0.05$,试求:

(1) 反应达平衡时乙苯的解离度;

(2) 若在原料中掺入水蒸气使乙苯和水蒸气物质的量之比为 1∶9,总压仍保持 $p^{\ominus}$,求乙苯的解离度。

5. 反应 $PCl_5(g) \Longrightarrow PCl_3(g) + Cl_2(g)$ 在 200 ℃时的 $K^{\ominus} = 0.308$,计算:

(1) 200 ℃、$p^{\ominus}$ 下,PCl_5 的解离度;

(2) 组成 1∶5 的 $PCl_5(g)$ 和 $Cl_2(g)$ 的混合物,在 200 ℃、$p^{\ominus}$ 下,PCl_5 的解离度。

第十四章　电化学和化学动力学

基本要求

　　电化学是研究化学现象与电现象之间联系的一门学科,它关注化学能与电能之间相互转化及转化过程中遵循的规律。电化学是物理化学中的一个重要分支学科,其涉及领域从日常生活、生产实际、生命科学直至航空航天事业,无所不在,十分广泛。

　　化学现象与电现象的联系,即化学能与电能的相互转化,必须通过电化学装置才能实现。电化学装置可分为两大类,即原电池和电解池。原电池是将化学能转化为电能的电化学装置;电解池是将电能转化为化学能的电化学装置。无论是原电池还是电解池,都包含有两个电极和沟通这两个电极的电解质溶液或熔融电解质或固态电解质。

　　化学热力学解决了化学反应过程中的能量衡算以及过程方向、限度的判断问题,但它只关注变化的起始状态与终了状态,不考虑变化的细节以及时间因素,因而化学热力学只是解决了实际问题的可能性问题。而将化学反应应用于生产实践,除了要解决在给定条件下反应发生的可能性外,还要知道反应需要的时间、反应经历的过程等,这些问题均有待于化学动力学来研究解决。化学动力学的主要任务是阐述各种因素(如温度、压力、浓度、催化剂等)对反应速率的影响规律,揭示反应发生的机理。

第一节　电解质溶液的导电

一、离子的电迁移

　　能导电的物质称为导体。导体分为两类:第一类导体是电子导体,如金属、石墨等,它们是靠自由电子在电场作用下的定向移动而导电。当电流通过这类导体时,除了可能产生热效应外,不发生任何化学变化。一般地,该类导体的导电能力随温度的升高而降低,因为温度升高时,这类导体的内部晶格质点的热运动加剧,自由电子的定向运动的阻碍增加,因而电阻增大,导电能力下降。第二类导体是离子导体,如电解质溶液、熔融的电解质或固体电解质等,这类导体依靠离子在电场作用下的定向迁移而导电。由于温度升高时,溶液的黏度降低、离子运动速度加快、在水溶液中离子水化作用减弱等因素的综合作用,加快了离子的定向运动速度,因而这类导体的导电能力随温度升高而增强。离子导体导电时,在电化学装置的两个电极表面上必然伴随有电化学反应的发生,从而实现化学能与电能间的相互转化。

　　我们利用图 14-1 中的实例来说明电解质溶液的导电机理以及化学能与电能是如何相互转化的。

　　图 14-1(a)为一电解池,它由与外电源相连接的两个金属铂电极插入 HCl 水溶液而构成。当发生电解时,在溶液中,由于电

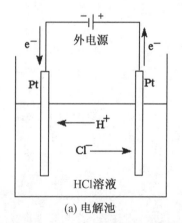
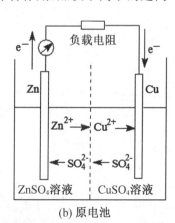

(a) 电解池　　　　　(b) 原电池

图 14-1　电化学装置示意图

场力的作用,带正电荷的 H^+ 向着与外电源负极相连的、电势较低的铂电极迁移,带负电荷的 Cl^- 向着与外电源正极相连的、电势较高的铂电极迁移。电化学中,将离子在电场作用下而引起的定向运动称为离子的电迁移。正是这些带电离子的电迁移,形成了溶液中的电流。

那么,在两个电极的金属/溶液界面处,电流是如何得以连续通过的呢?

我们知道,电子一般是不能自由进入溶液的,因此,为使电流能在整个回路通过,必须在每个电极的金属/溶液界面处发生有电子参与的化学反应,这就是电极反应。由于电极反应是有电子参与的化学反应,这就必然引起一些化学物种氧化数的改变。与外电源正极相连的金属电极的金属/溶液界面处只有发生物种的失电子反应,才能补充电流通过整个回路时在该电极上流失的电子,因此,该电极上发生氧化反应;与外电源负极相连的金属电极的金属/溶液界面处只有发生物种的得电子反应,才能取走电流通过整个回路时流入该电极的电子,因此,该电极上发生还原反应。

这样,只要外加电压达到足够数值,图 14-1(a)的电解池装置中,负极附近的 H^+ 就会与负极上的电子结合,发生还原作用而放出氢气:$2H^+ + 2e^- \longrightarrow H_2$;正极附近的 Cl^- 向正极释放电子,发生氧化作用而放出氯气:$2Cl^- \longrightarrow Cl_2 + 2e^-$。两电极上的氧化还原作用结果使负极有电子"进入"了溶液,而正极得到了从溶液中"跑来"的电子,电流在两个金属/溶液界面处得以连续通过。

该电解池的总结果是外电源消耗了电功而迫使电解池内发生了电解反应 $2HCl \longrightarrow Cl_2 + H_2$,这是一个非自发反应。

图 14-1(b)为一原电池,它由一定浓度的、插有金属 Zn 的 $ZnSO_4$ 溶液和一定浓度的、插有金属 Cu 的 $CuSO_4$ 溶液通过盐桥(图中用虚线表示)连接而成的电化学装置,此电池称为丹尼尔电池。在该电池放电时,Zn 电极上发生氧化作用:$Zn \longrightarrow Zn^{2+} + 2e^-$,$Zn^{2+}$ 进入溶液,电子留在 Zn 电极上,使该电极具有较低的电势,因此,Zn 电极是阳极也是负极;Cu 电极上发生还原作用:$Cu^{2+} + 2e^- \longrightarrow Cu$,$Cu^{2+}$ 在金属/溶液界面处得电子后变成金属 Cu 沉积在 Cu 电极上,该电极由于失去电子而具有较高的电势,因此,Cu 电极是阴极也是正极。在该电池放电时,电池内溶液中阳离子向阴极移动,阴离子向阳极移动,电流在溶液中的传导是由阴、阳离子的移动共同承担的。

该原电池的总结果是由于自发变化 $Zn + Cu^{2+} \longrightarrow Cu + Zn^{2+}$ 的进行,导致两电极间存在电势差,使电池能够对外做电功。

总之,当电化学装置中有电流通过时,电子导体中的电子和离子导体中的离子在电场的作用下都发生定向移动。在电解质溶液中阴离子总是向阳极(不一定是正极)移动,而阳离子总是向阴极(不一定是负极)移动;在两个电极/溶液的界面处电流的连续流过是通过分别发生氧化作用或还原作用导致电子得失而实现。可见,若要借助电化学装置实现化学能与电能间的持续转化,必须既要有电解质溶液中的离子定向迁移,又要有电极上发生的电极反应,两者缺一不可。

二、法拉第定律

1833 年,法拉第从研究电解作用的实验中总结出了一条定律:当电流通过电解质溶液时,通过电极的电量与发生电极反应的物质的量成正比,此即法拉第定律。

若欲从含有 M^{z+} 离子的溶液中沉积出 1 mol 金属 M,即需要通过 z mol 的电子。

$$M^{z+} + ze^- \longrightarrow M$$

式中,z 为电极反应式中的电子计量数。因此,当通过的电量为 Q 时,可以沉积出的金属 M 的物质的量 n 为

$$n = \frac{Q}{zF} \quad 或 \quad Q = nzF$$

所沉积出的金属的质量为 $m = \frac{Q}{zF}M$。

式中，M 为金属的摩尔质量；F 为法拉第常量（$96\,500\,C \cdot mol^{-1}$）。

法拉第定律虽然是法拉第在研究电解作用时从实验结果归纳得出的，但实际上该定律无论是对电解池中的过程，还是对原电池中的过程都是适用的。它是自然界中最准确的定律之一。该定律不受电解质浓度、温度、压力、电极材料、溶剂的性质等因素的影响，没有使用的限制条件。实验愈精确，所得结果与法拉第定律符合愈好。

值得注意的是，实际电解时电极上常发生副反应，如实际镀锌时，在阴极上除了进行锌离子的还原反应外，还可能同时发生氢离子还原的副反应，因此要析出一定量的某一物质时，实际上所消耗的电量要比按照法拉第定律计算所需要的理论电量多一些，此两者之比为电流效率，通常以百分数表示：

$$电流效率 = \frac{按法拉第定律计算所需要的理论电量}{实际消耗的电量} \times 100\%$$

或者当通过一定电量后，

$$电流效率 = \frac{电极上产物的实际质量}{按法拉第定律计算应得产物的质量} \times 100\%$$

三、电化学装置中电极的分类

电化学装置中电极的命名通常有两种方法。一种是根据电极上发生的化学作用的类型不同，将电极分为阳极和阴极，并规定发生氧化反应的电极为阳极，发生还原反应的电极为阴极。另一种是根据电极电势的高低，将电极分为正极和负极，电势高的为正极，电势低的为负极。

因此，电化学装置中的一个电极可以有不同的名称。例如，在电解池中，与外电源正极相连的电极，其电极电势较高，是正极，同时在该电极上发生氧化反应，故该电极也是阳极；与外电源负极相连的电极，其电极电势较低，同时在该电极上发生还原反应，故该电极是负极也是阴极。习惯上，对电解池常用阳极和阴极命名，而对原电池则常用正极和负极命名。

第二节 可逆电池热力学

一、可逆电池

可逆电池是一个热力学的概念。热力学意义上的可逆电池同时满足如下要求：化学反应在电解池和原电池中是互为可逆的；电池工作方式是可逆的，即放电电流无限小；其他过程，如溶液界面上离子的迁移在电解池和原电池中是互为可逆的。

要构成可逆电池，其电极也必须是可逆电极。

二、可逆电池的书面表达

① 左边为负极，发生氧化作用；右边为正极，发生还原作用。
② "|"表示相界面，有电势差存在；"‖"表示盐桥，使液接电势降到可以忽略不计。
③ 要标明温度：不标就是 298.15 K；要标明物态：气体要注明压力，溶液要注明浓度。
④ 气体电极和氧化还原电极要写出导电的惰性电极，通常是铂电极。

三、将过程设计为可逆电池

关键：设法找到发生氧化作用和发生还原作用的部分，然后将发生氧化作用的部分作负极，将发生还原作用的部分作正极。

原则：尽量设计单液电池，不能避免双液的情形必须使用盐桥，以保证所设计的电池为可逆电池。

方法：非氧化还原反应采用辅助"物种"法。

四、可逆电池电动势的计算——能斯特方程

对反应 $0 = \sum\limits_{B} \nu_{B}B$，有 $\Delta_r G_m = \Delta_r G_m^{\ominus} + RT\ln Q_a$

而将该反应设计为可逆电池有

$$\Delta_r G_m = -zEF$$

$$\Delta_r G_m^{\ominus} = -z E^{\ominus} F$$

$$\Delta_r G_m = \Delta_r G_m^{\ominus} + RT\ln Q_a$$

则 $-zEF = -z E^{\ominus} F + RT\ln Q_a$，故 $E = E^{\ominus} - \dfrac{RT}{zF}\ln Q_a$（此为电池反应的能斯特方程）

可逆电池电动势的取号：由于 $\Delta_r G_m = -zEF$，因此，对自发电池 $\Delta_r G_m < 0$，则 $E > 0$；对非自发电池 $\Delta_r G_m > 0$，则 $E < 0$。

五、可逆电池电动势的重要应用

1. 求化学反应的标准平衡常数

对反应 $0 = \sum\limits_{B} \nu_{B}B$，有 $\Delta_r G_m^{\ominus} = -z E^{\ominus} F$。

又 $\Delta_r G_m^{\ominus} = -RT\ln K^{\ominus}$，$\therefore \ln K^{\ominus} = \dfrac{zF}{RT} E^{\ominus}$。

2. 求重要的热力学物理量

对反应 $0 = \sum\limits_{B} \nu_{B}B$，通过测定 E、$E^{\ominus}$、$\left(\dfrac{\partial E}{\partial T}\right)_p$，进而利用如下关系式求算 $\Delta_r G_m$、$\Delta_r G_m^{\ominus}$、$\Delta_r S_m$、$\Delta_r H_m$、Q_R：

$$\Delta_r G_m = -zEF, \quad \Delta_r G_m^{\ominus} = -z E^{\ominus} F$$

$$\Delta_r S_m = zF \left(\dfrac{\partial E}{\partial T}\right)_p, \quad Q_R = zFT \left(\dfrac{\partial E}{\partial T}\right)_p$$

$$\Delta_r H_m = -zEF + zFT \left(\dfrac{\partial E}{\partial T}\right)_p$$

六、可逆电极的分类

可逆电池要求其电极也必须是可逆电极。电化学中的电极，确切地说是一个由电子导体（例如金属）和离子导体（例如电解质溶液）组成的系统。电流通过时，两相间的电荷转移导致界面上发生净的电化学反应。可逆电极是指电极上没有电流流过，电极上正、反向的反应速率相等，不发生净的电化学反应，处于平衡状态的电极系统，它是可逆电池的基本组成部分。一般分为以下三类：

1. 第一类电极

由一种金属浸在该金属离子的溶液中，金属与其离子处于平衡状态。

例如，$Zn(s)$ 插在 $ZnSO_4$ 水溶液中，可表示为 $ZnSO_4(aq) \mid Zn(s)$，对应的电极反应为 $Zn^{2+} + 2e^- \longrightarrow Zn(s)$，电极上的氧化和还原作用互为逆反应。第一类电极还包括氢、氧或卤素与相应的氢离子、氢氧根离子或卤素离子溶液构成的电极。由于气态是非导体，故需借助于某种惰性金属，例如 Pt，起导电作用，并使

氢、氧或卤素与其离子在电极上达到平衡。例如氧电极,它的构造与氢电极类似,是把镀有铂黑的铂片浸入含 OH^- 的溶液中,并不断通入纯净氧气冲打在铂片上,同时使溶液被氧气所饱和,氧气泡围绕铂片浮出。

可将氧电极写成 $OH^-(a_{OH^-})$,$H_2O(l) \mid O_2(g) \mid Pt(s)$,其电极反应为:

$$O_2(g) + 2H_2O(l) + 4e^- \longrightarrow 4OH^-(a_{OH^-})$$

将氧电极的溶液换成酸性溶液则成为酸性溶液中的氧电极,电极可写作 $H^+(a_{H^+})$,$H_2O(l) \mid O_2(g) \mid Pt(s)$,其电极反应为:

$$O_2(g) + 4H^+(a_{H^+}) + 4e^- \longrightarrow 2H_2O(l)$$

汞齐电极也属于第一类电极,有时利用汞齐来代替纯金属可以方便地制成金属电极。例如钠汞齐电极,其电极表示式为 $Na^+(a_{Na^+}) \mid Na(Hg)(a)$,电极反应为

$$Na^+(a_{Na^+}) + e^- \longrightarrow Na(Hg)(a)$$

钠汞齐的活度 a 不一定等于 1,a 值随着 $Na(s)$ 在 $Hg(l)$ 中溶解量的变化而变化。

2. 第二类电极

由金属和该金属的一种难溶盐浸在含有该难溶盐的负离子溶液中构成,故亦称为难溶盐电极。这种电极对该阴离子可逆。最典型的此类电极有甘汞电极和银—氯化银电极。

甘汞电极　　$Cl^-(a_{Cl^-}) \mid Hg_2Cl_2(s) \mid Hg(l)$

电极反应　　$Hg_2Cl_2(s) + 2e^- \longrightarrow 2Hg(l) + 2Cl^-(a_{Cl^-})$

银—氯化银电极　　$Cl^-(a_{Cl^-}) \mid Ag(s) \mid AgCl(s)$

电极反应　　$AgCl(s) + e^- \longrightarrow Ag(s) + Cl^-(a_{Cl^-})$

属于第二类电极的还有金属—难溶氧化物电极。在金属表面覆盖一薄层该金属的氧化物,然后浸在含有 H^+ 或 OH^- 的溶液中构成电极。例如:

银—氧化银电极　　$OH^-(a_{OH^-}) \mid Ag_2O(s) \mid Ag(s)$

电极反应　　$Ag_2O(s) + H_2O + 2e^- \longrightarrow 2Ag(s) + 2OH^-(a_{OH^-})$

汞—氧化汞电极　　$OH^-(a_{OH^-}) \mid HgO(s) \mid Hg(l)$

电极反应　　$HgO(s) + H_2O + 2e^- \longrightarrow Hg(l) + 2OH^-(a_{OH^-})$

3. 第三类电极

又称氧化—还原电极,由惰性金属(如 Pt)插入含有某种元素不同氧化态的离子的溶液中构成电极。金属只起传输电子的作用,参与电极反应的物质都在溶液中。例如:

$Fe^{3+}(a_{Fe^{3+}})$,$Fe^{2+}(a_{Fe^{2+}}) \mid Pt(s)$

电极反应　　$Fe^{3+}(a_{Fe^{3+}}) + e^- \longrightarrow Fe^{2+}(a_{Fe^{2+}})$

$MnO_4^-(a_{MnO_4^-})$,$Mn^{2+}(a_{Mn^{2+}})$,$H^+(a_{H^+})$,$H_2O(l) \mid Pt(s)$

电极反应　　$MnO_4^-(a_{MnO_4^-}) + 8H^+(a_{H^+}) + 5e^- \longrightarrow Mn^{2+}(a_{Mn^{2+}}) + 4H_2O$

类似的还有 Sn^{4+},$Sn^{2+} \mid Pt$;$Fe(CN)_6^{4-}$,$Fe(CN)_6^{3-} \mid Pt$ 等等。醌氢醌电极也属于这一类,它是一种对氢离子可逆的氧化还原电极,常被用来测定溶液的 pH。

醌氢醌是以等物质的量的醌($C_6H_4O_2$,以 Q 代表)和氢醌[$C_6H_4(OH)_2$,以 H_2Q 代表]的复合物,它在水溶液中按下式分解:

$$C_6H_4O_2 \cdot C_6H_4(OH)_2 \longrightarrow C_6H_4O_2 + C_6H_4(OH)_2$$

醌氢醌电极的电极反应为

$$C_6H_4O_2(a_Q) + 2H^+(a_{H^+}) + 2e^- \longrightarrow C_6H_4(OH)_2(a_{H_2Q})$$

由于醌氢醌是醌与氢醌的等物质的量复合物,在水中电离度很小,所以醌和氢醌的浓度相等且均很低,可以认为 $a_Q = a_{H_2Q}$。

七、可逆电极的电极电势

1. 一级标准电极——标准氢电极

原电池是由两个相对独立的"半电池"所组成,每个半电池相当于一个电极,分别进行氧化和还原作用。由不同的半电池组成各式各样的原电池。目前还不能从实验上测定或理论上计算单个电极上电势差的绝对值,但在实际工作中,只要确定各个电极对同一基准的相对电势,利用相对电势的数值,即可计算任意两个电极所组成的电池电动势。

1953 年,国际纯粹和应用化学联合会(IUPAC)建议采用标准氢电极作为标准电极,此建议已广为人们接受并成为正式的约定。

标准氢电极可表示为 $H^+(a_{H^+}=1) \mid H_2(g, p^\ominus)$, Pt,相应的电极反应为

$$H^+(a_{H^+}=1) + e^- \longrightarrow \frac{1}{2}H_2(g, p^\ominus)$$

由于气态 H_2 不导电,因此在构成电极时还需要借助于适当的电子导体使氢气吸附在上面接受电荷。通常选取某种较易建立氢的吸附平衡而本身又不参加电极反应的金属,例如 Pt。选用标准氢电极作为测定电极电势的相对标准,主要是因其电极电势重现性好,随温度改变很小,准确可靠。

2. 给定电极的电极电势

按照 1953 年国际纯粹和应用化学联合会规定,给定电极的电极电势的定义为:将标准氢电极作为发生氧化作用的负极,将给定电极作为发生还原作用的正极构成原电池,且已降低液体接界电势至可忽略不计。

$$Pt(s) \mid H_2(g, p^\ominus) \mid H^+(a_{H^+}=1) \parallel 给定电极$$

则此原电池的电动势即为给定电极的电极电势,以 $E_{(电极)}$ 或 $E(电极)$ 表示。因此,电极电势的本质依然是电动势,只是特定为上述原电池而已,这也是国际上用符号 E 既表示电动势也表示电极电势的缘由所在。

电极电势的取值采用如下规定:当任一给定电极与标准氢电极组成原电池时,若给定电极实际上进行的是还原反应,则 $E_{(电极)}$ 取正值;若该电极实际上进行的是氧化反应,则 $E_{(电极)}$ 取负值。

当给定电极的各组分的活度 a_B 均为 1 时的电极电势称为该电极的标准电极电势,以 $E_{(电极)}^\ominus$ 或 $E^\ominus(电极)$ 表示。按此规定,任意温度下,氢电极的标准电极电势恒为零,即 $E^\ominus(H^+ \mid H_2) = 0$。

下面,我们来推算电极电势的一般化表达式:

对上述特定电池,其电极反应及总电池反应为

负极: $z/2\ H_2(g, p^\ominus) \longrightarrow zH^+(a=1) + ze^-$

正极:氧化态 $(a_{Ox}) + ze^- \longrightarrow$ 还原态 (a_{Red})

总电池反应:

$$z/2\ H_2(g, p^\ominus) + 氧化态(a_{Ox}) \longrightarrow 还原态(a_{Red}) + zH^+(a=1)$$

这样,我们按照电极电势的定义可得:

$$E = E_+ - E_- = E_{(给定)} - E_{(H^+\mid H_2)}^\ominus = E_{(给定)}$$

再依据电池反应的能斯特方程式可以求得:

$$E = E_{(Ox/Red)} = E_{(Ox/Red)}^\ominus - \frac{RT}{zF}\ln\frac{a_{Red} \cdot (a_{H^+})^z}{a_{Ox} \cdot (a_{H_2})^{z/2}}$$

$$\therefore E_{(Ox/Red)} = E^{\ominus}_{(Ox/Red)} - \frac{RT}{zF} \ln \frac{a_{Red}}{a_{Ox}}$$

这就是电极反应的 Nernst 方程。

如,锌电极：$E_{(Zn^{2+}|Zn)} = E^{\ominus}_{(Zn^{2+}|Zn)} - \frac{RT}{2F} \ln \frac{1}{a_{Zn^{2+}}}$

上述电池当 $a_{H^+} = 1$ 时,25 ℃时测得电动势为 0.763 0 V,但是锌电极上实际进行的是氧化反应,因此锌的标准电极电势 $E^{\ominus}_{(Zn^{2+}|Zn)} = -0.763\ 0$ V。

同一电极的电极电势值是唯一的,无论它在实际电池中作正极还是负极,其正、负只取决于它与标准氢电极构成电池时发生的是还原作用还是氧化作用。

3. 二级标准电极

以标准氢电极作为标准电极测定给定电极的电极电势时,在正常情况下,可以达到很高的精度(±0.000 001 V)。但它在使用时的条件十分苛刻,而且它的制备和纯化也比较复杂,所以实际上测量电极电势时一般不用标准氢电极(一级标准电极)。任意电极只要它的重现性好而且稳定,就可以作为第二级标准电极代替标准氢电极作为相对标准来测量给定电极的电极电势。这类电极称为参比电极,其实标准氢电极本身亦是一种参比电极。

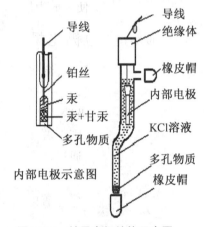

图 14-2　甘汞电极结构示意图

从相对于某种参比电极测出的电极电势,加上该种参比电极相对于标准氢电极的电极电势,即可求出给定电极相对于标准氢电极的电极电势。

甘汞电极是一种常用的参比电极,在室温下具有稳定的电极电势,并且容易制备,使用方便。图 14-2 是甘汞电极的一种结构示意图,其电极反应是

$$Hg_2Cl_2(s) + 2e^- \longrightarrow 2Hg(l) + 2Cl^-\ (a_{Cl^-})$$

若所用 KCl 溶液的浓度不同,其电极电势也不同,常用的有如下三种,25 ℃时它们的电极电势分别是：

Hg(l)｜Hg$_2$Cl$_2$(s)｜KCl(0.1 mol·dm^{-3})　　　0.333 7 V

Hg(l)｜Hg$_2$Cl$_2$(s)｜KCl(1.0 mol·dm^{-3})　　　0.280 1 V

Hg(l)｜Hg$_2$Cl$_2$(s)｜KCl(饱和)　　　0.241 2 V

第三节　极　化　作　用

一、电极的极化

当电极上无电流通过时,电极处于平衡状态,与之相对应的电势是平衡电极电势。随着电极上电流密度的增加,电极的不可逆程度越来越大,电极电势对平衡电极电势的偏离也越来越大。将电极上有(净)电流通过时,电极电势偏离平衡电极电势的现象称为电极的极化。

电极发生极化的原因,归根到底是因为电流的通过意味着电极过程(其中包括电荷在界面的转移,反应物质的传输等一连串的步骤)以一定的速率进行,而每一步骤总或多或少地存在着阻力,相应地各需要一定的推动力,表现在电势上就出现这样那样的偏离。电极的极化可简单地分为浓差极化、电化学极化(又称活化极化)两类,与之相对应的超电势称为浓差超电势和电化学超电势。

1. 浓差极化

当电流通过电极时,若反应物自溶液向电极表面的补充或产物自电极表面向溶液本体的扩散相对比较慢,结果使电极表面附近反应物浓度降低或产物浓度升高,在电极表面附近和溶液本体之间形成一定浓度差,因而电极电势偏离其平衡电势,这个现象称为浓差极化。用搅拌的方法可使浓差极化减小,但由于表面扩散层的存在,故不可能将其完全消除。

2. 电化学极化

假定已设法使溶液的浓差极化降至可忽略不计,同时假定溶液的内阻以及各部分的接触电阻很小,均可不予考虑,原则上讲要使电解质溶液进行电解,外加的电压只需略微大于因电解而产生的反电动势就行了。但实际上有些电解池并非如此。要使这些电解池的电解顺利进行,所加电压还必须比该电池的反电动势要大才行,特别是当电极上产生气体时,其差异就更大。这是由于整个电极反应过程中,得失电子的这一步需较高的活化能使其成为最慢步骤,这种由于电化学反应本身的迟缓性而引起的极化称为电化学极化。

二、电极的极化规律

电化学中,将某一电流密度下的电极电势(也称为析出电势)与其平衡电极电势之差的绝对值称为超电势,以 η 表示。显然,η 值的高低表示电极极化程度的大小,且总是大于零。各种电极由于性质不同,极化倾向有很大差异。在极端情况下,对于理想不极化电极,即使流过相当大的电流,电极电势几乎不偏离其平衡值;而理想极化电极则仅需极微小的电流,就足以使电极电势偏离其平衡值。通常的电极介于这两者之间。可以说,只要有电流通过,电极必定或多或少被极化;或者说,只要处在极化状态,电极上必定或多或少有电流通过。

图 14-3 为电化学装置中有电流流过时电流密度与电极电势关系的示意图。由图可见,当电流密度不同时,两极的电极电势不同,因而超电势也不同。其变化规律均表现为,阴极极化使电极电势变得更负,阳极极化使电极电势变得更正。

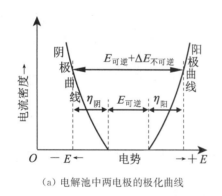

(a)电解池中两电极的极化曲线

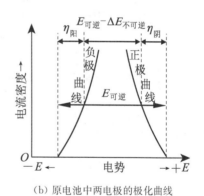

(b)原电池中两电极的极化曲线

图 14-3 电流密度与电极电势的关系

从能量角度分析,无论是原电池还是电解池,极化作用的存在都是不利的。

三、电极的析出电势及电解的理论分解电压

析出电势和超电势是对个别电极而言的。因此,为了确保超电势大于零,阴极或阳极析出电势与超电势的关系可以具体表示为

$$E_{阳,析} = E_{阳,可逆} + \eta_{阳}$$

$$E_{阴,析} = E_{阴,可逆} - \eta_{阴}$$

理论分解电压是指电解过程发生所需的最小电压,它是对整个电解池而言的。它等于阳、阴两极的析出电势之差,即:

$$E_{分解} = E_{阳,析} - E_{阴,析} = E_{可逆} + \eta_{阳} + \eta_{阴}$$

四、电解时的电极反应

当电解池的外加电压由零逐渐变大时,可以造成电解池阳极电势逐渐升高、阴极电势逐渐降低。从整个电解池来看,只要外加电压达到分解电压 $E_{分解}$ 的数值时,电解即进行;从各个电极的角度来说,只要电极电势达到对应离子的析出电势,则电解的电极反应即进行。阳极上优先发生析出电势最小的电极反应,阴极上优先发生析出电势最大的电极反应。

1. 金属的析出与氢超电势

当电解金属盐类的水溶液时,溶液中的阳离子 M^{z+} 和 H^+ 均趋向阴极,因此,两者中析出电势越大者,其氧化态优先还原而析出。

2. 金属离子的分离

若溶液中含有多种金属离子,可利用金属析出电势的不同将它们分离。$E_{阴,析}$ 越正的离子,越易获得电子而还原成金属,电解时,阴极电势在由高变低的过程中,各种离子按其对应的 $E_{阴,析}$ 由高到低的次序而先后析出。

通常,金属离子析出超电势可以忽略,这样,就可用能斯特方程作一些离子分离的估算。例如,298 K 时,对一价金属离子,其浓度从 $1\ mol \cdot dm^{-3}$ 降至 $10^{-7}\ mol \cdot dm^{-3}$ 时,$\Delta E = 0.41\ V$。所以,要使两种一价金属离子通过电解分离,两者的电极电势要相差 $0.41\ V$ 以上。同理,要使两种二价金属离子通过电解分离,两者的电极电势要相差 $0.21\ V$ 以上;要使两种三价金属离子通过电解分离,两者的电极电势要相差 $0.14\ V$ 以上。

3. 金属离子的共同析出

工业电镀常采用二元合金电镀,以获得具有特殊性能的镀层。例如黄铜(Cu—Zn 合金)、青铜(Cu—Sn 合金)、Pb—Sn 合金和 Zn—Ni 合金等。这都涉及两种金属一起沉积的问题,但不管怎样,两种离子同时析出的前提总是两者金属离子的析出电势相等,即 $E_{1,析} = E_{2,析}$。

第四节　金属的电化学腐蚀及防腐

一、金属腐蚀的分类

金属表面由于外部介质的化学或电化学作用而造成的变质及损坏的现象或过程称为腐蚀。

1. 化学腐蚀

金属表面与介质如气体或非电解质液体等因发生化学作用而引起的腐蚀称作化学腐蚀。发生化学腐蚀时没有电流产生。

2. 电化学腐蚀

金属表面在介质如潮湿空气、电解质溶液等中,因形成微电池而发生电化学作用导致的腐蚀叫作电化学腐蚀。金属的腐蚀往往是一个复杂的问题,大部分的金属腐蚀是由于电化学的原因引起的。例如,铜制器件上的铁铆钉特别容易生锈。这是因为在器件表面会凝结一层薄薄的水膜,空气中的 CO_2,工厂区的 SO_2,沿海地区潮湿空气中的 NaCl 都能溶解到水膜中形成薄层电解质溶液,这样便形成了原电池。铁是负极,铜是正极。负极发生 Fe 的氧化反应:

$$Fe(s) \longrightarrow Fe^{2+}(a_{Fe^{2+}}) + 2e^-$$

大气里的 O_2 扩散到薄层电解质在正极铜上接受电子发生还原反应:

$$O_2(g) + 4H^+(a_{H^+}) + 4e^- \longrightarrow 2H_2O(l)$$

导致铁的电化学腐蚀。

上述是由于器件中有两种不同金属而引起的腐蚀。即便是同一种金属如铁器或钢板,当它们与电解质溶液接触时,由于金属表面可能含一些杂质,金属的电势和杂质的电势不尽相同,这就构成了以金属和杂质为电极的微电池(或局部电池),因而引起腐蚀。

二、金属的防腐

1. 非金属防腐

从腐蚀角度保护金属材料最简单易行的方法是将材料与腐蚀环境隔离。例如在需要保护的金属表面上涂覆一层油漆、搪瓷、沥青、塑料等保护层,以使金属与腐蚀环境隔绝。当这些保护层完整时是能起到保护作用的,但一旦涂覆层损坏,则不可避免地遭受腐蚀。

2. 金属保护层

用电镀或化学镀的方法在需要保护的金属表面上镀上一层其他金属或合金作为保护层,达到防腐蚀的目的。例如,自行车上镀铜锡合金垫底然后镀铬,铁制自来水管镀锌等属于这种类型的防腐。

3. 电化学保护

(1) 保护器保护

在金属基体上附加更活泼的金属,在电解质中构成短路的原电池,金属基体成为阴极,而活泼金属则成为阳极,并不断被氧化或溶解掉。例如船体钢板在含 2‰～3‰ NaCl 的海水中很容易腐蚀,为了防止船身的腐蚀,除了涂油漆外,还在船体的底下每隔 10 m 左右焊一块锌的合金作为防腐蚀措施。船身淹在海水里,形成了以锌为负极、铁为正极、海水为电解质的局部电池,受腐蚀时溶解的是锌而不是铁。在这样的腐蚀过程中,锌是作为阳极"牺牲"了,但却保护了船体。

(2) 阳极保护

外加电源,将被保护金属作阳极,废金属或石墨作阴极,在一定的介质和外电压下构成电解池,使金属钝化,并用微弱电流维持钝化状态,从而保护金属。

(3) 阴极保护

外加电源,将被保护金属作阴极,废金属或石墨作阳极,在一定的介质和外电压下构成电解池,从而保护金属。

4. 制成耐腐蚀的合金

在炼制金属时加入其他成分,提高耐腐蚀能力。如在炼钢时加入 Mn/Cr 等金属元素制成不锈钢。

5. 缓蚀剂保护

加入一定介质中能明显抑制金属腐蚀的少量物质称为缓蚀剂。例如在酸中加入千分之几的乌洛托品、硫脲等可阻滞钢铁的腐蚀。由于缓蚀剂的用量少,既方便又经济,故是一种最常用的方法。

第五节　化学电源

化学电源是一种存储化学能的装置,其基本单元是原电池。它在使用时可将化学能立即转变成电能进入外电路。因此,它具有作为独立电源的功能,是实用的原电池。

一、化学电源的分类

要使原电池达到实用化的目的,必须具备下列条件:(1)能量密度大;(2)可以大电流放电;(3)对于二次电池,充放电次数要多;(4)自放电少,存放时间长;(5)安全且可靠性高;(6)价格便宜,容易得到。能够符合这些条件的原电池活性物质的组合是非常有限的。

一般地,化学电源可分为三类。

① 一次电池：电池中的反应物质进行一次电化学反应放电之后，就不能再次利用，如干电池、纽扣电池。这种电池造成严重的材料浪费和可能的环境污染。

② 二次电池：又称为二次电池、可充电电池。这种电池放电后可以充电，使活性物质基本复原，可以重复、多次利用。常见的有铅蓄电池以及以锂离子电池为代表的金属离子电池。

③ 燃料电池：又称为连续电池。这种电池一般以天然燃料或其他可燃物质如氢气、甲醇、天然气、煤气等作为负极的反应物质，以氧气作为正极的反应物质，组成燃料电池。

二、金属离子电池

金属离子电池是一个发展极其迅猛的领域，通常包括锂离子电池、钠离子电池、钾离子电池、镁离子电池、铝离子电池、锌离子电池等，虽然各金属离子电池的材料不尽相同，但其工作原理非常相似。下面我们以锂离子电池为例进行介绍。

1. 电池主要材料

① 正极材料：钴酸锂（$LiCoO_2$）、锰酸锂（$LiMn_2O_4$）、磷酸亚铁锂（$LiFePO_4$）、三元材料（NCM：$LiNi_xCo_yMn_{1-x-y}O_2$；NCA：$LiNi_xCo_yAl_{1-x-y}O_2$）。

② 负极材料：碳基材料（石墨、硬碳、软碳、中介相碳微球）和非碳基材料（包括转化型的金属氧化物、金属硫化物、金属硒化物、金属磷化物；合金化型的硅、锗、锡、磷、锑、铋等；嵌/脱型的钛酸锂（$Li_4Ti_5O_{12}$）、二氧化钛）。

③ 电解质：六氟磷酸锂（$LiPF_6$）、双三氟甲磺酰亚胺锂（LiTFSI）等。

④ 溶剂：碳酸丙烯酯（PC）、碳酸乙烯酯（EC）、二甲基碳酸酯（DMC）、二乙基碳酸酯（DEC）等。

2. 工作原理

正极反应：$LiCoO_2 \underset{放电}{\overset{充电}{\rightleftharpoons}} Li_{1-x}CoO_2 + x\,Li^+ + x\,e^-$

负极反应：$6C + x\,Li^+ + x\,e^- \underset{放电}{\overset{充电}{\rightleftharpoons}} Li_xC_6$

总反应：$LiCoO_2 + 6C \underset{放电}{\overset{充电}{\rightleftharpoons}} Li_{1-x}CoO_2 + Li_xC_6 \quad (0 < x \leqslant 1)$

3. 应用

① 手机、电脑、摄像机等消费类电子产品。

② 电动汽车、电动工具。

③ 与太阳能、风能、水能发电等可再生清洁能源配套的大规模电化学储能。

第六节　化学反应速率

一、化学反应转化速率

对反应 $0 = \sum_B \nu_B B$ 而言，由于 $d\xi = \dfrac{dn_B}{\nu_B}$，因此，定义化学反应转化速率为

$$\dot{\xi} = \frac{d\xi}{dt} = \frac{1}{\nu_B}\frac{dn_B}{dt}$$

二、化学反应速率

我们知道，反应物分子经碰撞后才可能发生反应，在一定温度下，化学反应的速率正比于反应分子的碰

撞次数,而在单位体积中,单位时间内的碰撞次数又与反应物的浓度成正比,可见反应速率与反应物浓度直接相关,反应速率可以用参与反应的某一物质的浓度随时间的变化率来表示。

一般地,反应速率都是指定容反应速率。对反应 $0 = \sum\limits_{B} \nu_B B$ 而言,反应速率的定义为

$$r = \frac{1}{V}\frac{\mathrm{d}\xi}{\mathrm{d}t} = \frac{1}{\nu_B}\frac{\mathrm{d}(n_B/V)}{\mathrm{d}t} = \frac{1}{\nu_B}\frac{\mathrm{d}c_B}{\mathrm{d}t}$$

如对反应 $e\mathrm{E} + f\mathrm{F} \longrightarrow g\mathrm{G} + h\mathrm{H}$,则 $r = -\frac{1}{e}\frac{\mathrm{d}c_E}{\mathrm{d}t} = -\frac{1}{f}\frac{\mathrm{d}c_F}{\mathrm{d}t} = \frac{1}{g}\frac{\mathrm{d}c_G}{\mathrm{d}t} = \frac{1}{h}\frac{\mathrm{d}c_H}{\mathrm{d}t}$。

三、质量作用定律

对于基元反应,反应速率与反应物浓度的幂乘积成正比。幂指数就是基元反应方程中各反应物的系数。这就是质量作用定律,它只适用于基元反应。

例如:　　　　基元反应　　　　　　　　反应速率 r

$$\mathrm{Cl_2} + \mathrm{M} \longrightarrow 2\mathrm{Cl} + \mathrm{M} \qquad k_1 c_{\mathrm{Cl_2}} c_{\mathrm{M}}$$

$$\mathrm{Cl} + \mathrm{H_2} \longrightarrow \mathrm{HCl} + \mathrm{H} \qquad k_2 c_{\mathrm{Cl}} c_{\mathrm{H_2}}$$

$$\mathrm{H} + \mathrm{Cl_2} \longrightarrow \mathrm{HCl} + \mathrm{Cl} \qquad k_3 c_{\mathrm{H}} c_{\mathrm{Cl_2}}$$

$$2\mathrm{Cl} + \mathrm{M} \longrightarrow \mathrm{Cl_2} + \mathrm{M} \qquad k_4 c_{\mathrm{Cl}}^2 c_{\mathrm{M}}$$

四、反应级数和反应分子数

速率方程中各反应物浓度项上的指数称为该反应物的级数。所有浓度项指数的代数和称为该反应的总级数,通常用 n 表示。n 的大小表明浓度对反应速率影响的大小。

反应级数可以是正数、负数、整数、分数或零,有的反应无法用简单的数字来表示级数;反应级数是由实验测定的;反应分子数的概念仅适用于基元反应,它是基元反应方程式中反应物的系数总和。反应分子数仅可为 1、2、3。

第七节　具有简单级数的反应

一、一级反应

反应速率只与反应物浓度的一次方成正比的反应称为一级反应。常见的一级反应有放射性元素的蜕变、分子重排、N_2O_5 的分解等。对一级反应 $\mathrm{A} \longrightarrow \mathrm{P}$,有

$$r = -\frac{\mathrm{d}c_A}{\mathrm{d}t} = k_1 c_A$$

式中,c_A 为经过反应时间 t 时反应物 A 对应的浓度;k_1 为反应的速率系数。若反应开始计时时,反应物 A 的浓度为 $c_{A,0}$,则从上述关系式中可以求得时刻 t 对应的反应物 A 的浓度:

$$\ln(c_A/c_{A,0}) = -k_1 t$$

并称反应物 A 的浓度为起始浓度一半对应的时间为反应的半衰期,用符号 $t_{1/2}$ 表示。

由此可知,一级反应的特点:①速率系数 k 的单位为时间的负一次方,时间 t 可以是秒(s)、分(min)、小时(h)、天(d)和年(a)等。②半衰期 $t_{1/2}$ 是一个与反应物起始浓度无关的常数,$t_{1/2} = \ln 2/k_1$。③ $\ln c_A$ 与 t 呈线性关系。

二、零级反应

反应速率方程中,反应物浓度项不出现,即反应速率与反应物浓度无关,这种反应称为零级反应。常见的零级反应有表面催化反应和酶催化反应,这时反应物总是过量的,反应速率决定于固体催化剂的有效表面活性位或酶的浓度。对零级反应 A → P,有

$$r = -\frac{\mathrm{d}c_A}{\mathrm{d}t} = k_0$$

式中,c_A 为经过反应时间 t 时反应物 A 对应的浓度;k_0 为反应的速率系数。若反应开始计时时,反应物 A 的浓度为 $c_{A,0}$,则从上述关系式中可以求得时刻 t 对应的反应物 A 的浓度:$c_{A,0} - c_A = k_0 t$,由此可知,零级反应的特点:速率系数 k_0 的单位为[浓度][时间]$^{-1}$;半衰期与反应物起始浓度成正比:$t_{1/2} = \dfrac{c_{A,0}}{2k_0}$;浓度 c_A 与 t 呈线性关系。

三、孤立法确定反应级数

若实验测得某反应的速率方程可表示为 $r = k c_A^{\alpha} c_B^{\beta}$,则使 $c_A \gg c_B$,便可利用 $r = k' c_B^{\beta}$ 先确定 β 值;使 $c_B \gg c_A$,便可利用 $r = k'' c_A^{\alpha}$ 再确定 α 值。

第八节　温度对反应速率的影响

一、温度对反应速率影响的类型

通常有 5 种类型(图 14-4):

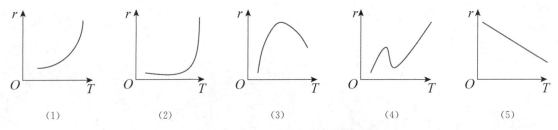

(1)　　　　　(2)　　　　　(3)　　　　　(4)　　　　　(5)

图 14-4　温度对反应速率影响的类型

图 14-4(1) 反应速率随温度的升高而逐渐加快,它们之间呈指数关系,这类反应最为常见。

图 14-4(2) 开始时温度影响不大,到达一定极限时,反应以爆炸的形式极快地进行。

图 14-4(3) 在温度不太高时,速率随温度的升高而加快,到达一定的温度,速率反而下降。如多相催化反应和酶催化反应。

图 14-4(4) 速率在随温度升到某一高度时下降,再升高温度,速率又迅速增加,可能发生了副反应。

图 14-4(5) 温度升高,速率反而下降。这种类型很少,如 NO 氧化成 NO_2。

二、阿伦尼乌斯公式

若反应的表观活化能 E_a 为与温度无关的常量,则 $\ln k = -\dfrac{E_a}{RT} + B$,此即阿伦尼乌斯公式,它描述了速率系数与 $1/T$ 之间的线性关系。可以根据不同温度下测定的 k 值,以 $\ln k$ 对 $1/T$ 作图,从而求出表观活化能 E_a。

第九节　反应的活化能

一、活化能的定义

Tolman 用统计平均的概念对基元反应的活化能下了一个定义：活化分子的平均能量与反应物分子平均能量之差值，称为活化能。设基元反应为

$$A \longrightarrow P$$

正、逆反应的活化能 E_a 和 E_a' 可以用图 14-5 表示。

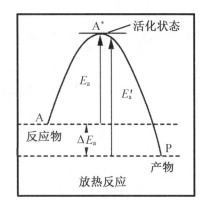
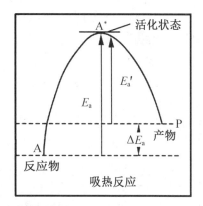

图 14-5　正、逆反应的活化能

活化能的概念只对基元反应是有明确物理意义的；对于非基元反应只有具有能量量纲的物理量，可以牵强附会地称为表观活化能，但表观活化能与该反应的各基元反应的活化能有密切关系，当然，这种关系因具体反应的机理不同而不同。

二、（表观）活化能的求算

① 利用阿伦尼乌斯公式进行求算：适用于基元反应和非基元反应。

② 对基元反应，可以对其活化能按下述规则进行估算：

A. $A_2 + B_2 \longrightarrow 2AB$

30% 规则：放热方向上的活化能为需要断裂键的键能和的 30%。

B. $Cl + H_2 \longrightarrow HCl + H$

5% 规则：放热方向上的活化能为需要断裂键的键能的 5%。

C. $Cl_2 + M \longrightarrow 2Cl + M$，$E_a = E_{Cl-Cl}$

D. $Cl + Cl + M \longrightarrow Cl_2 + M$，$E_a = 0$

也就是说，自由基复合反应不必吸取能量。如果自由基处于激发态，还会放出能量，使活化能出现负值。

三、复杂反应的活化能

复杂反应的活化能更准确地称作表观活化能，它无法用简单的图形表示，是组成复杂反应的各基元反应活化能的数学组合。组合的方式决定于基元反应的速率系数与表观速率系数之间的关系，这个关系从反应机理推导而得。例如，若从机理推得的速率方程中，k（表观）$= k_1 k_2 / k_{-1}$，则利用阿伦尼乌斯公式可以推

得：$E_a(表观) = E_{a,1} + E_{a,2} - E_{a,-1}$，此即该复杂反应的表观活化能。

第十节　几种重要的近似处理方法

一、几种重要的近似方法

① 速度控制步骤近似

② 稳态近似

③ 平衡近似

二、实例

以直链反应为例：实验测得总反应 $H_2 + Cl_2 \longrightarrow 2HCl$ 的速率方程满足下列关系：

$$r = \frac{1}{2} \frac{dc_{HCl}}{dt} = k\, c_{H_2} c_{Cl_2}^{1/2}$$

推测，该反应的可能机理为

$$Cl_2 + M \longrightarrow 2Cl + M \qquad k_1\, c_{Cl_2}\, c_M$$
$$Cl + H_2 \longrightarrow HCl + H \qquad k_2\, c_{Cl}\, c_{H_2}$$
$$H + Cl_2 \longrightarrow HCl + Cl \qquad k_3\, c_H\, c_{Cl_2}$$
$$2Cl + M \longrightarrow Cl_2 + M \qquad k_4\, c_{Cl}^2\, c_M$$

如果从反应机理导出的速率方程和表观活化能与实验值相符，说明反应机理是正确的。

用稳态近似推导直链反应速率方程：从 $H_2 + Cl_2 \longrightarrow 2HCl$ 的反应机理可知，

$$\frac{dc_{HCl}}{dt} = k_2\, c_{Cl}\, c_{H_2} + k_3\, c_H\, c_{Cl_2} \tag{1}$$

若对反应的中间体 H、Cl 采用稳态近似，则由

$$\frac{dc_{Cl}}{dt} = 2k_1\, c_{Cl_2}\, c_M - k_2\, c_{Cl}\, c_{H_2} + k_3\, c_H\, c_{Cl_2} - 2k_4\, c_{Cl}^2\, c_M = 0 \tag{2}$$

$$\frac{dc_H}{dt} = k_2\, c_{Cl}\, c_{H_2} - k_3\, c_H\, c_{Cl_2} = 0 \tag{3}$$

将(3)代入(2)得：$c_{Cl} = \left(\dfrac{k_1}{k_4}\right)^{1/2} c_{Cl_2}^{1/2}$ \hfill (4)

将(3)、(4)代入(1)得：

$$\frac{dc_{HCl}}{dt} = 2k_2\, c_{Cl}\, c_{H_2} = 2k_2 \left(\frac{k_1}{k_4}\right)^{1/2} c_{H_2}\, c_{Cl_2}^{1/2}$$

$$r = \frac{1}{2} \frac{dc_{HCl}}{dt} = k_2 \left(\frac{k_1}{k_4}\right)^{1/2} c_{H_2}\, c_{Cl_2}^{1/2} = k\, c_{H_2}\, c_{Cl_2}^{1/2}$$

与实验测定的速率方程一致。

该链反应的表观活化能：由 $k(表观) = k_2 \left(\dfrac{k_1}{k_4}\right)^{1/2}$，

可推得：$E(表观) = E_{a,2} + \dfrac{1}{2}(E_{a,1} - E_{a,4}) = \left[25 + \dfrac{1}{2}(243 - 0)\right] \text{kJ} \cdot \text{mol}^{-1} = 146.5 \text{ kJ} \cdot \text{mol}^{-1}$

如果 H_2 与 Cl_2 直接反应：

$$E_a = (E_{H-H} + E_{Cl-Cl}) \times 30\% = (435.1 + 243) \text{kJ} \cdot \text{mol}^{-1} \times 30\% = 203.4 \text{ kJ} \cdot \text{mol}^{-1}$$

可见，直链反应历程的表观活化能低于直接反应，因而是合理的。

▶▶ 附1 例题解析

【例 14-1】 需在 $10 \text{ cm} \times 10 \text{ cm}$ 的薄铜片两面镀上 0.005 cm 厚的金属镍层，电镀液为 $Ni(NO_3)_2$ 水溶液，假定镀层能均匀分布，用 2.0 A 的电流强度得到上述厚度的镍层时需通电多长时间？设电流效率为 95.0%，已知金属镍的密度为 $8.9 \text{ g} \cdot \text{cm}^{-3}$，$Ni$ 的摩尔质量为 $58.69 \text{ g} \cdot \text{mol}^{-1}$。

【参考答案】 依题设可知，电镀层中 Ni 的物质的量为

$$n = 2Al\rho/M = (2 \times 10 \times 10 \times 0.005 \times 8.9/58.69) \text{mol} = 0.1516 \text{ mol}$$

镀镍过程的电极反应为：$Ni^{2+} + 2e^- \longrightarrow Ni(s)$

则
$$Q = nzF/0.95 = (0.1516 \times 2 \times 96500/0.95) \text{C} = 3.08 \times 10^4 \text{ C}$$
$$t = Q/I = (3.08 \times 10^4/2.0) \text{s} = 15400 \text{ s} = 4.28 \text{ h}$$

【例 14-2】 试将过程 $AgCl(s) \longrightarrow Ag^+ + Cl^-$ 设计为可逆电池。

【参考答案】 题设过程等同于下列过程：

$$Ag(s) + AgCl(s) \longrightarrow Ag^+ + Cl^- + Ag(s)$$

这样，我们就可以设计可逆电池：$Ag(s) \mid Ag^+(aq) \parallel HCl(aq) \mid AgCl(s) \mid Ag(s)$。

【例 14-3】 试将过程 $H_2(p_1) \longrightarrow H_2(p_2)$ $(p_1 > p_2)$ 设计为可逆电池。

【参考答案】 题设过程等同于下列过程：

$$2H^+(a_{H^+}) + H_2(p_1) \longrightarrow H_2(p_2) + 2H^+(a_{H^+})$$

这样，我们就可以设计可逆电池：$Pt(s) \mid H_2(p_1) \mid H^+(a_{H^+}) \mid H_2(p_2) \mid Pt(s)$。

【例 14-4】 试求 25 ℃ 时 $AgCl(s)$ 的溶度积。

【参考答案】 设计电池，使电池反应为 $AgCl(s)$ 的溶解电离过程 $AgCl(s) \longrightarrow Ag^+ + Cl^-$。

由例 14-2 可知，该过程可以设计为可逆电池：$Ag(s) \mid Ag^+(aq) \parallel HCl(aq) \mid AgCl(s) \mid Ag(s)$。

这样，25 ℃ 下该电池的 $E^\ominus = E^\ominus_{(Cl^- \mid AgCl \mid Ag)} - E^\ominus_{(Ag^+ \mid Ag)} = 0.2224 \text{ V} - 0.7991 \text{ V} = -0.5767 \text{ V}$

$$因此，K^\ominus = \exp\left(\frac{z E^\ominus F}{RT}\right) = 1.76 \times 10^{-10}$$

【例 14-5】 298 K 时，用锌电极作为阴极电解 $ZnSO_4$ $(a_{Zn^{2+}} = 1)$ 水溶液。若在某一电流密度下氢气在锌极上的超电势为 0.7 V。问在 101.325 kPa 下电解时，阴极上析出的物质是氢气还是金属锌？

【参考答案】 锌在阴极上析出的超电势可以忽略，查表得 $E^\ominus_{(Zn^{2+} \mid Zn)} = -0.7630 \text{ V}$。因 $a_{Zn^{2+}} = 1$，故

$$E_{(Zn^{2+} \mid Zn)} = E^\ominus_{(Zn^{2+} \mid Zn)} - \frac{RT}{2F}\ln\frac{1}{a_{Zn^{2+}}} = -0.7630 \text{ V}$$

氢气在阴极上析出时的平衡电势：

$$E_{(H^+ \mid H_2, 可逆)} = E^\ominus_{(H^+ \mid H_2)} - \frac{RT}{2F}\ln\frac{p_{H_2}/p^\ominus}{a_{H^+}^2}$$

电解在 101.325 kPa 下进行，水溶液可近似认为中性，并假定 $a_{H^+} = 10^{-7}$，于是：

$$E_{(H^+|H_2,可逆)} = E^{\ominus}_{(H^+|H_2)} - \frac{RT}{2F}\ln\frac{101.325/p^{\ominus}}{(10^{-7})^2} = -0.414\,1\ \text{V}$$

由于氢气在锌电极上的超电势 $\eta_{H_2} = 0.7\ \text{V}$，故锌电极上析氢时的电极电势：

$$E_{(H^+|H_2,析)} = E_{(H^+|H_2,可逆)} - \eta_{H_2} = -1.114\ \text{V}$$

可见，若不存在氢的超电势，因 $E_{(H^+|H_2,可逆)}$ 比 $E_{(Zn^{2+}|Zn)}$ 更正，应当在阴极上析出氢气；而由于氢超电势的存在，$E_{(Zn^{2+}|Zn)}$ 比 $E_{(H^+|H_2,析)}$ 更正，故实际是 Zn 优先在阴极上析出。

【例 14-6】 金属钚的某同位素进行 β 放射，14 d 后，同位素活性下降了 6.85%。试求该同位素的：

(1)蜕变常数，(2)半衰期，(3)分解掉 90% 所需时间。

【参考答案】 (1) $k_1 = \frac{1}{t}\ln\frac{c_{A,0}}{c_A} = \frac{1}{14d}\ln\frac{100}{100-6.85} = 0.005\,07\ \text{d}^{-1}$

(2) $t_{1/2} = \ln 2/k_1 = 136.7\ \text{d}$

(3) $t = \frac{1}{k_1}\ln\frac{c_{A,0}}{c_A} = \frac{1}{0.005\,07\ \text{d}^{-1}}\ln\frac{1}{1-0.9} = 454.2\ \text{d}$

【例 14-7】 (1) 现将某物质 A 放入一反应器中，反应 1 h 消耗 A 75%，试问反应 2 h 还剩下多少 A？请按反应为一级反应求算。

(2) 该反应在 600 K 和 645 K 的反应速率系数分别为 83.9 s^{-1} 及 407 s^{-1}，试求反应的表观活化能。

【参考答案】 (1) 对一级反应而言，$\ln(c_A/c_{A,0}) = -kt$。

当 $t = 1$ h 时，$c_A = (1-0.75)c_{A,0} = 0.25c_{A,0}$。

即 $\ln 0.25 = -k \times 1$ h，解得 $k = \ln 4\ \text{h}^{-1}$；

当 $t = 2$ h 时，有：$\ln(c_A/c_{A,0}) = -2\ln 4$

$c_A = c_{A,0}/16$

(2) 由阿伦尼乌斯公式知：$\ln k = -\frac{E_a}{RT} + B$

将两个温度对应的速率系数分别代入上式并化简得：$\ln\frac{k_2}{k_1} = -\frac{E_a}{R}\left(\frac{1}{T_2} - \frac{1}{T_1}\right)$，

即：$\ln\frac{407}{83.9} = -\frac{E_a}{8.314}\left(\frac{1}{645} - \frac{1}{600}\right)$，

解得：$E_a = 112.9\ \text{kJ} \cdot \text{mol}^{-1}$。

【例 14-8】 估算下列反应的活化能：$Cl + H_2 \longrightarrow HCl + H$。

已知：$E_{H-H} = 435.1\ \text{kJ} \cdot \text{mol}^{-1}$；$E_{Cl-Cl} = 243\ \text{kJ} \cdot \text{mol}^{-1}$；$E_{H-Cl} = 431\ \text{kJ} \cdot \text{mol}^{-1}$。

【参考答案】 $\Delta H = E_{H-H} - E_{H-Cl} = (435.1 - 431)\ \text{kJ} \cdot \text{mol}^{-1} = 4.1\ \text{kJ} \cdot \text{mol}^{-1}$

因此，逆反应是放热的，得 $E_{a,逆} = 0.05 \times E_{H-Cl} = (0.05 \times 431)\text{kJ} \cdot \text{mol}^{-1} = 21.6\ \text{kJ} \cdot \text{mol}^{-1}$

所以：$E_{a,正} = E_{a,逆} + |\Delta H| = (21.6 + 4.1)\text{kJ} \cdot \text{mol}^{-1} = 25.7\ \text{kJ} \cdot \text{mol}^{-1}$

附2　综合训练

1. 计算以下电池在 25 ℃ 时的电动势和温度系数：

$$Ag(s) \mid AgCl(s) \mid NaCl(aq) \mid Hg_2Cl_2(s) \mid Hg(l)$$

已知标准摩尔生成焓和标准摩尔熵如下：

物质	Ag(s)	$Hg_2Cl_2(s)$	AgCl(s)	Hg(l)
$\Delta_f H_m^{\ominus}/(kJ \cdot mol^{-1})$	0	-264.93	-127.03	0
$S_m^{\ominus}/(J \cdot K^{-1} \cdot mol^{-1})$	42.70	195.80	96.11	77.40

2. 有电池 $Pt \mid Cl_2(p^{\ominus}) \mid HCl(0.1 \; mol \cdot kg^{-1}) \mid AgCl(s) \mid Ag$，已知 AgCl 在 25 ℃ 时的标准摩尔生成焓为 $-127.03 \; kJ \cdot mol^{-1}$，Ag、AgCl 和 $Cl_2(g)$ 在 25 ℃ 时的标准摩尔熵依次为 $41.95 \; J \cdot K^{-1} \cdot mol^{-1}$、$96.10 \; J \cdot K^{-1} \cdot mol^{-1}$ 和 $243.86 \; J \cdot K^{-1} \cdot mol^{-1}$。试写出该电池反应方程式，并计算 25 ℃ 时：

(1) 电池电动势。

(2) 电池可逆操作时的热效应。

(3) 电池的温度系数。

(4) AgCl 的分解压力。

3. 锂离子电池、金属氢化物—镍电池（MH—Ni）、碱性锌—锰电池、燃料电池、太阳能电池等是 21 世纪理想的绿色环保电源。其中液态锂离子电池是指 Li^+ 嵌入化合物为正负电极的二次电池。正极采用锂化合物 $LiCoO_2$（也可以是 $LiMn_2O_4$ 或 $LiFePO_4$），负极采用碳电极，充电后成为锂—碳层间化合物 $Li_xC_6(0 < x \leqslant 1)$，电解质为溶解有锂盐 $LiPF_6$、$LiAsF_6$ 等的有机溶液。

(1) 在以 $LiCoO_2$ 为正极、碳为负极电池放电时，Li^+ 在两个电极之间往返嵌入和脱嵌。写出该电池的充放电反应方程式：_____

(2) 金属锂放电容量（$3\,861 \; mAh \cdot g^{-1}$）最大，其中 mAh 的意思是指用 1 毫安（mA）的电流放电 1 小时（h）。则理论上 $LiMn_2O_4$ 的放电容量是_____$mAh \cdot g^{-1}$。

4. 设计合成特殊结构的纳米材料是一个极其活跃的研究领域。图 14-6 给出的是蛋黄—蛋壳型碳包硅（Si@C yolk-shell）合成过程示意图。

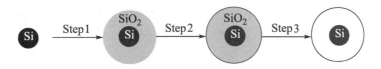

图 14-6　蛋黄—蛋壳型碳包硅（Si@C yolk-shell）合成示意图

其中，步骤 1 的产物为硅球外包覆一层厚度可调控的多孔 SiO_2 层，可以通过正硅酸四乙酯（TEOS）的水解获得；步骤 2 和步骤 3 的产物最外层为厚度较薄的多孔碳层，可以通过蔗糖等有机物的高温碳化获得。步骤 3 通过除去 SiO_2 得到蛋黄—蛋壳型碳包硅。请回答下列问题：

(1) 上述过程中，正硅酸四乙酯（TEOS）的水解产物是_____。

(2) 步骤 3 中除去 SiO_2 可以选用的试剂为_____。

(3) 采用高温下的镁热还原法可以将步骤 2 产物中的 SiO_2 也转变为 Si，反应的化学方程式为_____
_____。

5. 在 298 K、标准压力下，以 Pt 电极电解 $CuSO_4$ 和 $ZnSO_4$ 的混合水溶液。设电解起始时，溶液 pH＝7，$CuSO_4$ 和 $ZnSO_4$ 的浓度均为 $0.1 \; mol \cdot L^{-1}$，并设 H_2 在 Pt、Cu 及 Zn 电极上的超电势分别为 0.6 V、0.8 V 及 0.7 V。已知 $E^{\ominus}(Cu^{2+}/Cu) = 0.337 \; V$，$E^{\ominus}(Zn^{2+}/Zn) = -0.763 \; V$。

(1) 电解时，阴极可能析出的物质有_____。

(2) 阴极首先析出的物质是_____。

(3) 当第二种物质开始析出时，第一种析出物质的相应离子的剩余浓度是_____。

6. 古人云：大道至简。在如今的新材料制备中，许多教科书式的反应获得了至关重要的应用，人们耳熟能详的例子便是镁条在二氧化碳中燃烧制备石墨烯材料。高效能电池的开发也用到基本的反应，如，锂-硫电池能量密度高、功率密度大，利用它作为电动汽车电源时有望解决续航里程短的瓶颈。硫化锂是锂-硫电池的正极材料,为增加其导电性,将其与碳材料复合是一种有效方法。最近,科学家利用氩气为载气携带 CS_2 气体,在 923 K 与加热熔融的锂箔反应,最终生成石墨烯包覆 Li_2S 的复合纳米胶囊结构材料,该材料表现出优异的电化学性能。请回答下列问题:

(1) 写出镁条在二氧化碳中燃烧的化学反应方程式:_____。

(2) 写出制备石墨烯包覆 Li_2S 的复合纳米胶囊结构材料的化学方程式:_____。

7. 用电解法精炼生产出来的铜称为"电解铜",纯度高,可以用来制作电气产品。电解时将粗铜(含铜 99%)预先制成厚板作为阳极,纯铜制成薄片作阴极,以硫酸和硫酸铜的混合液作为电解液。粗铜中含有的金属杂质包括比铜活泼的铁、锌等,以及不如铜活泼的金、银等。假设粗铜中仅含杂质 Au 和 Fe。

(1) 生产电解铜时,粗铜的三种主要组分的变化为:精铜在_____极析出,_____进入电解液,_____进入阳极泥。

(2) 写出在阳极发生的产生气体的电极反应方程式:_____。

8. 近年来,室温钠离子电池因钠离子资源丰富、成本低廉,引起了人们的广泛关注。作为钠离子电池的负极材料,锑(Sb)因其储存钠离子容量高而更受研究工作者的青睐。然而锑在充放电过程中有较大的体积改变,使其容量快速衰减而阻碍其实际应用。解决这一问题的有效方法之一便是将锑与碳材料复合形成锑/碳复合材料,利用共同存在的碳材料,可以大大缓冲锑在充放电过程中的体积改变。最近,科学家利用电石(CaC_2)为还原剂和碳源,固体 Sb_2O_3 为锑源,室温下在球磨机中球磨两者的固体混合物,得到含有锑和碳的复合材料,再经稀盐酸刻蚀、水洗、干燥,除去复合材料中非锑、碳成分,制得了电化学性能优异的多孔锑/碳复合材料。

(1) 写出上述制备锑/碳复合材料的化学反应方程式:_____。

(2) 写出稀盐酸刻蚀步骤对应的化学反应方程式:_____。

(3) 已知锑储存钠离子的反应为 $Sb(s) + 3Na^+ + 3e^- \longrightarrow Na_3Sb(s)$,则计算可得锑的比容量(即单位质量锑所能放出的电量,以 $mAh \cdot g^{-1}$ 为单位)为_____ $mAh \cdot g^{-1}$。

9. 某反应,其速率系数 k(在 313~473 K 范围内)与温度 T 关系如下:
$$k/s^{-1} = 1.58 \times 10^{15} \exp(-128.9 \, kJ \cdot mol^{-1}/RT)$$
则该反应的级数为_____,343 K 时半衰期为_____。

10. 高温下醋酸分解按下列形式进行:
$$CH_3COOH \longrightarrow CH_4 + CO_2$$
$$CH_3COOH \longrightarrow CH_2 = CO + H_2O$$

在某温度下 $k_1 = 0.037 \, 1 \, s^{-1}$,$E_1 = 92.0 \, kJ \cdot mol^{-1}$;$k_2 = 0.032 \, 1 \, s^{-1}$,$E_2 = 100.0 \, kJ \cdot mol^{-1}$。

(1) 求醋酸分解反应的半衰期。

(2) 求醋酸分解反应的活化能。

11. 某化合物的分解是一级反应,该反应活化能 $E_a = 144.3 \, kJ \cdot mol^{-1}$,已知 557 K 时,该反应速率常数 $k_1 = 3.3 \times 10^{-2} \, s^{-1}$,现在要控制此反应在 10 min 内转化率达到 90%,试问反应温度应控制在多少度?

第十五章 分子结构

基本要求

通过本章学习认识化学键,掌握 Lewis 理论、价键理论和分子轨道理论及其在分子结构方面的应用;了解分子间的弱相互作用及分子对称性。

第一节 化 学 键

化学键:分子中原子间的强相互作用力;分子中原子在空间采取何种方式的排布(即分子结构)主要取决于分子中原子间的强相互作用力(即化学键)。探讨分子结构的问题,实质上更多是在讨论化学键的问题。

化学键从极限情况可划分为离子键、金属键和共价键。离子键的本质为阴阳离子间的静电作用;金属键的本质为金属阳离子和自由电子间的静电作用。

本讲内容将重点探讨 3 种共价键理论(Lewis 理论、价键理论和分子轨道理论)在分子结构方面的具体应用。同时对分子间的弱相互作用及分子对称性的相关内容进行简述。

第二节 共价键理论

一、Lewis 共价键理论

分子中每个原子均应具有稳定的稀有气体原子的外层电子构型;分子中原子间通过共用一对或多对电子形成化学键,这种化学键称为共价键,形成的分子为共价分子;每一个共价分子都有一个稳定的 Lewis 结构式。

1. Lewis 结构式的画法

遵循一个规则——八隅律规则:稀有气体最外层电子构型($8e^-$)是一种稳定构型,其他原子倾向于共用电子而使它们的最外层转化为稀有气体的 8 个电子稳定构型(H 和 He 符合 $2e^-$)。然后按照下列 5 个步骤可画出共价分子的 Lewis 结构式。

① 计算所有原子的价电子总数,对离子分别加上、减去离子所带电荷数;

② 写出分子中每个原子的元素符号,并且用短线(—)将原子连接起来,每个短线代表一对价电子;

③ 对除中心原子外的其他周围原子,加(·)到原子周围,每个(·)代表 1 个电子,使其满足八隅律的要求;

④ 把剩余的价电子分配到中心原子上;

⑤ 检查每个原子周围是否均有 8 个电子,如果中心原子周围达不到 8 个电子,尝试擦去与中心原子相连原子的 1 对电子,将其作为电子对(—)插入中心原子与其之间,直到所有原子满足八隅律。

2. Lewis 共价键理论的缺陷

① 未能阐明共价键的本质;

② 不满足八隅律规则的例子很多(如 PCl_5、SF_6 等)。

③ 不能解释某些分子的一些性质(如 SO_2 分子中 S—O 键的等价性、O_2 分子的顺磁性等)。

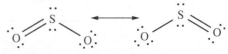

图 15-1　SO_2 分子的 Lewis 共振式

3. Lewis 共价键理论的改进——Lewis 共振式

以 SO_2 分子为例说明。共振论认为,SO_2 分子结构可看作两个 Lewis 共振式(图 15-1 所示)共振平均后的结果,S—O 的键级均为 1.5,SO_2 分子中两个 S—O 键是等价的,与实验结果相一致。

二、价键理论

1927 年德国化学家 Heitler 和 London 将量子力学的基本原理应用到分子结构中,成功解释了两个氢原子结合形成氢分子的原因,阐明了共价键的本质是由于原子相互接近时轨道重叠,原子间通过共用自旋相反的电子对使体系能量降低而形成共价键。

1. 共价键的特点

饱和性和方向性。

(1) 饱和性

原子所能形成的经典共价键的个数是一定的。比如:化学中存在 PCl_5 分子,而没有 NCl_5 分子。原因:P 原子的价轨道有 9 个(3s,3p 和 3d),N 原子的价轨道只有 4 个(2s和 2p),因此 P 原子所能形成的经典共价键的最大个数是9,N 原子则为 4。

(2) 方向性

由于原子轨道在空间的伸展具有方向性,原子轨道间为实现最大重叠而形成稳定的共价键时,只能沿着特定的方向进行,从而使得共价键具有方向性(s 轨道和 s 轨道重叠形成的 σ 键无方向性)。

2. 共价键的类型

依据成键时轨道间重叠方式的不同,共价键可分为 σ

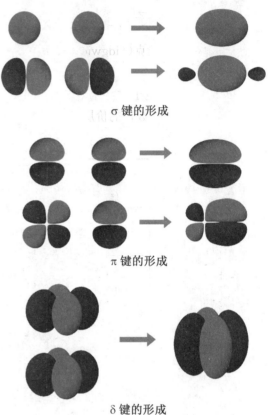

σ 键的形成

π 键的形成

δ 键的形成

图 15-2　共价键的类型

键、π 键和 δ 键。σ 键:轨道间以"头碰头"方式重叠形成的共价键;π 键:轨道间以"肩并肩"方式重叠形成的共价键;δ 键:轨道间以"面对面"方式重叠形成的共价键。图 15-2 给出了 3 种共价键的成键方式。

3. 杂化轨道理论的提出

早期的价键理论在解释多原子分子结构时,经常无法得到与实验数据相一致的结果。为此,美国化学家 Pauling 提出了杂化轨道的概念,极大地丰富和发展了价键理论。在形成分子时,同一原子中不同类型、能量相近的原子轨道混合起来,重新分配能量和空间伸展方向,组成一组新的轨道的过程称为杂化,新形成的轨道称为杂化轨道。表 15-1 所示为常见的杂化类型。

表 15-1　常见的杂化类型

杂化类型	杂化轨道的空间排布	实例
sp 杂化	直线形	CO_2、C_2H_2、BeF_2
sp^2 杂化	平面三角形	BCl_3、$HCHO$、NO_3^-
sp^3 杂化	四面体	CH_4、NH_3、H_2O
sp^3d 杂化	三角双锥形	PCl_5、SF_4、ClF_3

杂化类型	杂化轨道的空间排布	实例
sp^3d^2 杂化	八面体	SF_6、BrF_5、XeF_4
sp^3d^3 杂化	五角双锥形	IF_7、XeF_6
dsp^2 杂化	平面正方形	$Ni(CN)_4^{2-}$、$PtCl_2(NH_3)_2$

三、价层电子对互斥理论(VSEPR)

1940年,斯治维克(Sidgwick)在总结了大量已知共价分子构型的基础上提出了价层电子对互斥理论。其中心思想是:共价分子中各价层电子对尽可能采取一种完全对称的空间排布,使相互间的距离保持最远,排斥力最小。价层电子对互斥理论的重要应用是预测中心原子的价层电子对空间构型和分子的几何构型。表15-2列出了不同数目的价层电子对对应的空间构型及实例分子的几何构型。

表 15-2 常见的价层电子对空间构型及分子的几何构型

价层电子对数	价层电子对的空间构型	孤对电子数	分子的几何构型	实例
2	直线形	0	直线形	CO_2
3	平面三角形	0	平面三角形	BCl_3
		1	V形	NO_2^-
4	四面体	0	正四面体	CH_4
		1	三角锥形	NH_3
		2	V形	H_2O
5	三角双锥形	0	三角双锥形	PCl_5
		1	变形四面体	SF_4
		2	T形	ClF_3
		3	直线形	XeF_2
6	八面体	0	正八面体	SF_6
		1	四方锥形	BrF_5
		2	平面正方形	XeF_4
7	五角双锥形	0	五角双锥形	IF_7
		1	变形八面体	XeF_6
		2	平面正五边形	CsF_5

四、分子轨道理论

为了解释价键理论无法解释的一些实验结果(如 H_2^+ 的存在,不存在 He_2,O_2 分子的顺磁性等),Mulliken 和 Hund 提出了分子轨道理论。其主要内容有:①分子中单个电子的空间运动状态可用分子轨道描述。②分子轨道是由原子轨道线性组合所形成的(LCAO—MO)。原子轨道有效组合形成分子轨道需满足三条原则:对称性匹配原则、能量相近原则和最大重叠原则。③电子在分子轨道中的排布遵循能量最低原理、泡利原理和洪特规则。

应用分子轨道理论计算键级的方法是:键级=1/2(成键电子数－反键电子数)。

应用分子轨道理论对 O_2 分子的结构和性质给予合理解释。图15-3给出了 O_2 分子的分子轨道能级图,由此可知 O_2 分子的价电子组态为 $\sigma_{2s}^2 \sigma_{2s}^{*2} \sigma_{2pz}^2 \pi_{2px}^2 \pi_{2py}^2 \pi_{2px}^{*1} \pi_{2py}^{*1}$,在反键 π 轨道中填充有两个单电子,因而显示出顺磁性,相应的结构式可表示为 $:\overset{\cdots}{O} - \overset{\cdots}{O}:$。

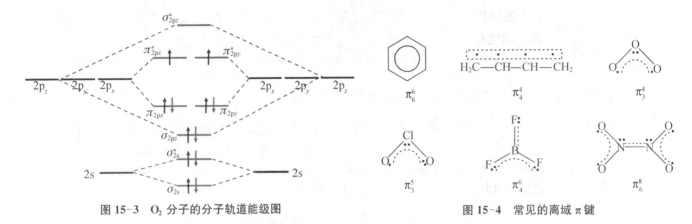

图 15-3 O_2 分子的分子轨道能级图   图 15-4 常见的离域 π 键

五、离域 π 键理论

分子轨道理论在解释多原子分子(或离子)的结构和性质关系时,提出了离域 π 键的概念。当形成化学键的电子不局限于两个原子的区域,而是在参与成键的多个原子形成的分子骨架中运动时,这种由多个原子形成的 π 型化学键称作离域 π 键。一般来说,形成离域 π 键需满足下列 3 个条件:①参与成键的所有原子共面;②参与成键的每个原子可提供一个方向相同的 p 轨道,或合适的 d 轨道;③ π 电子总数小于参与成键的轨道数的二倍。

离域 π 键可用 π_n^m 表示,n 为轨道数,m 为电子数。图 15-4 为一些分子中形成离域 π 键的情况。

第三节 分子间作用力

一、范德华力

分子与分子之间存在一种比化学键弱得多的相互作用力,靠着这种分子间作用力气体分子才能凝聚成相应的液体和固体,这种作用力被称为范德华力。范德华力包括 3 种:①取向力:极性分子与极性分子的固有偶极间的静电引力;②诱导力:在极性分子的作用下,非极性分子的正负电荷中心产生偏移从而形成诱导偶极子,极性分子的固有偶极与非极性分子的诱导偶极子间的作用力称为诱导力,极性分子之间也存在诱导力;③色散力:分子不断产生的瞬时偶极间形成的作用力称为色散力;所有分子间都存在色散力,一般来说,三种范德华力中以色散力为主,相对分子质量越大,色散力越大;相同相对分子质量时,线性分子的色散力较大。

二、氢键

氢键是一种存在于分子之间也存在于分子内部的作用力,它比化学键弱而比范德华力强,是分子中与高电负性原子 X 以共价键相连的 H 原子和另一分子中一个高电负性原子 Y 之间所形成的一种特殊的作用力,表示为 X—H$\cdots$Y(X、Y 通常为 N、O、F)。

氢键的形成对物质性质的影响:①对熔沸点的影响:氧族元素氢化物的沸点的变化规律 $H_2O >$ $H_2Te > H_2Se > H_2S$;②对溶解度的影响:乙醇溶于水,而乙烷不能;③对生物体的影响:DNA 双螺旋结构的形成。

三、π-π 堆积作用

π-π 堆积作用是一种弱静电相互作用,通常发生于芳环之间或石墨层分子的六元环之间,强度在 $1\sim$ 50 kJ·mol^{-1}。例如:石墨层状结构之间的面对面堆积,一层六元环的中心对着另一层六元环的顶;DNA 的同一条链的相邻碱基之间也有类似的堆积。

第四节 分子对称性

1. 两个基本概念

对称操作和对称元素。对称操作:不改变图形当中任意两点间的距离能使图形完全复原的操作;对称元素:对称操作据以进行的几何要素(点、线、面及其可能的组合)。

2. 四类对称元素

旋转轴 C_n(直线)、镜面 σ(平面)、对称中心 i(点) 和象转轴 S_n(直线和垂直于直线的面的组合)。

3. 分子点群分类

单轴群:包括 C_n、C_{nv}、C_{nh};双面群:包括 D_n、D_{nh}、D_{nd};立方群:包括 T_d、T_h、O_h、I_h;非真旋轴群:包括 C_s、C_i、S_n。常见分子所属点群及全部对称元素见表 15-3。

表 15-3 常见分子所属点群及全部对称元素

点群	分子	全部对称元素
C_2	H_2O_2	$1C_2$
C_{2v}	H_2O、船式环己烷、吡啶	$1C_2$、$2\sigma_v$
C_{3v}	NH_3、$CHCl_3$	$1C_3$、$3\sigma_v$
C_{2h}	反式-1,2-二氯乙烯	$1C_2$、$1\sigma_h$、$1i$
C_{3h}	H_3BO_3	$1C_3$、$1\sigma_h$、$1S_3$
D_3	$Co(en)_3^{3+}$	$1C_3$、$3C_2$
D_{2d}	丙二烯	$3C_2$、$2\sigma_d$、$1S_4$
D_{3d}	交错式乙烷、椅式环己烷	$1C_3$、$3C_2$、$3\sigma_d$、$1S_6$、$1i$
D_{4d}	S_8	$1C_4$、$4C_2$、$4\sigma_d$、$1S_8$
D_{2h}	乙烯、N_2O_4	$3C_2$、$3\sigma_h$、$1i$
D_{3h}	BF_3、重叠式乙烷、PCl_5	$1C_3$、$3C_2$、$1\sigma_h$、$3\sigma_v$、$1S_3$
D_{4h}	XeF_4、$[Re_2Cl_8]^{2-}$	$1C_4$、$4C_2$、$1\sigma_h$、$4\sigma_v$、$1S_4$、$1i$
D_{6h}	苯	$1C_6$、$6C_2$、$1\sigma_h$、$6\sigma_v$、$1S_3$、$1S_6$、$1i$
T_d	$SiCl_4$、CH_4、P_4O_6、金刚烷	$4C_3$、$3C_2$、$6\sigma_d$、$3S_4$
T_h	$Co(NO_2)_6^{3-}$	$4C_3$、$3C_2$、$3\sigma_h$、$4S_6$、$1i$
O_h	立方烷、SF_6	$3C_4$、$4C_3$、$6C_2$、$3\sigma_h$、$6\sigma_d$、$4S_6$、$3S_4$、$1i$
I_h	C_{60}、$B_{12}H_{12}^{2-}$	$6C_5$、$10C_3$、$15C_2$、$15\sigma_h$、$6S_{10}$、$10S_6$、$1i$
S_4	1,3,5,7-四甲基环辛四烯	$1S_4$

附1 例题解析

【例 15-1】 写出 CO_2 分子的 Lewis 结构式。

【解题思路】 (1) CO_2 分子的价电子数为 16;

(2) 画出 CO_2 分子的基本骨架,如图 15-5(a);

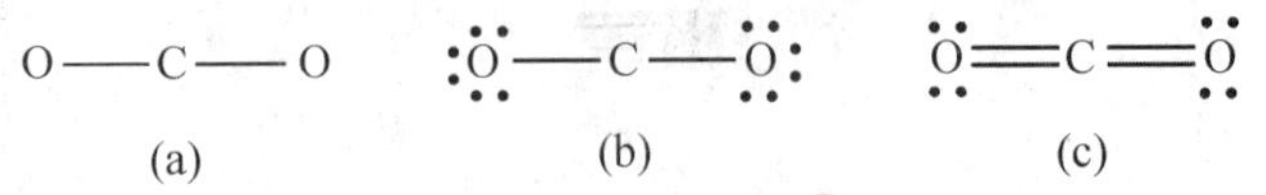

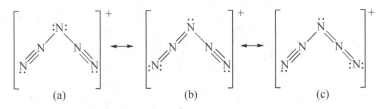

图 15-5 CO_2 分子的 Lewis 结构式的画法

(3) 将剩余的价电子分配给 O 原子,使其满足 8 电子结构,如图 15-5(b);

(4) 价电子全部用完,无法给 C 原子分配电子;

(5) 分别擦掉两端 O 原子上的一对电子,将其作为共用电子对插入 O 原子和 C 原子之间,则得到 CO_2 分子的 Lewis 结构式,如图 15-5(c)。

[例 15-2] 多氮化合物均为潜在的高能量密度材料(HEDM),HEDM 可用作火箭推进剂及爆炸物。1999 年 K. O. Christe 及其同事成功合成了第一个 N_5^+ 的化合物 $N_5^+ AsF_6^-$,它能猛烈地爆炸。光谱数据及量子化学计算结果均表明,在 N_5^+ 的各种异构体中,V 形结构最为稳定,它有两个较短的末端键和两个较长的中心键。

(1) 请写出 V 形结构的 N_5^+ 的 Lewis 共振式。

(2) 根据杂化轨道理论,指出每个氮原子的杂化类型。

(3) 中心键的 N—N 键级是多少?

【参考答案】 (1) 符合题意的 Lewis 共振式有如下 3 种:

图 15-6 N_5^+ 的 Lewis 共振式

(2) 从共振式图 15-6(a)看,中心氮原子周围有四个价层电子对,为四面体构型,故氮原子为 sp^3 杂化;从共振式图 15-6(b)和图 15-6(c)看,中心氮原子周围有 3 个价层电子对,为平面三角形构型,故氮原子为 sp^2 杂化。所以中心氮原子为 sp^3 和 sp^2 杂化。其余氮原子为直线形构型,为 sp 杂化(末端氮可不杂化)。

(3) 键级 $= \dfrac{\text{两原子间的总键数}}{\text{共振式数目}}$,所以中心键的 N—N 键级为 $\dfrac{1+2+1}{3}=1\dfrac{1}{3}$。

【例 15-3】 2018 年我国科学家在化学键研究领域取得重大突破。研究发现位于主族的碱土金属钙、锶和钡可以与 CO 形成稳定的羰基化合物,分子结构满足 18 电子规则,表现出了典型的过渡金属成键特性。这一发现表明碱土金属或具有与一般认知相比更为丰富的化学性质。

(1) 写出锶原子的最高占据原子轨道和最低空的原子轨道;

(2) 写出锶和 CO 结合形成的中性单电子中心羰基化合物的化学式;CO 与中心锶结合时的成键原子是哪个原子?

(3) CO 能够与过渡金属或碱土金属形成稳定的羰基化合物是因为二者之间形成了什么化学键?

:B——F: F: sp^3

:B==F: F: sp^2

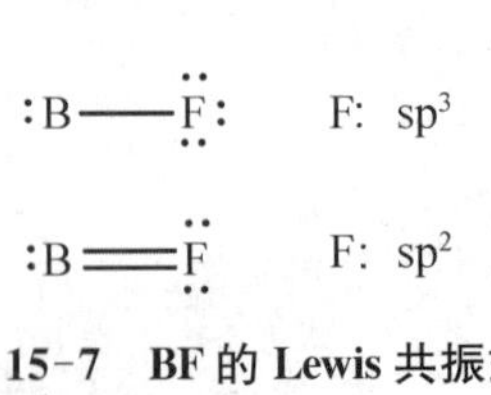

图 15-7 BF 的 Lewis 共振式

(4) BF 和 CO 互为等电子体,但是计算结果表明,BF 分子中 B—F 键的键级约为 1.6,请写出 BF 中可能存在的 Lewis 共振式,根据杂化轨道理论指出结构中 F 原子的杂化类型。

【解题思路】 (1) 锶原子的最高占据原子轨道为 5s,最低空轨道为 4d。

(2) 锶的价电子数为 2,根据 EAN 规则,其周围应该配有 8 个 CO,所以化学式为 $Sr(CO)_8$;对于配体 CO,碳和氧间形成了三个共价键(1 个 σ 键和两个 π 键),其中有一个 π 键是反馈 π 键(氧原子提供电子对),从而使得氧原子略显电正性而碳原子略显电负性,因此在 CO 与其他原子结合形成配合物时通常是端基 C 配位。

(3) 形成了 σ-反馈 π 键;

(4) 根据计算结构给出的信息,BF 的 Lewis 结构式只能是如图 15-7 所示的两种共振式共振产生的(此时 B 原子并不满足八隅律规则)。

【例 15-4】 长期以来,大家都认为草酸根离子 $C_2O_4^{2-}$ 为具有 D_{2h} 对称性的平面结构,如图 15-8(a)所示,近期的理论研究表明,对于孤立的 $C_2O_4^{2-}$,具有 D_{2d} 对称性的非平面型结构更加稳定[如图 15-8(b)所示,其中 O—C—C—O 的二面角为 90°]。

根据上述信息,回答下列问题:

(1) 指出 $C_2O_4^{2-}$ 中 C 原子的杂化类型。

(2) 指出在 $C_2O_4^{2-}$ 中存在的离域键。

(3) 给出在 $C_2O_4^{2-}$ 中 C—O 键和 C—C 键的键级。

(4) 简述 D_{2d} 结构比 D_{2h} 结构稳定的原因。

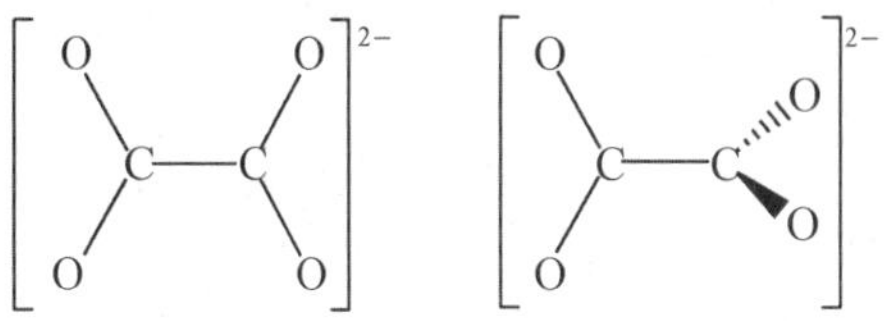

图 15-8 $C_2O_4^{2-}$ 结构

【解题思路】 (1) C 原子周围有 3 个价层电子对,所以杂化方式为 sp^2。

(2) 2 个 π_3^4;由题面信息可得,草酸根中六个原子不在一个平面,所以不能形成 π_6^8,每个羧基的 3 个原子共平面,所以可分别形成三中心离域 π 键。

(3) $C_2O_4^{2-}$ 结构的 Lewis 共振式见图 15-9。

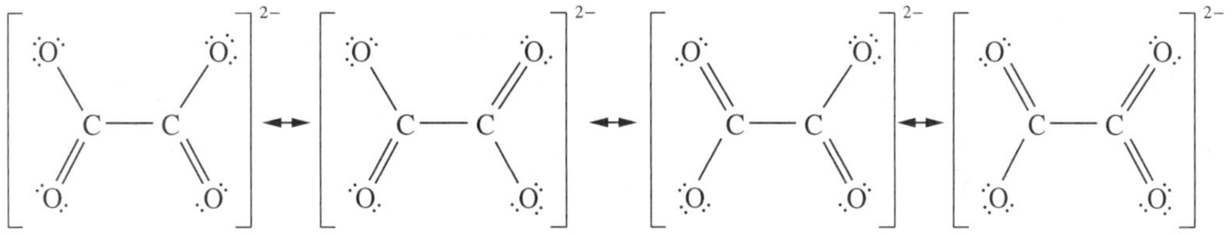

图 15-9 $C_2O_4^{2-}$ 的 Lewis 共振式

由共振式可计算得到:C—O 键和 C—C 键的键级分别是 1.5 和 1。

(4) 交错式(即 D_{2d} 对称性结构)结构中有较小的静电排斥力,所以稳定(与乙烷的结构相类似,交错式乙烷是其稳定构象)。

【例 15-5】 (1) 分别画出 BF_3 和 $N(CH_3)_3$ 的分子构型,指出中心原子的杂化轨道类型。

(2) 分别画出 $F_3B—N(CH_3)_3$ 和 $F_4Si—N(CH_3)_3$ 的分子构型,并指出分子中 B 和 Si 的杂化轨道类型。

【解题思路】 (1) 根据价层电子对互斥理论,可知 BF_3 和 $N(CH_3)_3$ 分子中心原子周围的价层电子对数分别为 3 和 4,所以其分子构型为平面三角形和三角锥形;再根据杂化轨道理论,可知中心原子的杂化类型分别为 sp^2 和 sp^3 杂化。分子构型如图 15-10。

图 15-10 BF_3 和 $N(CH_3)_3$ 的分子结构

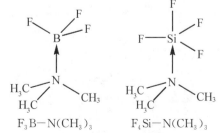

图 15-11 分子结构图

（2）$F_3B—N(CH_3)_3$ 和 $F_4Si—N(CH_3)_3$ 分子中 B 原子和 Si 原子周围的价层电子对数分别为 4 和 5,所以其分子构型为四面体和三角双锥形,再根据杂化轨道理论,可知中心原子 B 和 Si 的杂化类型分别为 sp^3 和 sp^3d 杂化。分子构型如图 15-11。

【例 15-6】 某磷的混合卤化物 M 中磷的质量百分含量为 19.49%,其在 CH_3CN 中的导电能力很弱。M 很容易转化为白色固体 N,N 是共价型离子化合物,在 CH_3CN 中的导电能力很强,303 K 下升华并部分转化为 M。

（1）通过计算和分析,确定 M 的化学式,并画出 M 的结构,在图上标注中心原子的杂化方式。

（2）画出 N 的结构,在图上标注中心原子的杂化方式。

（3）写出 N 的阳离子中所有的对称元素的种类和数量。

【解题思路】 （1）M 的化学式可通过磷的质量百分含量计算推得为 PCl_2F_3。根据 VSEPR 知,PCl_2F_3 分子的几何构型为三角双锥形,P 的杂化方式为 sp^3d(图 15-12)。

（2）N 为 M 的多聚体结构(类似于 PCl_5 结构),化学式为 $[PCl_4]^+[PF_6]^-$,因此 P 的杂化方式为 sp^3 和 sp^3d^2。

（3）N 中阳离子为正四面体结构,所属点群为 T_d 群,全部对称元素为 $4C_3$、$3C_2$、$6\sigma_d$、$3S_4$(图 15-13)。

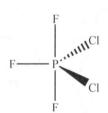

图 15-12　M(PCl_2F_3)的分子结构

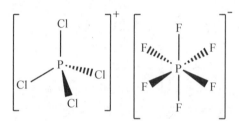

图 15-13　N($[PCl_4]^+[PF_6]^-$)的分子结构

【例 15-7】 开夫拉可由对苯二胺和对苯二甲酸缩合而成,其强度比钢丝高 5 倍,常用于制防弹衣,也用于制从飞机、装甲车、帆船到手机的多种部件。

（1）写出用结构简式表达的生成链状高分子的反应式。

（2）写出开夫拉高分子链间存在的 3 种主要分子间作用力。

【参考答案】 （1）见下图反应式

（2）范德华力、氢键(氨基和羧基间)和 π-π 堆积作用(芳环间)。

附2　综合训练

1. 二甲基铍[$Be(CH_3)_2$]在气相和烃类溶剂中主要以单体形式存在,但在固相时会形成聚合链。分别指出单体和聚合链结构中铍原子所采用的杂化方式。

2. 氨晶体中,氨分子的每个氢均参与一个氢键的形成。请指出每个 N 原子周围邻接几个氢原子? 在 1 摩尔固态氨中有几摩尔氢键?

3. $Fe(CO)_5$ 是一种黄色黏稠状液体,其分子的几何构型是什么? 指出中心 Fe 的杂化方式,写出分子中存在的全部对称元素。

第十六章 晶体的结构与性质

基本要求

　　掌握晶胞、结构基元、原子坐标、点阵的基本概念;理解晶体的周期性、晶胞并置堆砌意义;熟悉7个晶系、14种空间点阵型式的基础理论及其应用;掌握等径圆球的密堆积原理,包括面心立方最密堆积(A1)、六方最密堆积(A3)、体心立方密堆积(A2)以及金刚石型堆积(A4)的结构特点,以及堆积方式与晶胞结构之间的关系;掌握面心立方最密堆积和六方最密堆积形成的四面体空隙和八面体空隙;掌握常见的晶体结构类型,如 NaCl、立方 ZnS、六方 ZnS、萤石 CaF_2、CsCl、金红石 TiO_2 等的结构特点。学会运用上述晶体结构的基础理论和常见晶体结构类型分析和解决实际问题,熟练解答相关题目。

第一节 晶体的基本概念和基本结构

一、晶体的定义

晶体是由原子或分子在空间按一定规律周期性地重复排列构成的固体物质。

二、晶体的共性

均匀性;各向异性;自发地形成多面体外形;$F+V=E+2$,其中:F 为晶面数,V 为顶点数,E 为晶棱数;有明显确定的熔点;有特定的对称性;使 X 射线产生衍射。

三、晶体的点阵结构

1. 点阵

在晶体内部原子或分子周期性排列的每个重复单位的相同位置上定一个点,这些点按一定周期性规律排列在空间,这些点构成一个点阵。点阵是一组无限的点,连接其中任意两点可得一矢量,将各个点阵按此矢量平移能使它复原。点阵中每个点都具有完全相同的周围环境。

　　注:晶体的点阵结构虽然在考试中很少直接命题,但是晶体结构的很多概念和基本结构都是从点阵衍生出来的,所以理解晶体的点阵结构对于学好晶体结构是具有根本意义的。

2. 结构基元

在晶体的点阵结构中每个点阵点所代表的具体内容,包括原子或分子的种类和数量及其在空间按一定方式排列的结构:晶体结构＝点阵＋结构基元。一维结构基元如图 16-1 所示,二维结构基元如图 16-2 所示。

3. 晶胞

空间点阵可选择 3 个不相平行的连接相邻两个点阵点的单位矢量 **a**,**b**,**c**,它们将点阵划分成并置的平行六面体单位,称为点阵单位。相应地,按照晶体结构的周期性划分所得的平行六面体单位称为晶胞。矢量 **a**、**b**、**c** 的长度 a、b、c 及其相互间的夹角 α、β、γ 称为点阵参数或晶胞参数,如图 16-3 所示。

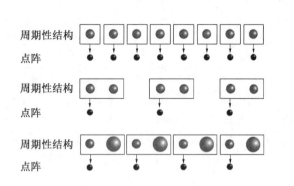

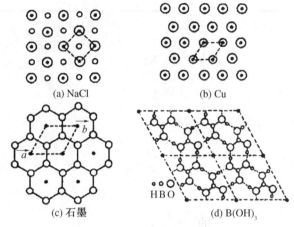

(a) NaCl

(b) Cu

(c) 石墨

(d) B(OH)$_3$

HBO

二维周期排列的结构及其点阵（黑点代表点阵点）

图 16-1　一维结构基元的构建

图 16-2　二维结构基元的构建

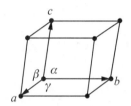

$$正当晶胞\begin{cases}素晶胞：含 1 个结构基元\\复晶胞：含 2 个以上结构基元\end{cases}$$

图 16-3　晶胞结构

第二节　晶体结构的对称性

一、晶系

立方晶系（c）：在立方晶胞 4 个方向体对角线上均有三重旋转轴（$a=b=c$，$\alpha=\beta=\gamma=90°$）。

六方晶系（h）：有 1 个六重对称轴（$a=b$，$\alpha=\beta=90°$，$\gamma=120°$）。

四方晶系（t）：有 1 个四重对称轴（$a=b$，$\alpha=\beta=\gamma=90°$）。

三方晶系（h）：有 1 个三重对称轴（$a=b$，$\alpha=\beta=90°$，$\gamma=120°$）。

正交晶系（o）：有 3 个互相垂直的二重对称轴或 2 个互相垂直的对称面（$\alpha=\beta=\gamma=90°$）。

单斜晶系（m）：有 1 个二重对称轴或对称面（$\alpha=\gamma=90°$）。

三斜晶系（a）：没有特征对称元素。

晶系及其晶胞参数如表 16-1。

表 16-1　晶系及其晶胞参数

晶系	特征对称元素	晶胞类型
立方	4 个按立方体对角线取向的三重旋转轴	$a=b=c$，$\alpha=\beta=\gamma=90°$
六方	六重对称轴	$a=b\neq c$，$\alpha=\beta=90°$，$\gamma=120°$
四方	四重对称轴	$a=b\neq c$，$\alpha=\beta=\gamma=90°$

（续表）

晶系	特征对称元素	晶胞类型
三方	三重对称轴	菱面体晶胞：$a = b = c$，$\alpha = \beta = \gamma < 120° \neq 90°$ 六方晶胞：$a = b \neq c$，$\alpha = \beta = 90°$，$\gamma = 120°$
正交	2 个面或 3 个二重对称轴互相垂直	$a \neq b \neq c$，$\alpha = \beta = \gamma = 90°$
单斜	二重对称轴或对称面	$a \neq b \neq c$，$\alpha = \gamma = 90° \neq \beta$
三斜	无	$a \neq b \neq c$，$\alpha \neq \beta \neq \gamma \neq 90°$

二、空间点阵型式

根据晶体结构的对称性,将点阵空间的分布按正当单位形状的规定和带心型式进行分类,得到 14 种型式(如图 16-4),分别是:①简单三斜(ap)、②简单单斜(mP)、③C 心单斜(mC, mA, mI)、④简单正交(oP)、⑤C 心正交(oC, oA, oB)、⑥体心正交(oI)、⑦面心正交(oF)、⑧简单六方(hP)、⑨R 心六方(hR)、⑩简单四方(tP)、⑪体心四方(tI)、⑫简单立方(cP)、⑬体心立方(cI)、⑭面心立方(cF)。

注:学习空间点阵形式对于分析和理解晶胞类型具有重要的实际意义,在图 16-4 所示的空间点阵形式中,简单、体心和面心三种类型是最常见的类型,也是重点要掌握的类型。

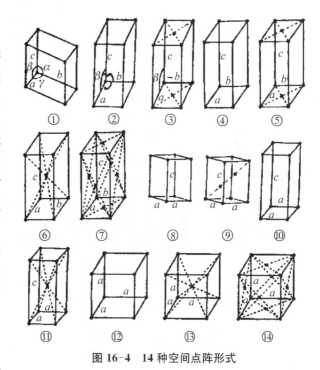

图 16-4　14 种空间点阵形式

三、体心晶胞与简单晶胞辨异

体心晶胞与简单晶胞如图 16-5 所示。判断顶点与体心原子是否相同,区分体心和简单晶胞。

四、晶体结构的表达及应用

一般晶体结构需给出晶系、晶胞参数、晶胞中所包含的原子或分子数 Z、特征原子的坐标。

五、晶体的密度计算

利用晶胞参数可计算晶胞体积(V),根据相对分子质量(M)、晶胞中分子数(Z)和 Avogadro 常数 N,可计算晶体的密度 ρ。

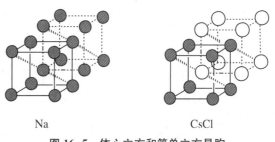

Na　　　　　　　　　　CsCl

图 16-5　体心立方和简单立方晶胞

$$\rho = \frac{MZ}{NV}$$

（16-1）

第三节　晶体结构的密堆积原理

许多晶体中的粒子(包括原子、分子或离子等)总是倾向于采取密堆积的结构,即具有堆积密度大、粒子的配位数高、能充分利用空间等结构特点。密堆积方式因充分利用了空间而使体系的势能尽可能降低,从而使结构稳定。

密堆积原理是我们研究晶体结构,理解晶体结构的基本原理与实际晶体结构之间关系,解决晶体结构实际问题的重要工具。

定义:所谓密堆积结构是指由无方向性和饱和性的金属键、离子键和范德华力等结合的晶体中,原子、离子或分子等微观粒子总是趋向于相互配位数高、能充分利用空间的、堆积密度最大的那些结构。

$$常见的密堆积形式\begin{cases}面心立方最密堆积(A1)\\六方最密堆积(A3)\\体心立方密堆积(A2)\end{cases}$$

一、面心立方最密堆积(A1)和六方最密堆积(A3)

从一层等径圆球密堆积图中可以看出(图16-6):①只有1种堆积形式;②每个球和周围6个球相邻接,配位数为6,形成6个三角形空隙;③每个空隙由3个球围成;④由 N 个球堆积成的层中有 $2N$ 个空隙,即球数:空隙数=1:2。

两层等径圆球堆积情况分析(图16-7):①在第一层上堆积第二层时,仅有半数的三角形空隙放进了球,而另一半空隙上方是第二层的空隙。②第一层上放了球的一半三角形空隙,被4个球包围,形成四面体空隙;另一半其上方是第二层球的空隙,被6个球包围,形成八面体空隙。

图16-6 一层等径圆球的堆积方式　　　　图16-7 二层等径圆球的堆积方式

三层球堆积情况分析:

第二层堆积时形成了两种空隙:四面体空隙和八面体空隙。那么,在堆积第三层时就会产生两种方式:①第三层等径圆球的突出部分落在正四面体空隙上,其排列方式与第一层相同,但与第二层错开,形成ABAB…堆积。这种堆积方式可以从中画出一个六方单位来,所以称为六方最密堆积(A3)。②另一种堆积方式是第三层球的突出部分落在第二层的八面体空隙上。这样,第三层与第一、第二层都不同而形成ABCABC…的结构。这种堆积方式可以从中画出一个立方面心单位来,所以称为面心立方最密堆积(A1)。

A1、A3型堆积小结:同一层中球间有三角形空隙,平均每个球摊列2个空隙。第二层一个密堆积层中的突出部分正好处于第一层的空隙即凹陷处,第二层的密堆积方式也只有一种,但这两层形成的空隙分成两种:①四面体空隙(被四个球包围);②正八面体空隙(被六个球包围)。第三层堆积方式有两种:①突出部分落在正四面体空隙——→AB堆积(A3六方最密堆积);②突出部分落在正八面体空隙——→ABC堆积(A1面心立方最密堆积)。

A1、A3型堆积的比较:①以上两种最密堆积方式,每个球的配位数为12。②有相同的堆积密度和空间利用率(或堆积系数),即球体积与整个堆积体积之比,均为74.05%。③空隙数目和大小也相同, N 个球(半径 R); $2N$ 个四面体空隙,可容纳半径为 $0.225R$ 的小球; N 个八面体空隙,可容纳半径为 $0.414R$ 的小球。球数:正四面体空隙数:正八面体空隙数=1:2:1。④A1、A3的密堆积方向不同。A1:立方体的体对角线方向共4条,故有4个密堆积方向,即 $(111)(11\bar{1})(1\bar{1}1)(\bar{1}11)$,易向不同方向滑动,从而具有良好的延展性。如Cu;A3:只有一个方向,即六方晶胞的 C 轴方向,延展性差,较脆,如Mg。

空间利用率:指构成晶体的原子、离子或分子在整个晶体空间中所占有的体积百分比。空间利用率的计算如式(16-2):

$$空间利用率 = \frac{球体积}{晶胞体积} \times 100\% \tag{16-2}$$

A1 型堆积方式的空间利用率计算如下：$V_{晶胞} = a^3 = \frac{32}{\sqrt{2}} r^3$

晶胞中含 4 个球：$V_{球} = 4 \times \frac{4}{3} \pi r^3$；空间利用率 $= \frac{V_{球}}{V_{晶胞}} = 74.05\%$。

A3 型最密堆积的空间利用率计算如图 16-8。

在 A3 型堆积中取出六方晶胞，平行六面体的底是平行四边形，各边长 $a = 2r$，则平行四边形的面积：

$$S = a \cdot a \sin 60° = \frac{\sqrt{3}}{2} a^2$$

平行六面体的高：

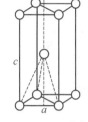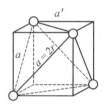

六方密堆积晶胞

图 16-8　六方最密堆积的空间利用率计算

$$h = 2 \times 边长为 a 的四面体高 = 2 \times \frac{\sqrt{6}}{3} a = \frac{2\sqrt{6}}{3} a$$

$$V_{晶胞} = \frac{\sqrt{3}}{2} a^2 \times \frac{2\sqrt{6}}{3} a = \sqrt{2} a^3 = 8\sqrt{2} r^3$$

$$V_{球} = 2 \times \frac{4\pi}{3} r^3 （晶胞中有 2 个球）$$

$$\frac{V_{球}}{V_{晶胞}} \times 100\% = 74.05\%$$

二、体心立方密堆积（A2）

A2 型密堆积方式如图 16-9 所示。

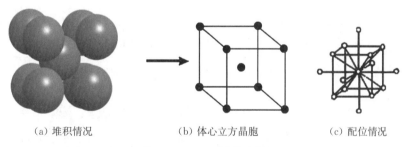

(a) 堆积情况　　　　　　(b) 体心立方晶胞　　　　　　(c) 配位情况

图 16-9　A2 型密堆积图

A2 不是最密堆积。每个球有 8 个最近的配体（处于边长为 a 的立方体的 8 个顶点）和 6 个稍远的配体，分别处于和这个立方体晶胞相邻的 6 个立方体中心。故其配体数可看成是 14，空间利用率为 68.02%。

每个球与其 8 个相近的配体距离：$d = \frac{\sqrt{3}}{2} a$；

与 6 个稍远的配体距离：$d' = \frac{2}{\sqrt{3}} d = 1.15 d = a$。

三、金刚石型堆积（A4）

如图 16-10 所示，金刚石型堆积其配位数为 4，空间利用率为 34.01%，不是密堆积。这种堆积方式的存

271

在因为原子间存在着有方向性的共价键力。边长为 a 的单位,晶胞含半径 $r = \dfrac{\sqrt{3}}{8} a$ 的 8 个球。

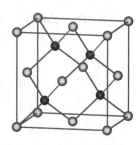

图 16-10　金刚石型堆积

四、堆积方式及性质小结

晶胞的堆积方式及其性质如表 16-2。

表 16-2　晶胞的堆积方式及其性质

堆积方式	晶胞类型	空间利用率	配位数	Z	球半径
面心立方最密堆积(A1)	面心立方	74.05%	12	4	$a = 2\sqrt{2}\, r$
六方最密堆积(A3)	简单六方	74.05%	12	1	$a = b = 2r$ $c = \dfrac{2\sqrt{6}}{3} a$
体心立方密堆积(A2)	体心立方	68.02%	8(或 14)	2	$r = \dfrac{\sqrt{3}}{4} a$
金刚石型堆积(A4)	面心立方	34.01%	4	4	$r = \dfrac{\sqrt{3}}{8} a$

第四节　常见的晶体结构类型

根据形成晶体的化合物的种类不同可以将晶体分为离子晶体、分子晶体、原子晶体和金属晶体。

一、离子晶体

离子键无方向性和饱和性,在离子晶体中,正、负离子尽可能地与异号离子接触,采用最密堆积。离子晶体可以看作大离子进行等径球密堆积,小离子填充在相应空隙中形成的。

离子晶体多种多样,但主要可归结为几种基本结构型式。

1. NaCl 型

如图 16-11 分析:立方晶系,面心立方晶胞;Na^+ 和 Cl^- 配位数都是 6;$Z = 4$;Na^+、Cl^-,离子键;Cl^- 和 Na^+ 沿 (111) 周期为 | AcBaCb | 地堆积,ABC 表示 Cl^-,abc 表示 Na^+;Na^+ 填充在 Cl^- 的正八面体空隙中。

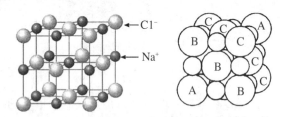

图 16-11　NaCl 的晶胞结构和密堆积层排列

2. 立方 ZnS 型

ZnS 是 S^{2-} 最密堆积,Zn^{2+} 填充在一半四面体空隙中 (图 16-12)。

① 立方晶系,面心立方晶胞,$Z = 4$;

② S^{2-} 立方最密堆积,堆积周期 | AaBbCc |;

③ 配位数 4:4;

④ 原子的坐标是:4S:0 0 0,1/2 1/2 0,1/2 0 1/2,0 1/2 1/2; 4Zn:1/4 1/4 1/4,3/4　3/4 1/4,3/4 1/4 3/4,1/4 3/4 3/4。

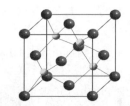

图 16-12　立方 ZnS 晶胞结构图

3. 六方 ZnS(图 16-13)：

① 六方晶系,简单六方晶胞；

② $Z=1$；

③ S^{2-} 六方最密堆积|AaBb|；

④ 配位数 4：4；

⑤ 原子坐标：2S：0 0 0,2/3 1/3 1/2；2Zn：0 0 5/8,2/3 1/3 1/8。

图 16-13　六方 ZnS 晶胞结构

4. CaF$_2$ 型(萤石)(图 16-14)

① 立方晶系,面心立方晶胞；

② $Z=4$；

③ 配位数 8：4；

④ Ca^{2+},F^-,离子键；

⑤ Ca^{2+} 立方最密堆积,F^- 填充在全部 四面体空隙中；

⑥ 原子坐标是：$4Ca^{2+}$：0 0 0,1/2 1/2 0,1/2 0 1/2,0 1/2 1/2；

$8F^-$：1/4 1/4 1/4,3/4 3/4 1/4,3/4 1/4 3/4,1/4　3/4 3/4,3/4 3/4 3/4,1/4 1/4 3/4,1/4 3/4 1/4,3/4 1/4 1/4。

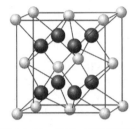

图 16-14　CaF$_2$ 晶胞结构图

5. CsCl 型(图 16-15)：

① 立方晶系,简单立方晶胞；

② $Z=1$；

③ Cs^+、Cl^-、离子键；

④ 配位数 8：8；

⑤ 原子的坐标是：Cl^-：0 0 0；Cs^+：1/2 1/2 1/2。

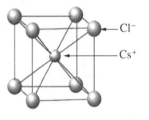

图 16-15　CsCl 的晶胞结构

6. TiO$_2$ 型(图 16-16)

① 四方晶系,四方晶胞；

② O^{2-} 近似堆积成六方密堆积结构,Ti^{4+} 填入一半的八面体空隙,每个 O^{2-} 附近有 3 个近似于正三角形的 Ti^{4+} 配位；

③ 配位数 6：3。

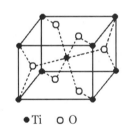

●Ti　○ O

图 16-16　TiO$_2$ 的晶胞结构

二、分子晶体

定义：单原子分子或以共价键结合的有限分子,由范德华力等分子间作用力凝聚而成的晶体。

范围：全部稀有气体单质、许多非金属单质、一些非金属氧化物和绝大多数有机化合物都属于分子晶体。

特点：以分子间作用力结合,相对较弱。除范德华力外,氢键是有些分子晶体中重要的作用力。

氢键(定义)：X—H…Y,X—H 是极性很大的共价键,X、Y 是电负性很强的原子。

性质：氢键的强弱介于共价键和范德华力之间；氢键有方向性和饱和性；X—Y 间距为氢键键长,X—H…Y 夹角为氢键键角(通常 100～180°)；一般来说,键长越短,键角越大,氢键越强；氢键对晶体结构有着重大影响。

三、原子晶体

定义：以共价键形成的晶体。

共价键有方向性和饱和性,因此,原子晶体一般硬度大,熔点高,不具延展性。

代表：金刚石、Si、SiC、SiO$_2$ 等。

四、金属晶体

金属键是一种很强的化学键,其本质是金属中自由电子在整个金属晶体中自由运动,从而形成了一种强烈的吸引作用。绝大多数金属单质都采用 A1、A2 和 A3 型堆积方式,而极少数如 Sn、Ge、Mn 等采用 A4 型或其他特殊结构型式。

常见金属的堆积方式:①ABABAB…,配位数:12,例:Mg 和 Zn;②ABCABC…,配位数:12,例:Al,Cu,Ag,Au;体心立方:例:Fe,Na,K,U;简单立方:例:钋(Po)。

第五节 晶体结构典型例题分析

晶体结构是高中化学新课程的重点内容之一,也是难点之一。概念抽象,难以理解,内容分散,主线不明,解题时无从下手。晶体结构主要包括以下 3 个部分内容(图 16-17)。

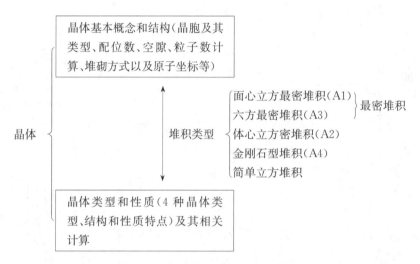

图 16-17 晶体结构主要内容关系图

这些内容表面是分散的、无关的,其实它们相互交盖,互有联系。图 16-17 包含了高中化学的主要晶体结构内容,表达了晶体结构的密堆积是将这些主要内容有机地联系在一起的一个桥梁性的理论体系,可以帮助我们利用晶体结构的基础知识更好地理解和解决晶体结构的问题,是解决晶体结构问题的一个有力工具。

附1 例题解析

【例 16-1】 在能源危机日益突出的今天,发展新型能源是世界各国亟待解决的问题,氢就是一种重要的潜在燃料,而储氢材料是解决氢能源的关键。科研人员发现,镁的氢化物 MgH_2 具有很高的储存容量,储氢量超过相同体积的液态氢,而且具有质量轻、价格便宜等优点。进一步研究发现,MgH_2 晶体属四方晶系,金红石(TiO_2)型结构,晶胞参数 $a=450.25$ pm,$c=301.23$ pm,$Z=2$,Mg^{2+} 处于 6 个 H^- 形成的变形八面体空隙中。原子坐标为 Mg(0,0,0;0.5,0.5,0.5),H(0.305,0.305,0;0.805,0.195,0.5;−0.305,−0.305,0;−0.805,−0.195,−0.5)。

(1)列式计算 MgH_2 晶体中氢的密度,并计算是标准状态下氢气密度($8.987×10^{-5}$ g·cm^{-3})的多少倍。

(2) 已知 H 原子的范德华半径为 120 pm，Mg^{2+} 的半径为 72 pm，试通过计算说明 MgH_2 晶体中 H 是得电子而以 H^- 形式存在。

(3) 试画出以 Mg 为顶点的 MgH_2 晶体的晶胞结构图。

【解题思路】 题(1)求氢气密度，解题要点：MgH_2 晶体是金红石型结构，$Z=2$，所以一个晶胞中含有 2 个 MgH_2，4 个 H 原子，直接利用密度计算公式即可求出。题(2)解题突破口：在一个晶胞中，成键原子之间的距离是最短的，这是该题目解题的重要突破口，可以由此判断出形成化学键的原子坐标，从而得到化学键长和氢离子的离子半径。题(3)解题要点：MgH_2 是金红石（TiO_2）型结构，金红石是常见晶胞结构，根据金红石（TiO_2）结构构建 MgH_2 结构。

【参考答案】 (1) $\rho=\dfrac{mZ}{NV}=\dfrac{1.008\times4}{6.02\times10^{23}\times(450.25\times10^{-10})^2\times301.23\times10^{-10}}=0.109\,7(\mathrm{g\cdot cm^{-3}})$

MgH_2 晶体中氢的密度是标准状态下氢气密度的 $\dfrac{0.109\,7}{8.987\times10^{-5}}=1\,221$（倍）。

(2) 根据题目中给出的原子坐标可以判断 $Mg(0, 0, 0)$ 和 $H(0.305, 0.305, 0)$ 之间成键，可得出成键的 Mg—H 之间的距离为

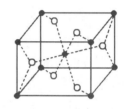

○:H; ●:Mg
晶胞中的虚线可以不标出

$r_{Mg-H}=\left[(0.305\times450.25)^2+(0.305\times450.25)^2\right]^{\frac{1}{2}}=194.21(\mathrm{pm})$。

所以氢离子半径：$r=194.21-72=122.21(\mathrm{pm})$。

这个半径大于 H 原子的半径，所以 H 是得电子以 H^- 形式存在。

(3) MgH_2 晶胞结构如图 16-18 所示。

图 16-18　MgH_2 的晶胞结构图

【例 16-2】 C_{60} 的发现开创了国际科学界的一个新领域，除 C_{60} 分子本身具有诱人的性质外，人们发现它的金属掺杂体系也往往呈现出多种优良性质，所以掺杂 C_{60} 成为当今的研究热门领域之一。经测定，C_{60} 晶体为面心立方结构，晶胞参数 $a=1\,420$ pm。在 C_{60} 中掺杂碱金属钾能生成盐，在晶体中以 K^+ 和 C_{60}^- 存在，假设掺杂后的 K^+ 填充 C_{60} 分子堆积形成的全部八面体空隙。已知 C 的范德华半径为 170 pm，K^+ 的离子半径为 133 pm。

(1) 写出掺杂后晶体的化学式为_____；晶胞类型为_____；

如果 C_{60}^- 为顶点，那么 K^+ 所处的位置是_____；处于八面体空隙中心的 K^+ 到最邻近的 C_{60} 分子中心距离是_____ pm。

(2) 实验表明 C_{60} 掺杂 K^+ 后的晶胞参数几乎没有发生变化，试给出理由。

(3) 计算预测 C_{60} 球内可容纳半径多大的掺杂原子。

【解题思路】 这个题目的关键是掺杂 C_{60} 晶胞的构建。C_{60} 形成如图 16-19 所示的面心立方晶胞，K^+ 填充全部八面体空隙，根据前面的分析，这就意味着 K^+ 处在 C_{60} 晶胞的体心和棱心，形成类似 NaCl 的晶胞结构。这样，掺杂 C_{60} 的晶胞确定后，下面的问题也就迎刃而解了。

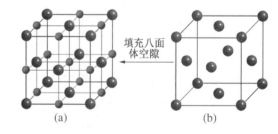

填充八面体空隙

(a)　　　　(b)

图 16-19　C_{60} 的向心立方晶胞

【参考答案】 (1) KC_{60}　面心立方晶胞　体心和棱心 710

(2) C_{60} 分子形成面心立方最密堆积，由其晶胞参数可得 C_{60} 分子的半径：

$$r_{C_{60}}=\frac{a}{2\sqrt{2}}=\frac{1\,420}{2\sqrt{2}}=502(\mathrm{pm})$$

所以 C_{60} 分子堆积形成的八面体空隙可容纳的球半径为：$r_{容纳}=0.414\times r_{堆积}=0.414\times502=208(\mathrm{pm})$，这个半径远大于 K^+ 的离子半径 133 pm，所以对 C_{60} 分子堆积形成的面心立方晶胞参数几乎没有影响。

(3) 因 $r_{C_{60}}=502$ pm，所以 C_{60} 球心到 C 原子中心的距离为 $502-170=332(\mathrm{pm})$。所以空腔半径，即 C_{60} 球内可容纳原子最大半径为 $332-170=162(\mathrm{pm})$。

【例 16-3】 热电材料又称温差电材料,是一种利用材料本身温差发电和制冷的功能材料,在能源与环境危机加剧和提倡绿色环保主题的 21 世纪,具有体积小、重量轻、无传动部件和无噪声运行等优点的热电材料引起了材料研究学者的广泛重视。近来,美国科学家在国际著名学术期刊 *Science* 上报道了一种高效低温的热电材料,下图是其沿某一方向的一维晶体结构。

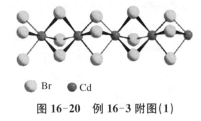

图 16-20 例 16-3 附图(1)

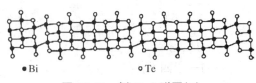

图 16-21 例 16-3 附图(2)

(1) 在图中画出它们的结构基元;结构基元的化学式分别是图 16-20＿＿＿＿＿＿,图 16-21＿＿＿＿＿＿。

(2) 现在热电材料的研究主要集中在金属晶体上,Ti 就是制备热电材料的重要金属之一,已知 Ti 的原子半径为 145 pm,作 A3 型堆积,请预测金属晶体 Ti 的晶胞参数和密度。

(3) 热电晶体 NiTiSn 是著名的 Half-Heusler 化合物结构,Sn 作 A1 型堆积,Ti 填充 Sn 的八面体空隙,Ni 在 Ti 的周围形成四面体空隙,并且 Ni—Ti 和 Ni—Sn 距离相等,试画出一个 NiTiSn 的晶胞结构图,并用文字说明 Ni 的位置。

(4) 纳米粒子的量子尺寸效应可以显著提高材料的热电性能,表面原子占总原子数的比例是其具有量子尺寸效应的重要影响因素,假设某 NiTiSn 颗粒形状为立方体,边长为 NiTiSn 晶胞边长的 2 倍,试估算表面原子占总原子数的百分比(保留一位小数)。

【解题思路】 该题目的解题关键是建立密堆积与晶胞结构的关系,一旦这种关系建立,这道题目就很容易解,否则是很难理解和解答的。由此,就很容易建立题(2)的球半径与晶胞参数之间的关系,该题目也用到中学数学中的立体几何知识。题(3)解题突破口是对于面心立方晶胞中八面体和四面体空隙的理解,从而理解 NaCl 晶胞中还有 8 个四面体空隙。

【参考答案】 (1) 一维结构基元的构建注意重复性和最小性特点。

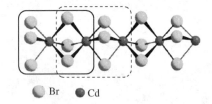

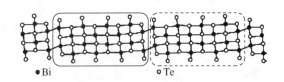

注:实线或虚线部分画一个即可。

结构基元的化学式分别是图 16-20 ＿＿CdBr₃＿＿,图 16-21 ＿＿Bi₂Te₃＿＿。

(2) 晶胞参数:Ti 作 A3 型堆积,所以为如图 16-22 所示六方晶胞。

在 A3 型堆积中取出六方晶胞,平行六面体的底是平行四边形,则晶胞参数:

$$a = b = 2r = 2 \times 145 = 290 \text{(pm)}$$

由晶胞可以看出,六方晶胞的边长 c 为四面体高的两倍,即:

$$c = 2 \times \text{边长为 } a \text{ 的四面体高}$$
$$= 2 \times \frac{\sqrt{6}}{3}a = 2\frac{\sqrt{6}}{3} \times 290 = 473.6 \text{(pm)}$$

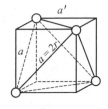

图 16-22 六方密堆积晶胞

晶体密度:平行四边形的面积:

$$S = a \cdot a \sin 60° = \frac{\sqrt{3}}{2} a^2$$

$$V_{晶胞} = \frac{\sqrt{3}}{2} a^2 \times 2\frac{\sqrt{6}}{3} a = \sqrt{2}\, a^3 = 8\sqrt{2}\, r^3$$

$$\rho = \frac{2M}{N V_{晶胞}} = \frac{2 \times 47.9}{6.02 \times 10^{23} \times 8\sqrt{2}(145 \times 10^{-10})^3} = 4.61(\text{g} \cdot \text{cm}^{-3})$$

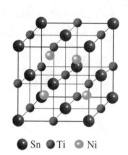

图 16-23　NiTiSn 晶胞结构图

（3）NiTiSn 的晶胞结构如图 16-23。

Ni 处在 Sn 的一半四面体空隙中（或 Ni 处在一半小立方体中）。

（4）边长为 NiTiSn 晶胞边长 2 倍的纳米颗粒的总原子数 $= 5^3 + 4 \times 8$
$= 157$。

表面原子数 $= 5^2 \times 6 - 8 \times 2 - 12 \times 3 = 98$

或：表面原子数 $= 5^3 - 3^3 = 98$

表面原子数/总原子数 $= 98/157 = 62.4\%$

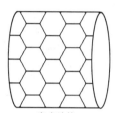
齿式结构

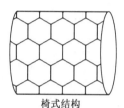
椅式结构

图 16-24　两种碳纳米管结构示意图

【例 16-4】　碳是元素周期表中最神奇的元素，它不仅是地球上所有生命的基础元素，还以独特的成键方式，形成了丰富多彩的碳家族。碳元素有多种同素异形体。除金刚石和石墨外，1985 年克罗托（H. W. Kroto）等人发现了 C_{60}，并获 1996 年诺贝尔化学奖；1991 年日本 NEC 的电镜专家饭岛澄男（Iijima S）首先在高分辨透射电子显微镜下发现了碳纳米管（图 16-24）；2004 年，安德烈·盖姆（Andre Geim）和康斯坦丁·诺沃肖洛夫（Konstantin Novoselov）首次用胶带纸从高定向热解石墨上成功分离出单层石墨片——石墨烯（图 16-25），并获得 2010 年诺贝尔物理学奖；2010 年 5 月，我国中科院化学所的科学家成功地在铜片表面上通过化学方法合成了大面积碳的又一新的同素异形体——石墨炔（图 16-26）。这些新型碳材料的特性具有从最硬到极软、从全吸光到全透光、从绝缘体到高导体等多种极端对立的特异性能。碳材料的这些特性是由它们特殊的结构决定的，它们的发现，在自然科学领域都具有里程碑的重要意义。

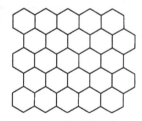

图 16-25　石墨烯的结构框架图

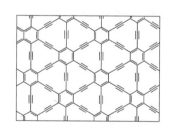

图 16-26　石墨炔的结构示意图

（1）碳纳米管研究较多的有图 16-24 所示的齿式和椅式两种结构。假如我们把它近似地看成是一维晶体（假设管是无限长的），请分别在图 16-24 中画出它们的一维结构基元。

（2）石墨炔是我国科学家发现的一种重要的大面积二维全碳材料，应用前景广阔，试在图 16-26 中构建出其二维结构基元。

（3）石墨烯不仅自身具有优良的性质，而且是一种优良的掺杂载体。科学家估计：以石墨烯代替石墨掺杂锂离子，制成的锂电池具有更加优良的性能，假设以 $n(\text{Li}^+):n(\text{C}) = 1:2$ 的比例在石墨烯层间掺杂锂离子，试构建这种材料的晶胞结构示意图；嵌入离子的密度与材料性质密切相关，假设掺杂后相邻两层石墨烯层间距为 540 pm，C—C 键长 140 pm，列式计算该掺杂材料中锂离子的密度。

（4）在 C_{60} 中掺杂碱金属能合成出具有超导性质的材料，经测定 C_{60} 晶体为面心立方结构，直径约为 710 pm。一种 C_{60} 掺杂晶体是由 K^+ 填充 C_{60} 分子堆积形成的一半四面体空隙，以"□"表示空层，并在晶体中

保留一层 K^+，抽去一层 K^+，依此类推形成的，以 A、B、C 表示 C_{60} 层，a、b、c 表示 K^+ 层，给出该掺杂晶体的堆积周期。并计算 C_{60} 中心到 K^+ 的距离。

【解题思路】 题(1)注意不要当作二维结构处理。

题(3)解题关键点：确定晶体的平面投影，由题意可知，掺杂后的晶体结构投影是图 16-25 中每个六元环中心填充一个锂离子，这样该题目就成为由平面投影获得三维晶胞的题型，晶胞构建就变得容易得多。

【参考答案】

(1) 如图 16-27。

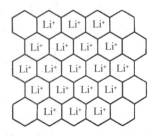 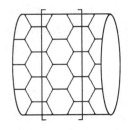 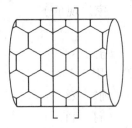

图 16-27 碳纳米管的一维结构基元

(2) 如图 16-28。

(3) 石墨烯层间掺杂锂离子的晶胞结构示意见图 16-29。

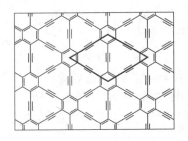

图 16-28 石墨炔的二维结构基元

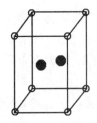

图 16-29 晶胞结构示意图

上述晶胞是六方晶胞，由 C—C 键长 140 pm 可得其边长

$$a = b = 2 \times 140 \sin 60° \approx 242 (pm)$$

所以晶体中锂的密度：

$$\rho = \frac{6.94}{6.02 \times 10^{23} \times (242^2 \times 540 \times \sin 60)} \times 10^{30} \approx 0.42 (g \cdot cm^{-3})$$

(4) 该掺杂晶体的堆积周期：$|AaB\square CcA\square BbC\square|$

由于 C_{60} 形成的面心立方晶胞的面对角线相互相切，所以由 C_{60} 直径为 710 pm 可得：

$$a = \frac{4r}{\sqrt{2}} = \frac{2 \times 710}{\sqrt{2}} = 1\,004 (pm)$$

所以 $d_{C60-K} = \frac{1}{4}\sqrt{3}a = \frac{1}{4}\sqrt{3} \times 1\,004 = 434.7 (pm)$

或：$d_{Bi-Pt} = \sqrt{\left(\frac{1}{4}\sqrt{2}a\right)^2 + \left(\frac{1}{4}a\right)^2} = \frac{1}{4}\sqrt{3}a = \frac{1}{4}\sqrt{3} \times 1\,004 = 434.7 (pm)$

附2 综合训练

1. 2013 年 4 月 12 日,世界著名学术期刊 *Science* 发表文章,宣布中国科学家薛其坤院士领衔的清华大学和中国科学院物理所等研究团队首次在磁性掺杂的拓扑绝缘体中发现量子反常霍尔效应,这一发现在世界科学领域受到高度评价,被视为世界基础研究领域的一项重要科学发现。量子反常霍尔效应很可能是量子霍尔家族的最后一个重要成员,被形容为"诺贝尔奖级"的重大成就,这一发现将会对新一代电子学器件带来革命性的影响。请根据题意解决如下问题:

(1) 中国科学家发现量子反常霍尔效应利用的是掺杂的碲铋(锑)拓扑绝缘体材料,拓扑绝缘体材料是一种具有奇异量子特性的新材料,其与众不同的奇异性质是由其对称性所决定的,基本不受杂质等的影响。在其结构中可以分离出如图 16-30 所示的结构单元,试确定该结构单元的旋转轴,并判断有无对称中心和镜面。如有,请指出它们的个数以及它们在图中的位置。

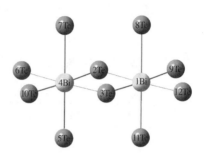

图 16-30 碲化铋晶体结构单元

(2) 晶体结构测试结果表明:Bi_2Te_3 属于六方晶系,晶胞参数 $a=4.38$ Å,$c=30.50$ Å,$\gamma=120°$,晶体密度 7.9 g·cm^{-3}。试通过计算推测一个碲化铋晶胞中包含多少个 Bi 原子和 Te 原子,其结构基元包含的内容是什么。

(3) 拓扑绝缘体材料是实现量子反常霍尔效应的重要材料保障,因此,发现合适的拓扑绝缘体材料具有重大的科学和实践意义。中国科学院物理研究所的研究人员成功预言了在 half-Heusler 化合物中存在着大量拓扑绝缘体材料,其中 LaPtBi 就是最重要的一种。晶体结构测试表明:LaPtBi 是立方晶系,晶胞参数 $a=6.83$ Å,Bi 呈现面心立方的堆积方式,Pt 与 Bi 形成正四面体配位结构,La 与 Bi 形成正八面体配位结构。那么,晶体中 La 的堆积方式为＿＿＿＿；La 与 Bi 形成哪种常见的晶体结构类型:＿＿＿＿,Pt 与 Bi 形成的晶体结构类型为＿＿＿＿,它们在空间点阵结构上的共同点是＿＿＿＿＿。

(4) 根据(3)的描述,构建 LaPtBi 的晶胞结构透视图(并标明分别表示 La、Bi、Pt 原子的符号),并在晶胞结构图中表示出 Pt 与 Bi 之间形成的化学键情况。

(5) 计算 LaPtBi 的晶体中最近的 Bi—Pt 和 Bi—La 之间的核间距。

2. 碘的发现有着非同一般的经历,碘晶体也是一种有着美丽金属光泽而与众不同的非金属单质,对生命是极其重要的元素,其金属化合物在特种材料领域也呈现出卓越的性能。X-射线单晶衍射实验表明,碘晶体属于正交晶系,晶胞参数 $a=713.6$ pm,$b=468.6$ pm,$c=978.4$ pm;原子坐标:I(0, 0.15, 0.12;0, 0.35, 0.62;0, 0.65, 0.38;0.50, 0.65, 0.12)。

(1) 图 16-31 画出了 I_2 晶胞的部分原子,请根据你学过的晶体结构知识,在该图中把晶胞中的其他原子补充完整;由此判断碘的晶胞类型是＿＿＿＿；结构基元的内容是＿＿＿＿。

图 16-31 I_2 晶胞的部分原子

(2) 在 I_2 晶胞中,I_2 在垂直于 x 轴的平面堆积形成层型结构,碘晶体的性质与其晶体中分子间的接触距离密切相关,试计算 I—I 共价键长、层内以及层间 I_2 分子间的最短接触距离。

(3) I_2 晶体的金属光泽是其与一般的非金属单质完全不同的性质,已知 I 原子的范德华半径为 218 pm,试结合(2)中的计算结果给出一个合理的解释。

3. 2017 年 5 月 18 日,国土资源部宣告我国在南海神狐海域进行的首次天然气水合物试采成功!这标志着我国成为全球第一个在海域可燃冰试开采中获得连续稳定产气的国家,引起国际社会的强烈关注。天然气水合物又叫可燃冰,是气体水合物的一种,气体水合物是一类通过氢键 O—H---O 将 H_2O 分子结合成多面体孔穴的三维骨架主体结构,根据孔穴大小可以填入不同的气体分子。可燃冰具有巨大的资源前景以及极强的环境和灾害效应,预测资源量相当于已发现煤、石油、天然气等化石能源的两倍以上,是世界公认的一种清洁高效的未来替代能源,我国储量世界第一。请根据题意完成如下问题:

(1) 天然气水合物包括Ⅰ型、Ⅱ型和H型三种基本晶体结构,Ⅰ型晶体形成立方晶胞,五角十二面体孔穴〔5^{12}〕的中心处在顶点和体心位置;其中2个十四面体〔$5^{12}6^2$〕的中心位置坐标为(0,1/4,1/2)、(0,3/4,1/2),该晶体的晶体类型为_____;根据上述坐标及晶胞的对称性,确定一个晶胞中包含〔$5^{12}6^2$〕的个数为_____。

(2) H型晶胞包括3个〔5^{12}〕、2个〔$4^35^66^3$〕、1个〔$5^{12}6^8$〕孔穴,各孔穴结构如图16-32所示,〔〕内数字表示笼形多面体的多边形边数,上标表示该多边形的数目。根据欧拉定理:F(晶面数)$+V$(顶点数)$=E$(晶棱数)$+2$,可确定各孔穴的水分子数。则〔$4^35^66^3$〕多面体孔穴的水分子数为_____个。

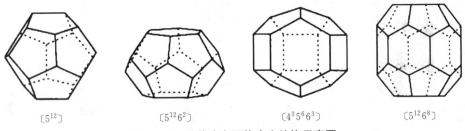

〔5^{12}〕   〔$5^{12}6^2$〕   〔$4^35^66^3$〕   〔$5^{12}6^8$〕

图16-32 晶体中多面体空穴结构示意图

(3) Ⅰ型晶体结构的化学式为$n\mathrm{CH_4}\cdot46\mathrm{H_2O}$。假如H型晶胞中每个多面体孔穴填充一个甲烷分子,请依据上述信息推导出H型晶体的化学式,给出计算过程。

(4) 冰是人们迄今已知的由一种简单分子堆积出结构花样最多的化合物,氢键的复杂性是其主要原因。图16-33是冰-Ⅶ的结构,立方晶胞参数$a=343$ pm,密度为1.49 g·cm^{-3}。

① 计算冰-Ⅶ中的氢键键长_____。

② 已知六方冰的密度为0.92 g·cm^{-3},氢键键长约为276 pm。试说明氢键是否是导致冰-Ⅶ密度大的原因,为什么?

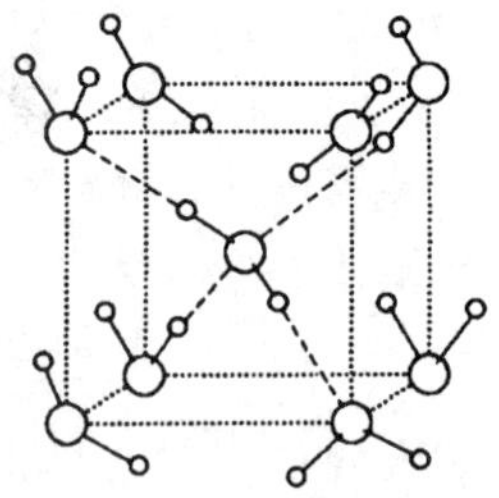

图16-33 冰-Ⅶ的结构

综合训练参考答案

第 一 章

1. $[Ar]3d^5 4s^1$ $[Kr]4d^5 5s^1$ 铬 钼 $5g^9 8s^1$ 128

2. (1) A (2) B (3) B

3. (1) $5d^5 6s^2$ +3 dsp^2 杂化 (2) $d_{z^2}-d_{z^2} \rightarrow \sigma$ 键, $d_{xz}-d_{xz} \rightarrow \pi$ 键, $d_{yz}-d_{yz} \rightarrow \pi$ 键, $d_{xy}-d_{xy} \rightarrow \delta$ 键
(3) 交叉 交叉式构型虽然可以降低 Re—Cl 键间的排斥能,但是交叉式构型不能生成两个 π 键和一个 δ 键,四重键的形成更有利于结构的稳定,所以重叠式比交叉式稳定

4. (1) 氟化氧 +2 sp^3 杂化 V形 (2) 小 H_2O 分子中,价层电子对偏向顶角的氧,为减小价层电子对间的排斥力,键角就要大一些;在 OF_2 分子中,价层电子对偏向两端的氟,较小的键角也可保证较小的价层电子对间的排斥力 (3) 小 氧和氟的电负性差小于氧和氢的电负性差 (4) $6OF_2+4N_2+O_2 \longrightarrow 4NF_3+4NO_2$

5. (1) $3d^2$ (2)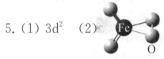

6. (1) $1s^2 2s^2 2p^6 3s^2 3p^6 3d^5 4s^2$ 或 $[Ar]3d^5 4s^2$ Mn $2MnO_4^{3-}+2H_2O \longrightarrow MnO_4^{2-}+MnO_2+4OH^-$

(2)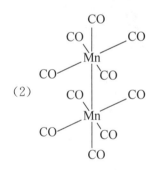

(3) ① $3NO_x+(5-2x)KMnO_4+(2x-2)KOH \longrightarrow 3KNO_3+(5-2x)MnO_2\downarrow+(x-1)H_2O$
② 偏高,因为 KOH 浓度大有利于上述平衡向右移动。

7. (1) $1s^2 2s^2 2p^6 3s^2 3p^6 3d^{10} 4s^2 4p^6 4d^{10} 4f^{14} 5s^2 5p^6 5d^{10} 6s^2$
(2) $3Hg+8HNO_3 \longrightarrow 3Hg(NO_3)_2+2NO\uparrow+4H_2O$, $Hg(NO_3)_2+2KI \longrightarrow HgI_2\downarrow+2KNO_3$
(3) $K_2[HgI_4]+2AgNO_3 \longrightarrow Ag_2[HgI_4]\downarrow+2KNO_3$ (4) $HgAg[AgI_4]$

第 二 章

1. (1) CuH
(2) $4CuSO_4+3H_3PO_2+6H_2O \longrightarrow 4CuH+3H_3PO_4+4H_2SO_4$
(3) $2CuH+3Cl_2 \longrightarrow 2CuCl_2+2HCl$
(4) $CuH+HCl \longrightarrow CuCl+H_2$

2. (1) SO_4^{2-}、$Cr(OH)_3$
(2) $c(SO_3^{2-})=2.0\times10^{-2}$ mol·L^{-1};$c(S_2O_3^{2-})=1.0\times10^{-2}$ mol·L^{-1}

3. (1) $9.3 \times 22.4 = 208.3(\text{g} \cdot \text{mol}^{-1})$，$PCl_5$ 相对分子质量为 $31.0 + 35.5 \times 5 = 208.5$，蒸气组成为

PCl_5；

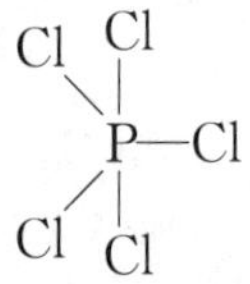

呈三角双锥体，三角双锥分子无极性，有两种键长。

(2) $PCl_5 \longrightarrow PCl_3 + Cl_2$，氯分子：$Cl—Cl$，三氯化磷分子：

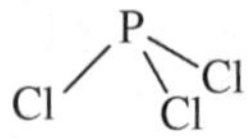

（压力为计算值的两倍表明 1 mol PCl_5 完全分解成 1 mol PCl_3 和 1 mol Cl_2，共 2 mol。气体由等物质的量的 PCl_3 和 Cl_2 组成。）

(3) $2PCl_5 \longrightarrow PCl_4^+ + PCl_6^-$

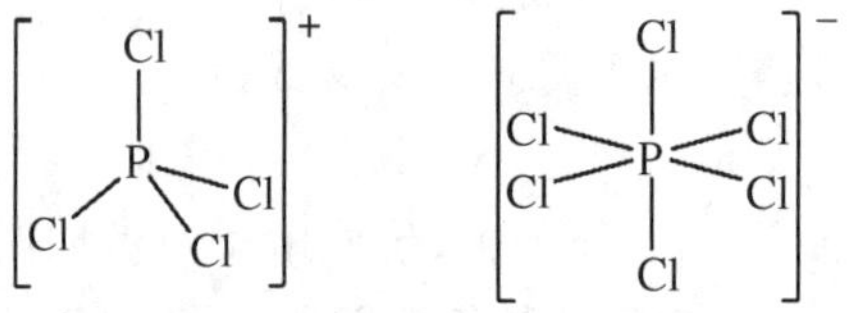

（注：含 PCl_4^+ 和 PCl_6^- 两种离子，前者为四面体，后者为八面体，因此前者只有一种键长，后者也只有一种键长，加起来有两种键长。）

(4) $PBr_5 \longrightarrow PBr_4^+ + Br^-$，$PBr_4^+$ 结构同 PCl_4^+。

4. (1) $NCl_3 + 3H_2O \longrightarrow NH_3 + 3HClO \qquad PCl_3 + 3H_2O \longrightarrow H_3PO_3 + 3HCl$

(2) 弱　弱　强

(3) $2Mn^{2+} + 5BiO_3^- + 14H^+ \longrightarrow 2MnO_4^- + 5Bi^{3+} + 7H_2O$

第 三 章

1. (1) $C_{12}H_{24}O_6$

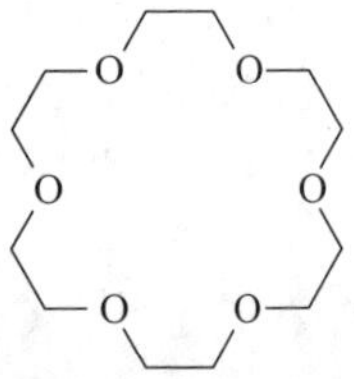

(2) $961.3 \text{ g} \cdot \text{mol}^{-1}$　(3) $[Cr(NCS)_5H_2O]^{2-}$，d^2sp^3，八面体

(4) $CrC_{29}H_{62}O_{15}N_7S_5$，$(C_{12}H_{24}O_6 \cdot NH_4)_2[Cr(NCS)_5H_2O] \cdot 2H_2O$　(5) 氢键，NH_4^+

2. (1) (A) 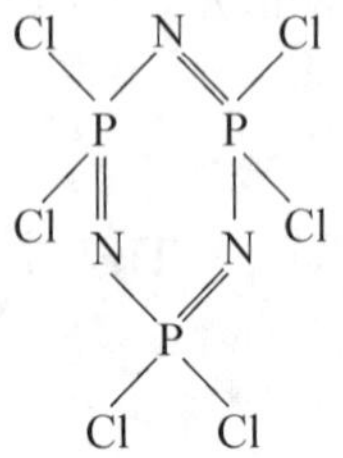 　(HPCTP) 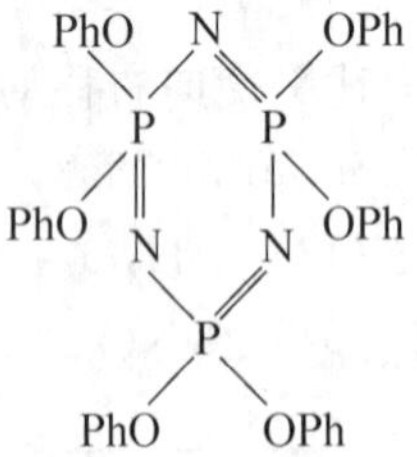 　(2) 亲核取代反应

3. (1) dsp^2　0　(2) $[Pt(C_6H_{11}NH_2)I_2]_2$　$[$或$(PtC_6H_{13}NI_2)_2$、$Pt_2C_{12}H_{26}N_2I_4]$

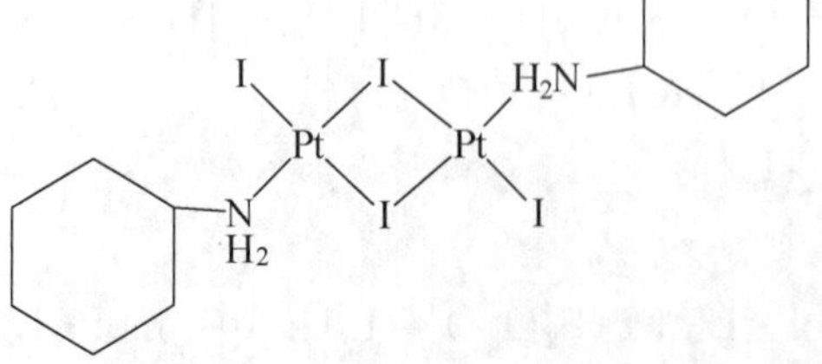

(3)

（六个 Pt 配合物立体结构式，配体为 Py、Cl、I、Br、NO₂、NH₃）

第 四 章

1. (1) B：$CoCl_2$　D：$AgCl$　E：$Co(NO_3)_2$　F：$Co(OH)_3$　H：$K_3[Co(NO_2)_6]$

(2) $4CoCl_2 + 4NH_4Cl + 20NH_3 + O_2 \longrightarrow 4[Co(NH_3)_6]Cl_3 + 2H_2O$

(3) $2Co(OH)_3 + 6HCl \longrightarrow 2CoCl_2 + Cl_2 + 6H_2O$

(4) B 制备 H 时，乙酸酸化的作用是提高 KNO_3 的氧化能力，将二价钴氧化成三价钴

2. (1) $AgCl$　(2) $Ag(NH_3)_2Cl$

(3) $TiCl_4 + 3H_2O \longrightarrow H_2TiO_3 + 4HCl$　生成了配离子$[TiCl_6]^{2-}$

(4) $TiCl_3 + CuCl_2 + H_2O \longrightarrow CuCl\downarrow + TiOCl_2 + 2HCl$

3. (1) $2Cr_2O_7^{2-} + 3C + 16H^+ \longrightarrow 4Cr^{3+} + 3CO_2 + 8H_2O$

或 $2K_2Cr_2O_7 + 3C + 8H_2SO_4 \longrightarrow 2K_2SO_4 + 2Cr_2(SO_4)_3 + 3CO_2 + 8H_2O$

(2) $Cr_2O_7^{2-} + 6Fe^{2+} + 14H^+ \longrightarrow 6Fe^{3+} + 2Cr^{3+} + 7H_2O$

或 $K_2Cr_2O_7 + 6FeSO_4 + 7H_2SO_4 \longrightarrow 3Fe_2(SO_4)_3 + Cr_2(SO_4)_3 + K_2SO_4 + 7H_2O$

(3) 经高温灼烧后腐殖质全部被除去，因此空白实验和实验结果之差即为氧化腐殖质中 C 所需要的 $Cr_2O_7^{2-}$。

土样测定中剩余的 $Cr_2O_7^{2-}$：$0.122\,1\ mol \cdot L^{-1} \times 10.02\ mL/6 = 0.203\,9\ mmol$

空白样品中测得的 $Cr_2O_7^{2-}$：$0.122\,1\ mol \cdot L^{-1} \times 22.35\ mL/6 = 0.454\,8\ mmol$

被氧化的 C：$(0.454\,8 - 0.203\,9)mmol \times 3/2 = 0.376\,4\ mmol$

腐殖质总碳量：$0.376\,4\ mmol/0.90 = 0.418\ mmol$

折合的腐殖质质量：$0.418\ mmol \times 12.0\ g \cdot mol^{-1}/58\% = 8.65\ mg$

土壤中腐殖质含量：$(8.65 \times 10^{-3}g/0.150\,0\ g) \times 100\% = 5.8\%$

4. 肯定存在的有 $AgNO_3$，$ZnCl_2$；肯定不存在的有 CuS，$AlCl_3$，$KMnO_4$；可能存在的有 K_2SO_4

混合物加水，酸化，过滤后得到白色沉淀和无色溶液，证明混合物中没有 CuS、$KMnO_4$。

白色沉淀溶于氨水，为 $AgCl$，肯定有 $AgNO_3$ 存在。滤液加 NaOH 生成白色沉淀，加过量 NaOH 沉淀又溶解，说明溶液中有两性离子（Zn^{2+} 或 Al^{3+}）。滤液先加 $NH_3 \cdot H_2O$ 生成白色沉淀，加过量 $NH_3 \cdot H_2O$ 沉淀消失生成了配合物，证明有 $ZnCl_2$、没有 $AlCl_3$。

无法确证 K_2SO_4 存在与否，只能说可能存在。

5. A. $(NH_4)_2Cr_2O_7$　　B. Cr_2O_3　　C. N_2　　D. Mg_3N_2　　E. $Cr(OH)_4^-$

　　F. CrO_4^{2-}　　G. $Cr_2O_7^{2-}$　　H. $BaCrO_4$　　I. $K_2Cr_2O_7$　　J. O_2

$$(NH_4)_2Cr_2O_7 \xrightarrow{\triangle} Cr_2O_3 + N_2\uparrow + 4H_2O$$

$$3Mg + N_2 \xrightarrow{\triangle} Mg_3N_2$$

$$3H_2O + Cr_2O_3 + 2OH^- \longrightarrow 2Cr(OH)_4^-$$

$$2OH^- + 2Cr(OH)_4^- + 3H_2O_2 \longrightarrow 2CrO_4^{2-} + 8H_2O$$

$$2CrO_4^{2-} + 2H^+ \longrightarrow Cr_2O_7^{2-} + H_2O$$

$$H_2O + Cr_2O_7^{2-} + 2Ba^{2+} \longrightarrow 2BaCrO_4\downarrow + 2H^+$$

$$Na_2Cr_2O_7 + 2KCl \longrightarrow 2NaCl + K_2Cr_2O_7$$

$$4K_2Cr_2O_7 \longrightarrow 4K_2CrO_4 + 2Cr_2O_3 + 3O_2\uparrow$$

第 五 章

1. (1) E 或反　(2) Z　(3) R　(4) S　(5) S

2. (1) (R)-3-甲基-3-甲酰基-5-羟基戊酸

　　(2) 3,3-二甲基-4,6,6-三氯-5-己烯酸乙酯

　　(3) (3R,4S,5R)-3,4,5-三羟基-1-环己烯基甲酸

3. (1) 非对映体　(2) 同一化合物　(3) 顺反异构体

4. (4)＞(3)＞(2)＞(5)＞(1)

5. (1)＞(2)＞(3)

6. 顺式丁烯二酸发生一级电离后形成环状的氢键,十分稳定,既使一级电离更容易,又使二级电离更困难了,因而其 Ka_1 最大,Ka_2 最小。

7.

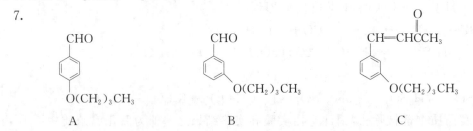

烷氧基对苯环的对位比间位有更强的给电子共轭效应和更弱的吸电子诱导效应,致使在羟基间位的醛基比在对位的醛基有更强的亲电性,所以在碳酸钾的弱碱条件下,间羟基苯甲醛可与丙酮发生羟醛缩合反应,而对羟基苯甲醛与丙酮不发生缩合反应。

第 六 章

1. $CH_2=CH-\overset{\overset{\displaystyle O}{\|}}{C}-CH_3$

2. 分子式为 C_5H_8,可能结构式为:

3. K, I, H, G, F

4.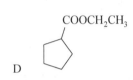

表示化学键的线也可用电子对表示。

5. (1)

A 　　　，B 　　　，C 　　　，

D 　　　，E 　　　，M 　　　，N

(2) ② 位置异构体

(3) B 和 C 中有更大的共轭体系，更稳定。

6. (1) 　　　(2) 　　　(3) 　　　(4)

7. B 　　　，C (±) 　　　，D 　　　，

E 　　　(Z/E)，F (±) 　　　，G (±)

第 七 章

1. (1)

A 　　　C 　　　D 　　　E

(2) 亲电取代反应 或 Friedel-Crafts 酰基化反应

2. (1) A、B、C、D、E 的结构式如下：

A 　　　B 　　　C 　　　D 　　　E

(2) 3 5 (3) 不是

3. (1) "$(CH_3)_3CCl + (C_6H_5)_3P\rightarrow$" 反应与此反应势能图相符。

（2）此反应的第一个过渡态是 C—Cl 键的逐渐断裂：$\left[(CH_3)_3\overset{\delta^+}{C}\cdots\cdots\overset{\delta^-}{Cl}\right]^{\ddagger}$

第二个过渡态为碳正离子与 P 的孤对电子通过相互作用使得 C—P 逐渐形成：

$$\left[(CH_3)_3\overset{\delta^+}{C}\cdots\cdots\overset{\delta^+}{P}(C_6H_5)_3\right]^{\ddagger}$$

第 八 章

1.（1）A：（结构式），C：（结构式），D：（结构式），

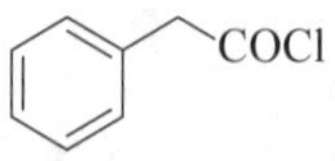

F：（结构式）

（2）$\underset{H_3C}{\overset{H_3C}{>}}NH + ClCH_2CH_2Cl \longrightarrow \underset{}{}N-CH_2-CH_2-Cl$

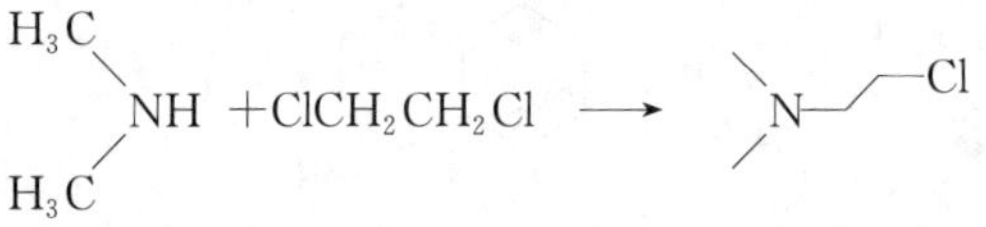

（3）有。(E)-型：（结构式），(Z)-型：（结构式）

（4）E：（结构式），F：（结构式）

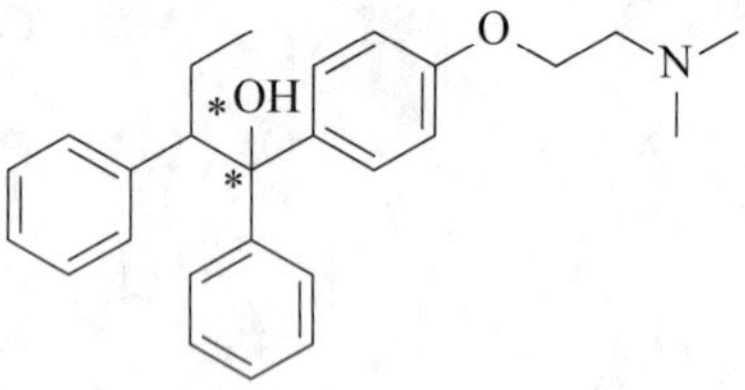

2.（1）A：（结构式）CH=CHCHO， B．$LiAlH_4$， C：（结构式），

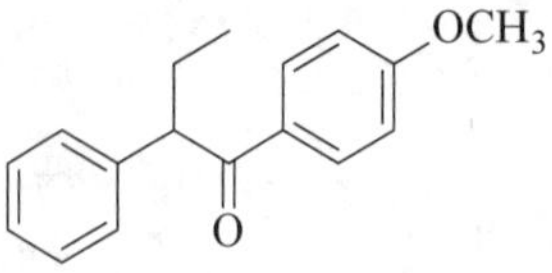

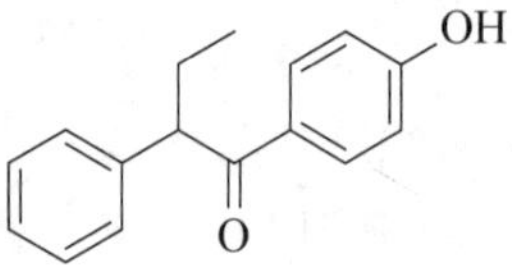

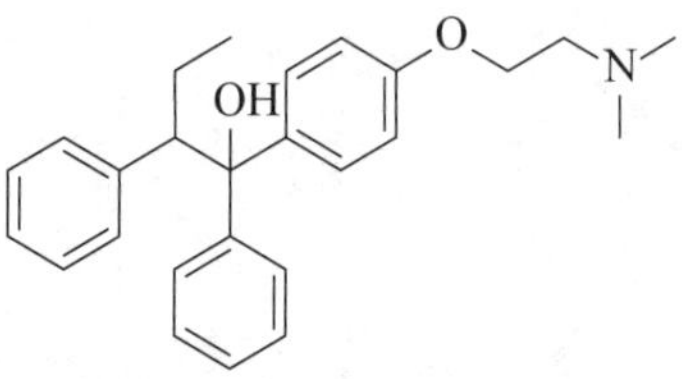

D：（结构式）CH=CH—CH_2—N（结构式）NH， E：（结构式）CH_2Cl， F：（结构式）CH_2（结构式），

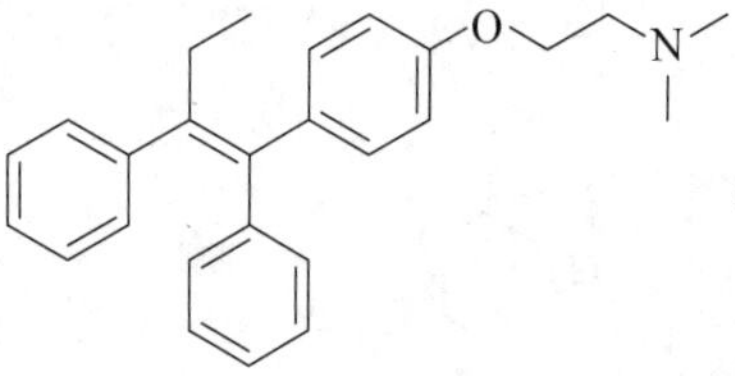

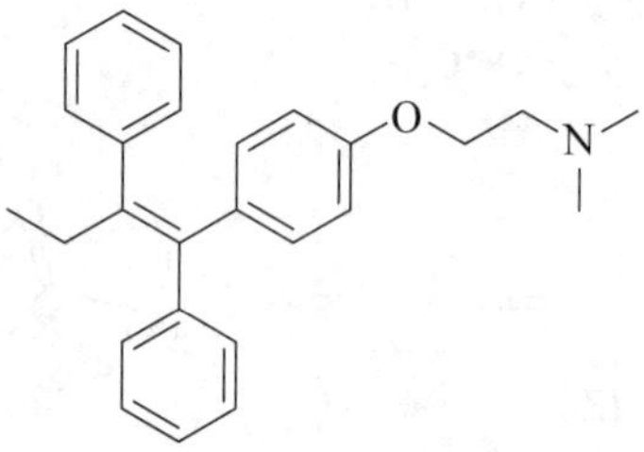

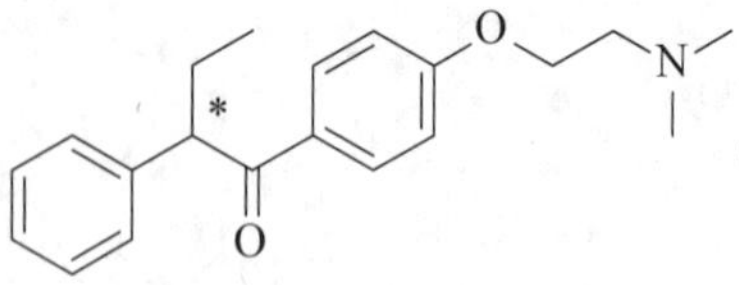

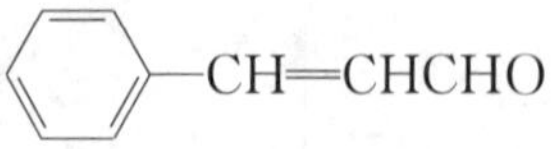

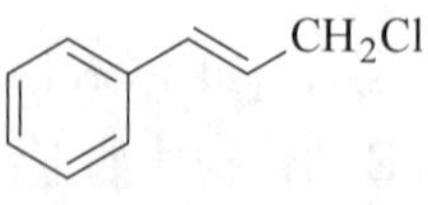

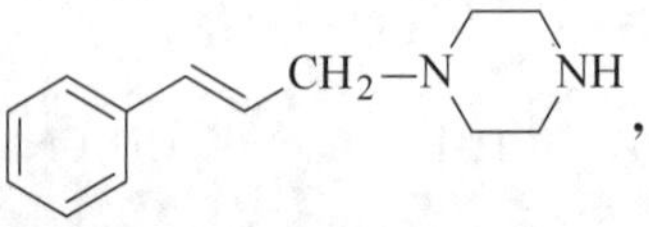

G：（结构式）

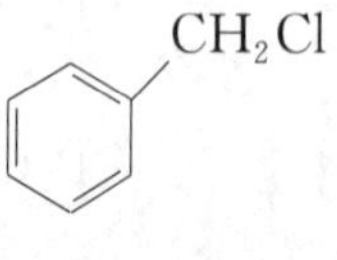

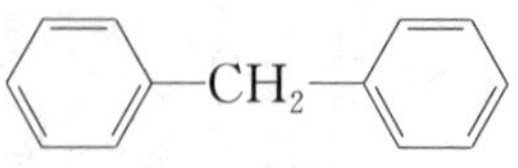

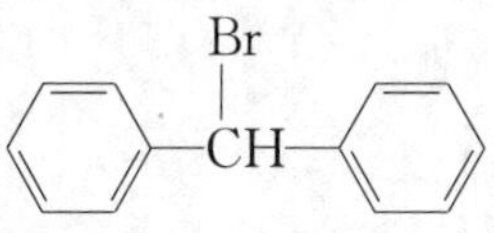

(2) 没有手性碳,有顺反异构;

(E)-型: , (Z)-型:

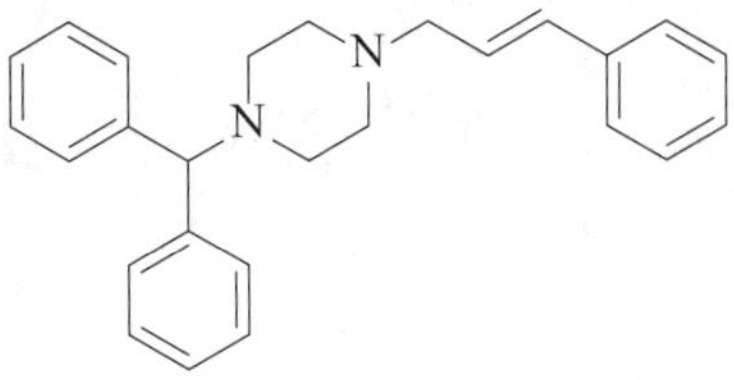

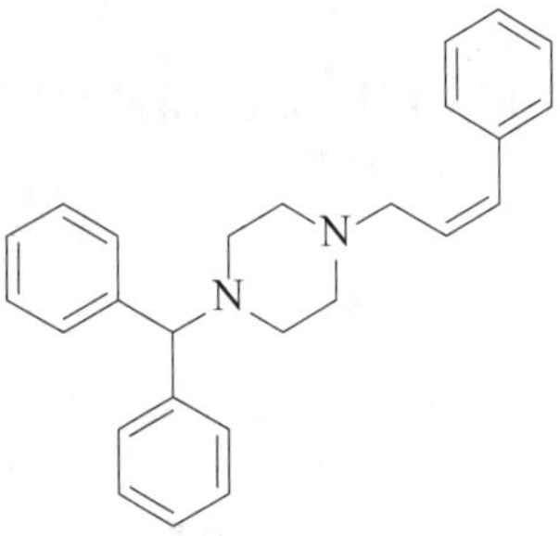

3. (1) A: 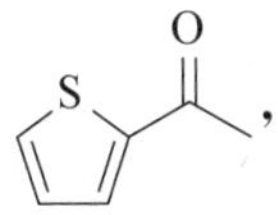 , B: , C:

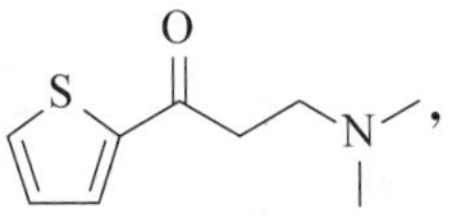

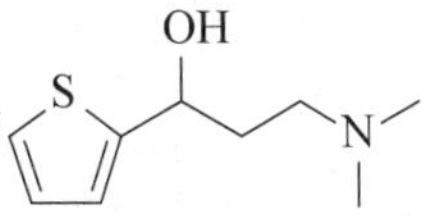

(2) 2 (3) 拆分 (4) 2 非对映体

(5) 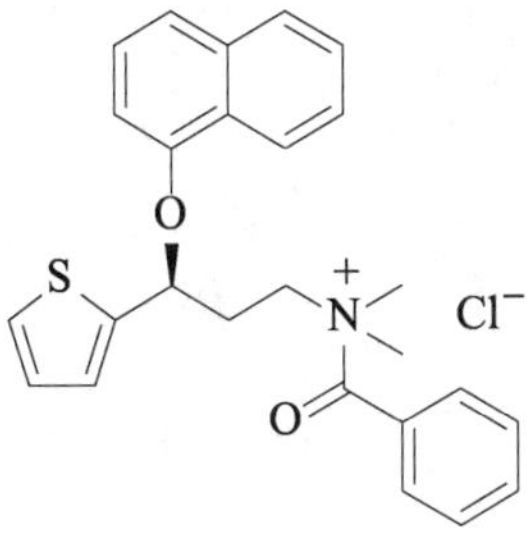 ,

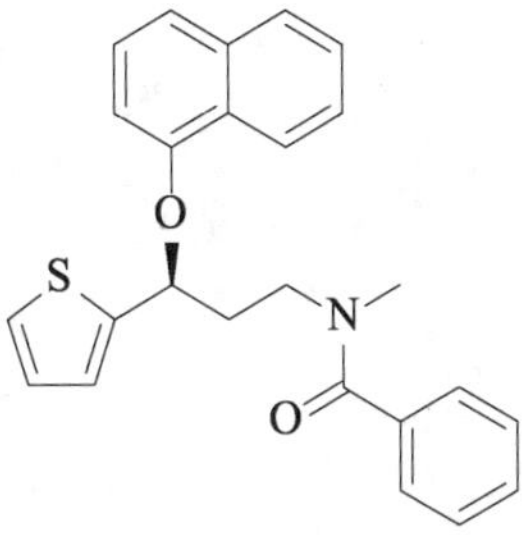

4. (1)

A: , B: , C: ,

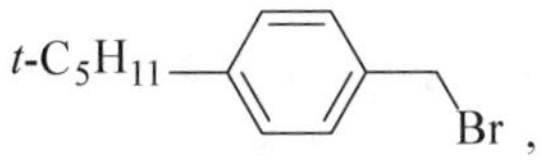

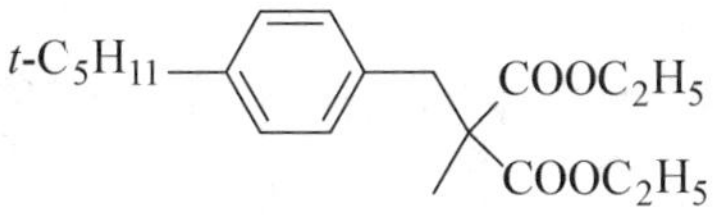

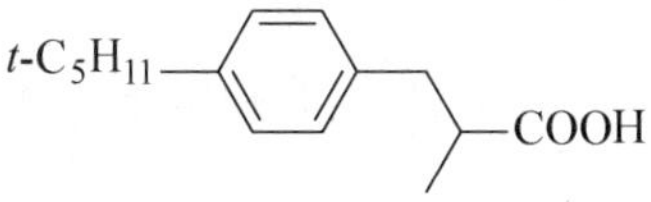

D: , E:

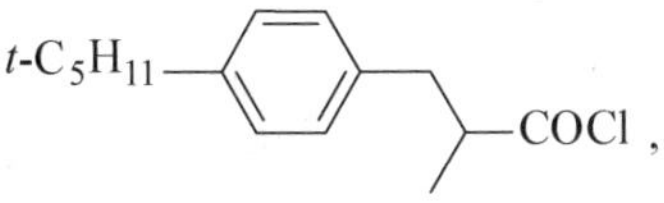

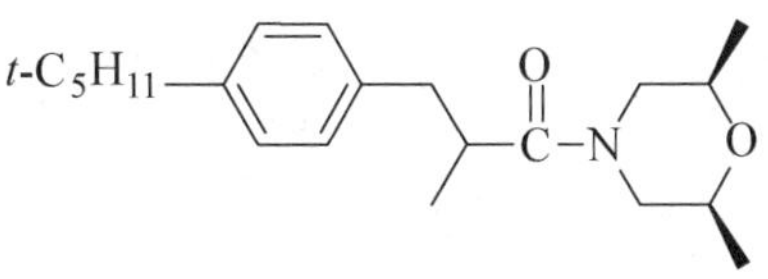

(2) 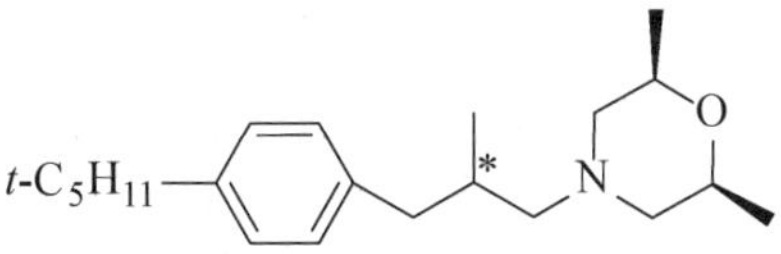 2 种 (3) cis 或 顺式

第 九 章

1.

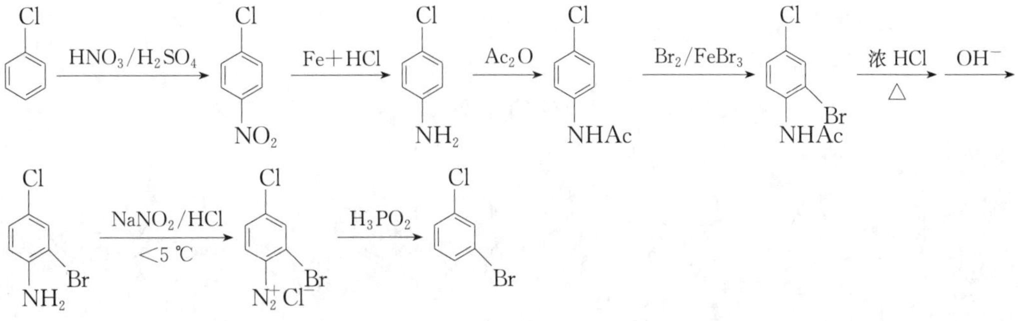

2.

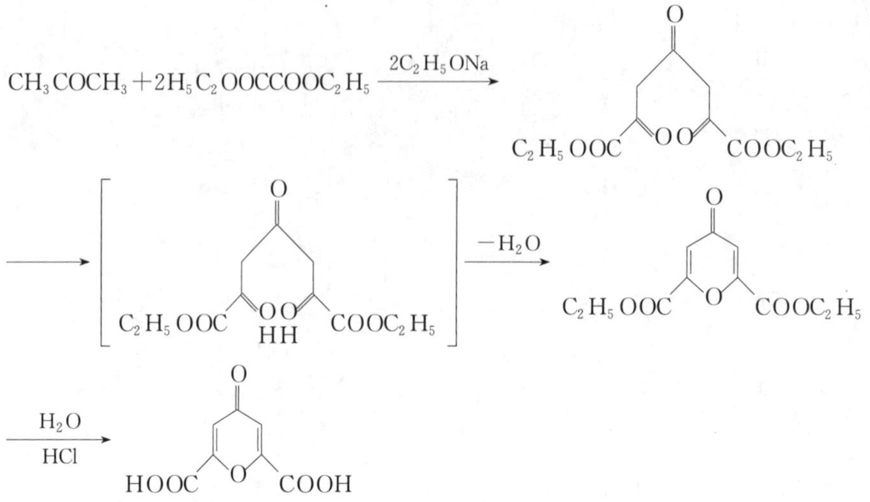

$$CH_3COCH_3 + 2H_5C_2OOCCOOC_2H_5 \xrightarrow{2C_2H_5ONa}$$

3. (1)

B: ，E:

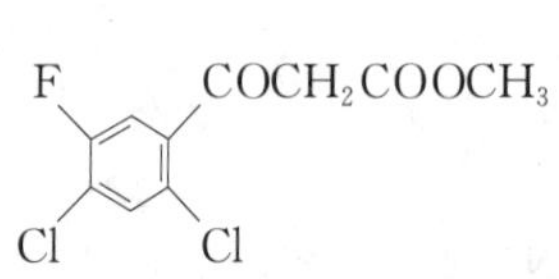

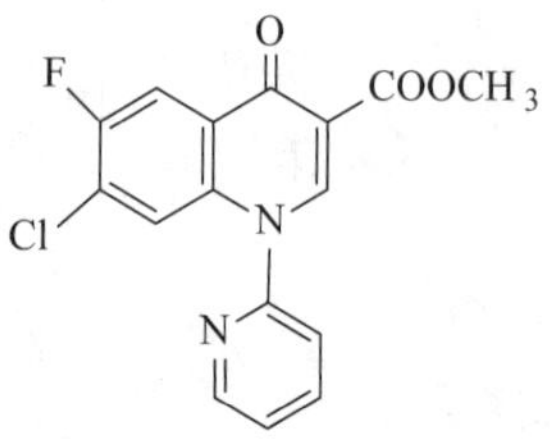

(2) Claisen 缩合反应。

(3) 苯环上亲核取代反应,苯环上的卤素、羰基具有吸电子性,降低苯环上电子云密度,使反应可以发生。

(4) H_3BO_3 有缺电子特性,与(E)生成如下的配合物,降低苯环上电子云密度,使反应可以发生。

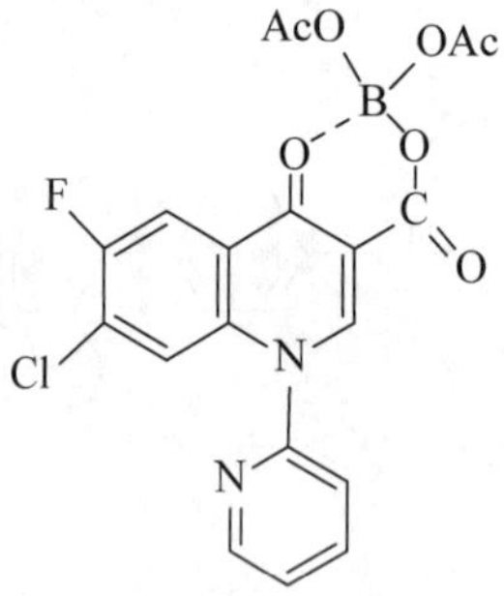

4.

A: ， B: ， C: ，

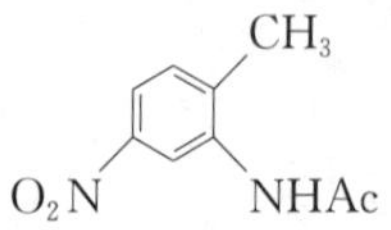

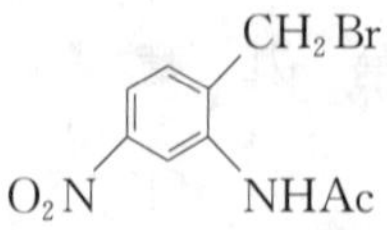

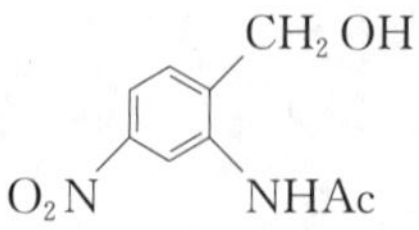

D: ， E: $Cl-P-N(CH_2CH_2Cl)_2$ ，

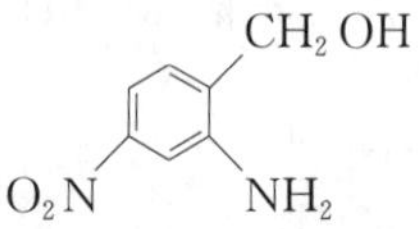

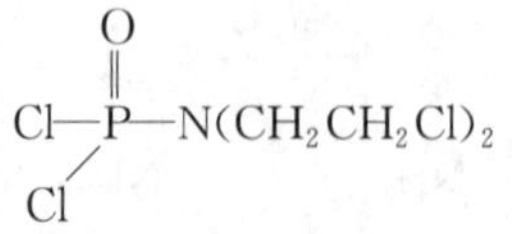

F: ，G: ·HCl

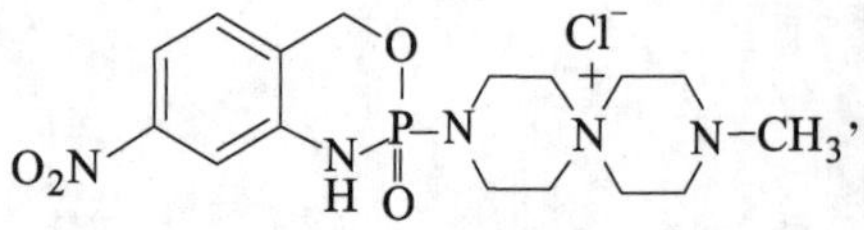

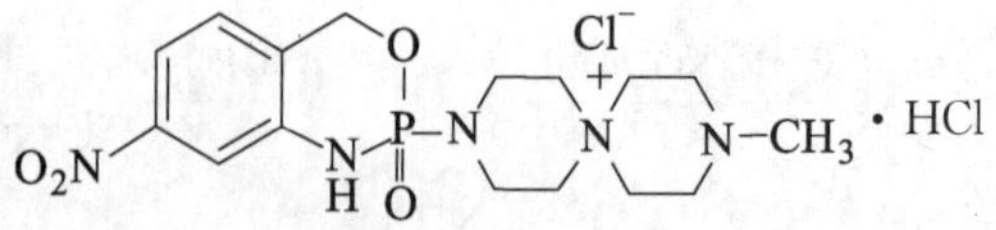

5.（1）反-4-丙基环己基乙酰氯

（2）　A：LiAlH₄，　B：

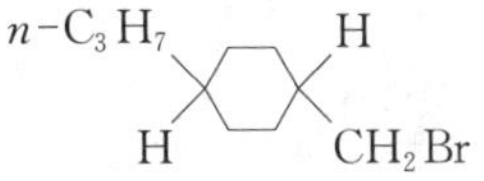

，　C：

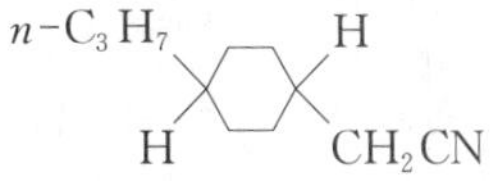

，

D：

，　E：SOCl₂，　F：

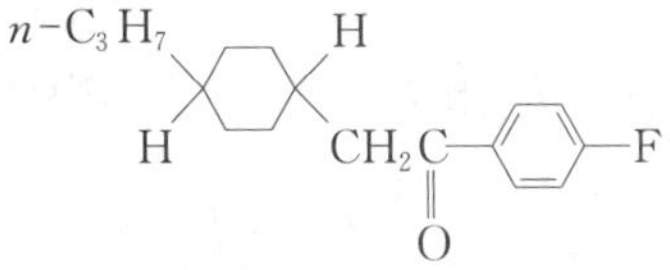

（3）亲核取代　还原

6.（1）B：

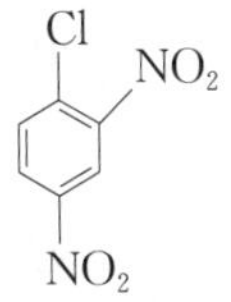

，　C：

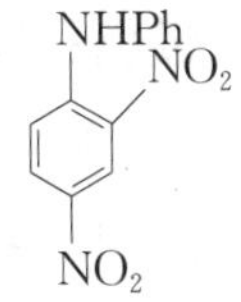

，　E：

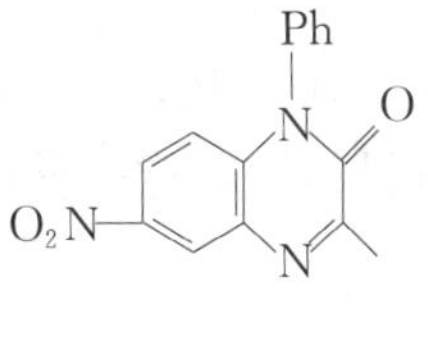

，

F：

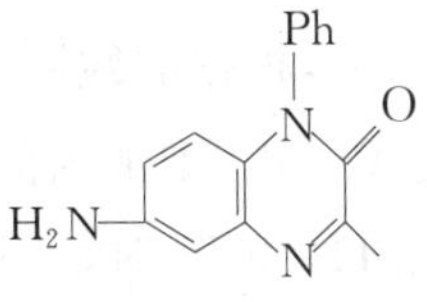

，　G：

（2）芳环上的亲核取代反应。邻、对位硝基的存在，通过其吸电子诱导和共轭效应降低了苯环上的电子云密度，使得亲核取代反应容易发生。

7.（1）

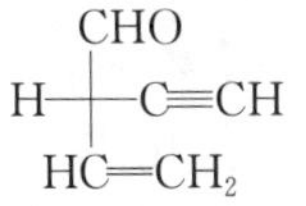

　（2）C：

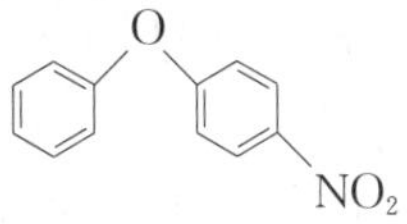

，　D：

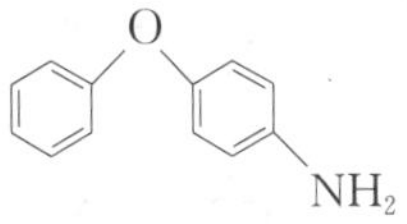

，

E：

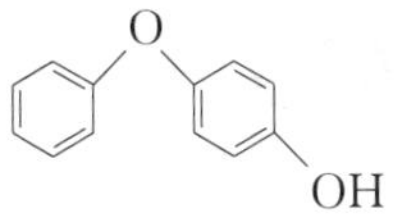

，　F：

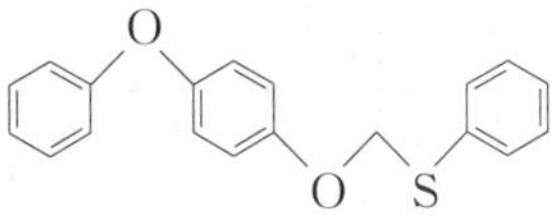

，　（3）

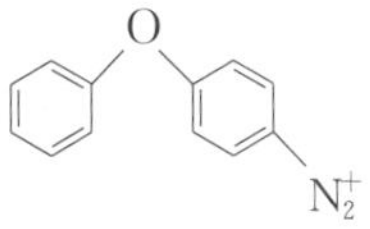

8.（1）亲核加成/消除

（2）A：

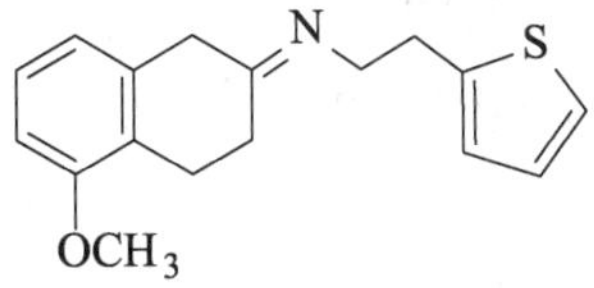

，　B：

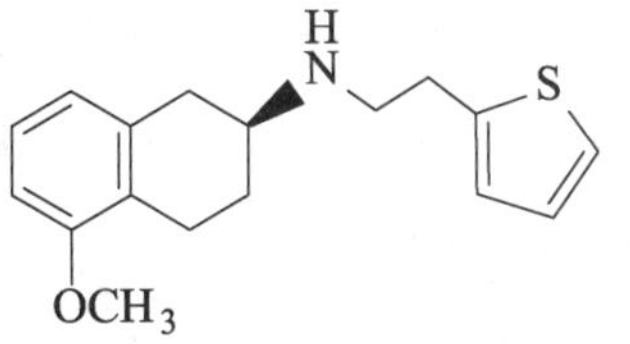

；

C：

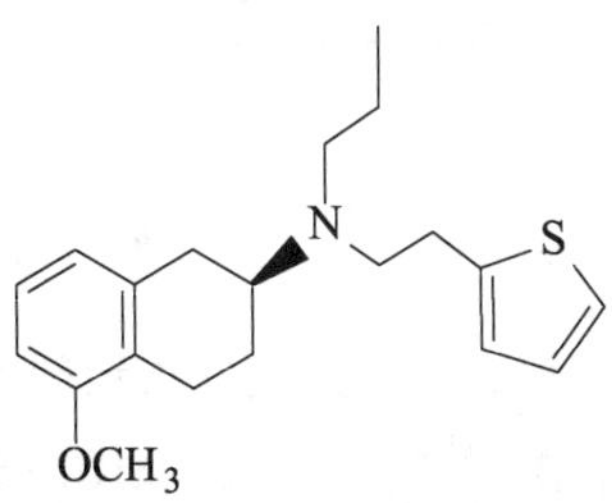

，　D：

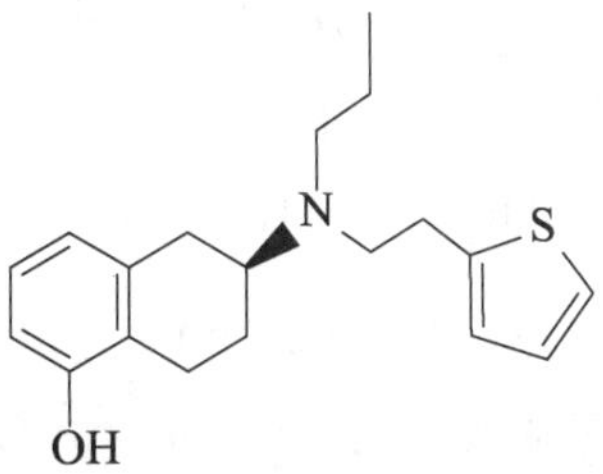

（3）非对映异构体具有不同的物理性质。

第 十 章

1.可以通过控制反应物的官能团比例，使某种反应物过量或者添加某种单官能团物质，起到端基封锁的作用。

2. (1) 聚氯乙烯(PVC)　　聚异丁烯(PIB)　　聚偏二氯乙烯(PVDF)　　　　　聚碳酸酯(PC)

$$\begin{array}{cccc}
& H & & CH_3 \\
& | & & | \\
\{CH_2-C\}_n & & \{CH_2-C\}_n & \\
& | & & | \\
& Cl & & CH_3
\end{array}$$

(2) 聚丙烯酸　　　　聚丙烯酸甲酯　　　　　聚甲基丙烯酸甲酯　　　　聚丙烯酸乙酯

$$\begin{array}{cccc}
COOH & COOCH_3 & COOCH_3 & COOCH_2CH_3 \\
| & | & | & | \\
\{CH_2-C\}_n & \{CH_2-C\}_n & \{CH_2-C\}_n & \{CH_2-C\}_n \\
| & | & | & | \\
H & H & CH_3 & H
\end{array}$$

3. 不正确。因为即使是同种聚合物,且平均相对分子质量也相同,但相对分子质量分布不一定相同。相对分子质量分布的宽窄会对材料性质造成影响。

第十一章

1. (1) 由曲线图可知,氨基酸的 $pK_{a1} = 2.18$, $pK_{a2} = 8.95$, $pK_{a3} = 10.50$,根据曲线图,pH = 9.60 时滴定的 $\alpha = 1.90$(允许 1.90 ± 0.05 范围内)。设滴定前氨基酸溶液总体积为 V_0 mL,则加入的 NaOH 体积为 $1.90V_0$ mL,氨基酸的总浓度为 $c = 1.00/(1.00 + 1.90) = 0.345$ mol·L^{-1},pH = 9.60 时,氨基酸 4 种形式的分布分数各为

$$\delta_{H_2A^{2+}} = \frac{[H]^3}{[H]^3 + K_{a1}[H]^2 + K_{a1}K_{a2}[H] + K_{a1}K_{a2}K_{a3}} \approx 0$$

$$\delta_{HA^+} = \frac{K_{a1}[H]^2}{[H]^3 + K_{a1}[H]^2 + K_{a1}K_{a2}[H] + K_{a1}K_{a2}K_{a3}} = 1.7 \times 10^{-1}$$

$$\delta_{A} = \frac{K_{a1}K_{a2}[H]}{[H]^3 + K_{a1}[H]^2 + K_{a1}K_{a2}[H] + K_{a1}K_{a2}K_{a3}} = 7.4 \times 10^{-1}$$

$$\delta_{A^-} = \frac{K_{a1}K_{a2}K_{a3}}{[H]^3 + K_{a1}[H]^2 + K_{a1}K_{a2}[H] + K_{a1}K_{a2}K_{a3}} = 9.3 \times 10^{-2}$$

$[H_2A^{2+}] = \delta_{H_2A^{2+}} \cdot c = 0$　　$[HA^+] = \delta_{HA^+} \cdot c = 0.059$(mol·$L^{-1}$)

$[A] = \delta_A \cdot c = 0.26$(mol·$L^{-1}$)　　$[A^-] = \delta_A \cdot c = 0.032$(mol·$L^{-1}$)

(2) ① 可用盐酸标准溶液作滴定剂。

该氨基酸 A 的 $K_b = K_{b2} = K_w/K_{a2} = 10^{-14}/10^{-8.95} = 10^{-5.05}$, $cK_{b2} > 10^{-8}$

$K_{b3} = K_w/K_{a1} = 10^{-14}/10^{-2.18} = 10^{-11.82}$, $cK_{b3} < 10^{-8}$,只能形成一个滴定突跃,终点产物为 HA^+

滴定反应方程式:

$$A + HCl \longrightarrow HA^+ \cdot Cl^- \quad 或 \quad A + H^+ \longrightarrow HA^+$$

② 滴定计量点溶液的 pH = $1/2(pK_{a1} + pK_{a2}) = 1/2(2.18 + 8.95) = 5.56$,因此最佳指示剂为甲基红。

③ 可用来标定 HCl 溶液的基准物质有 Tris 和 Na_2CO_3,终点时消耗 0.10 mol·L^{-1} HCl 25 mL,因此所需基准物质的质量分别为

$$m(Tris) = c(HCl) \cdot V(HCl) \cdot M(Tris) = 0.10 \times 25 \times 121.14 \times 10^{-3} = 0.30(g)$$

$$m(Na_2CO_3) = 1/2c(HCl) \cdot V(HCl) \cdot M(Na_2CO_3) = \frac{0.10 \times 25 \times 105.99 \times 10^{-3}}{2} = 0.13(g)$$

天平称量的绝对误差为 ± 0.2 mg,因此称量相对误差分别为

$$E_{r(Tris)} = \frac{\pm 0.000\ 2}{0.3} \times 100\% = \pm 0.07\% \quad E_{r(Na_2CO_3)} = \frac{\pm 0.000\ 2}{0.13} \times 100\% = \pm 0.2\%$$

$$E_r(Tris) < E_r(Na_2CO_3)$$

从称量误差角度考虑以 Tris 作基准物质为佳。

④ $w = \dfrac{(cV)_{HCl} \times M \times 10^{-3}}{m}$

2. (1) ① $I_2 + 2S_2O_3^{2-} \longrightarrow S_4O_6^{2-} + 2I^-$

② $w = \dfrac{\left(0.100\ 0 \times 25.00 - \dfrac{1}{2} \times 0.100\ 0 \times 22.08\right) \times 149.21 \times 10^{-3}}{0.250\ 0} \times 100\% = 83.32\%$

(2) $w(Cu) = \dfrac{0.025\ 00 \times 27.90 \times 63.55 \times 10^{-3}}{0.250\ 0} \times 100\% = 17.73\%$

(3) $n_{蛋} = \left(0.100\ 0 \times 25.00 - \dfrac{1}{2} \times 0.100\ 0 \times 22.08\right) \times 10^{-3} = 1.396 \times 10^{-3}\ (mol)$

$n_{Cu} = 0.025\ 00 \times 27.90 \times 10^{-3} = 0.698 \times 10^{-3}\ (mol)$

由上述结果可知 $n_{蛋} : n_{Cu} = 2 : 1$

第十二章

1. $c_a = \dfrac{m/M}{V} = \dfrac{6.80\ g / 53.5\ g \cdot mol^{-1}}{1.00\ L} = 0.127\ mol \cdot L^{-1}$

$pH = pK_a + \lg \dfrac{c_b}{c_a} \quad K_a = K_w/K_b$

$9.00 = 14 - 4.74 + \lg \dfrac{c_b}{0.127\ mol \cdot L^{-1}}$

解得 $c_b = 0.069\ 8\ mol \cdot L^{-1}$

$$V_{NH_3 \cdot H_2O} = \frac{c_b VM}{25\% \rho} = \frac{0.069\ 8\ mol \cdot L^{-1} \times 1.00\ L \times 17.0\ g \cdot mol^{-1}}{25\% \times 0.907\ g \cdot mL^{-1}} = 5.23\ mL$$

2. 根据朗伯-比尔方程 $A = \varepsilon lc$，计算偶联产物的浓度。

$$c = 0.180/(1\ cm \times 1.8 \times 10^4\ L \cdot mol^{-1} \cdot cm^{-1}) = 1.0 \times 10^{-5}\ mol \cdot L^{-1}$$

乙酸银饱和水溶液的浓度 $[Ag^+] = 4 \times 1.0 \times 10^{-5} \times 1\ 000 = 4.0 \times 10^{-2}\ (mol \cdot L^{-1})$

$$K_{sp} = [Ag^+][CH_3COO^-] = 1.6 \times 10^{-3}$$

3. Ag_2CrO_4 在水溶液中的沉淀溶解平衡方程为

$$Ag_2CrO_4(s) \longrightarrow 2Ag^+ + CrO_4^{2-}$$

设 Ag_2CrO_4 的溶解度为 S，则组分浓度关系为

$$K_{sp}(Ag_2CrO_4) = [Ag^+]^2[CrO_4^{2-}] = (2S)^2 \times S$$
$$S = [K_{sp}(Ag_2CrO_4)/4]^{1/3} = (1.12 \times 10^{-12}/4)^{1/3} = 6.5 \times 10^{-5}\ (mol \cdot L^{-1})$$

4. $2Ag^+ + C_2O_4^{2-} \longrightarrow Ag_2C_2O_4(s)$

计算混合后有关离子浓度：

$$c(Ag^+) = c(C_2O_4^{2-}) = 0.004/2 = 0.002\ (mol \cdot L^{-1})$$

给定条件下的浓度积求算：

$$Q = c(Ag^+)^2 c(C_2O_4^{2-}) = (0.002)^2 \times 0.002 = 8 \times 10^{-9}$$

比较 $Q > K_{sp}$，所以两溶液混合后有 $Ag_2C_2O_4$ 沉淀生成。

第十三章

1. 在 873 K 和标准压力 $p^\ominus$ 下，通入 1 mol 乙苯和 9 mol 水蒸气，并设 x 为乙苯转化掉的物质的量：

$$C_6H_5-C_2H_5 \Longrightarrow C_6H_5CH=CH_2 + H_2 \qquad H_2O$$

反应前：   1   0   0   9

平衡后： $1-x$ x x 9

平衡后的总物质的量 $= 1-x+x+x+9 = (10+x)$ mol

$$K_p^\ominus = K_x \left(\frac{p}{p^\ominus}\right)^{\sum_B \nu_B} = \frac{x^2}{1-x}\left(\frac{p/p^\ominus}{\sum_B \nu_B}\right)^{\sum_B \nu_B}$$

因为 $\sum_B \nu_B = 1$，反应压力为 $p^\ominus$，所以

$$K_p^\ominus = \frac{x^2}{1-x}\left(\frac{1}{10+x}\right) = 0.178$$

解得 $x = 0.728$ mol

转化率 $\alpha = \frac{0.728 \text{ mol}}{1 \text{ mol}} \times 100\% = 72.8\%$

如果不加水蒸气，则平衡后 $\sum_B n_B = 1-x+x+x = 1+x$

$$K_p^\ominus = \frac{x^2}{1-x^2} = 0.178$$

解得 $x = 0.389$ mol

转化率 $\alpha = \frac{0.389 \text{ mol}}{1 \text{ mol}} \times 100\% = 38.9\%$

显而易见，加入水蒸气后，使苯乙烯的最大转化率从 38.9% 增加到 72.8%。

2. 将①，②，③三反应相加，即得所求之反应。故

$\Delta_r G_m^\ominus = \Delta_r G_m^\ominus(①) + \Delta_r G_m^\ominus(②) + \Delta_r G_m^\ominus(③)$

$K_p = K_p(①)K_p(②)K_p(③)$ 或 $p^{-5} = p_1^{-1}p_2^{-2}p_3^{-2}$

故 $p = (p_1 p_2^2 p_3^2)^{0.2} = 577.6$ Pa

$\Delta_r G_m = -RT\ln K_p^\ominus + RT\ln Q_p = RT\ln(p/p')^5$

$\quad = 5 \times (8.314 \text{ J} \cdot \text{K}^{-1} \cdot \text{mol}^{-1}) \times (298.15 \text{ K})\ln(577.6 \text{ Pa}/3\,173.1 \text{ Pa})$

$\quad = -21.114 \text{ kJ} \cdot \text{mol}^{-1}$

当 $p_{H_2O} = 577.6$ Pa 时，反应达到平衡

当 $1\,039.9 \text{ Pa} > p_{H_2O} > 746.6$ Pa 时，体系以 $CuSO_4 \cdot 3H_2O$ 和 $H_2O(g)$ 共存。

3. $NH_4HS(s) \longrightarrow NH_3(g) + H_2S(g)$

上述反应达到平衡时，由于分解反应所产生的气体总压力为

$p = 66.66$ kPa，$p^\ominus = 10^5$ Pa；

则平衡时 $p_{NH_3}^{eq} = p_{H_2S}^{eq} = p/2 = 33.33$ kPa

$$K^{\ominus}=\frac{p_{\mathrm{NH_3}}^{\mathrm{eq}}}{p^{\ominus}}\times\frac{p_{\mathrm{H_2S}}^{\mathrm{eq}}}{p^{\ominus}}=\left(\frac{p/2}{p^{\ominus}}\right)^2=0.111\,09$$

(1) $\qquad \mathrm{NH_4HS(s)} \xrightleftharpoons[\,]{T,V} \mathrm{NH_3(g)}+\mathrm{H_2S(g)}$

反应前 $\qquad\qquad$ 过量 $\qquad\qquad p_0(\mathrm{H_2S})=39.99\text{ kPa}$

平衡时 $\qquad\qquad p_1 \qquad\qquad\qquad p_1+p_0$

$$K^{\ominus}=\left(\frac{p/2}{p^{\ominus}}\right)^2=0.111\,09$$

$p_1=18.873\text{ kPa}$ $\qquad$ 系统平衡时总压为 $p=p_0+2p_1=77.735\text{ kPa}$

(2) $\qquad\qquad \mathrm{NH_4HS(s)} \longrightarrow \mathrm{NH_3(g)}+\mathrm{H_2S(g)}$

$$p_{\mathrm{NH_3}} \qquad\qquad p_{\mathrm{H_2S}}$$

已知 $p_{\mathrm{NH_3}}=6.666\text{ kPa}$，当反应 $Q_p>K^{\ominus}$ 时反应才能逆向进行，生成 $\mathrm{NH_4HS(s)}$。

$$6.666\text{ kPa}\times p_{\mathrm{H_2S}}/(100\text{ kPa})^2>0.111\,09,\quad p_{\mathrm{H_2S}}>166.65\text{ kPa}$$

即通入的 $\mathrm{H_2S(g)}$ 气体的压力 $p_{\mathrm{H_2S}}>166.65\text{ kPa}$ 才能有 $\mathrm{NH_4HS(s)}$ 生成。

通常所说的在一定条件下，$Q_p<K^{\ominus}$ 反应才能进行，是对正反应而言，若将反应写成

$$\mathrm{NH_3(g)}+\mathrm{H_2S(g)} =\!\!=\!\!= \mathrm{NH_4HS(s)}$$

此时反应的标准平衡常数 $K_1^{\ominus}=1/K^{\ominus}=9.001\,7$，反应的吉布斯变为

$$\Delta_r G_m=RT\ln(Q_p/K_1^{\ominus})<0$$

由上式可知，在一定 T、p 下，$Q_p<K_1^{\ominus}$ 才可能有 $\mathrm{NH_4HS(s)}$ 生成。

即 $\qquad\qquad Q_p=\dfrac{(p^{\ominus})^2}{(p_{\mathrm{NH_3}})(p_{\mathrm{H_2S}})}<K_1^{\ominus}=9.001\,7,\quad p_{\mathrm{H_2S}}>166.65\text{ kPa}$

4. 设乙苯的离解度为 x，平衡时系统的组成为

$$\mathrm{C_6H_5C_2H_5(g)} =\!\!=\!\!= \mathrm{C_6H_5C_2H_3(g)}+\mathrm{H_2(g)} \qquad\qquad \mathrm{H_2O(g)}$$

物质的量 $\qquad 1-x \qquad\qquad x \qquad\qquad x \qquad\qquad n$

$$n_{总}=1+x+n$$

$$K^{\ominus}=K_n\left(\frac{p}{n_{总}\,p^{\ominus}}\right)^{\Delta\nu}=\frac{x^2}{1-x}\cdot\frac{1}{1+x+n}$$

(1) 不充入水蒸气时，$n=0$，所以

$$\frac{x^2}{1-x^2}=0.05 \qquad\qquad x=0.22=22\%$$

(2) 当 $n=9$ 时，则

$$\frac{x^2}{(1-x)(10+x)}=0.05 \qquad\qquad x=0.51=51\%$$

5. (1) $\qquad\qquad \mathrm{PCl_5(g)} =\!\!=\!\!= \mathrm{PCl_3(g)}+\mathrm{Cl_2(g)}$

开始 $\qquad\quad 1 \qquad\qquad 0 \qquad\qquad 0$

平衡 $\qquad 1-\alpha \qquad\quad \alpha \qquad\qquad \alpha \qquad\qquad n_{总}=1+\alpha$

$$K^{\ominus}=K_n\left(\frac{p}{p^{\ominus}n_{总}}\right)^{\Delta\nu}=\frac{p\alpha^2}{p^{\ominus}(1-\alpha^2)}=0.308$$

$p=p^{\ominus} \qquad\qquad \alpha=0.485\,3=48.53\%$

(2) $PCl_5(g) \rightleftharpoons PCl_3(g) + Cl_2(g)$

开始   1   0   5

平衡 $1-\alpha$ α $5+\alpha$ $n_{(总)} = 6+\alpha$

$$K^{\ominus} = K_n \left(\frac{p}{p^{\ominus} n_{总}} \right)^{\Delta\nu} = \frac{p\alpha(5+\alpha)}{p^{\ominus}(1-\alpha)(6+\alpha)} = 0.308$$

$$p = p^{\ominus} \qquad \alpha = 0.268\,2 = 26.82\%$$

第十四章

1. 0.045 3 V；3.41×10^{-4} V·K^{-1}

2. (1) -1.107 V   (2) 40.397 kJ   (3) 7.02×10^{-4} V·K^{-1} (4) 3.53×10^{-33} Pa

3. (1) $LiCoO_2 + 6C \underset{\text{放电}}{\overset{\text{充电}}{\rightleftharpoons}} Li_{1-x}CoO_2 + Li_xC_6$

(2) $(96\,485 \times 1\,000 \div 3\,600 \div 181)$mAh·g^{-1} = 148 mAh·g^{-1}

4. (1) SiO_2（或 $SiO_2 \cdot xH_2O$、H_4SiO_4、H_2SiO_3 等）

(2) NaOH 或 HF（或氟化氢）

(3) $2Mg + SiO_2 \xrightarrow{\text{高温}} Si + 2MgO$

5. (1) H_2、Cu、Zn

(2) Cu

(3) 6.05×10^{-39} mol·L^{-1}

6. (1) $2Mg + CO_2 \xrightarrow{\text{高温下}} C + 2MgO$

(2) $4Li + CS_2 \xrightarrow{\text{高温下}} C + 2Li_2S$

7. (1) 阴 Fe^{2+}（或铁）   Au（或金）

(2) $2H_2O - 4e^- \longrightarrow 4H^+ + O_2(g)$

8. (1) $3CaC_2 + Sb_2O_3 \longrightarrow 2Sb + 6C + 3CaO$

(2) $CaO + 2HCl \longrightarrow CaCl_2 + H_2O$

(3) $[3 \times 96\,485 \times 1\,000/(3\,600 \times 121.8)]$mAh·g^{-1} = 660 mAh·g^{-1}

9. 一级   5.19 h

10. (1) 10 s   (2) 95.7 kJ·mol^{-1}

11. 521 K

第十五章

1. sp 和 sp^3 2. 6 个, 3 mol   3. 三角双锥, dsp^3, 1C_3、3C_2、1σ_h、3σ_v、1S_3。

第十六章

1. (1) 3 条相互垂直的 C_2 轴（或二重旋转轴）分别通过 4Bi—1Bi、2Te—3Te, 平行于 5Te—7Te 并通过前两条 C_2 轴的交点。（也可以表述为 1 条 C_2 主轴, 2 条 C_2 副轴）。

1 个对称中心, 处于 C2 轴交点。

3 个镜面, 分别处于 2Te—3Te—1Bi 平面、5Te—7Te—8Te—11Te 平面、2Te—3Te 与对称中心平面（也可以表述为 1 个 σ_h、2 个 σ_v）。

(2) 根据密度计算公式 $\rho = \dfrac{MZ}{NV}$ 可得

$$Z = \frac{\rho N V}{M} = \frac{7.9 \times 6.02 \times 10^{23} \times (4.38 \times 10^{-8} \times 4.38 \times 10^{-8} \times 30.5 \times 10^{-8} \times \sin 60)}{127.6 \times 3 + 209 \times 2} = 3$$

所以一个 Bi_2Te_3 晶胞中包含 6 个 Bi 原子和 9 个 Te 原子。

一个晶胞就是一个结构基元。

(3) 面心立方最密堆积或 A1 堆积　NaCl 型　立方 ZnS 型　面心立方晶胞

(4) LaPtBi 的晶胞结构透视图见下图。

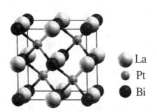

(5) 由晶胞结构或题意可知,Bi—Pt 之间的核间距 $d_{\text{Bi—Pt}}$ 即为晶胞顶点与对应的四面体空隙中心的距离:

$$d_{\text{Bi—Pt}} = \frac{1}{4}\sqrt{3}\,a = \frac{1}{4}\sqrt{3} \times 6.83 = 2.96(\text{Å})$$

Bi—La 之间的核间距 $d_{\text{Bi—La}}$ 即为晶胞顶点到棱心的距离:

$$d_{\text{Bi—La}} = \frac{1}{2} \times 6.83 = 3.42(\text{Å})$$

2.(1) I_2 晶胞的全部原子图见下图。

注:晶胞中画出的 I_2 分子必须同时具备两个条件才可得分:ⓐ处于面心位置;ⓑ与相互平行的晶面面心的 I_2 分子平行。错一个则全错。

晶胞类型:底心正交晶胞;

结构基元的内容:2 个 I_2 分子。

(2) 解:计算过程如下,注意不要遗漏晶胞参数。

依据题意可得,I_2 分子的共价键长:

$$r_1 = [(0.35 - 0.65)^2 \times 468.6^2 + (0.62 - 0.38)^2 \times 978.4^2]^{\frac{1}{2}} = 273.7(\text{pm})$$

层内分子间的最短接触距离:

$$r_2 = [(0.15 - 0.65)^2 \times 468.6^2 + (0.12 - 0.38)^2 \times 978.4^2]^{\frac{1}{2}} = 345.8(\text{pm})$$

层间分子间的最短接触距离:

$$r_3 = [(0 - 0.50)^2 \times 713.6^2 + (0.15 - 0.65)^2 \times 468.6^2]^{\frac{1}{2}} = 426.9(\text{pm})$$

(3) 解:由上述计算可知:I_2 晶体中层内分子间接触距离小于 I 原子范德华半径之和,而大于其共价键长,说明层内分子间有一定的作用力,这是导致其呈现金属光泽的原因。

3.（1）分子晶体　6个

（2）根据欧拉定理：F（晶面数）$+V$（顶点数）$=E$（晶棱数）$+2$

计算可得每种孔穴包含 H_2O 个数：

$$〔4^3 5^6 6^3〕：V=(3×4+6×5+3×6)÷2+2-(3+6+3)=20$$

图 16-34 中其他多面体的水分子数：

$$〔5^{12}〕：V=5×12÷2+2-12=20$$

$$〔5^{12} 6^2〕：V=(5×12+6×2)÷2+2-(12+2)=24$$

$$〔5^{12} 6^8〕：V=(5×12+6×8)÷2+2-(12+8)=36$$

（3）Ⅰ型晶胞包括 46 个 H_2O，即平均共用每个 H_2O 的孔穴个数：$(20×2+24×6)÷46=4$

可得 H 型晶胞包含的 H_2O 分子数：$(20×3+20×2+36)÷4=34$

所以 H 型晶体的化学式为 $6CH_4·34H_2O$。

（4）①297 pm　②不是，因为冰-Ⅷ中每个氧周围有 8 个氧距离很近，其中 4 个以氢键结合，另外 4 个没有氢键结合，氢键有方向性和饱和性，相比之下，范德华接触的 O---O 距离更容易压缩。